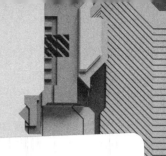

深度学习编译器设计

高 伟 韩 林 李嘉楠 编著

清华大学出版社
北京

内 容 简 介

随着大模型的发展与应用,深度学习编译器的内涵和外延逐步扩展。与传统编译器相比,深度学习编译器增加了特定于人工智能模型实现的设计与优化。本书共 12 章。第 1 章从深度学习的起源、发展与爆发出发,引出深度学习模型的基础概念、深度学习应用的开发流程和深度学习框架。第 2 章介绍深度学习运算特征、深度学习硬件平台和深度学习编译技术,通过分析典型深度学习编译器的架构,给出深度学习编译器的一般架构。第 3 章介绍面向深度学习应用开发的编程模型和编程接口。第 4 章从计算图的构成、分类、转换和分析 4 个角度,介绍深度学习编译器前端的工作流程。第 5 章从中间表示的概念、分类和设计 3 个角度,分析深度学习编译器中间表示的设计方法和重要作用。第 6～12 章介绍深度学习编译优化,包括自动微分、计算图优化、内存分配与优化、算子选择与生成、代码生成与优化、自动并行及模型推理等。

本书可作为计算机科学与技术专业、软件工程专业的教学参考书,也可供人工智能大模型性能优化人员参考。

图书在版编目(CIP)数据

深度学习编译器设计 / 高伟,韩林,李嘉楠编著.
北京:清华大学出版社,2024.11. -- ISBN 978-7-302
-67551-8

Ⅰ. TP314

中国国家版本馆 CIP 数据核字第 20241BF894 号

责任编辑:杨迪娜
封面设计:徐　超
责任校对:郝美丽
责任印制:杨　艳

出版发行:清华大学出版社
  网　　　址:https://www.tup.com.cn,https://www.wqxuetang.com
  地　　　址:北京清华大学学研大厦 A 座　　　　邮　　编:100084
  社　总　机:010-83470000　　　　　　　　　　邮　　购:010-62786544
  投稿与读者服务:010-62776969,c-service@tup.tsinghua.edu.cn
  质量反馈:010-62772015,zhiliang@tup.tsinghua.edu.cn
  课件下载:https://www.tup.com.cn,010-83470236
印　装　者:大厂回族自治县彩虹印刷有限公司
经　　　销:全国新华书店
开　　　本:185mm×260mm　　印　张:20.5　　　　字　　数:502 千字
版　　　次:2024 年 11 月第 1 版　　　　　　　　　印　　次:2024 年 11 月第 1 次印刷
定　　　价:89.00 元

产品编号:105238-01

前言

　　人工智能是引领未来的战略性技术，是新一轮科技革命和产业变革的核心驱动力，同时也是发展新质生产力的主要阵地。然而，人工智能大模型的参数规模越来越大，大模型的训练和推理过程消耗的计算资源也越来越多。为了高效地完成大模型训练和推理的计算任务，人们不断研发性能更高、结构更复杂的计算加速器件，对深度学习编译器的需求也愈加迫切。面向深度学习应用领域的深度学习编译器是充分调度算力、发挥硬件潜力的枢纽，是解决深度学习大模型在硬件平台上训练和部署任务的关键系统软件。

　　对初学深度学习编译器优化的读者来说，编者建议按章节顺序仔细阅读，循序渐进地理解深度学习编译器设计的思路。而对具有一定深度学习应用优化基础的读者，可按需求选择性阅读。

　　本书由先进编译实验室科研人员，在长期国产编译器开发及大量编译优化技术实践的基础上完成。先进编译实验室长期致力于编译优化、程序优化等工作，先后承研国家重大专项、"核高基"专项、973计划、863计划、自然科学基金等相关课题，在国产编译器研发、编译系统优化、基础数学库、图形图像库、算子优化库、二进制翻译与移植等相关领域已经形成若干领先成果，曾获国家科学技术进步奖一等奖、省部级科学技术进步奖一等奖等奖项。

　　深度学习编译是一个博大精深且正在快速发展的领域，许多深度学习编译优化技术是实践中不断尝试与积淀的。本书的写作初衷旨在分享编者在深度学习编译领域的学习心得，虽然编者已尽全力确认书中的每个细节，但限于编者水平，书中难免存在缺点和不足之处，甚至可能存在错误，殷切希望各位读者能够批评、指正，提出宝贵的意见，以便再版修正。

2024 年 11 月

先进编译实验室

目录

第1章

深度学习简介

随着人工智能的蓬勃发展，深度学习逐渐成为这一领域的核心技术之一。然而，实际应用中，很多人混淆了人工智能、机器学习、神经网络及深度学习这 4 个概念，实际上它们是存在区别的。人工智能、机器学习、神经网络与深度学习之间存在层层递进的关系，如图 1.1 所示。人工智能是一个较宽泛的概念，它涵盖了所有与机器智能相关的研究和应用，人工智能的普及主要归功于机器学习算法的发展。机器学习是人工智能的一个子领域，是指利用统计学和算法让计算机从数据中学习并改进其性能。神经网络又是机器学习的一种模型，通过模拟人脑神经元的连接方式实现复杂模式的识别和学习。深度学习则是指利用多层神经网络实现高层次抽象和学习的方法。综上所述，人工智能、机器学习、神经网络与深度学习是相辅相成、相互促进的，它们共同推动了人工智能领域的发展。

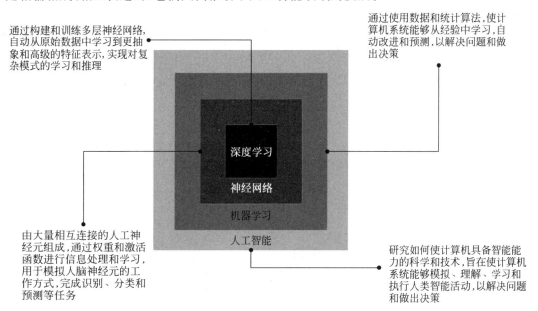

通过构建和训练多层神经网络，自动从原始数据中学习到更抽象和高级的特征表示，实现对复杂模式的学习和推理

通过使用数据和统计算法，使计算机系统能够从经验中学习，自动改进和预测，以解决问题和做出决策

由大量相互连接的人工神经元组成，通过权重和激活函数进行信息处理和学习，用于模拟人脑神经元的工作方式，完成识别、分类和预测等任务

研究如何使计算机具备智能能力的科学和技术，旨在使计算机系统能够模拟、理解、学习和执行人类智能活动，以解决问题和做出决策

图 1.1　人工智能、机器学习、神经网络与深度学习之间的关系

编译器将用户编写的高级语言翻译为机器能够识别的低级语言，克服了用户与机器之间的沟通障碍。编译器作为用户与机器的桥梁，需要结合上层用户应用及底层硬件的特征

进行协同设计。类似地,深度学习编译器作为编译器的一种,需要基于上层深度学习应用及底层深度学习硬件加速器的特征进行协同设计。因此理解深度学习编译技术之前,需要对深度学习的基础理论、开发深度学习应用的框架,以及运行深度学习应用的硬件平台等前置知识有一定的了解。本章将对包括深度学习基础理论、深度学习框架等在内的深度学习编程的基本内容进行介绍。

1.1   深度学习的起源、发展与爆发

深度学习一般指多层的深度神经网络,在学习深度学习之前,首先需要了解神经网络的基本概念。神经网络通常由简单的非线性函数组成,这些非线性函数也被称为层,它们堆叠在一起形成了复杂的函数或映射,这些函数和映射组合在一起就形成了神经网络。神经网络最基本的组成形式是浅层神经网络,如图 1.2 所示,包含输入层、隐藏层和输出层,只有一个隐藏层的网络称为浅层神经网络。隐藏层中的每个神经元都与许多其他神经元相连,而且每个连接之间还包含附加的权重信息,来控制神经元的激活对附加到它的其他神经元的影响程度。

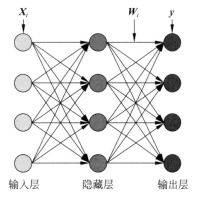

图 1.2   浅层神经网络

深度神经网络如图 1.3 所示,是指具有多个隐藏层的神经网络,也被称为深度学习。[①] 深度学习中的"深度"二字就归因于这些隐藏层,问题越复杂,数据集规模越大,隐藏层的数量就越多,深度学习模型的层次也就越深。深度学习模型对于提取特征的有效性也得益于这些隐藏层对输入数据的多次非线性变化,这些被提取的特征可以用于分类、回归等任务,在多个领域得到了广泛应用。深度学习的发展并不是一蹴而就的,而是经历了多次高潮与低谷,回顾深度学习的发展历程,可以概括为起源、发展及爆发三个阶段,下面将展开介绍。

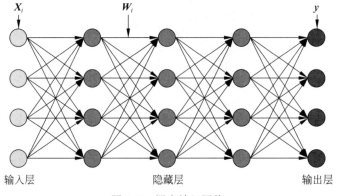

图 1.3   深度神经网络

---

① 由于深度神经网络和深度学习两者含义相同,所以在后文的介绍中会有混用的现象。

1.1.1 深度学习的起源

深度学习的起源可以追溯到 20 世纪中叶,这一时期,包括深度学习算法在内的一些机器学习算法就已被提出。1943 年,心理学家麦卡洛克(McCulloch)和数理逻辑学家皮茨(Pitts)发表论文《神经活动中内在思想的逻辑演算》,提出了 McCulloch-Pitts 模型(MP 模型),最早通过大脑神经元来解释思维过程,并通过大量非线性并行处理器模拟人脑神经元。这一理念在后来被进一步发展为连接学派的理论,开始从更为科学的人脑神经元角度去解释人类行为产生的动力机制,理论诞生虽早,但并未真正落地实践。MP 模型是通过模仿神经元的结构和工作原理,构建的一个基于神经网络的数学模型,本质上是一种"模拟人类大脑"的神经元模型。MP 模型是人工神经网络的起源,开创了人工神经网络的新时代,也奠定了深度学习模型的基础,其意义重大;不足之处在于此时模型内部的权重参数都是预先设置好的,不能进行自我学习。

1949 年,加拿大著名心理学家唐纳德·赫布(Donald Hebb)在《行为的组织》中提出了一种基于无监督学习的赫布学习规则,首次开始考虑通过调整权值进行算法的自我训练。赫布学习规则非常简单,当两个神经元同时兴奋时,它们之间的突触就得到加强,经过多年的检验,确认这一学习规则是普遍存在于神经元之间的,赫布学习规则与条件反射机理一致。赫布学习规则通过模仿人类认知世界的过程建立了一种网络模型,该网络模型针对训练集的统计特征,按照样本的相似程度进行分类,把相互之间联系密切的样本分为一类,从而把样本分成了若干类。赫布学习规则的提出也为以后的深度学习算法奠定了基础,同样意义重大。

尽管此时已经提出了 MP 模型,但是由于当时计算机硬件水平不够,导致模型迟迟没有办法投入实际应用,且这种状况持续了近十年。20 世纪 50 年代末,在 MP 模型和赫布学习规则研究的基础上,美国科学家罗森布拉特(Rosenblatt)发现了一种类似于人类学习过程的感知机学习算法,并于 1958 年正式提出了由两层神经元组成的深度学习模型,称为感知器。感知器本质上是一种线性模型,可以对输入的训练集数据进行二分类,且能够在训练集中自动更新权值。此时人们开始第一次大规模投入深度学习的研究中,这个时期也被称为深度学习的第一次高潮。在这一时期设计的感知器中,每个感知器都具有两个层次,分别是输入层和输出层,输入层里的单元只负责传输数据,不进行计算;输出层的单元则只进行计算。由于感知器中的权值是通过大量的训练获得的,类似一个逻辑回归模型,因此感知器可以完成线性分类等任务。

随着研究的深入,"人工智能之父"马文·明斯基(Marvin Minsky)和 LOGO 语言的创始人西蒙·派珀特(Seymour Papert)在 1969 年共同编写了一本书籍《感知器》,证实了单层感知器无法解决异或等线性不可分问题,而这个致命的缺陷导致感知器没有被及时推广到多层深度学习模型中,因此在 20 世纪 70 年代,深度学习模型的发展进入了第一个寒冬期,人们对深度学习的研究也停滞了将近 20 年。

1.1.2 深度学习的发展

1982 年,著名物理学家约翰·霍普菲尔德(John Hopfield)发明了 Hopfield 神经网络,与先前具有输入层和输出层,通过训练来改变网络中的参数实现预测、识别等功能的神经网络不同,Hopfield网络有一群神经元节点,所有节点之间相互连接,是一种将存储系统和二元系统结合在一起的循环神经网络。Hopfield网络也可以模拟人类的记忆,根据激活函数的不同,有连续型和离散型两种类型,分别用于优化计算和联想记忆,但由于该网络容易产生局部最小值的缺陷,该算法并未在当时引起很大的轰动。

直到1986年,"深度学习之父"杰弗里·辛顿(Geoffrey Hinton)提出了一种适用于多层感知器的误差反向传播(error back propagation,BP)算法。BP算法在传统深度学习模型前向传播的基础上,增加了误差的反向传播过程。误差的反向传播过程可以不断地调整神经元之间的权值和阈值,直到输出的误差减小到允许的范围之内,或达到预先设定的训练次数为止。BP算法完美地解决了非线性分类问题,让深度学习模型再次引起了人们的广泛关注。

1989年,罗伯特·赫克特-尼尔森(Robert Hecht-Nielsen)证明了多层感知机(multi-layer perceptron,MLP)的万能逼近定理,即对于任意闭区间内的一个连续函数 f,都可以用含有一个隐藏层的BP网络来逼近。该定理的发现极大地鼓舞了深度学习的研究人员,同样是在1989年,杨立昆(Yann LeCun)发明了卷积神经网络LeNet,将其用于数字识别并取得了较好的成绩,不过当时并没有引起足够的注意。

由于20世纪80年代计算机的硬件水平有限,导致出现运算能力不足等问题,这使得当深度学习模型的规模增大时,使用BP算法会出现梯度消失的问题,导致BP算法的发展受到了很大的限制。90年代中期,万普尼克(Vapnik)等发明的支持向量机(support vector machines,SVM)算法很快就在多个方面体现出了比深度学习模型更突出的优势,包括无须调参、高效、全局最优解等,这使得SVM迅速打败了深度学习算法成为主流。1997年,长短期记忆(long short term memory,LSTM)模型被发明,尽管该模型在序列建模上的特性非常突出,但由于当时正处于深度学习发展的下坡期,所以没有引起足够的重视。此后的很长一段时期,深度学习相关研究再次进入寒冬期。

1.1.3　深度学习的爆发

2006年被称为深度学习元年,杰弗里·辛顿及他的学生鲁斯兰·萨拉赫丁诺夫(Ruslan Salakhutdinov)正式提出了深度学习的概念,掀起了深度学习在学术界和工业界的浪潮,杰弗里·辛顿也因此被称为"深度学习之父"。其在世界顶级学术期刊 Science 上发表的一篇文章中提出通过无监督的学习方法逐层训练算法,再使用有监督的反向传播算法进行调优,可以解决梯度消失问题。与传统的训练方式不同,该训练方式有一个预训练的过程,可以方便地找到一个让深度学习模型中的权值更接近最优解的值,之后再使用调优技术对整个网络进行优化训练,从而大幅度减少了训练多层深度学习模型的时间。该深度学习方法的提出,立即在学术圈引起了巨大的反响,以斯坦福大学、多伦多大学为代表的世界众多知名高校纷纷投入巨大的人力、财力进行深度学习领域的相关研究,而后这股研究热潮又迅速蔓延到工业界。

2012年,在著名的ImageNet大规模视觉识别挑战赛中,杰弗里·辛顿领导的小组采用的深度学习模型AlexNet一举夺冠。AlexNet采用ReLU激活函数,从根本上解决了梯度消失问题,并使用GPU极大地提高了模型的运算速度。同年,由斯坦福大学的著名教授吴恩达(Andrew Ng)和世界顶尖计算机专家杰夫·迪恩(Jeff Dean)共同主导的深度学习模型在图像识别领域取得了惊人的成绩,在 ImageNet 评测中成功地把错误率从 26% 降低到了15%。深度学习算法在世界大赛中的脱颖而出,也再一次提高了学术界和工业界对深度学习领域的关注度。

随着深度学习技术的不断进步及数据处理能力的不断提升,2014 年 Facebook 基于深度学习技术的 DeepFace 项目,在人脸识别方面的准确率已经能超过 97%,同人类识别的准确率几乎没有差别。这样的结果也再一次证明了深度学习算法在图像识别方面的一骑绝尘。

2016 年,谷歌公司基于深度学习开发的 AlphaGo 以 4:1 的比分战胜了国际顶尖围棋高手李世石,后来 AlphaGo 又接连和众多世界级围棋高手过招,均完胜。这也证明了在围棋界,基于深度学习技术的机器人已经超越了人类。

2017 年,基于强化学习算法的 AlphaGo 升级版 AlphaGo Zero 横空出世,其采用“从零开始”“无师自通”的学习模式,以 100:0 的比分轻而易举地打败了之前的 AlphaGo。除了围棋,它还精通国际象棋等棋类游戏,可以说是真正的棋类“天才”。此外,在这一年,深度学习的相关算法在医疗、金融、艺术、无人驾驶等多个领域均取得了显著的成就。所以也有专家把 2017 年看作深度学习甚至人工智能发展最为迅猛的一年。

2022 年,由 OpenAI 基于 GPT 大语言模型研发的人工智能聊天机器人 ChatGPT 一经发布就引起极大的轰动,上线 5 天后就有 100 万用户,上线两个月后已有上亿用户。基于对各种专业文档和互联网知识等的数据训练,ChatGPT 不仅可以用自然对话的方式与人类进行自主、快速的交互,还可以完成自动生成文本、自动问答、自动摘要等多种复杂的语言工作。2024 年,OpenAI 又推出了 Sora 文生视频模型,能够根据文字指令自动生成相应的视频内容,可见目前人工智能已经引爆了一场科技革命。

除了深度学习算法的发展,与深度学习相关的数据集出现了大幅度的增多,从 2001 年的 Wikipedia 到 2004 年的 Flickr,再到 2009 年的 NETFLIX,进而到 2010 年的 Kaggle 及 ImageNet 等,大规模数据集的获取变得越来越容易。此外,算力资源得益于人工智能硬件的发展而不断提升,以英伟达为例,从 GTX 580 到基于伏特、图灵、安培等架构,再到引入支持人工智能和高性能计算(high performance computing,HPC)领域负载的张量计算核心(tensor core)这一特殊功能单元,以及分布式异构硬件平台等,均提供强大的算力支持。因此,现在可以获得更多算力资源和更大数据量以支持更大规模的模型训练,使得深度学习这一复杂的算法彻底由理论变为实践。

深度学习的发展历程如图 1.4 所示,由此可见,深度学习领域的算法、算力、数据这三驾马车的共同推动,使得深度学习的准确率高于其他算法,并成为当下人工智能领域最流行的分支。随着深度学习算法工程化实现效率的提升和成本的逐渐降低,一些基础应用技术如智能语音、自然语言处理和计算机视觉等逐渐成熟,已形成相应的产业化能力并实现了各种成熟的商业化应用落地。同时,工业界也开始探索深度学习在艺术创作、路径优化、生物信息学等领域相关技术中的实现与应用,并取得了令人瞩目的成果。

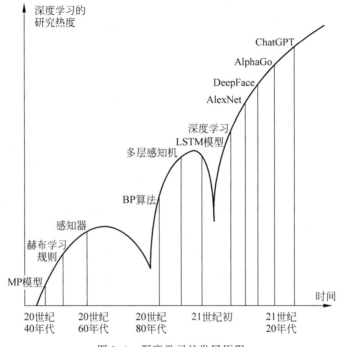

图 1.4 深度学习的发展历程

1.2 深度学习模型的基础概念

深度学习的发展推动了一些人工智能理论的落地并解决了一些领域的实际应用问题，从中可以看到深度学习模型的层数正在逐步增多，并且结构也越来越复杂，但即使再复杂的深度学习模型也都是由神经元、神经网络层、激活函数及损失函数等基本组件构成的，然后经前向传播、反向传播两个阶段的运行，得以发挥作用。本节首先介绍深度学习模型的组成和运行，然后通过深度学习模型的分类介绍典型的深度学习模型。

1.2.1 深度学习模型的组成

深度学习将传统的手工提取特征转变为使用深度学习模型提取特征，通过将样本数据输入网络，让网络自动学习如何提取特征，从而实现端到端的训练过程。深度学习模型并不复杂，主要是由神经网络层、激活函数、损失函数等组成。其中，神经元是深度学习模型的基本单位，承载了深度学习模型所能完成的各项功能，多个神经元相互连接就构成了神经网络层。神经网络层是深度学习模型最重要的数据结构，就像一张网一样将深度学习的各部分串联起来。除此之外，激活函数可以帮助深度学习模型完成一些非线性任务，损失函数可以帮助深度学习模型判断预测值与真实值之间的偏离程度。下面将依次介绍神经元、神经网络层、激活函数及损失函数等深度学习模型的基本组成单元。

1. 神经元

1943 年，麦卡洛克和皮茨参考生物神经元的结构，提出了人工神经元模型，简称神经元。神经元作为深度学习模型的基本单位，有其独特的结构，如图 1.5 所示。其中 *x* 为输

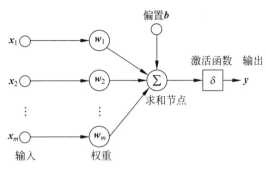

图 1.5 神经元的结构

入,带箭头的线称为连接,负责传递信息,每一个连接上都有一个权重 w。中间的节点为人工神经元节点,其中 δ 是一个非线性变换,称为激活函数,施加激活函数的目的是使人工神经元具有表示非线性关系的能力。参数 b 称为偏置,y 为人工神经元的输出。该模型包含 m 个输入和 1 个输出,神经元内部包含 1 个线性变换和 1 个非线性变换,即

$$y = \delta \left(\sum_{j=1}^{m} w^{(j)} x^{(j)} + b \right)$$

整个过程就是多个输入通过连接传至人工神经元,在人工神经元内部被施加一次计算加权和的线性变换和一次称为激活功能的非线性变换,最后得到输出。

2. 神经网络层

神经网络层是深度学习模型最重要的数据结构,可以分为三层。第一层为输入层,输入层所包含的神经元个数等于单个实例所包含的特征数,输入层只负责输入数据,没有激活函数。第二层为隐藏层,深度学习模型中间的所有层都叫作隐藏层,越复杂的问题需要的隐藏层层数和每层的神经元个数越多。隐藏层的作用是提取特征,靠前的隐藏层负责提取一些简单的特征,越靠后的隐藏层提取的特征越复杂,隐藏层必须包含激活函数。深度学习模型的最后一层叫作输出层,输出层所包含的神经元数目与标签的类别数相关,输出层负责输出模型的预测值,可以包含激活函数。

具有不同的层数或不同神经元数目的深度学习模型,其性能也会存在差异。模型中各输入层、输出层的神经元个数通常是确定的,因此总的神经元个数主要受隐藏层深度及宽度的影响。如果隐藏层中包含太多神经元,则可能会过拟合并简单地记住输入模式,这会限制网络的泛化能力;如果隐藏层中的神经元太少,则可能导致网络无法表示输入空间的特征,同样也会限制网络的泛化能力。这就需要搜索合适的网络深度及宽度,常用的方法有人工经验调参、随机网格搜索、贝叶斯优化等。

3. 激活函数

在介绍神经元时提到,输入层没有激活函数,隐藏层必须包含激活函数,输出层可以包含激活函数。激活函数的作用是使神经元具有表示非线性关系的能力,使模型可以拟合数据中的非线性关系,从而解决众多的非线性问题,包括将求和结果映射到所需范围,以确定神经元是否需要被激活。激活函数一般需要具备非线性、可微性及单调性等特点。可微性是指进行训练时,基于梯度的优化方法要求激活函数必须可微。Sigmoid 函数、Tanh 函数、ReLU 函数等常见激活函数的基本特征如表 1.1 所示。

表 1.1　常见激活函数的基本特征

基本特征	Sigmoid 函数	Tanh 函数	ReLU 函数
别名	逻辑函数	正切函数	线性修正函数
公式	$\text{Sigmoid}(x)=\dfrac{1}{1+e^{-x}}$	$\tanh(x)=\dfrac{\sinh(x)}{\cosh(x)}=\dfrac{e^{x}-e^{-x}}{e^{x}+e^{-x}}$	$\text{ReLU}(x)=\max(0,x)$
图像	Sigmoid 函数的图像如图 1.6(a) 所示	Tanh 函数的图像如图 1.6(b) 所示	ReLU 函数的图像如图 1.6(c) 所示
一阶导数公式	$\text{Sigmoid}'(x)=$ $\text{Sigmoid}(x)\cdot(1-\text{Sigmoid}(x))$	$\tanh'(x)=1-\tanh^{2}(x)$	$\text{ReLU}'(x)=$ $\begin{cases}0, & \text{当 } x<0 \text{ 时}\\ 1, & \text{当 } x>0 \text{ 时}\end{cases}$
导数图像	Sigmoid 函数的导数图像如图 1.6(d)所示	Tanh 函数的导数图像如图 1.6(e)所示	ReLU 函数的导数图像如图 1.6(f)所示
优点	(1) 值域类似于概率,适用于二类分类问题的输出层; (2) 在整个实数域均连续可导	(1) 值域是$(-1,1)$,解决了非零对称问题; (2) 其一阶导数的值域范围更大,更不容易出现梯度消失问题	(1) 当 $x>0$ 时,ReLU 函数的导数恒为1,解决了梯度消失问题; (2) 无指数运算,计算量小,收敛速度快
缺点	(1) 值域非零对称,会减缓收敛速度; (2) 可能出现梯度消失问题,Sigmoid 函数的一阶导数的最大值为0.25,在非常深的深度学习模型中计算损失函数关于浅层权重和偏置的梯度时,会用到链式法则,这样就会出现多个很小的数相乘,使得梯度接近于0; (3) 公式包含幂运算,时间复杂度较高	(1) 时间复杂度较高; (2) 仍然存在出现梯度消失问题的可能	(1) 未解决非零对称问题; (2) 可能出现神经元坏死问题(dead ReLU problem),即当 $x<0$ 时,ReLU 函数的梯度恒为0,导致这些神经元坏死而不再被激活

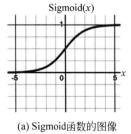

(a) Sigmoid函数的图像

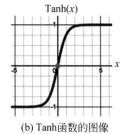

(b) Tanh函数的图像

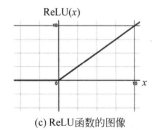

(c) ReLU函数的图像

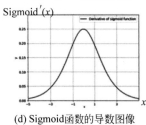

(d) Sigmoid函数的导数图像

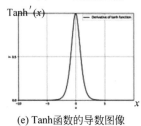

(e) Tanh函数的导数图像

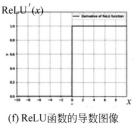

(f) ReLU函数的导数图像

图 1.6　常见激活函数及其导数图像

4. 损失函数

在训练模型的过程中,需要衡量模型参数是好还是坏,而衡量模型参数好坏的依据就是输出的损失。例如图像识别会输出模型对图片分类的预测标签,预测标签和图片真实标签的差异就是损失,而损失是需要计算得到的,计算的方法就是损失函数。损失函数是用来告知当前分类器性能好坏,用于指导分类器权重调整的指导性函数,通过该函数可以了解如何改进权重系数。简单地说就是每一个数据样本经过模型前向传播后会得到一个预测值,得到的预测值和真实值的差值就是损失,损失值越小说明模型越好。

损失函数本质上就是计算预测值和真实值的差距,然后经过库的封装形成了有具体名字的函数。常见的损失函数包括均方误差(mean square error,MSE)损失函数、平均绝对误差(mean absolute error,MAE)损失函数、Huber 损失函数及交叉熵(cross entropy loss)损失函数等,下面对这些损失函数的公式、特征、应用场景以及优缺点等一些基本特征信息进行简单介绍。

均方误差损失函数常用于回归问题,如公式(1.1)所示,其中 y 表示数据的真实值,y' 表示深度学习模型的预测值,下同。该损失函数的优势在于收敛速度较快,能够对梯度给予合适的惩罚权重,从而使梯度更新的方向更加精确。不足之处在于其对异常值过于敏感,梯度更新的方向很容易被离群点所主导,导致不具备鲁棒性。

$$\mathrm{MSE}(y,y') = \frac{1}{n}\sum_{i=1}^{n}(y_i - y'_i)^2 \tag{1.1}$$

平均绝对误差损失函数用公式(1.2)表示,它使用绝对值代替平方差,克服了均方误差损失函数的缺点,对异常值不敏感。但也正是因为该损失函数取绝对值,使其在 0 处的可微性差,对于需要求梯度的算法不友好。

$$\mathrm{MAE}(y,y') = \frac{1}{n}\sum_{i=1}^{n}|y_i - y'_i| \tag{1.2}$$

Huber 损失函数用公式(1.3)表示,观察其形式并与均方误差损失函数、平均绝对误差损失函数的形式对比可知,由于使用超参数 δ 进行选择,当误差小于超参数 δ 时采用均方误差,当误差大于 δ 时采用线性误差,类似于平均绝对误差。这一特性使得其集均方误差损失函数和平均绝对误差损失函数的优势于一身,与此同时也需要额外地不断迭代训练超参数 δ。

$$\mathrm{Huber}(y,y') = \begin{cases} \frac{1}{2}(y-y')^2, & |y-y'| \leqslant \delta \\ \delta|y-y'| - \frac{1}{2}\delta^2, & \text{其他} \end{cases} \tag{1.3}$$

交叉熵损失函数用公式(1.4)表示,用于表示两个概率分布之间的距离,交叉熵越小则说明两者分布越接近。交叉熵损失函数根据模型的不同有不同的变体,如二元交叉熵损失函数用于二分类模型,类别交叉熵损失函数用于多分类模型,稀疏类别交叉熵损失函数常用于标签是类别序号编码的情况。

$$H(y,y') = -\sum_{i=1}^{n} y_i \times \ln y'_i \tag{1.4}$$

1.2.2 深度学习模型的运行

深度学习模型的运行过程大致可以分为前向传播与反向传播两个阶段,这两个阶段均对训练起着非常重要的作用,如图 1.7 所示。前向传播是将输入数据进行处理,得到一个输出结果的过程;而反向传播是根据输出结果和真实标签之间的误差,调整神经元之间的连接权重,使得网络能够更好地对输入数据进行分类或预测。下面将对两个阶段进行详细介绍。

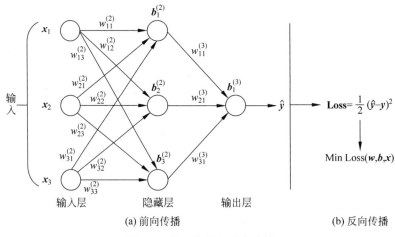

(a) 前向传播   (b) 反向传播

图 1.7 前向传播与反向传播

1. 前向传播

前向传播如图 1.7(a)所示,输入 $\boldsymbol{x}=(x^{(1)},x^{(2)},\cdots,x^{(m)})^{\mathrm{T}}$ 包含 m 个特征。相邻层的每两个神经元相互连接,每个连接上包含一个权重 $w_{ij}^{(l)}$ 表示第 l 层的第 i 个神经元和第 $l+1$ 层的第 j 个神经元连接的权重。隐藏层和输出层的每个神经元都包含一个偏置 $\boldsymbol{b}_i^{(l)}$ 表示第 $l+1$ 层的第 i 个神经元上的偏置,每一个隐藏层和输出层都包含一个激活函数 δ。在深度学习模型中,前一层神经元的输出即后一层神经元的输入,则第 l 层的第 i 个神经元的输入和输出可以分别用公式(1.5)和公式(1.6)表示。

$$z_i^{(l)} = \sum_{j=1}^{n_{l-1}} w_{ij}^{(l-1)} \boldsymbol{a}_j^{(l-1)} + \boldsymbol{b}_i^{(l-1)}, \quad l=2,3,\cdots,L \tag{1.5}$$

$$\boldsymbol{a}_i^{(l)} = \delta(z_i^l), \quad l=2,3,\cdots,L \tag{1.6}$$

深度学习模型的前向传播中,对每一个输入 $\boldsymbol{x}$,深度学习模型都会将它映射为一个 $\boldsymbol{y}$ 值并输出。自输入层输入 $\boldsymbol{x}$ 至输出层输出预测值 $\boldsymbol{y}$ 的整个变换过程可以用公式(1.7)表示,即整个前向传播过程中,每一层只需要执行输入、计算、输出三步操作,之后在每一层之间传递数据,便能实现前向传播。

$$\boldsymbol{x}=z^{(1)}=\boldsymbol{a}^{(1)}=z^{(2)} \rightarrow \boldsymbol{a}^{(2)}=z^{(3)} \rightarrow \cdots \rightarrow \boldsymbol{a}^{(L-1)}=z^{(L)} \rightarrow \boldsymbol{a}^{(L)}=\boldsymbol{y} \tag{1.7}$$

2. 反向传播

反向传播主要依赖反向传播算法,它首先计算损失函数对于每个参数的梯度,然后利用梯度下降算法来更新参数,从而最小化损失函数。因此,反向传播算法与梯度下降算法是相辅相成的,两者结合起来在反向传播阶段实现深度学习模型的训练和参数优化。除了可以使用梯度下降算法对参数进行优化,还可以使用动量优化算法加速梯度下降算法的收敛,以及使用自适应学习率算法对学习率这一参数进行优化。

反向传播是一种适用于多层深度学习模型的学习算法,建立在梯度下降算法的基础上,它的输入与输出实质上是一种映射关系,即一个具有 n 个输入、m 个输出的反向传播深度学习模型所实现的功能是从 n 维欧氏空间到 m 维欧氏空间中一个有限域的连续映射。这一映射具有高度非线性,它的信息处理能力来源于简单非线性函数的多次复合,因此具有很强的函数复现能力,这是反向传播算法得以应用的基础。

假设深度学习模型还没有被训练好,此时输出层神经元的激活值看起来比较随机,与期望的正确结果相差较大,需要对此做出改变,但是并不能直接改变神经元的激活值,能够改变的只是权重和偏置,因此需要在各种参数中选择最佳参数。在传统的机器学习领域,最佳参数可以通过直接计算得到,但是在深度学习领域,由于存在输入层、隐藏层、输出层等多个层次,且隐藏层的深度都是未知的,因此计算也会更加繁杂,尤其是在输出层输出的数据与设定的目标、标准相差比较大时,就需要使用反向传播算法。

反向传播算法的核心理念就是汇总下一层神经元对于上一层神经元的所有期望,从而指导上一层神经元改变权重和偏置。反向传播算法如算法 1.1 所示,首先利用反向传播逐层求出目标函数对各神经元权值的偏导数,构成目标函数对权值向量的梯度,以对权值的优化提供依据,待权值优化之后,再转为前向传播,之后不断重复这个过程,直到输出的结果达到设定的标准,算法结束。

算法 1.1   反向传播算法

输入:训练数据 $T=\{(x_1,y_1),(x_2,y_2),(x_3,y_3),\cdots,(x_n,y_n)\}$,深度学习模型 $f(w,b,x)$,计算精度 ε,学习率 η,最大迭代轮数 K

输出:最优模型 $f(w^*,b^*)$

Step 1 随机初始化所有权重和偏置为 w_0,b_0

   for $k=1,2,3,\cdots,K$:

   Step 2 前向传播:随机选取一个实例 $x \in T$,计算 $y_i^{\mathrm{pre}}=f(w_k,b_k,x_i)$

   Step 3 计算单个实例的损失函数 $\mathrm{Loss}(w_k,b_k,x_i)=(y_i^{\mathrm{pre}}-y_i^{\mathrm{real}})^2$

   Step 4 更新模型参数:计算损失函数关于每一个参数的梯度并更新:

$$w_{k+1}=w_k-\eta \cdot \frac{\partial \mathrm{Loss}(w_k,b_k,x_i)}{\partial w_k}, \quad b_{k+1}=b_k-\eta \cdot \frac{\partial \mathrm{Loss}(w_k,b_k,x_i)}{\partial b_k}$$

   其中,w_k 和 b_k 分别为在第 k 轮迭代时相应的权重和偏置的取值

   Step 5 如果损失小于计算精度且收敛不变时,则跳出循环

Step 6 令 $w^*=w_k$,$b^*=b_k$,得到最优模型 $f(w^*,b^*)$

反向传播更新参数的过程需要用到梯度下降优化算法,以最小化损失函数,其目标是随着时间的推移将该值最小化,通过计算相对于模型参数的损失梯度,并使用该梯度在与梯度相反的方向上更新参数来实现。换言之,如果损失在某个方向上增加,则梯度下降算法在相反的方向上采取措施以尝试减少损失,该过程重复多次,直到损失达到最小值。需要注意的是,梯度下降是一阶优化算法,这意味着它只考虑损失函数的一阶导数,此外还有其他使用更高阶导数来提高收敛速度和精度的优化算法,常用深度学习优化算法如图 1.8 所示,例如自适应学习率算法是对学习率进行优化,动量优化算法是通过加速相关方向的下降、减小无关方向的振荡来加速梯度下降算法的收敛,下面详细介绍这些优化算法。

梯度下降算法的每次迭代都需要输入全部样本,这样做的好处是每次迭代都考虑了全部样本,做到了全局最优化。当目标函数是凸函数时,梯度下降算法的解是全局解,一般情

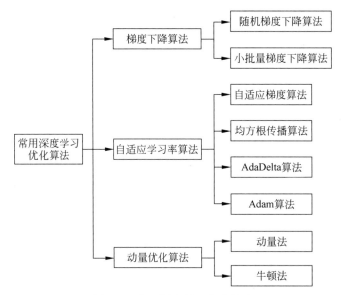

图 1.8　常用深度学习优化算法

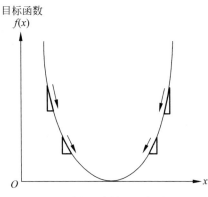

图 1.9　梯度下降算法的优化思想

况下,不保证是全局最优解,梯度下降的速度也未必是最快的。梯度下降算法的优化思想如图 1.9 所示,是将当前位置的负梯度方向作为搜索方向,因为该方向是当前位置的最快下降方向,越接近目标值,则步长越长,前进越慢。梯度下降有不同的变体,例如批量梯度下降、随机梯度下降和小批量梯度下降,每个变体在计算时间和精度之间都有自己的权衡。

随机梯度下降(Stochastic Gradient Descent,SGD)算法是为解决梯度下降算法速度过慢的问题而提出的,具体过程是从样本中随机抽出一组,训练后按梯度更新一次,然后再抽取一组,训练后再按梯度更新一次。在样本量较大的情况下,可能不需要训练完样本就可以获得一个损失值在可接受范围内的模型。

随机梯度下降算法拥有更快的速度,但是也可能存在一定的问题,例如对于单个样本的训练可能会带来很多噪声,这使得该算法并不是每次都向最优的方向迭代,刚开始训练时收敛速度可能会很快,但是训练一段时间后速度就会变慢。基于上面的问题,又提出了小批量梯度下降(Mini-batch SGD)算法,即每次从样本中随机抽取一小批而不是一组进行训练,从而保证效果和速度。

小批量梯度下降算法虽然能够带来很好的训练速度,但是在到达模型最优时并不总是真正意义上的最优,即可能陷入了局部最优的情况,在最优点附近徘徊。另外一个问题是小批量梯度下降算法需要挑选一个合适的学习率,当采用较小的学习率时,可能会导致网络的收敛速度太慢;当采用较大的学习率时,可能会导致训练过程中优化的幅度跳过函数的最优点。

自适应学习率算法是对梯度下降算法的改进,包括自适应梯度(AdaGrad)算法、均方根传播算法、AdaDelta 算法及 Adam 算法等。自适应梯度算法是对梯度下降算法最直接的改进。梯度下降算法依赖于人工设定的学习率,如果设置得过小,则收敛太慢;而如果设置得太大,则可能导致算法不收敛,因此为学习率设置合适的值非常困难。自适应梯度算法根据前面所有轮迭代的历史梯度值动态调整学习率,且优化变量向量 x 的每一个分量都有自己的学习率,其参数更新公式如公式(1.8)所示。

$$(x_{t+1})_i = (x_t)_i - \alpha \frac{(g_t)_i}{\sqrt{\sum_{j=1}^{t} ((g_j)_i)^2 + \varepsilon}} \tag{1.8}$$

其中,α 是学习率,g_t 是第 t 次迭代时参数的梯度向量,下标 i 表示向量的分量。和标准梯度下降算法唯一不同的是多了分母中的这一项,它是 i 分量从第 1 轮到第 t 轮梯度的平方和,即累积了到本次迭代为止梯度的历史值信息用于生成梯度下降的系数值。

可以看到,此时实质上的学习率由 α 变成了 $\alpha / \sqrt{\sum g^2}$,随着迭代的增加,学习率是在逐渐变小的。这个变小的幅度只与当前问题的函数梯度有关,为了防止除零。ε 一般取 $1e-7$,优点是解决了随机梯度下降中学习率不能自适应调整的问题。开始训练时,学习率较大,会激励收敛;中后期,学习率越来越小,会惩罚收敛。为不同的参数设置不同的学习率,梯度大的分量具有较大的学习率,梯度小的分量具有较小的学习率。缺点是学习率单调递减,在迭代后期,学习率会变得特别小而导致收敛极其缓慢,甚至提前停止训练。同样地,还需要手动设置初始学习率 α。

均方根传播(RMSProp)算法由 Tieleman 和 Hinton 提出,是对自适应梯度算法的改进,自适应梯度算法会累加之前所有迭代的梯度平方,用梯度平方的指数加权平均代替至今全部梯度的平方和,避免了后期更新时更新幅度逐渐趋近于 0 的问题。其计算公式如公式(1.9)所示。

$$\theta_{t+1} = \theta_t - \frac{\eta}{\sqrt{E[g^2]_t + \varepsilon}} g_t \tag{1.9}$$

$$E[g^2]_t = 0.9 E[g^2]_{t-1} + 0.1 g_t^2 \tag{1.10}$$

其中,η 是人工设定的学习率,$E[g^2]$ 是梯度平方的指数平均值,即对每个分量分别平方,通过公式(1.10)可以看出,$E[g^2]$ 计算前初始化值 $E[g^2]_0 = 0$,其仅仅取决于当前的梯度值与上一时刻梯度平方和的平均值,与自适应梯度算法累加之前所有迭代的梯度平方相比,学习率的衰减速率大大降低。均方根传播算法的优点是有效解决了自适应梯度算法后期学习率过小导致参数更新过于缓慢的问题,缺点是仍需要手动设置全局学习率。

均方根传播算法和 AdaDelta 算法是不同研究者在同一年提出的,都是对自适应梯度算法的改进。从形式上说,AdaDelta 算法对均方根传播算法的分子做了进一步改进,去掉了对人工设置全局学习率的依赖。具体地,将均方根传播算法计算公式(1.9)中的分母简记为 RMS,表示梯度平方和的平均数的均方根,并将学习率 η 变换为 RMS$[\Delta \theta]$,变换后就不需要提前设定学习率,即公式(1.9)变换为公式(1.11)。相应地,参数更新迭代公式如公式(1.12)所示,计算前需要初始化 $E[g^2]_0$ 和 $E[\Delta \theta^2]_0$ 两个向量为 $\mathbf{0}$,可以看出学习率是通过梯度的历史值确定的。AdaDelta 算法的优点是完全自适应全局学习率,加速效果好,缺点是后期容易在小范围内产生振荡。

$$\Delta\boldsymbol{\theta}_t = -\frac{\mathrm{RMS}[\Delta\boldsymbol{\theta}]_{t-1}}{\mathrm{RMS}[\boldsymbol{g}]_t}\boldsymbol{g}_t \tag{1.11}$$

其中，$\Delta\boldsymbol{\theta}_t = \boldsymbol{\theta}_{t+1} - \boldsymbol{\theta}_t$。

$$E[\Delta\boldsymbol{\theta}_t^2]_t = \gamma E[\Delta\boldsymbol{\theta}_t^2]_{t-1} + (1-\gamma)\Delta\boldsymbol{\theta}_t^2 \tag{1.12}$$

Adam 算法是计算每个参数的自适应学习率的方法，相当于均方根传播算法加后续即将介绍的动量法，即该算法除了像 AdaDelta 算法和均方根传播算法一样存储了过去梯度平方和的指数平均值，也像动量法一样保持了过去梯度 $\boldsymbol{m}_t$ 的指数衰减平均值。Adam 算法用梯度构造了两个向量 $\boldsymbol{m}$ 和 $\boldsymbol{v}$，前者为动量项，后者累积了梯度的平方和，用于构造自适应学习率，分别如公式(1.13)和公式(1.14)所示。如果 $\boldsymbol{m}_t$ 和 $\boldsymbol{v}_t$ 被初始化为 **0** 向量，那么它们就会向 **0** 偏置，所以需要分别利用公式(1.15)和公式(1.16)做偏差校正，通过计算偏差校正后的 $\hat{\boldsymbol{m}}_t$ 和 $\hat{\boldsymbol{v}}_t$ 来抵消这些偏差。参数的更新公式如公式(1.17)所示，可以看到，分母与 AdaDelta 算法和均方根传播算法一样，只是分子引入了动量。

$$\boldsymbol{m}_t = \beta_1\boldsymbol{m}_{t-1} + (1-\beta_1)\boldsymbol{g}_t \tag{1.13}$$

$$\boldsymbol{v}_t = \beta_2\boldsymbol{v}_{t-1} + (1-\beta_2)\boldsymbol{g}_t^2 \tag{1.14}$$

$$\hat{\boldsymbol{m}}_t = \frac{\boldsymbol{m}_t}{1-\beta_2^t} \tag{1.15}$$

$$\hat{\boldsymbol{v}}_t = \frac{\boldsymbol{v}_t}{1-\beta_2^t} \tag{1.16}$$

$$\boldsymbol{\theta}_{t+1} = \boldsymbol{\theta}_t - \frac{\eta}{\sqrt{\hat{\boldsymbol{v}}_t} + \varepsilon}\hat{\boldsymbol{m}}_t \tag{1.17}$$

总体来说，批量梯度下降算法需要遍历所有样本才能更新一遍模型参数，既耗时又耗内存，而且它在搜索过程中容易陷入局部最优解。随机梯度下降算法每随机输入一个样本就会更新一遍模型参数，用时少、收敛速度快。在数据集规模很大时，随机选择样本可以更充分地利用数据信息，缺点是在搜索时比较盲目，容易出现振荡，并且需要更多的训练次数。小批量梯度下降算法使用小批量数据进行更新，在更新速度和更新次数之间保持了平衡。Adam 算法是自适应学习率优化算法，同时引入了一阶动量和二阶动量，使学习率自适应地变化，极大地提高了收敛速度。

梯度下降算法中存在一些问题，因为是对整个梯度用学习率做的衰减和增强，所以所有的梯度分量都享受同一个权重学习率，容易造成有些分量衰减得过于缓慢，有些分量振荡的剧烈到最后发散的可能。而动量优化算法可以很好地解决这些问题，动量优化算法具体又可以分为动量法和牛顿法。动量法通过基于梯度的移动指数加权平均，对网络的参数进行平滑处理，让梯度的摆动幅度更加平缓。如果考虑历史梯度，动量法将引导参数朝着最优值更快收敛。动量法的计算公式如公式(1.18)所示，该式经指数加权移动平均后可转换为公式(1.19)。

$$\boldsymbol{v}_t = \gamma\boldsymbol{v}_t - 1 + \eta_t\boldsymbol{g}_t, \quad \boldsymbol{x}_t = \boldsymbol{x}_{t-1} - \boldsymbol{v}_t \tag{1.18}$$

$$\boldsymbol{v}_t = \gamma\boldsymbol{v}_{t-1} + (1-\gamma)\frac{\eta_t}{1-\gamma}\boldsymbol{g}_t \tag{1.19}$$

如公式(1.19)所示，动量法在每个时间步的自变量更新量近似于将最近 $1/(1-\gamma)$ 个时间步的普通更新量,即学习率乘以梯度,做了指数加权移动平均后再除以 $1-\gamma$,所以在动量法中,自变量在各个方向上的移动幅度不仅取决于当前梯度,还取决于过去的各个梯度在各个方向上是否一致。动量超参数 γ 满足 $0 \leqslant \gamma < 1$,动量项 γ 通常设定为 0.9,当 $\gamma = 0$ 时,动量法等价于小批量随机梯度下降算法,依赖指数加权移动平均使得自变量的更新方向更加一致,从而降低发散的可能。

牛顿法主要用于解决非线性优化问题,具体可以描述为对于目标函数 $f(x)$,在无约束条件的情况下求它的最小值,其收敛速度比梯度下降速度更快。牛顿法是在现有的极小值估计值的附近做二阶泰勒展开,进而找到极小点的下一个估计值,反复迭代直到函数的一阶导数小于某个接近 0 的阈值,每迭代一次,牛顿法结果的有效数字将增加一倍。由于牛顿法是基于当前位置的切线来确定下一次迭代的位置,所以牛顿法又被形象地称为切线法。

1.2.3　深度学习模型的分类

深度学习算法就是为了在深度学习模型中对数据进行训练而制定的一系列规则及流程,例如梯度下降算法。深度学习算法的一大特点是对于特定类型的网络层,其计算规模和参数数量是可变的,这使得开发人员有很大的自由度在一定范围内改变算法的相关参数来适应所有任务。

通常情况下,对于同类型的应用,网络的规模随着任务规模和复杂度的提升而增大。因而,随着深度学习应用范围的不断扩大,单个网络的规模也在不断增大,网络中的参数数量也在急剧增长,参数数量代表了网络的存储需求,而运算量也与之成正相关。随着深度学习的发展和硬件处理能力的提高,单个网络的存储和运算需求都在逐步增大,因此深度学习算法也随之飞速发展以适应不断增长的存储和运算需求,诞生了许多著名的模型和算法。

深度学习算法有多种分类方式,较为常见的有以下两种:一种是以训练方式为导向进行分类,可以分为监督学习、无监督学习、半监督学习、强化学习;另一种是以模型为导向进行分类,可以分为卷积神经网络(convolutional neural network,CNN)、循环神经网络(recurrent neural network,RNN),以及其他常见的模型 LSTM(Long Short Term Memory)、Transformer、生成对抗网络(generative adversarial network,GAN)、图神经网络(graph neural network,GNN)等。下面将针对这两种分类方式介绍相应的深度学习模型。

1. 以训练方式为导向分类

以训练方式为导向进行分类是人工智能领域通用的分类方法,自然也适用于深度学习。其中,无监督学习是人工智能领域的主体,可以解决很多复杂的问题,如果取得突破性进展将引发人工智能领域的飞跃发展。监督学习、半监督学习和强化学习也在人工智能领域占据一定份额。

1)监督学习

在监督学习中,计算机通过带标签的数据进行学习,它从过去的数据中学习,并将学习的结果应用到当前的数据中,以预测未来的事件。在这种情况下,输入和期望的输出数据都有助于预测未来事件。当前大部分较为成熟的深度学习模型都属于监督学习,如卷积神经网络、循环神经网络等。

2）无监督学习

无监督学习本质上是一种统计手段，是一种在没有标签的数据里发现一些潜在的结构的训练方式，它主要具备没有明确的目的、无须给数据打标签及无法量化效果等三个特点。传统的机器学习方法中的无监督学习有聚类、降维等方式，深度学习模型中的代表模型有自动编码器、受限玻尔兹曼机、生成对抗网络等。

3）半监督学习

半监督学习是介于监督学习和无监督学习之间的一种状态，是一种同时使用带有标签和没有标签的数据进行学习与预测的过程。半监督学习在不需要额外标注的情况下，提高了监督学习的准确性和效率。常见的半监督学习应用包括图像分类、文本分类及机器翻译等。

4）强化学习

强化学习又称增强学习，该类方法中的一部分属于监督学习的范畴，还有一部分属于无监督学习的范畴。强化学习是一种通过与环境的交互来学习最优决策策略的过程，即通过不断试错和学习，找到最优策略以最大化长期累计回报。常见的强化学习应用包括智能游戏、机器人控制及自动驾驶等。

2. 以模型为导向分类

以训练方式为导向的分类方式在深度学习的发展前期非常适用，但是随着深度学习算法研究的不断深入，这种分类方式已不能满足一些新兴算法的需求，所以出现了以模型为导向的分类方式。下面主要介绍卷积神经网络、循环神经网络、LSTM、Transformer、图神经网络这几种模型。

1）卷积神经网络

卷积神经网络是一种深度学习模型，一个完整的卷积神经网络结构如图 1.10 所示，包括输入层、卷积层、池化层、全连接层等，下面以处理图像数据为例介绍其结构。如果输入一幅图像，图像的像素本身是矩阵，可以拓展到矩阵的层面，卷积神经网络能够为图像像素矩阵中不同的部分分配权重，区分重要的部分和不重要的部分。与其他分类任务相比，卷积神经网络对数据预处理的要求不是很高，只要经过足够的训练，就可以学习到图像像素矩阵中的特征。

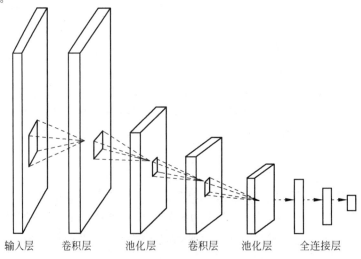

输入层　　卷积层　　池化层　　卷积层　　池化层　　全连接层

图 1.10　一个完整的卷积神经网络结构

一幅图像的像素矩阵通常为整个卷积神经网络的输入,在处理图像时,输入层一般为一幅图像的三维像素矩阵,大小通常为 $w \times h \times 3$ 或者 $w \times h \times 1$ 的矩阵,这三个维度分别是图像的宽度、长度、深度,其中深度也被称为通道数。彩色图像有 R、G、B 三种色彩通道,而黑白图像只有一种色彩通道。

卷积层是卷积神经网络中最重要的部分,通过卷积操作获取图像的局部区域信息。卷积操作使用卷积核或过滤器,将当前层神经网络上的子节点矩阵转化为下一层神经网络上的一个节点矩阵,得到的矩阵称为特征图(feature map)。下面以像素矩阵通道等于 1 为例介绍卷积过程,首先定义一个 3×3 的卷积核,即矩阵,此处卷积核的数值是手工设置的,如图 1.11 所示。实际上,这些值是网络的参数,通常是随机初始化后通过网络学习得到的。

卷积操作就是卷积核矩阵与其覆盖的局部区域进行矩阵乘后累加求和,即将图 1.12 中的灰色区域对应的每个元素相乘后累加求和。完成这一步卷积操作后,卷积核会继续移动,然后再进行卷积操作,一次移动的距离称为步长(stride)。如果设定步长为 1,则向右移动 1 个单元格,在当前区域继续进行卷积操作,得到卷积值。卷积步长只在输入矩阵的长和宽这两个维度实施。单个卷积核在输入矩阵上完成卷积的整个动态过程如下:当卷积核移动到输入矩阵的最右侧时,下一次将向下移动一个步长,同时从最左侧重新开始。在整个卷积过程中,要始终保持卷积核矩阵在输入矩阵范围内。卷积操作的过程就是将上面的卷积核矩阵从输入矩阵的左上角一个步长接一个步长地移动到右下角,在移动过程中计算每一个卷积值,最终得到的矩阵就是整个特征图。

图 1.11 手工设置的卷积核

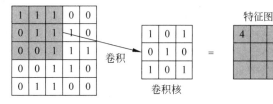

图 1.12 卷积操作

池化层主要对数据进行降采样(down sampling),缩小数据规模,收集关键数据,同时提高计算速度。池化层的作用是缩小特征图,保留有用信息,得到一个更小的子图来表征原图。池化操作本质上是对图像进行降采样,可以认为是将一幅分辨率高的图像转换为分辨率较低的子图,保留的子图不会对图像内容理解产生太大影响。

全连接层将学到的特征表示映射到类标签,起到分类器的作用。经过多个卷积层和池化层后,一般会有 1~2 个全连接层,给出最后的分类结果。在实际中,全连接层也可由卷积操作实现,在全连接层的前层是全连接的情况下,该全连接层可以转换为卷积核为 1×1 的卷积;全连接层的前层是卷积层时,该全连接层可以转换为卷积核为 $h \times w$ 的全局卷积,其中 h 和 w 分别为前层卷积输出结果的高和宽。

2) 循环神经网络

循环神经网络的特点是具有循环结构,可以处理序列数据。在处理序列数据时,循环神经网络会将先前的输出作为当前输入的一部分,从而将先前的信息引入当前的计算中。这种循环结构使得循环神经网络能够捕捉文本、视频等序列数据中的时间依赖关系和长期依赖关系。循环神经网络模型接受任意数量的输入,并产生任意数量的输出,同时有一个内部状态,随着序列的处理而更新,如图 1.13 所示,包含一对一、一对多、多对一、多对多等多种模式,其中多对多可以完成基于帧的视频分类、处理视频字幕等任务,即将视频帧序列转换为文字序列、进行机器翻译等。

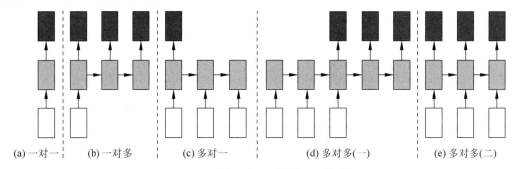

(a) 一对一　(b) 一对多　(c) 多对一　(d) 多对多(一)　(e) 多对多(二)

图 1.13　循环神经网络模型的模式

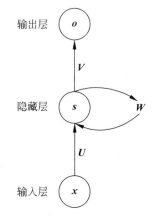

图 1.14　循环神经网络的基本结构

循环神经网络的基本结构如图 1.14 所示,它由输入层、隐藏层和输出层组成,x、s 和 o 都是向量,分别表示这三层的值,其中隐藏层实际包含多个节点,节点数量与 s 的维度相同。向量间连接线上的 U、V、W 表示不同层次转换的权重矩阵,其中 U 是输入层到隐藏层的权重矩阵,V 是隐藏层到输出层的权重矩阵,权重矩阵 W 是将隐藏层上一次的值作为这一次输入的权重矩阵,即循环神经网络的隐藏层的值 s 不仅仅取决于当前这次的输入 x,还取决于上一次隐藏层的值 s。如果把图 1.14 中的 W 去掉,它就变成了最普通的全连接神经网络,可见隐藏层是循环神经网络的关键。

3) LSTM 模型

LSTM 模型是一种特殊的循环神经网络,主要用于解决长序列训练过程中的梯度消失和梯度爆炸问题。简单来说,与普通的循环神经网络相比,LSTM 模型可以学习序列数据时间步之间的长期相关性,能够在更长的序列中有更好的表现。LSTM 模型的核心组成部分包括一个序列输入层和一个 LSTM 层,序列输入层用于将文本或时间序列数据等序列馈入网络,LSTM 层用于学习序列数据时间步之间的长期相关性。输入在馈入网络的元素个数及数据的意义等方面是固定的,也就是说,如果收集的数据的大小或类型不一致,则需要将其预处理成网络预期的形式。

LSTM 模型与循环神经网络在结构上的区别如图 1.15 所示。循环神经网络只有一个传递状态即隐藏状态,LSTM 模型有两个传输状态,即在隐藏状态 h^t 的基础上增加了细胞状态 c^t。LSTM 模型在 t 时刻的输入、输出中,输入有细胞状态 c^{t-1}、隐藏状态 h^{t-1} 及输入向量 x^t 共三个,输出有细胞状态 c^t 和隐藏状态 h^t 共两个。其中细胞状态 c^{t-1} 的信息一直在上面那条线上传递,t 时刻的隐藏状态 h^t 与输入向量 x^t 会对细胞状态 c^t 进行适当修改,然后传递到下一时刻。细胞状态 c^{t-1} 会参与 t 时刻输出 h^t 的计算,隐藏状态 h^{t-1} 的信息,通过 LSTM 模型的门结构对细胞状态进行修改,并且参与输出的计算。通过此过程可以观察到 h^t 不仅是由上一个状态和本次的输入所决定,还有一个细胞状态 c^{t-1},这是 LSTM 模型与循环神经网络最大的不同。

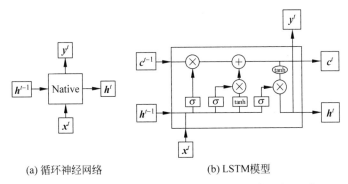

(a) 循环神经网络   (b) LSTM模型

图 1.15 循环神经网络与 LSTM 模型在结构上的区别

4）Transformer 模型

Transformer 模型是完全基于自注意力机制的一个深度学习模型,可以高效地进行自然语言处理。Transformer 模型本身的复杂性及适用于并行化计算的特点导致它在精度和性能上都要高于循环神经网络。可以简单地将 Transformer 模型理解为一个黑盒子,进行文本翻译时,输入一个中文,经过这个黑盒子之后,输出翻译过的英文。这个黑盒子主要由编码器（encoder）和译码器（decoder）两部分组成,具体地,输入一个文本时,该文本数据首先经过编码器模块进行编码,然后将编码后的数据传入译码器模块进行解码,解码后就得到了翻译后的文本。

Transformer 模型如图 1.16 所示。在编码器中,输入首先经过输入嵌入将输入的符号序列映射到连续的向量空间中,经过位置编码为输入序列中的每个位置引入位置信息,然后经过多头注意力机制为模型引入多个注意力头,以便模型能够同时关注输入序列中的不同位置和不同表示子空间的信息,再经过逐位前馈网络（position-wise feed forward network）进行非线性变换,其中每个子层之间有残差连接。解码器中也有位置编码、多头注意力机制和前馈神经网络,子层之间也要做残差连接,但比编码器多了一个掩码多头注意力机制,作用是防止模型在训练过程中看到未来的信息,从而确保模型在预测当前词时不会受到后续词的影响。最后经过线性变换和 Softmax 归一化函数输出概率。

5）图神经网络

图神经网络是指使用神经网络来学习图结构的数据,提取和发掘图结构数据中的特征和模式,满足聚类、分类、预测、分割及生成等图学习任务需求的算法总称。2005 年,Gori 等第一次提出图神经网络概念,用循环神经网络处理无向图、有向图、标签图和循环图等。Bruna 等提出将卷积神经网络应用到图上,通过对卷积算子的巧妙转换,提出了图卷积网络（graph convolutional network,GCN）,并衍生了许多变体。除了图卷积网络,图神经网络的主流算法还包括图自编码器、图生成网络、图循环网络及图注意力网络等。

图是一种数据结构,常见的图结构包含节点和边,节点包含实体信息,边包含实体间的关系信息。图神经网络是一种连接模型,通过网络中节点之间的信息传递获取图中的依存关系,通过节点任意深度的邻居来更新该节点状态,这个状态能够表示状态信息。简单来讲,图神经网络需要提取更多的特征,一个节点的特征结构是由节点自身的特征及其邻居

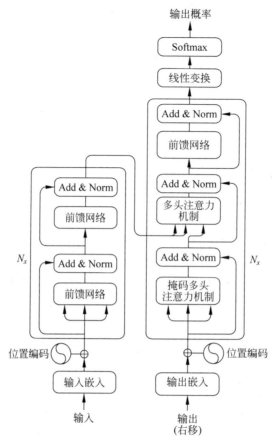

图 1.16   Transformer 模型

节点、邻居节点的邻居节点等递归的特征组成,后面是几层邻居则对应几层的图神经网络,有了特征之后可以做节点分类、关系分类、回归、边的分类等。

图神经网络的构造过程如图 1.17 所示,可以概括为聚合、更新,以及循环这两个步骤。聚合是指每个节点都会先聚合邻居的特征,更新是指每个节点会把邻居聚合后的特征加到自己身上,图中所有节点都会做一遍聚合和更新操作,然后就变成了如图 1.17(b) 所示的状态。循环上述过程,循环 1 次就是 1 层的图神经网络,循环 2 次就是 2 层的图神经网络,以此类推。循环完毕后就得到了各个节点的特征,然后再输入一层多层感知器,得到最终的输出。

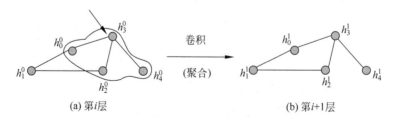

(a) 第 i 层   (b) 第 i+1 层

图 1.17   图神经网络的构造过程

卷积神经网络、循环神经网络和图神经网络都有其不同的特性,在不同的情境下会有不同的适用范围,其优缺点如表 1.2 所示。

表 1.2　卷积神经网络、循环神经网络和图神经网络的优缺点

优缺点	卷积神经网络	循环神经网络	图神经网络
优点	共享卷积核,处理高维数据无压力。卷积层可以提取特征,卷积层中的卷积核真正发挥作用,通过卷积提取需要的特征	可以让隐藏层的神经元相互交流,将上一个输出结果以信息的方式存储在隐藏层,翻译下一个单词时,上一个输出也对它有影响,这就把单词翻译联系了起来	对于图结构而言,并没有天然的顺序而言,所以不需要排序。通过邻居节点的加权求和更新节点的隐藏状态
缺点	网络层次太深时,采用 BP 算法会使靠近输入层的参数修改较慢。采用梯度下降算法很容易使训练结果收敛于局部最小值而非全局最小值。池化层会丢失大量有价值的信息,忽略整体与局部之间的关联性	梯度消失现象出现在时间轴上,循环神经网络存在无法解决长时依赖的问题	更新节点的隐藏状态是低效的。在迭代中使用相同的参数,更新节点隐藏状态是时序的。旁边有一些信息化的特征无法在原始图神经网络中建模

1.3　深度学习应用的开发流程

深度学习应用的开发需要一定的计算资源和专业能力,同时也需要具备一定的编程能力、数据分析能力和数学基础。不同的深度学习应用可能会有不同的开发流程和具体实现细节,因此具体开发流程需要根据实际情况进行调整。本节主要对深度学习应用的通用开发流程进行归纳,并介绍图像识别、语音识别及自然语言处理等特定领域典型应用的开发流程。

1.3.1　通用开发流程

深度学习应用的开发流程如图 1.18 所示。首先准备好数据集并进行处理,选择合适的模型结构,定义损失函数和优化器后,使用训练数据集对模型进行训练,并使用验证数据集对模型进行验证和调参。训练完成后,还需要使用测试数据集对模型进行测试和评估,还要对模型进行优化,比较不同模型的性能并选择最佳模型。最后将训练好的模型部署到硬件上,进行模型推理来解决相应问题,同时也可以执行一些推理阶段的优化。下面重点介绍深度学习应用开发流程中的主要步骤。

数据处理 ⇒ 选择模型结构 ⇒ 定义损失函数 ⇒ 模型训练 ⇒ 测试分析

图 1.18　深度学习应用的开发流程

1. 数据处理

在深度学习应用的开发流程中,数据处理是至关重要的,需要进行数据去重、纠错和格式转换等预处理,才能让数据适应模型的输入格式,进而才能从复杂的数据中提取有价值的信息。在开发深度学习应用时,算力、算法和数据是必不可少的三个要素,其中数据的质量对深度学习的效果影响很大,如果数据质量差,即使有好的算法也难以发挥作用,而数据质量高则可以提升平庸算法的效果。

数据处理方式因设备结构、工作方式和数据时空分布而异,需用根据实际应用环境选

择合适的处理方式。下面对数据处理中的数据收集和存储、数据清洗和预处理、数据集划分、数据增强等展开介绍。

1）数据收集和存储

数据收集和存储是深度学习应用开发流程中非常重要的一步,其目的是获取并保存数据,以便后续的处理和分析。数据可以来源于网络爬虫、传感器、数据库和日志文件等各种渠道,收集到的数据需要进行标注处理来形成数据集,并将其存储在本地或远程服务器上。在数据存储的过程中,不仅需要根据情况选择合适的存储格式,例如文本格式、二进制格式等,以便后续的数据处理和使用,还需要选择合适的存储位置和管理方式,例如存储在本地硬盘、云服务器等位置,并设置数据访问权限以保护数据的安全性和隐私性。

2）数据清洗和预处理

数据清洗和预处理是数据分析和建模之前的必要步骤,旨在通过检查、处理和删除数据集中的错误、缺失值、异常值与重复值,确保数据的准确性和一致性。数据清洗常见的操作包括删除重复值、填充缺失值、处理异常值和数据类型转换等。例如数据集中有缺失值时,可以使用插值法填充缺失值或者删除有缺失值的记录,以确保数据集的完整性。处理异常值时,可以使用一些统计学方法或者可视化工具来识别和纠正异常值,避免这些值对后续分析和建模产生影响。

数据预处理不仅可以改善数据的质量,还可以减少分析过程中的误差和噪声,一般包括特征提取和数据规范化等操作,以便后续分析和建模。特征提取是将原始数据转换为有用的特征集合,例如在图像识别中,可以使用卷积神经网络对图像进行特征提取。数据规范化是将数据按照一定的标准进行转换,以便比较和分析。例如将数据标准化为 0~1 内的数值,可以消除不同变量之间的量纲差异,从而更好地确定变量之间的关系。

3）数据集划分

数据集划分是指将原始数据集按照一定的比例或方式分为训练集、验证集和测试集三部分,其中训练集用于模型的训练,验证集用于调整模型的超参数,测试集用于评估模型的泛化能力。实际应用中,应根据具体任务的特点和数据集的大小来确定划分比例,合理的数据集划分可以避免模型的过拟合或欠拟合,提高模型的性能。

4）数据增强

数据增强是一种常用于提高深度学习模型性能的技术,它通过对原始数据进行一系列的随机变换来生成新的训练数据,变换包括图像旋转、缩放、剪裁、翻转、添加噪声等,从而扩大数据集的规模并提高数据集的多样性。数据增强不仅有助于缓解过拟合现象,还能提高模型的鲁棒性和泛化能力。在计算机视觉、自然语言处理等领域,数据增强已成为一种不可或缺的数据预处理方法。

数据处理也离不开数据处理工具的支持,Pandas、NumPy 和 Scikit-learn 都是 Python 中常用的数据处理和机器学习库。Pandas 是一个数据分析库,主要用于数据处理和数据分析,提供了丰富的数据结构和数据操作方法,可以进行数据的读取、清洗、转换、筛选、统计等。NumPy 是一个科学计算库,主要用于高性能数值计算和数组处理,提供了多维数组对象及其对应的函数和工具,支持各种数学运算和数组操作,包括数组的创建、切片、索引、运算、重塑等。Scikit-learn 是一个机器学习库,提供了各种经典的机器学习算法和工具,可以进行分类、回归、聚类、降维、模型选择和评估等。Scikit-learn 的主要优点是简单易用、文档齐全、示例丰富,适用于各种数据处理和机器学习任务。它的数据结构和数据类型也是基于 NumPy 的数组对象,可以与 Pandas 相互转换和配合使用。

2. 选择模型结构

数据处理完成后,构建深度学习模型的第一步就是根据所执行任务的类型定义网络架构,通常一般倾向于使用特定类型的体系结构。例如对于图像分割、图像分类、面部识别等计算机视觉任务,首选卷积神经网络;而对于自然语言处理和与文本数据相关的问题,循环神经网络和 LSTM 模型则更合适。此外,为减少模型的参数量,在定义网络架构时也可借鉴以下方法。

(1) 使用小卷积核代替大卷积核,同时大卷积核应尽量靠后。这是因为小卷积核参数量较少,会带来特征面积捕获过小的问题,越往后的卷积层应该捕获更多更高阶的抽象特征。例如 VGGNet 全部使用 3×3 的小卷积核,代替 AlexNet 中 11×11 和 5×5 等大卷积核。InceptionNet 在靠后的卷积层中使用 5×5 等大面积卷积核的比例较高,而在前面几个卷积层中更多地使用 1×1 和 3×3 的卷积核。

(2) 使用两个串联的小卷积核代替一个大卷积核。这种方式可以在不影响执行效果的同时有效地降低模型的参数量,例如 InceptionV2 中创造性地提出了使用两个 3×3 的卷积核代替一个 5×5 的卷积核,在效果相同的情况下,参数量仅为原先的 $18/25$。

(3) 使用 1×1 卷积核。这种卷积性价比最高,可以在参数量较小的情况下执行多种变换,例如 VGGNet 创造性地提出了使用 1×1 的卷积核,它在参数量为 1 的情况下,提供了线性变换、ReLU 激活及输入输出通道变换等功能。

(4) 使用非对称卷积核。这种方式在效果相同的情况下,大大减少了参数量,同时还提高了卷积的多样性,例如 InceptionV3 中将一个 7×7 的卷积核拆分成了一个 1×7 和一个 7×1 的卷积核。

(5) 使用深度可分离卷积。深度可分离卷积同样也能在精度损失较小的情况下,减少模型参数量。对于输入通道为 M,输出为 N 的卷积,正常情况下,每个输出通道均需要 M 个卷积核对每个输入通道进行卷积并叠加,即需要 $M\times N$ 个卷积核。在深度可分离卷积中,输出通道和输入通道相同,每个输入通道仅需要一个卷积核,而将通道变换的工作交给了 1×1 的卷积,这种方法在参数量减少到之前 $1/9$ 的情况下,精度仍然能达到之前的 80%。例如 MobileNet 中就将一个 3×3 的卷积拆分成了串联起来的一个 3×3 深度可分离卷积和一个 1×1 正常卷积。

(6) 使用全局平均池化代替全连接层。这种方式能在加深网络层次的同时降低模型参数量,例如 AlexNet 和 VGGNet 中,全连接层的参数量几乎占了 90%,而 InceptionV1 创造性地使用全局平均池化来代替最后的全连接层,与 AlexNet 仅 8 层的网络深度相比,其网络深度为 22 层,参数量只有 500 万,仅为 AlexNet 的 $1/12$。

3. 定义损失函数

1.2 节已经介绍了常用的损失函数,根据应用的特征可以从这些损失函数和优化算法中进行选择。例如在回归问题中通常选择均方误差损失函数、平均绝对误差损失函数及 Huber 损失函数等,在分类问题中通常选择交叉熵误差损失函数,具体地又可以选择二分类、多分类及稀疏类等类别。对于优化算法的选择,如果数据是稀疏的,或需要更快的收敛速度,抑或需要训练更复杂、层次更多的深度学习模型,则一般采用自适应方法,即自适应梯度算法、均方根传播算法、AdaDelta 算法及 Adam 算法等。

4. 模型训练

深度学习是一个反复调整模型参数的过程,即不断调整神经元中的权重和偏置,每次调整的幅度就是学习率。模型训练一般首先训练全连接层,迭代几个轮次后保存模型,然后基于得到的模型训练整个网络,一般迭代 40~60 个轮次可以得到稳定的结果。在这个过程中,损失值不断下降后趋于稳定,同时可以在测试集上评测模型的表现。

5. 测试分析

深度学习模型测试分析是指系统性地对深度学习算法的可靠性、可移植性和效率进行评估。简单来说,算法测试主要是进行测试数据的收集、运行及结果分析。收集测试数据时应考虑需要什么类型的测试数据及数据的标注。运行测试数据即编写测试脚本并批量运行。结果分析需要统计正确数据和错误数据的个数、计算准确率等相关指标,以及查看错误数据中是否有共同的特征。

1.3.2 特定领域典型应用的开发流程

在过去的数十年中,深度学习在图像识别、语音识别及自然语言处理等领域取得了显著成果,人工智能技术得到了深入应用,并且在越来越多的领域表现出强大的优势和一定的可拓展性。下面将结合简单示例介绍特定领域典型应用的开发流程。

1. 图像识别

图像识别是指使用电子成像系统代替生物视觉系统,再使用程序实现对信息的处理,使得计算机能够像人类一样处理并识别环境信息。人工智能技术在图像识别领域的短期发展目标是完成一些比较简单的智能视觉任务,例如将识别的图像进行分类、匹配所捕捉的图像检测拍摄到的目标、识别相应的行为等,并在此基础上不断改进和支持对物体等的检测。

图像识别过程中需要一遍又一遍地进行数据分析,直到能够辨别差异并最终识别图像,其中图像识别的数据分析过程使用的是卷积神经网络,因而是一个计算密集型训练,需要大量数据,并且对算力有一定的要求。图像识别应用的开发流程如图 1.19 所示,包括输入数据、预处理、区域选择、特征提取及预测/识别等步骤。首先需要对输入的图像数据进行降噪、大小归一化及变换色域模式等预处理,然后根据目标检测、图形分割等不同的任务需求选择相应的算法并提取相关特征,建立特征数据库,最后根据图像和相应的特征数据库完成图像的预测和识别。

图 1.19　图像识别应用的开发流程

深度学习框架集合了数据处理、内置预训练模型、模型训练等组件和功能,便于深度学习应用的开发。下面以使用 PyTorch 框架开发目标检测这一图像识别应用为例,介绍相应的开发流程。目标检测通过训练模型使其能在输入的图片中找到并标记出目标的位置和类别,购物软件的拍照识物功能就是典型的应用。结合图1.19所示流程,目标检测应用的示例程序如代码1-1所示。首先使用框架内置数据加载组件完成图像数据的输入和预处理,根据目标识别的特征选择卷积神经网络,但需要对齐并进行一些改进。使用区域卷积神经网络(region with CNN,RCNN)将目标检测算法转化为图像分类算法,使用Fast-RCNN将候选区域映射到卷积神经网络的最后一个卷积层上,解决了区域卷积神经网络中候选区域需要重复提取特征的问题,同时也将搜索候选区域交给卷积神经网络减少计算量,最后进行模型的训练并利用训练好的模型对输入图像进行目标检测。

代码1-1　目标检测应用的示例程序

```python
def __init__(self, root, weight_path):
    self.summaryWriter = SummaryWriter('logs')
    self.train_dataset = YellowDataset(root = root)
    self.test_dataset = YellowDataset('data/test/test')
    self.train_dataloader = DataLoader(self.train_dataset, batch_size = 50, shuffle = True)
    self.test_dataloader = DataLoader(self.test_dataset, batch_size = 1, shuffle = True)
    self.net = Net().to(DEVICE)
    if os.path.exists(weight_path):
        self.net.load_state_dict(torch.load(weight_path))

    self.opt = optim.Adam(self.net.parameters())
    self.label_loss = nn.BCEWithLogitsLoss()

    self.position_loss = nn.MSELoss()
    self.sort_loss = nn.CrossEntropyLoss()

    self.train = False
    self.test = True

def __call__(self):
    index1, index2 = 0, 0
    for epoch in range(1000):
        if self.train:

            for i, (img, label, position, sort) in enumerate(self.train_dataloader):
                img, label, position, sort = img.to(DEVICE), label.to(DEVICE), position.to
(DEVICE), sort.to(DEVICE)
                out_label, out_position, out_sort = self.net(img)
                position_loss = self.position_loss(out_position, position)
                out_sort = out_sort[torch.where(sort >= 0)]
                sort = sort[torch.where(sort >= 0)]
                sort_loss = self.sort_loss(out_sort, sort)
                label_loss = self.label_loss(out_label, label)

                train_loss = 0.2 * label_loss + position_loss * 0.6 + 0.2 * sort_loss
                # print('train_sort:', sort)
                # print('train_out_sort:', torch.argmax(torch.softmax(out_sort, dim = 1),
dim = 1))
                self.opt.zero_grad()
                train_loss.backward()
                self.opt.step()
                if i % 10 == 0:
                    print(f'train_loss {i} === >>', train_loss.item())
                    self.summaryWriter.add_scalar('train_loss', train_loss, index1)
```

```
                index1 += 1
            date_time = str(datetime.datetime.now()).replace(' ', '-').replace(':', '_').
replace('.', '_')
            torch.save(self.net.state_dict(), f'param/{date_time}-{epoch}.pt')
            sum_acc = 0

        for i, (img, label, position, sort) in enumerate(self.test_dataloader):
            img, label, position, sort = img.to(DEVICE), label.to(DEVICE), position.to
(DEVICE), sort.to(DEVICE)
            out_label, out_position, out_sort = self.net(img)
            out_sort = out_sort[torch.where(sort >= 0)]
            sort = sort[torch.where(sort >= 0)]
            position_loss = self.position_loss(out_position, position)
            sort_loss = self.sort_loss(out_sort, sort)
            label_loss = self.label_loss(out_label, label)
            test_loss = 0.2 * label_loss + position_loss * 0.6 + 0.2 * sort_loss
            # print('test_sort:', sort)
            # print('test_out_sort:', torch.argmax(torch.softmax(out_sort, dim=1),
dim=1))
            sort_acc = torch.mean(torch.eq(sort, torch.argmax(torch.softmax(out_sort,
dim=1), dim=1)).float())
                sum_acc += sort_acc
                if i % 5 == 0:
                    print(f'test_loss {i} ===>>', test_loss.item())
                    self.summaryWriter.add_scalar('test_loss', test_loss, index2)
                    index2 += 1
            avg_acc = sum_acc / i
            print(f'sort_acc {i} ==>>', avg_acc)
            self.summaryWriter.add_scalar('avg_acc', avg_acc, epoch)

        if self.test:
            sum_acc = 0
            for i, (img, label, position, sort) in enumerate(self.test_dataloader):
                img, label, position, sort = img.to(DEVICE), label.to(DEVICE), position.to
(DEVICE), sort.to(DEVICE)
                out_label, out_position, out_sort = self.net(img)

                out_label = torch.sigmoid(out_label)

                position = position * 300
                position = [int(i) for i in position[0]]
                out_position = out_position * 300
                out_position = [int(i) for i in out_position[0]]
                out_sort = torch.argmax(torch.softmax(out_sort, dim=1))
                new_img = torch.squeeze(img)
                new_img = new_img.permute(1, 2, 0)
                new_img = np.array(new_img.cpu())
                new_img = new_img.copy()

                cv2.rectangle(new_img, (position[0], position[1]), (position[2], position
[3]), (0, 255, 0), 3)
                cv2.putText(new_img, str(sort.item()), (position[0], position[1] - 3),
                        cv2.FONT_HERSHEY_SIMPLEX, 1, (0, 255, 0), 3)
                if out_label.item() > 0.5:
                    cv2.rectangle(new_img, (out_position[0], out_position[1]), (out_
position[2], out_position[3]), (0, 0, 255), 3)
```

```
                      cv2.putText(new_img, str(out_sort.item()), (out_position[0], out_
position[1] - 3),
                              cv2.FONT_HERSHEY_SIMPLEX, 1, (0, 0, 255), 3)
                cv2.imshow('new_img', new_img)
                cv2.waitKey(500)
                cv2.destroyAllWindows()


if __name__ == '__main__':
    train = Train('data/train/train', 'param/2021 - 07 - 23 - 20_27_07_213811 - 11.pt')
```

2. 语音识别

语音是人类最直接、最便捷、最自然的信息交互方式之一,自人工智能的概念提出以来,让计算机甚至机器人像自然人一样实现语音交互一直是人工智能研究者的梦想,深度学习技术的进步与发展让人与计算机的语音交互成为现实并得到大规模应用,例如智能手机中的语音助手、身份验证场景下的语音验证等。

语音识别是一项涉及数字信号处理、人工智能、语言学、数理统计学、声学、情感学及心理学等多学科的技术,其中最简单的语音识别任务就是将语音片段输入转化为文本输出。一个完整的语音识别系统如图1.20所示,通常包括信息处理和特征提取、声学模型、语言模型和解码搜索四个模块。

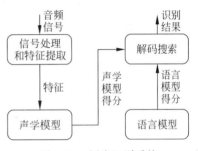

图 1.20　语音识别系统

语音识别流程如图1.21所示。首先获取音频数据集进行预处理,信号处理和特征提取可以视作音频数据的预处理。经过训练的声学模型对上一步提取的特征进行处理,得到声学模型得分。语言模型也要经过训练,从而得到一个语言模型得分。最后在解码搜索阶段对声学模型得分和语言模型得分进行综合评价,将得分最高的词序列作为最后的识别结构,输出文本。语音识别过程中使用的算法通常为卷积神经网络、循环神经网络及 LSTM 模型,其对应的语音识别应用的示例程序如代码 1-2 所示。

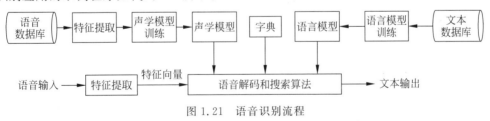

图 1.21　语音识别流程

代码 1-2　语音识别应用的示例程序

```
def train(self):
    epochs = 120

    # 准备运行训练步骤
    section = '\n{0: =^40}\n'
    print(section.format('开始训练'))

    train_start = time.time()
    for epoch in range(epochs):  # 样本集迭代次数
```

```python
        epoch_start = time.time()
        if epoch < self.startepo:
            continue

        print("第:", epoch, " 次迭代,一共要迭代 ", epochs, "次")
        ####################run batch###
        n_batches_epoch = int(np.ceil(len(self.text_labels) / batch_size))
        print("在本次迭代中一共循环: ", n_batches_epoch, "每次取:", batch_size)

        train_cost = 0
        train_err = 0
        next_idx = 0

        for batch in range(n_batches_epoch):  # 一次 batch_size,取多少次
            # 取数据
            # temp_next_idx, temp_audio_features, temp_audio_features_len,
temp_sparse_labels
            next_idx, self.audio_features, self.audio_features_len, self.sparse_labels,
wav_files = utils.next_batch(
                next_idx,
                batch_size,
                n_input,
                n_context,
                self.text_labels,
                self.wav_files,
                self.word_num_map)

            # 计算 avg_loss optimizer
            batch_cost, _ = self.sess.run([self.avg_loss, self.optimizer], feed_dict =
self.get_feed_dict())
            train_cost += batch_cost

            if (batch + 1) % 70 == 0:
                rs = self.sess.run(self.merged, feed_dict = self.get_feed_dict())
                self.writer.add_summary(rs, batch)

                print('循环次数:', batch, '损失: ', train_cost / (batch + 1))

                d, train_err = self.sess.run([self.decoded[0], self.label_err], feed_dict =
self.get_feed_dict(dropout = 1.0))
                dense_decoded = tf.sparse_tensor_to_dense(d, default_value = - 1).eval
(session = self.sess)
                dense_labels = utils.trans_tuple_to_texts_ch(self.sparse_labels, self.
words)

                print('错误率: ', train_err)
                for orig, decoded_array in zip(dense_labels, dense_decoded):
                    # convert to strings
                    decoded_str = utils.trans_array_to_text_ch(decoded_array, self.words)
                    print('语音原始文本: {}'.format(orig))
                    print('识别出来的文本: {}'.format(decoded_str))
                    break

        epoch_duration = time.time() - epoch_start

        log = '迭代次数 {}/{}, 训练损失: {:.3f}, 错误率: {:.3f}, time: {:.2f} sec'
```

```
        print(log.format(epoch, epochs, train_cost, train_err, epoch_duration))
        self.saver.save(self.sess, self.savedir + self.conf.get("FILE_DATA").savefile,
global_step = epoch)

    train_duration = time.time() - train_start
    print('Training complete, total duration: {:.2f} min'.format(train_duration / 60))
    self.sess.close()
```

3. 自然语言处理

自然语言处理是指通过训练模型去识别并理解人类自然语言的一项技术,输入法中出现的推荐词、智能手机语音助手识别并回复等场景就是自然语言处理的实际应用。自然语言处理应用的开发流程如图1.22所示,包括语料预处理、特征工程、模型训练及指标评价等步骤。

图1.22 自然语言处理应用的开发流程

语料预处理是指对语句进行分析,包括去除无意义字段、词语分割、标注词性等。语料预处理后的字词会在特征工程阶段表示成计算机能计算的类型,之后根据应用需求选择卷积神经网络、循环神经网络、深度增强学习、深度无监督学习和记忆增强网络等模型进行训练,训练好的模型在上线之前还要进行必要的评估,让模型对语料具备较好的泛化能力。自然语言处理应用的示例程序如代码1-3所示,程序输入的语料为"我喜欢水果""我不喜欢蔬菜""我爱吃肉",经过模型的训练和分析得到的结果为"[['我','喜欢'],['我','不喜欢'],['我','爱吃']]->['水果','蔬菜','肉']",理解了输入预料的含义。

代码1-3 自然语言处理应用的示例程序

```
import torch
import torch.nn as nn
import torch.optim as optim

def make_batch():
    input_batch = []
    target_batch = []

    for sen in sentences:
        word = sen.split() # space tokenizer
        input = [word_dict[n] for n in word[:-1]] # create (1~n-1) as input
target = word_dict[word[1]] # create (n) as target, We usually call this 'casual language model'

        input_batch.append(input)
        target_batch.append(target)

    return input_batch, target_batch

# Model
class NNLM(nn.Module):
    def __init__(self):
        super(NNLM, self).__init__()
        self.C = nn.Embedding(n_class, m)
        self.H = nn.Linear(n_step * m, n_hidden, bias = False)
        self.d = nn.Parameter(torch.ones(n_hidden))
        self.U = nn.Linear(n_hidden, n_class, bias = False)
```

```python
        self.W = nn.Linear(n_step * m, n_class, bias = False)
        self.b = nn.Parameter(torch.ones(n_class))

    def forward(self, X):
        X = self.C(X)  # X : [batch_size, n_step, m]
        X = X.view(-1, n_step * m)  # [batch_size, n_step * m]
        tanh = torch.tanh(self.d + self.H(X))  # [batch_size, n_hidden]
        output = self.b + self.W(X) + self.U(tanh)  # [batch_size, n_class]
        return output

if __name__ == '__main__':
    n_step = 2  # number of steps, n-1 in paper
    n_hidden = 2  # number of hidden size, h in paper
    m = 2  # embedding size, m in paper

    sentences = ["我 喜欢 水果", "我 不喜欢 蔬菜", "我 爱吃 肉"]

    word_list = " ".join(sentences).split()
    word_list = list(set(word_list))
    word_dict = {w: i for i, w in enumerate(word_list)}
    number_dict = {i: w for i, w in enumerate(word_list)}
    n_class = len(word_dict)  # number of Vocabulary

    model = NNLM()

    criterion = nn.CrossEntropyLoss()
    optimizer = optim.Adam(model.parameters(), lr = 0.001)

    input_batch, target_batch = make_batch()
    input_batch = torch.LongTensor(input_batch)
    target_batch = torch.LongTensor(target_batch)

    # Training
    for epoch in range(5000):
        optimizer.zero_grad()
        output = model(input_batch)

        # output : [batch_size, n_class], target_batch : [batch_size]
        loss = criterion(output, target_batch)
        if (epoch + 1) % 1000 == 0:
            print('Epoch:', '%04d' % (epoch + 1), 'cost =', '{:.6f}'.format(loss))

        loss.backward()
        optimizer.step()

    # Predict
    predict = model(input_batch).data.max(1, keepdim = True)[1]

    # Test
    print([sen.split()[:2] for sen in sentences], '->', [number_dict[n.item()] for n in
predict.squeeze()])
```

　　由上述深度学习具体应用的开发流程可知,深度学习应用的开发需要对底层知识有较好的理解,同时需要编写大量的代码且流程复杂,而借助封装了数据处理、模型编写、模型训练等功能组件的深度学习框架则可以大大简化开发流程。深度学习框架的使用避免了大量硬件环境层面的开发代价,使研究者和开发人员可以专注于算法的实现。开发人员也不需要从复杂的深度学习模型开始编写代码,可以根据需要使用已有的模型,进而缩短开发周期。下面将对深度学习框架进行介绍。

1.4　深度学习框架

对于深度学习而言,海量数据的积累和计算机硬件计算能力的提升使其应用越来越广泛。早期的深度学习应用的开发通常涉及多个不同的流程和工具,这使得其开发依赖的环境安装、部署、测试,以及不断迭代改进准确性和性能调优等工作非常烦琐、耗时、复杂。例如需要使用 C++ 或 MATLAB 来编写大量的低级算法,同时研究过程中需要一次又一次重复编写实现相同功能的算法,这时就需要一个完全公开所有代码、算法和各个细节的集成工具,以简化、加速和优化这个过程。此外,由于某些算法仅能被机器学习或深度学习相关领域专家所理解,而集成工具的使用则可以简化这些复杂算法的使用步骤,可以帮助开发人员轻松地在应用程序中实现想要的功能。为此,学术界和工业界都做了很多努力,开发并完善了多个基础的平台和通用的集成工具,即深度学习框架。

当前,各种深度学习框架的发展充分赋能深度学习领域,为开发人员提供了极致便利。深度学习框架作为深度学习的"脚手架",能够帮助更多深度学习开发人员使用合适的编程语言和丰富的构建模块轻松地组装模型。因此,深度学习框架是深度学习技术的核心所在。

本节首先回顾深度学习框架的发展历程,然后介绍当前典型的深度学习框架,最后介绍了这些框架的核心组件。

1.4.1　发展历程

深度学习框架的发展历程如图 1.23 所示,可以将其划分为萌芽、发展、爆发、稳定和深化等多个阶段。在萌芽阶段,深度学习框架中的应用程序接口(application programming interface,API)复杂、无 GPU 等加速设备支持,需要手动实现网络;进入发展阶段后,出现了声明式和命令式两种编程方式,有了多 GPU 的支持并能够实现复杂网络;随后进入深度学习框架的爆发阶段,出现了多种各具特色的框架;之后进入 TensorFlow 和 PyTorch 两家独大的稳定阶段;随着深度学习产业化水平的提高,国内也涌现了许多深度学习框架,不

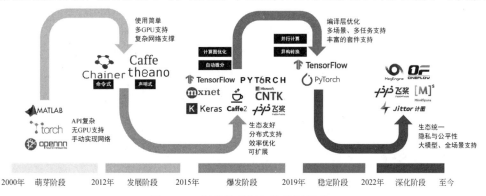

图 1.23　深度学习框架的发展历程

断地支持多场景、多任务等,此时深度学习框架的发展进入深化阶段。下面将介绍各阶段的深度学习框架,回顾深度学习框架的发展历程。

1. 萌芽阶段

深度学习的萌芽阶段是指从 21 世纪初到 2012 年的这一时期,受限于计算能力不足等因素,仅出现了一些 MATLAB、OpenNN 及 Torch 等描述和开发深度学习应用的传统机器学习工具来提供基本支持。这一阶段的深度学习技术影响力相对有限,却是当今深度学习框架的雏形。

MATLAB 是由美国 MathWorks 公司出品的商业数学软件,是一种用于算法开发、数据分析及数值计算的高级计算语言和软件环境。该工具早期主要用于数值计算,并不是专门为深度学习模型的开发而定制的,因此在构建、训练深度学习模型的过程中,需要手动实现算法,控制相关参数。MATLAB 反向传播算法的实现如代码 1-4 所示,其中 MnistConv 函数的功能是获取深度学习模型的权重和训练数据,并返回训练后的权重。由代码可以看出,整个算法实现的过程中需要手工控制相关参数,而且涉及的参数也较多,只适用于专业领域的开发人员。当模型发生变化时需要重新进行相应编码,比较烦琐和复杂。

代码 1-4　MATLAB 反向传播算法的实现

```
function [W1,W5,Wo] = MnistConv(w1,W5,Wo,X,D)
%
alpha = 0.01;
beta = 0.95;
momentum1 = zeros(size(W1)):
momentum5 = zeros(size(W5));
momentumo = zeros(size(Wo));
N = length(D);
bsize = 100;0
blist = 1:bsize:(N - bsize + 1);
% One epoch loop
for batch = 1:length(blist)
dwl = zeros(size(W1));
dw5 = zeros(size(W5));
dwo = zeros(size(Wo));
% Mini - batch loop
begin = blist(batch);
for k = begin:begin + bsize -
% Forward pass = inference
x = X(:,:,k);                           % Input, 28x28
y1 = Conv(x,W1);                        % Convolution,20x20x20
y2 = ReLU(y1);
y3 = Pool(y2);                          % Pool,10x10x20
y4 = reshape(y3,[],1);                  %       2000
v5 = W5 * y4;                           % ReLU, 360
y5 = ReLU(v5);
v = Wo * y5;                            % Softmax,10
y = Softmax(v);

d(sub2ind(size(d),D(k),1)) = 1:
% Backpropagation
%
e = d - y;                              % Output layer
delta = e;
```

```
e5 = Wo' * delta;                         % Hidden(ReLU) Layer
delta5 = (y5 > 0) . * e5;
e4 = W5' * delta5;                        % Pooling Layer
e3 = reshape(e4,size(y3));
e2 = zeros(size(y2));
W3 = ones(size(y2)) / (2 * 2);
for c = 1:20
e2(:,:,c) = kron(e3(:,:, c),ones([2 2])) . * W3(:,:,c);
end
delta2 = (y2 > 0) . * e2;                  % ReLU Layer
delta1_x = zeros(size(W1));                % Convolutional Layer
for c = 1:20
delta1_x(:,:,c) = conv2(x(:, :), rot90(delta2(:, :, c),2),'valid');
end
dW1 = dw1 + delta1_x;
dW5 = dw5 + delta5 * y4
dWo = dWo + delta * y5';
end
% Update weights
dW1 = dw1 / bsize;
dw5 = dw5 / bsize;
dWo = dWo / bsize;
momentum1 = alpha * dW1 + beta * momentum1;
W1 = W1 + momentum1;
momentum5 = alpha * dw5 + beta * momentum5;
W5 = W5 + momentum5;
momentumo = alpha * dWo + beta * momentumo;
Wo = Wo + momentumo;
end
end
```

　　OpenNN 起源于 2003 年国际工程数值方法中心开展的一个名为 RAMFLOOD 洪水风险评估和管理的欧盟资助研究项目,它是一个使用 C++编写的开源类库,可以实现深度学习模型。由于采用 C++开发,因此它能更好地进行内存管理,并且有更高的处理速度。OpenNN 深度学习模型定义和训练示例如代码 1-5 所示,从数据集的处理到深度学习模型的构建,再到训练、推理等都需要使用 C++实现。

代码 1-5　OpenNN 深度学习模型定义和训练示例

```
#define _SILENCE_EXPERIMENTAL_FILESYSTEM_DEPRECATION_WARNING
// System includes
# include < iostream >
# include < fstream >
# include < string >
# include < sstream >
# include < cmath >
# include < algorithm >
# include < cstdlib >
# include < stdexcept >
# include < ctime >
# include < exception >
# include < random >
# include < regex >
# include < map >
# include < stdlib. h >
# include < stdio. h >
```

```cpp
# include < limits. h >
# include < list >
# include < vector >
// OpenNN includes
# include "../../opennn/opennn. h"
# include "../../opennn/opennn strings. h"
using namespace std;
using namespace opennn;
int main()
{
try
{
cout << "Openi. National Institute of Standards and Techonology (MNIST) Example. " << endl;
srand(static_castcunsiened >(time(mullptr)));
// Data set
DataSet data_set;
data_set. set_datafile_mame("../data/images/");
dataset, read_bmp();
data_set, scale_imput_variables();
const Index input_varables_mumber = data_set. getinput_variables_number();
const Index target_variables_number m data_set. get_target_variables_mumber();
cout << "number of categories: " << data_set. get_target_variables_number()<< endl;
dataset. set_training();
const Tensor < Index, 1 > samples_indices = data_set. get_training_samples_indices();
const Tensor < Index, 1 > input_variables_indices = data_set. get_input_variables_indices();
const Tensor < Index, 1 > target_variables_indices = data_set. get_target_variables_indices();
const Tensor < Index, 1 > input - variables - dimensions = data_set. get_input_varlables_
dimensions();
Tensor < Index, 1 > input_dataset_batch_dimenison(4);
//Neural network
NeuralNetwork neural_network;
ScalingLayer scaling_layer(input_dataset_batchdimenison);
meural_network. add_layer(&scaling_layer);
FlattenLayer flatten_layer(input_dataset_batch_dimenison);
neural_network. add_layer(&flatten_layer);
Probabilisticlayer probabilistic_layer(input_variables_number, target_variables_number);
neural_network. add_layer(probabilistic_layer);
//Training strategy
TrainingStrategy trainingstrategy(&neural_network,&data_set);
training_strategy. set_loss_method(Training5trateRy::LossMethod::NORMALIZED_SQUARED_ERROR);
training_stratery. set_optimizatlon_method(Trainingstrategy::OptimizatioMethod::ADAPTIVE_
MOMENT_ESTIMATION);
training_strategy. perform_training();

//Testing analysis
Tensor < type, 4 > inputs_4d;
const TestingAnalysis testing_analysis(&neural_network,&data_set);
Tensor < unsigned char, 1 > zero = data_set. read_bmp_image("../data/images/zero/0_1. bmp");
Tensor < unsigned char, 1 > one = data_set. read_bmp_image("../data/images/zere/1_1. bmp");
vector < type > zero_int(zero, size()>;
vector < type > one_int(one. size()>:
for( Index i = 0:i < zero. size();i++)
{
zero_int[ i] = (type)zero[ i];
one_int[ i] - (type)one[ 4];
    }
Tensor < type, 2 > inputs(2, zero. size());
```

```
Tensor < type,2 > iuputs(2,neural_network.get_outputs_number());
Tensor < Index,1 > inputs_dimensions = get_dimensioms(inputs);
Tensor < Index,1 > outputs_dimemsions = get.dimensions(outputs);
const Tensor < Index,2 > confusion = testing_analysis.calculate_confusion();
neural_network.calculate_outputs(inputs.data(), inputs_dimensions, outputs.data(), outputs_
dimensions);
cout << "\nInputs:\n" << inputs << endl;
cout << "\noutputs:\n"<< outputs << endl;
cout <<"\nConfusion matrix:\n" << confusion << endl;
cout <<"Bye!" << endl;
return 0;
}
catch(exceptions e)
{
cerr << e.what() << endl;
return 1;
}
}
```

上面两种框架的编程接口中,一种使用 MATLAB,另一种使用 C++,这两种接口对开发人员而言相对不友好,因此如何设计易用且高性能的编程接口就成为框架设计者首先要解决的问题。为此,在早期的机器学习框架 Torch 中,选择用 Lua 这一高级编程语言来编写深度学习的程序。由于 Lua 是一门需要新学习的语言,使用 Lua 会增加学习成本,因此,当 Python 这种高级编程语言流行后,Facebook 又开发了 Python 版本的 Torch,即 PyTorch。下面主要介绍早期的机器学习框架 Torch。

Torch 是由 Facebook 开源的机器学习库和科学计算框架,其总体思路非常简单。首先,数据集模块生成一个或多个训练示例,训练模块将它们提供给计算模块;然后,开发人员在计算模块中使用 Torch 库中封装的计算操作(例如卷积等)搭建深度学习模型并计算输出;最后,由训练模块根据该输出调整计算模块的参数。在此过程中,也可以使用一个或多个监测模块来监控系统的性能。

这些早期的机器学习框架并不完善,框架的 API 极其复杂或需要学习成本,对开发人员并不友好。同时,这些框架并没有对 GPU 等加速设备的算力进行支持,使得开发人员仍然不得不完成大量基础工作。在框架的发展过程中,这些问题都在版本更新的过程中不断被解决。例如 MATLAB 在不断的发展中提供了卷积等操作的封装,建立了深度学习包和模型库,并且提供可拖曳的可视化界面帮助搭建深度学习模型。Torch 在第七版(Torch7)中引入了张量、并行化 OpenMP、CUDA,以及更多包的支持,进一步提升了性能和编程易用性。Torch7 深度学习模型定义和训练示例如代码 1-6 所示。

代码 1-6 Torch7 深度学习模型定义和训练示例

```
require 'nn';
net = nn.Sequential()
net;add(nn.Spatialonvolution(1,6,5,5))
--1 个图像输入通道,6 个输出通道,5×5 卷积核
net:add(nn.SpatialMaxPooling(2,2,2,2))
-- 1 个 2×2 窗口的最大池化操作
net:add(nn.SpatialConvolution(6,16,5,5))
net:add(nn.SpatialMaxPooling(2,2,2,2))
net:add(nn.View(16*5*5))
-- 将 16×5×5 的 3D 张量变为 1D 的 16×5×5
```

```
net:add(nn.Linear(16 * 5 * 5,120))
  -- 全连接层(输入和权重之间的矩阵乘)
net:add(nn.Linear(120,84))
net:add(nn.Linear(84,10))
  -- 10 是网络输出的数量 net:add(nn.LogSoftMax())
print(net: tostring());
mlp = nn.Parallel(2,1);
  -- iterate over dimension 2 of input
mlp:add(nn.Linear(1,3));
  -- apply to first slice
mlp:add(nn.Linear(10,2))
  -- apply to first second slicex = torch.randn(10,2)
print(x)
print(mlp:forward(x))
criterion = nn.classNLLCriterion()
  -- 多分类的负对数似然准则
loss = criterion:forward(output,3)
gradients = criterion:backward(output,3)
gradInput = net:backward(input,gradients)
parameters,gradParameters = net:getParameters()
  -- 定义计算损失和 dLoss/dx 的闭包
feval = function(x)
  -- 重置梯度
gradParameters;zero()
  -- 1. 计算每个数据点的输出(对数概率)
local output m net:forward(input)
  -- 2. 根据真实标签,计算这些输出的损失
local loss = criterion;forward(output,3)
  -- 3. 计算损失对模型输出的导数
local dloss_doutput = criterion:backward(output,3)
  -- 4. 使用梯度更新权重
net:backward(input,dlossdoutput)
  -- 返回损失和相对于权重的损失梯度
  -- Loss, (gradient of loss with respect to the weights)
return loss,gradParameters
end
  -- 定义 SGD 参数
sgd_params = {
learningRate = 1e - 2
learningRateDecay = 1e - 4
weightDecay = 0
momentum = 0
}
  -- 训练多个批次数据
epochs = 1e2
losses = {}
for i = 1, epochs do
  -- SGD 优化的一个步骤梯度下降算法
__,local_loss = optim,sgd(feval,parameters,sgd_params)
  -- 累计误差
losses[ # losses + 1] = local_loss[1]
end
print(losses[1])
print(losses[ # losses])
print(torch.exp(net:forward(input)))
```

2. 发展阶段

在发展阶段,深度学习框架的发展得益于深度学习的快速崛起,并很快在计算机视觉、语音识别、自然语言处理等领域有了较好的表现。2012 年,著名的 AlexNet 模型在 ImageNet 大规模视觉识别挑战赛中获得冠军,引爆了深度学习的研究热潮,极大地推动了深度学习框架的发展,出现了 Caffe、Theano 及 Chainer 等具有代表性的早期深度学习框架,帮助开发人员方便地建立复杂的深度学习模型,如 CNN、RNN、LSTM 等。

不仅如此,计算加速设备英伟达 GPU 的 CUDA 编程模型日趋成熟,而构建于 CPU 多核技术之上的多线程库 POSIX Threads 也逐渐被广大开发人员所接受。因此,许多开发人员希望基于 C/C++来开发高性能的深度学习应用,这一类需求被 Caffe 等一系列以 C 和 C++作为核心编程接口的框架所满足,这些框架开始支持多 GPU 训练。

在这一阶段,深度学习框架体系已经初步形成,声明式风格和命令式风格为之后的深度学习框架开辟了两条不同的发展道路,即以 Caffe、Theano 为代表的声明式编程风格和以 Chainer 为代表的命令式编程风格。命令式编程告诉机器怎么做,而声明式编程关注的是做什么,由框架或机器完成怎么做的过程。

Caffe 是以 C++、CUDA 代码为主的深度学习框架,需要进行编译安装,支持命令行、Python 和 MATLAB 接口,单机多卡、多机多卡等都可以很方便地使用。Caffe 中的深度学习模型是由一系列连接的层组成的一个有向无环图。自定义构建网络时,Caffe 深度学习模型定义及训练参数设置示例如代码 1-7 所示,需要定义各层的参数,这些参数写在固定的.prototxt 传输格式的文件当中;用于训练和测试的网络需要分别构建相应的.prototxt 文件,还需要定义包含具体训练参数的.prototxt 文件,之后根据这些参数文件执行脚本进行训练并生成模型,最后对模型进行部署和应用。

代码 1-7　Caffe 深度学习模型定义及训练参数设置示例

```
layer {
name:"mnist"
type:"Data"
transform param {
scale: 0.00390625
}
data param {
source: "mnist train lmdb"
backend: LMDB
batch size: 64
}
top:"data"
top:"label"
}
layer {
name:"pool1"
type:"Pooling
pooling param {
kernel size: 2
stride: 2
pool: MAX
}
bottom:"conv1"
top:"pool1"
}
```

```
......
# The train/test net protocol buffer definition
net: "examples/mnist/lenet train test.prototxt"
# test iter specifies how many forward passes the test should carry out.
# In the case of MNIST, we have test batch size 100 and 100 test iterations,
# covering the full 10,000 testing images.
test_iter: 100
# Carry out testing every 500 training iterations.
test interval: 500
# The base learning rate, momentum and the weight decay of the network.
base_lr: 0.01
momentum: 0.9
weight_decay: .9995
# The Learning rate policy
lr_policy:"inv"
gamma: 0.0991
power: 0.75
# Display every 100 iterations
display: 100
# The maximum number of iterations
max iter: 10000
# snapshot intermediate results
snapshot: 5000
snapshot_prefix:"examples/mnist/lenet
# solver mode: CPU or GPU
solver mode: GPU
```

Caffe 的好处是内置了很多种预先训练好的模型库,下载后可以立即使用,而无须编码。然而深度学习模型往往需要针对部署场景、数据类型及识别任务等需求进行深度定制,这类定制任务需要被广大的深度学习应用领域的开发人员所实现,一般需要使用 C++ 和 CUDA 编写新 GPU 层级,而深度学习应用开发人员往往背景多样,大多不具有熟练使用 C/C++ 的能力,因此 Caffe 这一类库与 C/C++ 深度绑定的特性成为制约这一类框架快速推广的巨大瓶颈。

Theano 是一个 Python 库和优化编译器的开源项目,用于操作和评估数学表达式,尤其是矩阵表达式。Theano 编程接口示例如代码 1-8 所示,其计算使用 Python 风格的 NumPy 语法的编程接口,并且编译后可在 CPU、GPU 架构上高效运行。Theano 采用计算图的内部表示,这种表示也被后来的深度学习框架所借鉴,所以 Theano 也被称为深度学习框架的鼻祖。

Theano 的优点是使用 Python 加 NumPy 编程接口,对用户较为友好,使用图结构下的符号计算架构,可以很好地支持 RNN。缺点是偏底层,Theano 之上有更高级的封装 Keras 和 Lasagne 等缓解了这一问题。此外,Theano 调试困难、编译时间长,相对 Torch 体量更大。

代码 1-8　Theano 编程接口示例

```
# coding:utf-8
import numpy as np
import theano.tensor as T
from theano import function

# 存量相加
x = T.dscalar('x')
```

```
y = T.dscalar('y')
z = x + y

#输入[x,y]列表,输出结果
zf = function([x,y],z)

#调用函数
print(f(2,3))

# to pretty - print the function
# #查看 z 函数原型,输出(x + y)
from theano import pp
print(pp(z))
```

Chainer 是一个开源的深度学习框架,使用 Python 编程接口,它的一个特点是采用命令式编程接口。训练一个深度学习模型一般需要三个步骤,包括基于深度学习模型的定义来构建计算图,输入训练数据并计算损失函数,使用优化器迭代更新参数直到收敛。通常,深度学习框架需要先定义再运行。对于复杂深度学习模型而言,先定义再运行的方法简单、直接,但并不能获得最佳的性能,因为计算图必须在训练前确定,这就会使代码变得难以调试和维护。

Chainer 采用了独特的边运行边定义的方法。它将模型定义和训练的步骤合并在一起,即计算图不是在训练之前定义的,而是在训练过程中动态生成的。这种方式允许开发人员在每次迭代过程中对数据样本和计算图进行各种修改,从而方便调试和保持灵活性。Chainer 深度学习模型定义及训练参数设置示例如代码 1-9 所示。此外,Chainer 还具备许多功能,其中包括采用 CuPy 这种 GPU 使用的 NumPy 等效数组后端,支持独立于 CPU、GPU 的编码。这些功能通过充分利用 NVIDIA 的 CUDA 和 cuDNN,有助于用户轻松且高效地实现自定义深度学习模型。

代码 1-9 Chainer 深度学习模型定义及训练参数设置示例

```
class VGG (chainer .Chain):
def __init__ (self,n_class = None, layers = 11, alpha = 1,zerolnit = False, initial_bias =
None):
self.alpha = alpha
if zeroInit :
initialW = constant.Zero()
else:
initialW = nornal.Nornal (0.01)
kwargs = ['initialW': initialW , 'initial bias': initial_bias ]
self.layers = layers
super (VGG,self).__init__()
with self.init_scope() :
self.conv1_1 m Conv2Dactiv (None,64//self.alpha,3,1,1, ** kwargs)
if layers in [13,16,19]:
self.conv1_2 = Cov2DActiv (None,64//salf.alpha,3,1,1, ** kwargs)

self.pooll = _max_pooling_2d
self.conv2_1 = Conv2DActiv (None,128//salf.alpha,3,1,1, ** kwargs)
if layers in [13,16,19]:
self.conv2_2 = Cov2DActiv (None, 128//self.aipha, 3,1,1, ** kwargs)

self.pool2 = _max_pooling_2d
```

```
self.conw3_1 = Conv2DActiv (None, 256//self.alpha, 3, 1, 1, ** kvargs)
self.conw3_2 = Cov2DActiv (None, 256//self.alph, 3, 1, 1, ** kwargs)
if layers in [16, 19]:
self.conv3_3 = Con2DActiv (None, 256//self.alpha, 3, 1, 1, ** kwargs)
if layers in [19]:
self.conv3_4 = Conv2DActiv (None, 256//self.alpha, 3, 1, 1, ** kwargs)
self.pool3 = _max_pooling_2d
self.conv4_1 = Con2DActiv (None, 512//self.alpha, 3, 1, 1, ** kwargs)
self.conv4_2 = Conv2DActiv (None, 512//self.alpha, 1, 1, 1, * + kwargs)
if layers in [16, 19]:
self.conv4 3 = Co2DActiv (None, 512//self.alpha, 3, 1, 1, ** kwargs)
if layers in [19]:
self.cony4_4 = Conv2DActiv (None, 512//self.alpha, 3, 1, 1, * + kwargs)
self.pool4 = _max_pooling_2d
self.conw5_1 = Conv2DActiv (None, 512//self.alpha, 3, 1, 1, ** kwargs)
self.conw5_2 = Conv2DActiv (None, 512//self.alpha, 3, 1, 1, ** kwargs)
if layers in [16, 19]:
        self.conw5_3 = Conv2DActiv (None, 512//self.alpha, 3, 1, 1, ** kwargs)
if layers in [19]:
self.cony4_4 = Conv2DActiv (None, 512//self.alpha, 3, 1, 1, ** kwargs)
self.pool4 = _max_pooling_2d
self.conw5_1 = Conv2DActiv (None, 512//self.alpha, 3, 1, 1, ** kvargs)
self.conw5_2 = Conv2DActiv (None, 512//self.alpha, 3, 1, 1,, ** kwargs)
if layers in [16, 19]:
self.conv5_3 = Conv2DActiv (None, 512//self.alpha, 3, 1, 1, ** kwargs)
if layers in [19]:
self.conv5_4 = Co2DActiv (None, 512//self.alpha, 3, 1, 1, ** kwargs)
self.pool5 = _max_pooling_2d
self.fc6 = Linear (None, 4096//seif.alpha, * rkwargs)
self.fc6_relu = relu
self.fc6_dropout = dropout
self.fc6_dropout = dropout
self.fc7 = Linear (None, 4096//se/f.alpha, ** kwargs)
self.fc7_relu = relu
self.fc7_dropout = dropout
self.fc8 = Linear (None, n_class , ** kwargs)
self.fc8_relu = relu #
self.prob = softnax

        def forward (self, x) :
x = self.conv1_1(x)
if self.layers in [13, 16, 19]:
x = self.conv1_2 (x)
x = self.pool1 (x)x = self.conv2_1 (x)
if self.layers in [13, 16, 19]:
x = self.conv2_2 (x)
x = self.pool2 (x)x = self.conv3_1(x)
x = self.conv3_2(x)
if self.layers in [16, 19]:
x = self.conv3_3 (x)if self.layers in (19):x = self.conv3_4(x)
x = self.pool3(x)
x = self.conv4_1(x)
x = self.conv4_2 (x)
if self.layers in [16, 19]:
x = self.conv4_3 (x)
if self.layers in [19]:
x = self.conv4 4(x)
```

```
x = self.pool4(x)
x = self.conv5_1(x)
x = self.conv5_2 (x)
if self.layers in (16,19):
x = self.conv5_3 (x)
if self.layers in [19]:xm self,conv5_4(x)
x = self.pool5(x)
x = self.fc6(x)
x = self.fc6_relu (x)
x = self.fc6_dropout (x)
x = self.fc7(x)
x = self.fc7_relu (x)
x = self.fc7_dropout (x)
x = self.fc8(x)
# x = self.fc8_relu (x)
# x = self.prob(x)
return x
```

3. 爆发阶段

ResNet 在 ImageNet 数据集上的准确率再创新高,再次突破了图像分类的高点,也最终使产业界和学术界达成共识,即深度学习将成为下一个重大技术趋势。为此,大型科技公司加入了开发深度学习框架的队伍,深度学习框架的发展进入爆发阶段,诞生了TensorFlow、PyTorch、MXNet、Caffe2、CNTK、Keras,以及国内的 PaddlePaddle 等众多深度学习框架。

与传统的 Caffe、Torch 和 Theano 相比,谷歌率先推出的 TensorFlow 借鉴了 Theano 的声明式编程风格,提出利用高级编程语言 Python 作为面向用户的主要前端语言,帮助 TensorFlow 快速融入以 Python 为主导的大数据生态,而利用 C/C++实现后端以满足高性能需求,这种设计在日后崛起的 PyTorch、MXNet 和 CNTK 等深度学习框架中得到传承。

Facebook 发布的 PyTorch 则继承了 Torch 直观且用户友好的命令式编程风格。虽然命令式编程风格更灵活且易于跟踪,但声明式编程风格通常可以为内存和基于计算图的运行时优化提供更多空间。

MXNet 是 Amazon 采纳的华盛顿大学、卡内基梅隆大学等机构的联合项目。它融合了声明式和命令式 API,优化了模型性能,结合了两种编程风格的优势。MXNet 在命令式编程中提供张量运算,支持模型迭代训练和更新控制逻辑。在声明式编程中,它支持符号表达式,让用户能混合使用两种方式快速实现想法。例如,用声明式编程描述深度学习模型,并利用自动求导训练模型。对于涉及大量控制逻辑的模型迭代训练,命令式编程非常适用,并方便调试和与主语言交互数据。MXNet 还提供多种编程接口,增加了灵活性。

Caffe 的发明者加入 Facebook 后发布了 Caffe2,算子是 Caffe2 中计算的基本单元之一。Caffe2 进一步增加了对大规模分布训练、CPU 和 CUDA 以外的新硬件支持,并提供了更丰富的模型库,在移动设备和大规模部署方面表现出色。

微软研究院开发了 CNTK 框架,它最大的优势就是训练速度快、分布式和并行计算性能好。

随着多个深度学习框架的出现,Keras 等高级深度学习开发库提供了更高级的 Python API 从而可以快速导入已有的模型,这些高级 API 进一步屏蔽了底层框架的实现细节。Keras 是一个高度模块化的深度学习模型库,支持 CPU 和 GPU,且能够在 TensorFlow、

CNTK 及 Theano 之上运行,其特点是能够快速实现模型的搭建,开发人员可以简单、方便地实现从想法到实验验证的转化,这都是进行高效科学研究的关键。Keras 深度学习模型定义及训练参数设置示例如代码 1-10 所示。

代码 1-10　Keras 深度学习模型定义及训练参数设置示例

```
# download the mnist to the path '/. keras /datasets /' if it is the first time to be called
# X shape (60,000 28x28), y shape(10,000 , )
(X_train, y_train),(X_test, y_test) = mnist.load_data()

# data pre - processing
# 转化为 (6000,784)这种形状,并转化为 0 - 1
X_train = x_train . reahpe (X_train. shape [0], - 1)/255
X_test = x_test. reshpe(X_test.shape[0], - 1)/255
y_train = np_utils .to_categorical (y_train, num_classes = 10)
Y_test = np_utils.to_categorical (y_test. num_classees = 10

# 用数据的方式定义多个层
model = Sequential ([
Dense(32, input_dim = 784),
Activation ("relu"),
Dense (10),
Activation ("softmax"),
])
# Anothar way to dafine your optimizer
rmsprop = RMSprop(lr = 0.001, rho = 0.9, epsilon = 1e08, decay = 0.0)

# We add metrics to get more results you want to see
# 设置优化器、误差计算函数,metrics 其他在训练中需要计算和更新的函数,可以写多个参数
Model. compile(optimizer = rmsprop,
loss = "categorical_crossentropy",
netrics = ['accuracy'])
print ("Training ------------ ")
# Another way to train the model
model.fit (X_train, y_train, nb_epoch = 2, batch_size = 32)

print ("\nTesting ------------ ")
# Evaluate the model with the metrics we defined earlier
loss, accuracy = nodol . evaluate (X_test, y_test)
print ("test loss: ', loss)
print("test accuracy : ", accuracy)
```

4. 稳定阶段

经过一轮深度学习框架的激烈角逐,最终形成了 TensorFlow 和 PyTorch 两大框架的垄断,即它们实现了深度学习框架研发和生产中超过 95％的用例。Chainer 团队在 2019 年将他们的开发工作转移到了 PyTorch,同样微软也停止了 CNTK 框架的开发,部分团队转而支持 Windows 和 ONNX 运行时的 PyTorch,Keras 被 TensorFlow 收编,并在 TensorFlow 2.0 版本中成为其高级 API 之一,MXNet 在深度学习框架领域仍然位居第三。

这一阶段,产业界不断对 TensorFlow 及 PyTorch 进行改进,使其对大模型训练有了很好的支持,在并行计算及编程友好方面有了进一步提升。1.4.2 节将对 TensorFlow 和 PyTorch 框架的设计理念进行介绍。总结而言,深度学习框架有两个发展趋势。

(1) 大模型训练。随着 BERT 以及基于 Transformer 的同类产品 GPT-3 的诞生,训练大型模型的能力成为深度学习框架的理想特性,这需要深度学习框架能够在多达数百个甚

至数千个设备的规模上进行有效训练。

（2）可用性。这一阶段的所有深度学习框架都采用了命令式编程风格,因为它具有灵活的语义和易于调试的特点。同时,这些框架还提供了用户级的设计器或API,通过即时编译器技术来实现高性能。

5. 深化阶段

深度学习在自动驾驶、个性化推荐、自然语言处理、医疗保健等众多领域的巨大成功,使其获得了众多用户和开发人员的关注,并迎来了投资热潮,深度学习框架的发展进入深化阶段。深度学习框架不断增加对多场景、多任务的支持,不断提高为顶层和底层提供丰富的套件及硬件支持的能力,同时更好地利用并调动算力,充分发挥硬件资源的潜力,追求性能,不断改进和优化。此外,人工智能与社会伦理的痛点问题也促使可信赖人工智能在框架层面的进步。这一阶段,国内也涌现出很多开源的框架,如昇思 MindSpore、天元 MegEngine、一流 OneFlow 及计图 Jittor 等。这时的深度学习框架已经相当成熟,大大简化了深度学习编程。

纵观深度学习框架的发展历程,可以更清楚地看到深度学习框架和深度学习算法之间的紧密耦合关系,这种相互依赖的良性循环推动了深度学习框架和工具的快速发展,未来十年将是开发深度学习工具和框架的黄金时期。尽管深度学习框架从一开始就有了显著的进步,但它们在深度学习领域的应用还远不如编程语言 Java、C++ 等在互联网应用开发中那样成熟,仍有很多工作有待探索和完成。深度学习框架的发展趋势如下。

（1）基于编译器的算子优化。如今,许多算子内核要么是程序员手工编写,要么是通过一些针对特定硬件平台的第三方库如 BLAS、CuDNN、OneDNN 等实现。当模型在不同的硬件平台上训练或部署时,会导致大量开销。此外,新的深度学习算法的发展速度通常比这些库的迭代快得多,使得这些库通常不支持新的算子。在此背景下,推出了 TVM、MLIR、Glow 等深度学习编译器,并提出了基于编译器的算子优化,从而实现了在任何硬件后端进行优化和有效计算,解决了算子生成和优化的问题。

（2）编程接口的不断发展。编程接口的用户友好性需要进一步提升,以提供简单的开发体验。同时在调试方面也需要具有更好的灵活性,具备训练过程中的静态执行和动态调试能力,使得开发人员变更一行代码即可切换模式,快速解决在线定位问题。

（3）支持大模型分布式训练。超大型数据集和超大型深度学习模型崛起让分布式执行成为深度学习框架编程模型的核心设计需求,支持多节点或多设备训练正在成为深度学习模型训练的规范。为了实现分布式执行,TensorFlow 和 PyTorch 也进一步优化并开发相关组件来支持将数据集和深度学习模型分配到分布式节点上。深度学习框架 OneFlow 从设计之初就将这一理念纳入考虑范畴,这为性能优化提供了更多支持。MindSpore 进一步完善了深度学习框架的分布式编程模型的能力,从而让单节点的 MindSpore 程序可以无缝地运行在海量节点上,同时也在不断优化自动并行、混合并行等分布式策略。

（4）全场景协同、安全可信。深度学习框架不断在上层和底层完善其生态,上层通过构建预训练模型库及开发相应科学计算组件以支持多学科多领域的应用,底层也高效支持多种后端芯片以实现深度学习应用在海量异构设备上的全场景快速部署,充分发挥硬件潜能,帮助开发人员缩短训练时间,提升推理性能。同时也考虑到模型训练、部署等过程中的隐私保护、模型安全等问题,让开发人员专注于深度学习应用的开发。

（5）同时支持动态图和静态图，兼顾灵活性和高性能。动态图意味着程序会按照开发人员编写命令的顺序执行，这种机制将使得调试更加容易，并且也使得想法转化为实际代码变得更加容易。而静态图则意味着程序在编译执行时将首先生成深度学习模型的结构，然后再执行相应操作，采用的是先定义后执行的方式，之后再次运行的时候就不再需要重新构建计算图，所以速度会比动态图更快。从理论上讲，静态图这样的机制允许编译器进行更大程度的优化，但是这也意味着所期望的程序与编译器实际执行之间存在更多的代沟，代码中的错误将更加难以发现，例如计算图的结构出现问题。框架将动态图、静态图进行融合并灵活转换可以使得两者优势相结合，同时兼顾灵活性和性能，MindSpore 等框架实现了从动静转换到动静统一的转换，Jittor 也提出了统一计算图解决这一问题。

（6）训练推理一体化。由于模型训练过程与推理过程的需求不同，例如一个精妙设计的模型可能在训练的时候使用了一种自定义的算子，同时为了让量化的模型精度更高，算法效果更好，可能需要在训练过程中进行量化训练，训练各种算子的量化参数。这时，使用推理框架对训练好的模型推理就可能遇到算子不支持、转换参数错误及量化精度不够等问题。为此，框架发展过程中也在设计时考虑将训练推理一体化，以减少模型转换带来的问题，例如旷视推出天元框架 MegEngine，在训练推理一体化方面深度布局，百度的飞桨框架 PaddlePaddle 也追求速度体验，设计推理引擎一体化实现训练到多端推理的无缝对接。

（7）小样本训练支持。随着深度学习模型研究的深入，小样本训练也引起行业越来越多的重视，重点解决工业场景下数据量不足等问题，用小样本训练就能达到同样的准确度，颠覆深度学习。在强化学习中，生成对抗网络可以通过旋转、裁切或改变明暗等方式对图像数据进行处理，从而增加数据量。目前，生成对抗网络已在多个领域得到应用，能够生成非常近似原始数据的图像。然而，由于生成对抗网络是一项比较新颖的技术，其框架仍需要进一步优化，以更好地支持强化学习和对抗生成网络的需求，满足小样本训练的要求。

1.4.2　典型框架

随着深度学习应用产业化水平的提高，深度学习框架变得越来越多，这些框架除了实现上述核心功能，还提供了许多特色功能。例如 TensorFlow 在提供高性能的同时也使得用户可以轻松地将计算工作部署到多种平台和设备，PyTorch 凭借其对动态图的支持在易用性、灵活性及速度等方面都有较好的表现。国内的一些深度学习框架也借鉴了 TensorFlow、PyTorch 等开源框架，围绕各自的生态开发了各自的框架，同时也推出了动静统一、训推一体化、自动并行、统一计算图等功能。下面将以 TensorFlow、PyTorch，以及国内的昇思 MindSpore、飞桨 PaddlePaddle、天元 MegEngine、一流 OneFlow、计图 Jittor 等典型深度学习框架为例，介绍其设计理念。

1. TensorFlow

TensorFlow 是一个开放源代码软件库，被广泛应用于各类深度学习算法的编程实现，其前身是谷歌的深度学习算法库 DistBelief，由谷歌人工智能团队谷歌大脑开发和维护。TensorFlow 提供算子定义、编程范式、运行时框架等深度学习库来满足灵活性需求，同时也提供对高端和专用硬件的深入支持、系统层的优化技术及算法层的优化设计等满足高性能需求。

此外，TensorFlow 使用的是更适合描述深度学习模型的声明式编程范式，并以数据流图作为核心抽象,所以与命令式编程范式相比,TensorFlow 的数据流图的优势包括代码可读性强、支持引用透明、提供预编译优化能力等,有助于用户定义数学函数或算法模型,TensorFlow 2.0 也提供了命令式编程的 Eager 模式。

　　TensorFlow 框架的结构如图 1.24 所示,其主体是核心运行时库,生成这个库的 C++源代码分为公共运行时、分布式运行时及算子核函数三部分。其中,公共运行时实现数据流图计算的基本逻辑,分布式运行时实现数据流图的跨进程协同计算逻辑,算子核函数包含图上具体操作节点的算法实现代码。

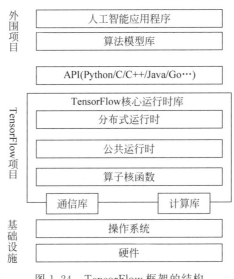

图 1.24　TensorFlow 框架的结构

　　在上层,TensorFlow 核心运行时库导出的函数接口基于 C/C++,此外也提供了多语言的 API 层。API 层屏蔽了 TensorFlow 核心库的动态链接逻辑,使得用户可以使用自己熟悉的语言编写算法模型。此外为简化经典模型的开发,TensorFlow 也使得用户可以使用若干算法模型库及人工智能应用程序项目。

　　在下层,TensorFlow 核心运行时库底层对接各种通信库和计算库。用户开发时无须关注其实现细节,只需要安装好必要的外部依赖包即可。再向下,所有组件都运行在本地操作系统和硬件基础设施之上。在服务器端运行场景中,宿主操作系统常为 Linux,硬件为 x86 CPU 和 NVIDIA GPU,在移动终端运行场景中,宿主操作系统可以是 Android、iOS 等,硬件一般为 ARM CPU 和专用的人工智能芯片。

2. PyTorch

　　PyTorch 是 Facebook 的人工智能研究团队发布的一个 Python 工具包,是专门针对 GPU 加速的深度学习编程工具。PyTorch 追求最少的封装,尽量避免重复进行底层功能开发。PyTorch 的设计包含三个由低到高的抽象层次,分别代表高维数组、自动微分和神经网络层,而且这三个抽象层次之间联系紧密,可以同时进行修改和操作。框架的运行速度和程序员的编码水平有极大关系,但同样的算法使用 PyTorch 实现则速度可能优于其他框架。PyTorch 的面向对象的接口设计来源于 Torch,而 Torch 的接口设计以灵活、易用而著称。PyTorch 继承了 Torch,尤其是 API 的设计和模块的接口都与 Torch 高度一致。PyTorch 的设计最符合人类的思维,它帮助用户尽可能地专注于实现自己的想法,即所思即所得,不需要考虑太多关于框架本身的束缚。

经过更新迭代,PyTorch 2.0 在保证简洁、速度、易用的基础上对动态图、编译模式等做了进一步的改进。PyTorch 2.0 仍然支持动态图模式,并在此基础上进行了改进,除了提高性能,还加入了对动态形状的支持,可以动态变更输入数据的形状,以及对分布式的扩展支持。PyTorch 2.0 中还增加了一个新的编译模式,可以在训练和推理的过程中对模型进行加速,从而提升性能。编译模式使用了类似于 Numba 或者 TensorFlow XLA 的即时编译技术,生成高效代码。此外,PyTorch 2.0 支持 TorchScript 的即时编译功能,这不仅可以用于更高效的推理,还提高了安全性,因为它可以将 Python 代码转换成静态计算图,以便进行部署。

3. 昇思 MindSpore

MindSpore 是华为研发的新一代深度学习框架,源于全产业的最佳实践,最佳匹配昇腾处理器算力,支持终端、边缘、云全场景灵活部署,开创全新的深度学习编程范式,降低深度学习开发门槛。为了实现易开发的目标,MindSpore 支持动态图,采用基于源码转换的自动微分机制,该机制可以用控制流表示复杂的组合,所以动态图和静态图之间的模式切换非常简单。

为支持高效执行,MindSpore 采用函数式中间表示(intermediate representation,IR),通过构造一个跨设备的计算图,并应用软硬件协同优化技术提升性能和效率。MindSpore 还支持数据并行、模型并行和混合并行训练,通过高级手动配置策略,确保在大型数据集上有效训练大模型,并展现高灵活性。此外,MindSpore 还具备自动并行能力,能在庞大的策略空间中高效搜索最佳并行策略。

在全场景覆盖方面,MindSpore 可部署于端、边、云等不同的硬件环境,满足各种环境的差异化需求。它支持端侧的轻量化部署,并提供云端的丰富训练功能,如自动微分、混合精度和模型易用编程等。MindSpore 训练的模型文件可灵活部署于云服务、服务器或边缘设备等,使用户得到无缝的执行体验。同时,MindSpore 还支持使用独立工具对模型进行离线优化,以实现轻量化的推理框架和高性能的模型执行目标。

MindSpore 框架的结构如图 1.25 所示,可以分为模型层、表达层、编译优化及运行时四层。模型层为用户提供开箱即用的功能,该层主要包含预置的模型和开发套件、图神经网络及深度概率编程等热点研究领域拓展库。表达层为用户提供深度学习模型开发、训练、推理的接口,支持用户用原生 Python 语法开发和调试深度学习模型,其特有的动静态图统一能力使开发人员可以兼顾开发效率和执行性能,同时该层在生产和部署阶段提供全场景统一的 C++接口。编译优化作为深度学习框架的核心,以全场景统一中间表达为媒介,将前端表达编译成执行效率更高的底层语言,同时进行全局性能优化,包括自动微分、代数化简等硬件无关优化,以及图算融合、算子生成等硬件相关优化。运行时按照上层编译优化的结果对接并调用底层硬件算子,同时通过端边云统一的运行时架构,支持包括联邦学习在内的端边云协同。

4. 飞桨 PaddlePaddle

飞桨 PaddlePaddle 是 2016 年开源的深度学习平台,是国内首个功能完备的开源深度学习平台,核心框架主要包括工业级的深度学习训练和预测框架。飞桨的训练框架源自百度海量规模的业务场景实践,拥有大规模分布式训练和工业级数据处理的能力,同时支持

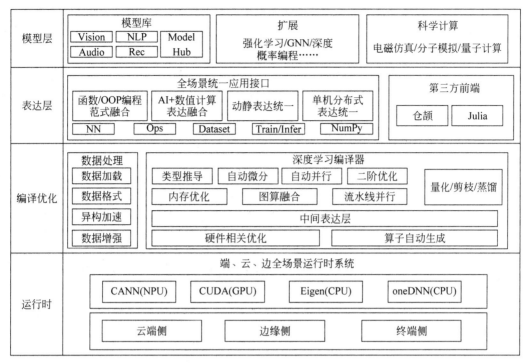

图 1.25 MindSpore 框架的结构

稠密参数和稀疏参数场景的超大规模深度学习并行训练,支持千亿规模参数、数百个节点的高效并行训练。面对实际业务中数据实时变化或者膨胀的特点,对模型做流式更新,可提供小时级甚至分钟级更新功能。

PaddlePaddle 框架的结构如图 1.26 所示。对于模型部署,飞桨提供了服务器端在线服务和移动端部署库。Paddle Serving 是在线预测部分,可以与模型训练环节无缝衔接,提供深度学习的预测云服务。开发人员也可以对预测库进行编译或直接下载编译好的预测库,调用预测应用程序接口,使用 C++语言编程对模型进行推理预测。在移动端,Paddle Lite 支持将模型部署到 ARM CPU、Mali GPU、Adreno GPU、树莓派等各种硬件,以及安卓、Mac、Linux 等软件系统上。

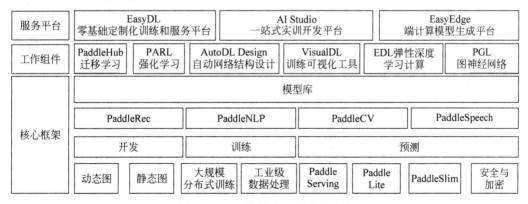

图 1.26 PaddlePaddle 框架的结构

此外,飞桨还开源了计算机视觉、自然语言处理、推荐和语音四大类型的多个官方模型,覆盖了各领域的主流和前沿模型;同时开源了迁移学习、强化学习、自动化网络结构设计、训练可视化、弹性深度学习和图神经网络等一系列深度学习的工具组件,用于配合深度学习相关技术的开发、训练、部署和应用。飞桨还提供了包含零基础定制化训练和服务平台 EasyDL、一站式实训开发平台 AI Studio、端计算模型生成平台 EasyEdge 的服务平台,可以满足不同层次开发人员的深度学习应用开发需求。

5. 天元 MegEngine

天元 MegEngine 是 Brain++ 平台的深度学习框架,其中 Brain++ 是旷视自主研发的新一代 AI 生产力平台,包括深度学习框架天元 MegEngine、深度学习云计算平台 MegCompute 及数据管理平台 MegData,将算法、算力和数据能力融为一体。依托于 Brain++,旷视可针对不同垂直领域的碎片化需求定制丰富且不断增长的算法组合,向客户提供包括算法、平台及应用软件、硬件设备和技术服务在内的全栈式人工智能解决方案。

深度学习框架 MegEngine 主要包含训练和推理两个模块功能,其中训练侧一般使用 Python 搭建网络,而推理侧考虑到产品性能的因素,一般使用 C++ 语言集成天元框架。目前天元支持的计算后端有 CPU、GPU、ARM 和部分领域专用的加速器,覆盖了云、端等各个场景。MegEngine 主要有三大特征:第一个特征是训推一体,即不管是训练任务还是推理任务都可以由 MegEngine 一个框架来完成;第二个特征是动静结合,同时支持动态图和静态图,并且动静之间的转换也非常方便;第三个特征是多平台的高性能支持。

MegEngine 框架的结构如图 1.27 所示。该框架提供了 Python 和 C++ 两种接口,在图表示上分为动态图和静态图。运算层组件包括自动求导器、图优化和图编译等。MegEngine 的运行时模块包括内存管理和计算调度,其中内存管理包括静态内存管理、动态内存管理和亚线性优化。计算内核层包含 MegEngine 支持的所有计算后端,后续会开源出更多的计算后端。除此之外,MegEngine 还包含一个高性能异构通信库,一般应用在多机多卡场景。

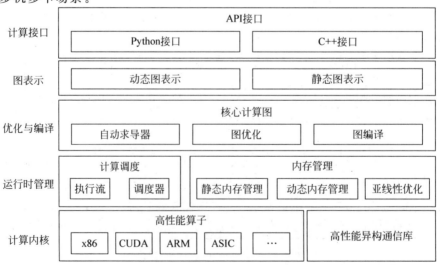

图 1.27　MegEngine 框架的结构

6. 一流 OneFlow

OneFlow 是一个专门针对深度学习打造的异构分布式流式系统,大幅减少了运行时开销,且一旦成功启动无运行时错误。OneFlow 的分布式最易用,代码量最优且完全自动并行。OneFlow 框架的结构如图 1.28 所示,其设计原则是在编译时进行大量调度优化、图优化、通信优化和内存优化,将用户定义的逻辑计算图编译成分布式的物理计算图。为了简化分布式深度学习框架在不同并行模式下的使用,OneFlow 引入了基于抽象的 SBP(split,broadcast,partial sum)概念,分别表示分离、广播和部分值操作,实现数据并行和模型并行编程的支持。

模型库 Model Zoo	计算机视觉 卷积神经网络/目标 检测/人脸识别	语音识别 LSTM/循环神经网络	自然语言处理 BERT/Transformer	广告/推荐系统 fm/deep_n_wide
接口层 API	模型转换 Keras/ONNX	用户接口 Python	静态执行 define and run	动态执行 define by run
编译时 Compiler	算子描述 operator	自动梯度求导 autograd	图优化 graph optimization	自动优化 data/model/pipeling parallelism
	代价模型 cost model	自动放置 auto placement	数据路由 bandwidth planner	内存规划 memory planner
运行时 Runtime	消息中枢 message/bus	执行体 Actor	状态机 finite state machine	控制平面 RPC
支持库 Libraries	平台及通用套件 platform/common	算子实现 kernel	张量计算库 ndarray	张量编译器及 代码生成 XLA/TensorRT
硬件库 Hardware Interfaces	系统管理 memory/thread/driver	加速器计算库 CPU/GPU/FPGA/NPU	通信库 epoll/ibverbs/NCCL	控制平面 HDFS/POSIX/NFS/ S3/OSS

图 1.28　OneFlow 框架的结构

OneFlow 提出简洁的运行时机制 Actor 模型来管理分布式深度学习中由资源约束、数据移动和计算带来的复杂依赖,完成了去中心化调度。每个 Actor 仅需要关心自己的上下游就能知道自己什么时候该工作、什么时候该等待,省去了运行时分布式训练中大量的调度开销。同时这套机制还非常高效和易扩展,解决了分布式训练中各种复杂的并行难题、时序依赖和控制依赖难题,做到了将控制、传输尽可能包含在计算任务中,使得分布式训练速度最大化。

7. 计图 Jittor

计图 Jittor 是清华大学提出并维护的深度学习框架,它的设计原则包括可定制及易于使用两方面。Jittor 框架的结构如图 1.29 所示,它提供了元算子以支持使用几行代码定义新的算子和模型,同时将编码和优化分开,提出了将静态图和动态图的优势合并的统一图方案,使用了 JIT 编译方法。

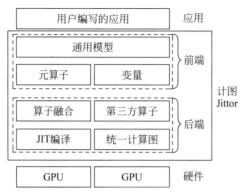

图 1.29   Jittor 框架的结构

统一图执行方法统一了动态和静态计算图方法,使其易于同时使用并且非常高效,算子的反向闭包允许前向和反向计算图的融合。跨多个迭代统一管理计算图,可以实现跨迭代融合,这种优化在某些推理场景中特别有用,例如将多个小批量融合为一个大批量。统一管理 CPU 和 GPU 内存,在 GPU 内存不足时将 GPU 内存与 CPU 内存交换。使得用户可以使用超过 GPU 内存限制的更大批量,并使用 CUDA 统一内存来完成训练任务。同时提供同步和异步接口,规划同步和异步操作以确保并发数据读取、内存复制和计算期间的数据一致性。这些改进使得统一图执行能够将即时编译优化的优势最大化,同时为用户提供易于使用的接口。

1.4.3   核心组件

前面介绍了当前典型的开源深度学习框架,这些框架中既有相同的功能模块,也有各具特色的功能组件,对这些框架的设计进行剖析,归纳得到深度学习框架的核心组件,如图 1.30 所示。深度学习框架的核心组件包括基础层、组件层及生态层三个层次,下面将围绕这三个层次对深度学习框架的一般设计架构进行介绍。

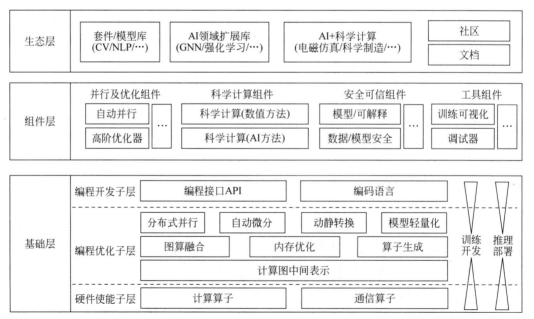

图 1.30   深度学习框架的核心组件

1. 基础层

基础层实现深度学习框架最基础、最核心的功能,具体包括编程开发、编译优化及硬件使能三个子层。编程开发子层是开发人员与深度学习框架互动的窗口,为开发人员提供构建深度学习模型的 API 接口。编译优化子层是深度学习框架的关键部分,负责完成深度学习模型的编译优化并调度硬件资源完成计算。硬件使能子层是深度学习框架与深度学习硬件对接的通道,帮助开发人员屏蔽底层硬件技术细节。下面将具体介绍编程开发、编译优化、硬件使能三个子层。

编程开发包括编程接口和编程语言两个模块。开发人员通过调用编程接口来描述算法的计算过程。对于开发人员来说,编程接口的易用性及接口的表达能力非常重要,对算法的描述会映射到计算图上。编程接口主要可以分为三类:第一类是基于数据流图的编程接口,主流的基于数据流图的深度学习编程框架包括 TensorFlow、MXNet、Theano、Torch7 等;第二类是基于层的编程接口,如 Caffe;第三类是基于算法的编程接口,主要用于传统深度学习算法的实现,如 Scikit-learn。深度学习应用场景众多,开发人员基于不同场景选择使用的编程语言多样,完善的深度学习框架应支持多种不同的语言,例如 Python、仓颉、Julia 等。面对使用不同编程语言的开发人员,深度学习框架需要提供功能相同、性能近似的开发服务和技术支持。

深度学习框架为了提升性能,除了实现基本的优化,还引入了深度学习编译技术进行优化,包括中间表示、动静转换、自动微分、图算融合、内存优化、算子生成、分布式并行及模型轻量化等模块。深度学习编译技术将在后续各章节中进行详细介绍。

硬件使能包括计算算子和通信算子两种方式。在深度学习领域,计算算子特指计算图中的一个函数节点,一个在张量上执行的计算操作,它接受零或多个张量作为输入,得到零或多个张量作为输出,利用梯度、散度、旋度的表达方式进行计算。用于分布式节点通信的函数节点,在各个机器间进行数据交换。在深度学习模型的训练过程中,通信算子将数据从一个计算节点发送到另一个计算节点,以便在分布式环境下进行并行计算和参数更新。这些算子可以完成跨计算节点的数据传输、同步和异步通信等操作。

2. 组件层

组件层主要提供深度学习模型生命周期的可配置高阶功能组件,实现细分领域性能的优化提升,包括编译优化组件、科学计算组件、安全可信组件、工具组件等,对深度学习模型开发人员可见。

并行及优化组件包括高阶优化器和自动并行两个模块。深度学习框架支持多种不同的一阶、二阶优化器,能为开发人员提供灵活、方便的接口,例如 SGD 优化器、SGDM 优化器、NAG 优化器、AdaGrad 优化器、AdaDelta 优化器、Adam 优化器及 Nadam 优化器等。深度学习框架支持开发人员对多种不同并行进行组合,根据需要形成混合并行策略,例如数据并行和模型并行的组合、数据和流水线并行的组合等,支持开发人员个性化地选择自己的并行策略,更灵活地支持深度学习模型训练、应用适配。

科学计算组件有数值方法和深度学习方法两种类型。深度学习应用的重要场景之一是科学计算,因此要求深度学习框架向开发人员提供科学计算相关的功能支持,通过函数式编程范式为深度学习和科学计算提供融合的表达方式,使得开发人员以更加接近数学计算的方式进行编程,以规避当前深度学习框架的编程接口主要面向深度学习模型设计的弱点。

针对深度学习方法直接替代数值方法取得计算结果的形式,深度学习框架需要具备深度学习和科学计算相融合的统一数据底座,将传统科学计算的输入数据,如传统科学计算软件生成的仿真数据,转换为深度学习框架的输入数据,即张量。将深度学习方法与数值方法配合取得计算结果的形式,深度学习框架除了需要具备统一的数据引擎,还需要支持传统数值计算的方法,例如高阶微分求解、线性代数计算等,并通过计算图对传统数值方法和深度学习方法进行混合计算优化,从而实现深度学习和科学计算相融合的端到端加速。

安全可信组件包含深度学习可解释、数据安全及模型安全等模块。深度学习框架需要具备三个层面的能力支持可解释。建模前进行数据可解释以分析数据分布,找出具有代表性的特征。在训练时选择需要的特征进行建模,构建可解释模型,通过与贝叶斯概率编程等传统机器学习相结合的方式,对人工智能的结构进行补充,平衡学习结果的有效性和学习模型的可解释性。对已构建模型进行解释性分析,通过分析模型的输入、输出、中间信息进行关系分析,以及验证模型的逻辑。

深度学习领域的数据安全问题不仅仅涉及原始数据本身的保护,还要防止通过模型推理结果反推出数据隐私关键信息。因此,深度学习框架本身除了要提供数据资产保护能力,还需要通过差分隐私等方式保护模型数据的隐私。同时,为了从源头保护数据安全,深度学习框架通过联邦学习等方式进行模型训练,使得数据在不出设备端的情况下,模型就能得到训练更新。

训练模型时,样本不足会使得模型泛化能力不足,导致模型面对恶意样本时,无法给出正确的判断结果。为此,深度学习框架需要提供丰富的鲁棒性检测工具,通过黑盒、白盒、灰盒测试等对抗检测技术测试模型的鲁棒性,包括静态结构分析、动态路径分析等。另外,深度学习框架可以通过支持网络蒸馏、对抗训练等方式帮助开发人员提高模型的鲁棒性。

工具组件包括训练可视化和调试器两个功能。支持训练过程可视化,可通过页面直接查看训练过程中的核心内容,包括训练标量信息、参数分布图、计算图、数据图、数据抽样等模块。深度学习模型训练中经常出现无穷大等数值误差,开发人员希望分析训练无法收敛的原因,但由于计算被封装为黑盒,并以图的方式执行,使得很难定位其中的错误。调试器是训练调试的工具,开发人员可以在训练过程中查看图的内部结构及节点的输入与输出,例如查看一个张量的值或者图中的节点对应的 Python 代码等。此外,开发人员还可以选择一组节点设置条件断点,实时监控节点的计算结果。

3. 生态层

生态层主要面向应用服务,以支持基于深度学习框架开发的各种深度学习模型的应用、维护和改进,对于开发人员和应用人员均可见。生态层需要提供套件模型库、深度学习领域扩展库、科学计算及良好的社区文档支持。

深度学习框架应对领域通用任务提供预训练模型或者定义好的模型结构,方便开发人员获取和开展人工智能模型训练和推理,如图像识别、自然语言处理等。RestNet、BERT、GPT、VGG、PGAN、MobileNet 等深度学习领域的经典模型,只需要输入一行代码,就能一键调用。在深度学习领域，这样的模型库不仅仅只有这几个，还有 ModelZoo 等其他模型库，均能被深度学习模型一键调用。

与图像识别、自然语言处理等传统信息领域不同，科学计算问题的求解需要具备相对专业的领域知识。为了加速深度学习和科学计算融合的研究与落地，深度学习框架需要面向不同的科学计算领域，如电磁仿真、科学制药、能源、气象、生物、材料等，提供简单、易用的科学计算套件，这些套件包含高质量的领域数据集、高精度的基础深度学习模型和用于前后处理的工具集合。

第2章

深度学习编译简介

深度学习模型的规模及复杂度均在不断增长,从 2012 年提出的深度学习模型 AlexNet 到当前火爆的 ChatGPT,模型参数数量在十年多中从 6000 万增加到 1750 亿,应用范围也从最开始的图像和语音识别等有限场景扩展到智能物联网(AIoT)、机器人技术、推荐系统及多模态生成模型等诸多领域。深度学习的快速发展使得提升硬件性能的需求增加,但硬件性能的增长速度无法满足深度学习不断增长的工作负载的要求,为解决这一问题,学术界和工业界一直在探索和研究各种新的硬件平台。同时,为适应深度学习模型和硬件平台的创新和发展,避免软硬件组合爆炸问题,编译技术也被引入,以提供更多优化机会。

深度学习应用、深度学习硬件平台及深度学习编译这三个深度学习系统的重要组成部分的发展是相互促进的。深度学习硬件平台的发展允许深度学习算法及应用进行改进和升级,同时改进和升级后的深度学习算法中的一些工作负载特性也激发硬件平台进行相应地适配和创新。深度学习编译技术作为两者的连接,它的引入一方面可以提升深度学习硬件平台算力资源的利用率,加速深度学习算法的执行;另一方面也提供了更好的抽象,促进深度学习硬件平台的设计。

本章将介绍深度学习应用底层的运算特征及深度学习硬件平台的发展,对当前典型深度学习编译器的特征进行阐述,最后总结、归纳深度学习编译器的通用结构及一般编译流程。

2.1　深度学习运算特征

深度学习模型的训练和推理过程中包含许多计算密集型的矩阵运算,这些矩阵运算的执行效率影响着模型训练和执行的效率,进而影响深度学习硬件平台和编译器的设计。本节将对深度学习中的矩阵运算进行介绍,通过分析矩阵运算面临的挑战,介绍其对深度学习硬件和编译器设计的影响。

2.1.1　深度学习中的矩阵运算

深度学习模型中包含许多运算操作,如卷积、全连接、注意力机制、激活函数、损失函数、归一化及数据增强等,这些操作的底层实现大多是矩阵运算。下面具体介绍这些运算的过程及特征。

1. 卷积

卷积运算是一种有效提取图片特征的方法,它通过将卷积核与输入数据进行运算,提取出不同尺度和方向的特征。其中卷积核通常是二维张量,输入数据通常为图片,是一个三维张量,卷积运算的计算过程中,卷积核可视为输入数据上的滑动窗口,通过滑动与输入数据上的元素相乘,然后求和;也可以选择加偏置项,最后得到输出数据的一个元素,如公式(2.1)所示。

$$O_{i,j} = \sum_{k,l,m} I_{k+l, i+m, j+n} K_{k,l,m} \tag{2.1}$$

其中,O 为卷积运算的输出数据,I 为输入数据,K 为卷积核,i 和 j 为输出数据的坐标,k 和 l 为输入数据坐标的偏移量,m 和 n 为卷积核的坐标偏移量。

为了实现高效的卷积运算,通常还需要将卷积运算转换为矩阵乘的形式,即将卷积核展开为一个矩阵,将输入数据块展开为一个列向量,然后将卷积核矩阵与输入数据列向量进行矩阵乘运算,得到卷积输出的列向量,如公式(2.2)所示。

$$O_{i,j} = K \cdot \mathrm{vec}(I_{i:i+k, j:j+l}) \tag{2.2}$$

其中,vec($\cdot$)表示输入数据展开的列向量,K 表示卷积核展开的矩阵,i 和 j 为输出数据的坐标,k 和 l 为卷积核的大小,卷积运算的矩阵乘示意如图 2.1 所示。

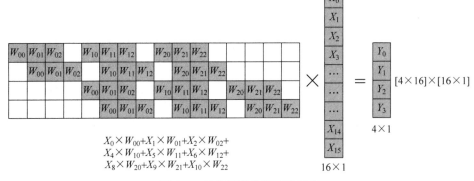

图 2.1　卷积运算的矩阵乘示意

此外,卷积运算还有另一种展开形式 img2col,具体操作是首先将卷积核与输出矩阵展开为一个行向量,再将输入矩阵转换为一个卷积矩阵。在这种展开方式下,卷积矩阵中每一列代表了一次卷积运算所需要用到的数据,并且从第一列开始向后即为卷积运算的顺序,通过将卷积核展开的行向量与输入矩阵展开的卷积进行矩阵乘,即可得到最终展开为行向量的输出特征矩阵。一个卷积核大小为 2×2,输入矩阵大小为 3×3,滑动步长为 1 的 img2col 卷积展开过程如图 2.2 所示。首先将 2×2 的卷积核和输出矩阵转换为一个四维的行向量,之后卷积核作为滑动窗口依次以步长 1 在数据矩阵上从左至右、从上至下滑动,对应的输入数据展开的元素索引依次为“1、2、4、5”“2、3、5、6”“4、5、7、8”“5、6、8、9”,由此按顺序排列得到转换后的输入矩阵。

卷积运算的 img2col 展开形式可以用公式(2.3)和公式(2.4)表示,首先假设输入的二维图像数据为 $I \in \mathbf{R}^{H \times W}$,其中 H 表示图像的高度,W 表示图像的宽度,卷积核大小为 $K \times K$,滑动步长为 S,则得到的输出特征矩阵可以表示为 $X \in \mathbf{R}^{D \times N}$,如公式(2.3)所示。它有 N 个元素,即 N 也表示子图像的数量,其中每个子图像的长度可以表示为 $D = K^2 C$,C 是

注: 数字仅代表索引, 不代表具体数值。

图 2.2 img2col 卷积展开过程

输入图像的通道数。

$$X = \begin{bmatrix} x_1 & x_2 & \cdots & x_N \end{bmatrix} \tag{2.3}$$

公式(2.3)中的 x_i 表示第 i 个子图像展开成的一维向量, 如公式(2.4)所示。

$$x_i = \text{vec}(I_{h,w}^i) \tag{2.4}$$

其中, $I_{h,w}^i$ 表示第 i 个子图像的第 h 行、第 w 列的像素值, $\text{vec}(\cdot)$ 表示将矩阵展开为一维向量的操作。

2. 全连接

全连接在深度学习模型中往往起到分类器的作用, 即将学到的特征表示映射到样本标记空间, 通常包含线性变换和非线性激活函数两个步骤, 其中线性变换就是矩阵运算的一种形式。线性变换的一般形式如公式(2.5)所示, 全连接操作中的输入向量与一个可学习的权重进行矩阵乘, 再加上一个可学习的偏置向量后得到一个新的向量。在线性变换公式(2.5)中, y 表示输出向量, x、w 和 b 分别表示输入向量、权重矩阵和偏置向量, 其中输入向量 x 是一个列向量, x_i 表示输入向量 x 中的第 i 个元素, 权重矩阵 w 的大小是 $m \times n$, w_{ij} 表示权重矩阵 w 中第 i 行第 j 列的元素, b_i 表示偏置向量 b 中的第 i 个元素, 输出向量 y 的大小是 $m \times 1$。

$$y = wx^{\text{T}} + b = \begin{bmatrix} w_{11} & w_{12} & \cdots & w_{1n} \\ w_{21} & w_{22} & \cdots & w_{2n} \\ \vdots & \vdots & \ddots & \vdots \\ w_{m1} & w_{m2} & \cdots & w_{mn} \end{bmatrix} \begin{bmatrix} x_1 & x_2 & \cdots & x_n \end{bmatrix}^{\text{T}} + \begin{bmatrix} b_1 \\ b_2 \\ \vdots \\ b_m \end{bmatrix} \tag{2.5}$$

3. 注意力机制

注意力机制是一种用于加强模型对输入序列中不同位置的关注的机制。传统的深度学习模型不具备注意力机制, 它的引入可以帮助模型在处理序列数据时有选择地关注输入序列中的不同部分, 从而提高模型的性能和泛化能力。注意力机制的原理是让模型可以根据查询的信息和输入序列的表示, 动态地计算不同位置上的注意力权重, 并将这些权重应用于输入序列的值, 从而获得更准确和更有针对性的表示。

注意力机制的实现中包含查询(query)、键(key)及值(value)等关键组件, 查询用于指定模型关注的位置, 通常是一个向量, 键和值分别用来表示输入序列中的每个元素及对应值, 通常是一个矩阵。注意力的计算过程包括相似度计算、注意力权重计算、加权和计算、输出计算等几个步骤。

注意力机制的核心计算是对向量加权平均的过程, 因此往往通过矩阵乘实现, 下面以公式(2.6)所示的自注意力机制的计算公式为例进行介绍。

$$\text{Attention}(\boldsymbol{Q}, \boldsymbol{K}, \boldsymbol{V}) = \text{Softmax}\left(\frac{\boldsymbol{Q}\boldsymbol{K}^{\mathrm{T}}}{\sqrt{d_{\boldsymbol{K}}}}\right)\boldsymbol{V} \tag{2.6}$$

其中,$\boldsymbol{Q}$、$\boldsymbol{K}$ 和 $\boldsymbol{V}$ 分别表示查询向量、键向量和值向量,$d_{\boldsymbol{K}}$ 表示向量的维度。注意力机制的计算可以分解为以下几步,首先通过查询向量 $\boldsymbol{Q}$ 和键向量 $\boldsymbol{K}$ 的矩阵乘计算注意力得分 $\boldsymbol{Q}\boldsymbol{K}^{\mathrm{T}}$,然后将注意力得分除以 $\sqrt{d_{\boldsymbol{K}}}$ 进行缩放,最后通过 Softmax 函数将注意力得分转换为注意力权重,再通过注意力权重和值向量 $\boldsymbol{V}$ 的矩阵乘得到输出。

4. 其他运算

深度学习操作除了包括上述常见计算操作,还包括激活函数、损失函数、归一化、数据增强等计算操作,这些计算操作实质上是逐元素的矩阵乘。逐元素的矩阵乘也被称为 Hadamard 积,表示为 $\boldsymbol{A} \circ \boldsymbol{B}$,是指将两个矩阵 $\boldsymbol{A}$ 和 $\boldsymbol{B}$ 的对应元素逐个相乘,得到一个新的矩阵 $\boldsymbol{C}$。矩阵乘是将一个矩阵的行向量和另一个矩阵的列向量相乘,最终得到一个新的矩阵;而逐元素的矩阵乘是对矩阵的每个元素进行独立操作,因此可以进行并行计算,运算速度也相对更快。

由于逐元素的矩阵乘对矩阵中每个元素进行独立计算的特性,逐元素运算在深度学习中有着广泛的应用场景。例如将所有负值都变为零、所有正值保持不变的激活函数 ReLU,可以通过将输入矩阵与一个全为正数的权重矩阵逐元素相乘来实现。此外,矩阵间的逐元素运算在交叉熵误差损失函数、批量归一化及图像增强等过程中均有应用。

2.1.2 大规模矩阵运算面临的挑战

基于上述深度学习运算特征的分析可知,深度学习的训练和推理过程中需要用到各种类型的矩阵运算,且这些矩阵通常都非常大,如数百万维甚至数十亿维。为减少深度学习运算的时间开销,需要不断地探索和优化矩阵运算的策略,以满足深度学习模型对计算效率和性能的需求。高效执行具有计算密集特征的大规模矩阵运算,可以提高模型的训练和推理速度。

深度学习模型因参数众多和层数复杂,导致矩阵运算变得庞大且复杂,进而需要消耗大量计算资源,这使得计算资源成为限制模型规模和性能的关键因素。鉴于计算资源的昂贵与稀缺,如何有效管理和利用这些资源,成为矩阵运算面临的关键挑战之一。

另外,内存的使用也是一个问题。由于矩阵的大小和数量通常非常大,需要大量的内存来存储这些矩阵数据,这对于内存资源是一个挑战,尤其是在 GPU 等高性能计算设备中。另外,矩阵运算中的内存占用也会导致内存带宽和延迟的限制,因此矩阵运算的内存使用优化是一个非常重要的问题,需要在算法、硬件及编译等方面进行综合考虑和优化。此外,在分布式计算中,还需要考虑通信开销,因为不同计算节点之间需要进行数据传输和同步,网络带宽和延迟也会限制整个系统的性能。

对于这些挑战,工业界和学术界都提出了许多解决方案,例如使用特殊的硬件加速器、优化矩阵乘算法、设计高效的内存访问模式、使用分布式计算框架等。其中针对硬件设备的计算能力,GPU 由于其并行计算的特性和高效的内存带宽而成为深度学习计算的主要选择,基于其他硬件技术架构的特定领域加速器如 TPU、NPU 等也有一定的应用。由于矩阵运算的性能还与硬件体系结构的布局和优化有关,因此也可以通过优化算法和数据布局等提高矩阵运算的性能。此外,矩阵运算中还存在矩阵分解、矩阵压缩等技术,可以帮助降低计算的复杂性和存储需求,从而提高矩阵运算的性能,这些技术也可以结合特定的硬件体系结构进行优化,以获得更高的性能和效率。

除了深度学习硬件层次的优化,编译优化对于模型性能的提升也起着举足轻重的作用。早期的深度学习框架主要通过调用第三方库或者手写汇编代码来加速,这种方式在某些架构上可以达到最佳性能,但通常只针对特定平台进行了优化,无法实现性能的跨平台移植。近年来,深度学习模型越来越大,需要的内存和计算资源也越来越多,同时深度学习应用也开始向低端设备扩展,不同的硬件平台对矩阵优化的支持程度也存在差异,将传统编译器的编译优化和代码生成技术引入深度学习框架中,开发深度学习编译器成为一种趋势。深度学习编译器的出现也为矩阵运算带来了新的解决方案,通过对模型进行分析,编译器可以自动优化矩阵运算,使得整个系统的性能得到提升。

2.2 深度学习硬件平台

深度学习模型的发展与硬件平台密不可分,其发展过程如图 2.3 所示。反向传播算法在 20 世纪 70 年代被提出但直到 1986 年之后才得到广泛关注,深度学习自 2010 年开始才被广泛应用,以及人工智能的发展经历的几次寒冬期,这其中除了因为缺少样本数据集、软件框架等支持,还受限于硬件的发展,无法提供模型验证和应用普及的算力支持。

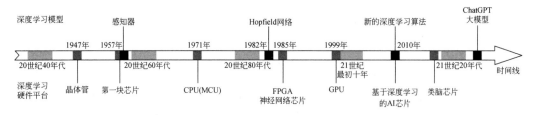

图 2.3　深度学习模型与硬件平台的发展过程

深度学习模型最早出现于 20 世纪 50—60 年代,由于当时乘法单元较为昂贵,大多采用加法单元来支持神经元计算,且只能支持二元神经元,硬件能力的不足导致无法支持其实际应用。

20 世纪 70—80 年代,通用处理器由复杂指令集计算机(CISC)的统一指令架构 ISA 发展并精简为精简指令集计算机(RISC),提供了软硬件之间的抽象,编译技术也进一步改良了软硬件接口,这引发了体系结构和编程语言的创新。这一时期的硬件发展遵循摩尔定律,集成晶体管数量的增加使处理器性能得以迅速提高。在之后的 80 年代至 90 年代中期,硬件能力的增长促进了深度学习理论创新,卷积神经网络在手写数字识别和硬件加速器研究上取得初步成功,但随之也出现了数据收集困难、训练时间长及缺乏特定领域工具库等问题。同时,摩尔定律和登纳德缩放定律近乎失效,芯片的性能及功耗问题无法得到提升和改善,导致深度学习的研究又一次陷入了瓶颈。

21 世纪初,根据 Amdahl 定律,多核架构上的性能取决于工作负载的并行特性,为解决摩尔定律和登纳德缩放定律近乎失效带来的问题,多核系统及指令级并行等方式被提出并被应用,以通过引入更多的并行性来提升性能,GPU 就是典型的代表。GPU 基于 CUDA 生态和 AI 的研究,成功地进行了深度学习训练。与此同时,得益于 GPU 成功的推动,

Caffe、Chainer 及 Theano 等深度学习框架出现,在软件层次上帮助开发人员实现更复杂的深度学习模型并支持 GPU 加速。

21世纪最初十年的末期,特定领域架构 DSA 和深度学习框架为更大规模的深度学习模型提供支持。为实现更高性能且同时控制功耗,许多 DSA 被设计用于训练和推理,并在开源深度学习框架底层都给予支持,使其直接能够调用,进一步促进了深度学习模型的广泛应用及研究。深度学习模型架构从 RNN 发展到 Transformer,应用领域也扩展至阅读理解、机器翻译及图像生成等。但深度学习框架和硬件是隔离的,对于需要跨平台移植的情况,需要重复开发,为节省扩展开发的成本,编译技术被引入以提高可重用性和性能,提供了更多的优化机会。

21世纪20年代初,通过基于 Transformer 的迭代,生成了预训练 Transformer 大型深度学习模型 GPT,其代表性的应用 ChatGPT 获得巨大成功。由于 GPT 大模型的参数已经达到数千亿的规模,并且训练和推理都需要具有高并行度的硬件体系结构和集群,因此 NVIDIA、Intel、华为、寒武纪等众多国内外科技公司都推出了人工智能硬件和平台创新,并且更加注重高效地建立从深度学习模型工作负载至硬件的映射支持。同时深度学习框架也在开发新的技术来帮助训练、部署及优化大模型,使得整个软件和硬件生态系统朝着协同设计的方向发展。

本节首先对深度学习硬件平台中常见的 CPU、GPU、ASIC 及 FPGA 等架构进行简单介绍,然后通过分析、对比云端侧、边缘侧及终端侧等应用场景下的硬件特征。本节还讨论了深度学习硬件平台的发展趋势。

2.2.1 深度学习硬件技术架构

深度学习模型的训练和推理需要海量数据和超强计算能力的支持,因此必须找到更好的硬件计算加速方案,以满足不断增长的数据量和不断扩大的网络规模。对于深度学习来说,CPU 是高度灵活的,但计算能力不足,而对于加速器来说,情况则完全相反。CPU 和加速器的组合是平衡灵活性和效率的流行解决方案。当前阶段,GPU 配合 CPU 仍然是主流的深度学习硬件支持方案,而后随着视觉、语音算法在 FPGA 及 ASIC 芯片上的不断优化,这两种技术架构也将逐步占有更多的市场份额。与此同时,制造商也正在研究和改进包括 GPU 和 DSP 加速器在内的各种深度学习加速器技术架构,通过模仿大脑神经元形态而设计的人工智能类脑神经芯片也是未来发展的方向之一。下面对 CPU、GPU、FPGA、ASIC 及类脑芯片等硬件技术架构进行介绍。

1. CPU

CPU 从单核到多核,再到多机,并行处理能力不断提升,使得今天可以利用其并行能力加速深度学习,例如可以通过构建矩阵乘、向量加等线性代数内核并行加速。由 2.1 节的描述可知,矩阵乘可以表示深度学习模型中的大部分计算,通过使用 CPU 单指令多数据(single instruction multiple data,SIMD)向量扩展加速部件,将矩阵计算中多个数据元素打包成一个向量,一次性并行计算多个数据,提高计算效率,并且还可以叠加使用多线程优化。在数据存储方面,CPU 具有多层缓存层次结构,可以借助高速缓存在数据被访问之前将其加载到缓存中,通过预取的方式,利用时间局部性和空间局部性来加速深度学习数据处理。

CPU 具备通用处理的能力,可以运行任意的深度学习算法,而且与其他架构的硬件平台相比,CPU 上的编程模型最为简单,功能也最为全面。因此在尝试新类型的深度学习算法时,能够在 CPU 上最快实现算法进行原型验证,这些都是其他硬件平台无法替代的。

CPU 的架构如图 2.4 所示,仅有 ALU 模块负责完成数据计算,其他各个模块的存在都是为了保证指令的有序执行。这种通用性结构非常适合传统的编程计算模式,但深度学习并不需要太多的程序指令,而是需要进行海量的数据运算,因而像 CPU 这样的通用处理器则往往无法提供如此巨大的计算能力和所需的延迟。

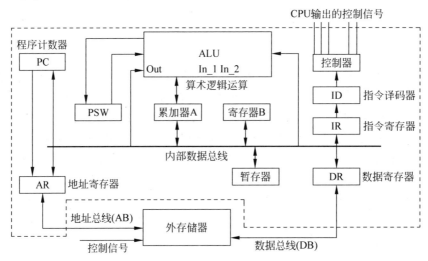

图 2.4　CPU 的架构

因此,新的硬件加速方案被提出,充分利用了硬件的固有特性实现硬件加速,用硬件计算模块代替通用 CPU 运行软件算法,分担了 CPU 的工作量,提高了整体效率。典型的硬件加速包括专用集成电路 GPU、ASIC 和 FPGA 等,目前应用最广泛的解决方案是使用图形处理单元 GPU 和 CPU 组成的异构计算系统进行计算加速。

2. GPU

GPU(graphics processing unit,图形处理单元)最初是一种专门用于图像处理的微处理器,随着图像处理需求的不断增多,其图像处理能力也得到迅速提升。得益于图形处理的并行计算特性与深度学习相契合,GPU 也由图形处理器发展为通用数据并行处理器。

GPU 与 CPU 架构的对比如图 2.5 所示,可以看出两者在结构上的显著差异。CPU 主要由控制器和寄存器构成,而 GPU 则配备了更多的 ALU 以加强数据处理能力。在浮点计算上,GPU 的性能优于 CPU,并具备并行处理能力和高显存带宽。CPU 依赖大缓存来降低内存访问延迟,而 GPU 则直接访问显存,导致延迟相对较长。GPU 的算力极高,通用计算能力可达 TFLOPS 量级,远超 CPU。通过 GDDR5、HBM 等高速数据接口,GPU 与显存之间的交互速度高达 900GB/s。深度学习模型中的大多数计算都是矩阵线性运算,GPU 对此类计算和存储密集型应用提供了显著的加速作用,使得在 GPU 上运行深度学习模型推理应用比 CPU 快数十倍。

GPU 架构属于单指令多线程(single instruction multiple thread,SIMT)类型,其编程模型为显式的并行编程方式。目前对 GPU 进行编程实现深度学习算法的方式主要有

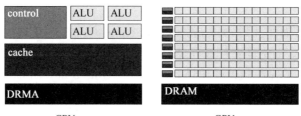

CPU　　　　　　　　　　　　GPU

control：控制单元　　　　　　ALU：算术逻辑部件
cache：高速缓冲存储器　　　　DRAM：动态随机存取存储器

图 2.5　CPU 与 GPU 架构的对比

CUDA C、PTX、高性能库等。在 GPU 上对深度学习的编程通常结合 CUDA C 和高性能库两种方式，以兼顾高性能和灵活性。

　　CUDA C 是 NVIDIA 公司为其生产的 GPU 而研发的用于编程的嵌入式领域专用语言。它提供了一种类似于 C 语言的底层编程接口，以及一套完善的工具链，包括编译器、调试器和性能分析等，以供用户和开发人员使用。然而，基于 CUDA 的程序往往难以进行深入的优化，这使得无法充分发挥 GPU 的运算能力。

　　PTX 是 NVIDIA 公司提供的一套底层的线程并行指令集，它可以被看作 GPU 的汇编编程方式。PTX 比 CUDA C 更加底层，可以更灵活地完成同步和资源管理等任务，从而提升 GPU 的性能。然而，由于指令集本身的复杂性，直接使用 PTX 编程极其困难。此外，PTX 本身并非硬件的指令集，而是对硬件架构抽象出来的虚拟编程模型的指令集，因此 PTX 程序的效率并不一定能达到处理器的理论上限。

　　高性能库是另一种在 GPU 上编程的方式。开发人员可以直接使用现有的高性能库进行编程。有一类专门用于深度学习应用的高性能库，如 cuDNN 为常见的神经网络层提供了深度优化的实现。开发人员只需要调用这些库来实现所需要的层，并显式地处理各个层的调度和数据交换，即可实现几乎最大化的性能。另一种情况是对于新设计的层或者尚未被深度学习的高性能库支持的层，将其抽象为基本的向量或矩阵运算的组合，然后调用线性代数的运算库（如 cuBLAS）实现相应的功能。

　　使用 GPU 和 CPU 组成的异构计算系统也会存在一些问题，如深度学习任务的支持需要首先考虑通用性和普遍性，这使得存储模块和运算模块无法完全适应深度学习算法的需求。从存储角度看，通用处理器片上缓存容量有限，仅有 10KB～10MB，然而现有的模型存储空间为百 MB 到百 GB，这会导致片上缓存与片外存储之间频繁地进行数据交换，从而导致性能下降的同时产生巨大的片外访存能耗。从计算角度看，CPU 只支持标量运算，GPU 只支持基本的向量或矩阵运算，而深度学习算法在向着越来越复杂的方向发展，不同层之间的融合操作越来越多，复杂的融合操作只能通过一系列的基本计算拼接而成。基本操作的拼接会导致寄存器和内存之间频繁地进行数据交换，从而降低性能，引入大量的能耗。

　　因此，GPU 设计师一直在调整其体系结构，以满足深度学习应用程序的需求。这些调整包括支持低精度算术，创建专门的计算路径以满足深度学习模型的需求，改进多个 GPU 之间的通信以便在单个训练任务上进行协作等。同时一些基于深度学习的专用加速方案，如 ASIC 和 FPGA 等深度学习硬件平台也被提出。

3. FPGA

现场可编程门阵列(field programmable gate array,FPGA)是一种可重构芯片,具有模块化和规则化的架构,主要包含可编程逻辑模块、片上存储器及用于连接逻辑模块的可重构互连层次结构。FPGA在较低的功耗下达到GFLOPS数量级的算力,使之成为并行实现人工深度学习模型的替代方案。FPGA供应商也倾向于为深度学习添加硬件和软件支持,例如Xilinx的Versal自适应计算加速平台和Vitis AI平台。

FPGA具有开发周期短、上市速度快、可配置性等特点,目前处理器中开始集成FPGA,也出现了可编程的ASIC。同时,随着SoC的发展,两者也在互相融合。FPGA与CPU和GPU的重要区别之一是它可以根据需要选择将数据流通过芯片。与其他架构相比,FPGA通常在较小的功率下完成相同的工作。与专用集成电路(ASIC)相比,FPGA具有编程的优势,并且相对于设计ASIC来说更加经济、实惠。

FPGA由于其低功耗和高性能的特性,非常适合在无人机、机器人、智能摄像头等嵌入式设备中进行深度学习推理,可以实时处理传感器收集的数据,并做出快速、准确的决策。此外,FPGA可以在数据源头进行预处理和推理,减少数据传输的延迟和带宽需求,这对于自动驾驶、实时视频分析等实时性要求较高的应用尤为重要。虽然GPU在数据中心深度学习训练方面占据主导地位,但FPGA也在某些特定任务上展现出优势,例如对于需要高度定制化的计算任务,FPGA可以提供更高的能效比和更低的延迟。

在安全和隐私保护方面,FPGA可以用于实现加密和隐私保护算法,确保在端侧进行深度学习推理时数据的安全性和隐私性,这对于人脸识别、指纹识别等处理敏感数据的应用场景至关重要。在某些特殊的应用场景中,如医疗成像、天文数据处理等,FPGA的高性能和可定制性使其成为理想的深度学习推理平台。

虽然FPGA在许多深度学习应用场景下有很多优势,但也不能忽视其可重构性的时间成本。可重构计算体系结构的概念虽然提出已久,也有了更成熟的相关实践,但由于成熟系统中的编程往往采用高级抽象编程语言,而可重构计算通常需要使用Verilog、VHDL等硬件编程语言及相关开发工具编程,这将给程序员增加学习成本,使得可重构计算在此之前并没有得到普及。因此,在选择FPGA作为深度学习硬件平台时,需要权衡其性能和开发成本等因素。

4. ASIC

专用集成电路(ASIC)是指应特定用户要求和特定电子系统的需要而设计、制造的集成电路。与通用集成电路相比,ASIC是专为特定目的而设计,具有体积更小、功耗更低、性能提高、保密性增强等优点。ASIC在性能、能效、成本等方面均极大地超越了标准芯片,非常适合人工智能计算场景,是当前AI公司开发的目标产品之一。不同于可编程的GPU和FPGA等硬件平台,ASIC一旦制造完成将不能更改,因此具有开发成本高、周期长、门槛高等缺点。

基于ASIC的设计可以用于加速DNN的CPU协处理器、独立的DNN加速器,甚至超级计算机。近年来,谷歌的TPU、寒武纪的NPU、地平线的BPU、英特尔的Nervana、微软的DPU、亚马逊的Inferentia、百度的XPU等类似的芯片本质上都属于专门定制的ASIC,适用于特定应用的人工智能算法。与通用集成电路相比,这些ASIC芯片具有许多优势,如体积更小、功耗更低、性能提高和保密性增强。它们在商业上具有很高的价值,尤其适用于移动终端和消费电子领域的产业应用。

在深度学习发展初期,即相关产业应用尚未大规模兴起之时,采用 GPU 和 FPGA 等已有的适合并行计算的通用芯片来实现加速是一个经济且实用的选择。这主要是因为研发、定制 ASIC 芯片需要巨大的资金投入并面临巨大的技术风险,而 ASIC 的设计初衷并非专门针对深度学习,因此在性能、功耗等方面可能存在天然的局限性。

5. 类脑芯片

为满足深度学习的强大计算需求,越来越多的研究者和企业开始关注深度学习专用芯片的研发,TPU、NPU 等具有代表性的芯片被研发出来并得到一定应用,类脑芯片也向商业化迈进。这类芯片针对深度学习的特点进行了优化,具有更高的性能和更低的功耗。虽然这些专用芯片的研发难度较大,但随着技术的成熟和成本的降低,未来它们有望在深度学习领域得到广泛应用。

类脑芯片不是采用经典的冯·诺依曼架构,而是基于神经形态架构设计。模仿大脑结构的芯片具有更高的效率和更低的功耗,目前部分企业的产品如 IBM 公司的 Truenorth 已进入小批量试用阶段。IBM 研究人员将存储单元作为突触、将计算单元作为神经元、将传输单元作为轴突搭建了神经芯片的原型。Truenorth 采用三星 28nm 功耗工艺技术,由 54 亿个晶体管组成的芯片构成的片上网络有 4096 个神经突触核心,实时作业功耗仅为 70mW。由于神经突触要求权重可变且要有记忆功能,IBM 采用与 CMOS 工艺兼容的相变非易失存储器(phase-change non-volatile memory,PCM)的技术实验性地实现了新型突触。

深度学习硬件技术架构对比如表 2.1 所示,具体从定制化程度、可编辑性、算力、价格及优缺点等方面将 GPU、FGPA、ASIC 和类脑芯片进行了对比。从中可以发现,为了实现深度学习的庞大乘积累加运算和并行计算的高性能,芯片面积越做越大,也随之带来了成本和散热等问题。与此同时,深度学习硬件对应软件编程的成熟度、芯片的安全性及深度学习模型的稳定性等问题也未能得到很好的解决。

表 2.1　深度学习硬件技术架构对比

技术架构	定制化程度	可编辑性	算力	价格	优　　点	缺　　点
GPU	通用性	不可编辑	中	高	① 通用性较强且适合大规模并行运算; ② 设计和制造工艺成熟	并行运算能力在推理端无法完全发挥
FGPA	半定制化	容易编辑	高	中	① 可通过编程灵活配置芯片架构适应算法迭代,平均性能较高; ② 功耗较低; ③ 开发时间较短,约为 6 个月	① 量产单价高; ② 峰值计算能力较低; ③ 硬件编程困难
ASIC	全定制化	难以编辑	高	低	① 通过算法固化实现极致的性能和能效,平均性能较高; ② 功耗很低,体积小; ③ 量产后成本最低	① 前期投入成本高; ② 研发时间长,约为 1 年; ③ 技术风险大
类脑芯片	模拟人脑	不可编辑	高	—	① 最低功耗; ② 通信效率高; ③ 认知能力强	目前仍处于探索阶段

人工智能芯片的发展趋势图 2.6 所示,如果深度学习算法本身不发生重大变化,按照目前深度学习加速的主要方法和半导体技术发展的趋势,可能会在不久的将来接近数字电路的极限,即每瓦特 1～10TFLOPS 的计算性能。因此在现有技术的基础上改进和完善深度学习硬件仍是当前主要的研究方向,需要在未来通过电路和器件级技术的结合带来更多创新。这些创新包括内存计算和类脑计算的应用,针对稀疏化计算和近似计算等特殊计算模式、图网络等新模型特征及数据特征等进行优化加速。总而言之,深度学习硬件将进一步提升智能水平,朝着更接近人脑的高度智能方向发展,并逐步向边缘移动。

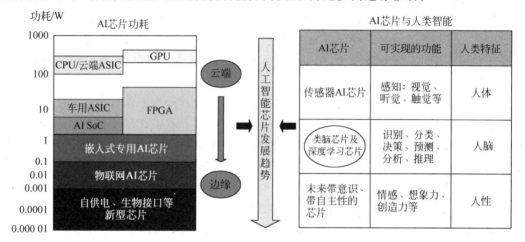

图 2.6　人工智能芯片的发展趋势

2.2.2　深度学习硬件应用挑战

深度学习硬件已经由最初的云端逐步扩展至边缘和终端设备,进行训练和推理任务,分别对应训练芯片和推理芯片。云端承担训练和推理任务,具体包括智能数据分析、模型训练任务和部分对传输带宽要求比较高的推理任务,主要部署训练芯片和推理芯片。边缘和终端承担推理任务,需要独立完成数据收集、环境感知、人机交互及部分推理决策控制任务,主要部署推理芯片。

1. 云端侧

当前,大多数深度学习训练和推理工作负载都发生在公共云和私有云中,云仍是深度学习的中心。在对隐私、网络安全和低延迟的需求推动下,云端也出现了在网关、设备和传感器上执行深度学习训练和推理工作负载的现象,更高性能的计算芯片及新的深度学习架构将是解决该问题的关键。互联网是云端算力需求较旺盛产业,因此除了传统芯片企业、芯片设计企业等参与者,互联网公司纷纷入局深度学习芯片产业,投资或自研云端深度学习芯片。

在云端,通用 GPU,特别是 NVIDIA 系列 GPU 芯片,被广泛应用于深度学习模型训练和推理。与 CPU 相比,拥有数千个计算内核的 GPU 可以实现 10～100 倍的吞吐量,且拥有比较完善的软件开发环境,是目前深度学习训练领域使用最广泛的平台。

针对云端深度学习应用,很多公司开始尝试设计专用芯片以达到更高的效率,其中最著名的例子是 Google TPU,可以支持搜索查询、翻译等应用,也是深度学习 AlphaGo 的幕后英雄。第一代的 TPU 仅能用于推理，Google 随后又发布了第二代 TPU，除了推理，还能高效加速训练环节。

此外，FPGA 在云端的推理也逐渐在应用中占有一席之地。一方面，FPGA 支持大规模并行的硬件设计，和 GPU 相比，可以降低推理的延时和功耗。微软的深度学习 Brainwave 项目和百度 XPU 都显示了在处理批量较小的情况下，FPGA 具有出色的推理性能。另一方面，FPGA 可以很好地支持不同的数值精度，非常适合低精度推理的实现，FPGA 的可编程能力也使其可以相对更快地支持新的算法和应用。目前为支持更高的存储带宽，FPGA 的主要厂商（如 Xilinx、Intel）都推出了专门针对深度学习应用的 FPGA 硬件和软件工具，主要的云服务厂商（如亚马逊、微软及阿里云等）推出了专门的云端 FPGA 实例来支持深度学习应用。一些初创公司（如深鉴科技等）也在开发专门支持 FPGA 的深度学习开发工具。

2. 边缘侧

随着人工智能应用生态的爆发，越来越多的深度学习应用开始在端设备上开发和部署。对于某些应用，由于延迟、带宽和隐私问题等各种原因，必须在边缘侧执行推理。比如自动驾驶汽车的推理就不能交由云端完成，这是由于如果出现网络延时，则会发生灾难性后果。又如大型城市动辄百万的高清摄像头，其人脸识别如果全交由云端完成，高清录像的数据传输会让通信网络不堪重负。

不同于云计算的中心式服务，边缘服务是指在靠近物或数据源头的一侧，采用集网络、计算、存储、应用核心能力为一体的开放平台，就近提供最近端服务。其应用程序在边缘侧发起，以便产生更快的网络服务响应，满足行业在实时业务、应用智能、安全与隐私保护等方面的基本需求。由于数据处理和分析是在传感器附近或设备产生数据的位置进行的，因此称为边缘计算。

边缘计算设备是相对于云计算设备而言的，其应用场景五花八门，比如自动驾驶汽车可能就需要一个很强的边缘计算设备，而可穿戴领域则要在严格的功耗和成本约束下实现一定的智能。自动驾驶是未来边缘深度学习计算的最重要应用之一，MobileEyeSOC 和 NVIDIA DrivePX 系列深度学习模型的处理能力可以支持半自动驾驶和完全自动驾驶，处理来自多路视频摄像头、雷达、激光雷达及超声传感器的输入，将这些数据相融合以确定汽车的精确位置，判断汽车周围的环境，并为安全行驶计算最佳路径和操作。在未来相当一部分人工智能应用场景中，边缘设备主要执行推理计算，这就要求边缘处的终端设备本身具备足够的推理计算能力。

5G 与物联网的发展以及各行业的智能化转型升级，带来了数据的爆发式增长。海量的数据将在边缘侧积累，直接依托边缘设备进行数据分析与处理将大幅度地提高效率、降低成本。根据 IDC 预测，未来超过 50% 的数据需要在边缘侧进行存储、分析和计算，而目前边缘处理器芯片的计算能力并不能满足在本地实现深度学习推理的需求。因此，产业界需要专门设计深度学习芯片，赋予设备足够的能力去应对越来越多的人工智能应用场景。除了计算性能的要求，功耗和成本也是在边缘节点工作的深度学习芯片必须面对的重要约束。在人工智能算法的驱动下，边缘深度学习芯片不但需要实现自主进行逻辑分析与计算，还要动态、实时地自我优化，调整策略。

3. 终端侧

终端是用户直接与之交互的设备,它负责数据的输入、输出和展示。终端设备通常具有用户界面和用户体验,使用户能够方便地与深度学习模型进行交互,并执行相应的任务。终端设备通过网络与云端和边缘侧进行通信,获取所需的数据和计算资源。终端可以是智能手机、平板电脑、笔记本电脑等生活通信产品,也可以是传感器、商用机器人等消费硬件,还可以是工厂数控设备等工业产品。多样的终端产品也催生出大量的智能终端芯片需求,不同产品类型也对芯片性能与成本提出更多的要求。智能手机是目前应用最为广泛的终端计算设备,包括苹果、华为、高通、联发科和三星在内的手机芯片厂商纷纷推出或者正在研发专门适用深度学习应用的芯片产品,如拍照自动修图、语音助手、办公助手等。

深度学习应用场景下的硬件对比如表2.2所示,具体对比了不同应用场景下可部署芯片类型、芯片特征、计算能力与功耗及具体应用等方面的区别。总体来说,云端处理主要强调精度、处理能力、内存容量和带宽,同时追求低延时和低功耗。边缘设备中的处理则主要关注功耗、响应时间、体积、成本和隐私安全等。目前云端设备和边缘设备在各种深度学习应用中配合工作,最普遍的方式是由边缘设备采集数据后,在云端训练深度学习模型,然后在云端设备或者边缘设备上进行推理。随着边缘设备能力的不断增强,越来越多的计算工作负载将在边缘设备上执行,甚至可能会有训练或者学习的功能在边缘设备上执行。

表 2.2　深度学习应用场景下的硬件对比

对比项目	云端侧训练	云端侧推理	边缘侧	终端侧
可部署芯片	CPU、GPU、ASIC	CPU、GPU、ASIC、FGPA	CPU、GPU、ASIC、FGPA	CPU、GPU、ASIC、FGPA
芯片特征	高吞吐量、高精确率、可编程性、分布式、可扩展性、高内存与带宽	高吞吐量、高精确率、分布式、可扩展性、低延时	降低深度学习计算延迟,可单独部署或与其他设备组合,可将多个终端用户进行虚拟化,较小的机架空间,扩展性及加速算法	低功耗、高能效、以推理任务为主、较低的吞吐量、低延迟、成本敏感
计算能力与功耗	>30TOPS,>50W	30TOPS,>50W	5～30TOPS,4～15W	<8TOPS,<5W
具体应用	云、HPC、数据中心	云、HPC、数据中心	智能制造、智慧家居、智慧交通、智慧金融等众多领域	互联网领域以及各类消费电子,产品形态多样

另外,随着技术的演进,云的边界正逐步向数据源头扩展。未来有望在传统终端设备和云端设备之间看到更多边缘设备的出现,这些边缘设备将分布式处理任务部署在5G基站等各种网络设备上,以实现数据的本地化处理,从而最大限度地减少数据传输延迟并提高处理效率。从这个角度看,未来云端设备和边缘设备以及连接它们的网络可能会构成一个巨大的深度学习处理网络,它们之间的协作训练和推理也是一个有待探索的方向。

结合上述内容的介绍,可以了解到深度学习硬件平台对深度学习的发展有很大的促进作用,但是深度学习硬件发展所面临的诸多挑战也同时制约着深度学习的发展。

首先,深度学习模型的计算量通常非常大,因此需要一种高效的硬件加速器来支持大规模的矩阵运算。其次,深度学习模型的计算特征与传统的通用计算不同,需要一种专门的硬件架构来加速计算。例如深度学习模型通常具有大量的卷积和池化等特定操作,这些操作可以被高效地在专门的硬件加速器上实现。再次,深度学习模型通常需要大量的数据存储和传输,因此需要高效的存储和传输机制。例如为了最大化 GPU 的性能,需要使用高速的 GPU 内存和 PCIe 总线来实现数据的高速传输。此外,由于深度学习模型通常需要大量的训练数据,因此需要高效地存储和访问大规模数据集。最后,由于深度学习硬件的发展速度非常快,设计和实现一种新的硬件加速器需要花费大量的时间和资源。因此,需要一种高效的设计方法和工具链,以加速硬件加速器的设计和实现过程。

为推动深度学习的发展,除了上述直接基于硬件平台的设计优化,还有一种应对挑战的方法是利用深度学习编译器进行优化。设计灵活的编程模型和高效的深度学习编译器,既能适应深度学习算法的复杂性和多样性,也能配合具有高度灵活性和可编程性的硬件加速器,去支持不同类型的深度学习算法和模型。下面将对深度学习编译技术进行详细介绍。

2.3 深度学习编译技术

针对深度学习框架难以在不同硬件上部署各种深度学习模型的问题,深度学习编译器借鉴传统编译器的设计理念解决这一问题,并对模型的执行进行优化加速。传统编译器发展早期也遇到了硬件与编程语言的组合爆炸问题,为此通过设计、开发特定编译器,根据硬件类型相应地生成机器码或可执行文件,在一定程度上缓解了组合爆炸问题。具体地,编译器抽象出了前端、后端及中间表示等概念对硬件和编程语言进行解耦,传统编译器 LLVM 的设计理念如图 2.7 所示,编译器前端接受 C/C++ 等不同语言生成中间表示,然后基于中间表示进行可以与不同编译器后端共享的硬件无关优化,之后后端接受经过优化的中间表示,针对不同硬件平台进行相关优化与硬件指令生成,最后输出目标文件。

图 2.7 传统编译器 LLVM 的设计理念

类似地,深度学习编译器的设计理念如图 2.8 所示。首先将 ResNet、YOLO 等深度学习模型通过前端生成图级中间表示,也被称为计算图,然后执行一系列如算子融合和公共子表达式消除等与目标硬件无关的图优化操作,优化后的中间表示在功能上等效于优化前的中间表示。接下来,编译器继续将优化后的中间表示降低为张量中间表示,并执行一系列与目标后端硬件相关的优化过程,包括额外的融合过程、数据布局转换等,目的是更好地利用对应后端的内存层次结构,从而实现高效的计算,最后编译器为后端目标生成可执行代码。此外,编译器还可以选择转换为指令中间传递给 LLVM 等特定于目标的编译器,以

图 2.8 深度学习编译器的设计理念

生成可执行代码。这样做的好处是可以针对不同硬件继续进行优化和部署,从而充分发挥硬件的性能。

深度学习编译器的与众不同之处在于,它能够连接各种各样的深度学习软件和硬件,确保模型能够高效执行和部署。针对深度学习模型特有的复杂计算图结构、高度并行计算需求,以及数据之间的紧密依赖关系,深度学习编译器采用先进的数据流分析和内存优化算法,动态地调整计算图的结构和执行顺序。这样,无论是 CPU、GPU 还是专用加速器,都能充分发挥自身性能优势。此外,深度学习编译器还引入了一种新型的编程模型,不仅让开发人员能够更方便地进行模型优化和调度,还使得模型能够在不同硬件平台上轻松部署和执行,大大提高了编译器的可移植性和扩展性。

对于深度学习中常见的大量训练数据和模型参数,深度学习编译器还提供了模型参数数据的量化压缩功能。这能够显著减少数据的存储和传输开销,使得模型的训练和推理过程更加高效。在整个编译流程中,深度学习编译器首先会将深度学习模型转换为可执行的计算图,以优化矩阵运算。随后,它充分利用各种硬件加速器的特性,确保模型能够以最佳性能和效率运行。此外,编译器还会采用一系列高级优化技术,如自动调度、内存管理等,进一步提升执行效率。总体来说,深度学习编译器通过一系列独特的技术和功能,确保深度学习模型能够高效、稳定地在各种硬件平台上运行,为开发人员提供了极大的便利。

目前,深度学习编译器的研究已经成为学术界和产业界的热点,并诞生了一些专门针对深度学习的编译器,如 TVM、XLA 等,这些编译器不仅提供了一些高级优化技术,如自动调度、内存管理和代码生成等,还能够利用硬件加速器的性能优势,实现了较高的性能和效率。本节首先对一些典型的深度学习编译器(如 TVM 等)的设计理念及编译流程等进行介绍,然后对这些深度学习编译器的设计理念进行归纳、整理,进一步介绍深度学习编译器的通用结构及一般编译流程。

2.3.1 典型深度学习编译器

深度学习编译技术发展早期,出现了 TC、Glow、OneDNN nGraph 及 XLA 等深度学习编译器,这些编译器都采用了多级中间表示的设计理念。TC 使用 Halide 和多面体两级中间表示最终为 GPU 生成 CUDA 内核,Glow 从深度学习框架中获取模型并将高级和低级这两个中间表示分别优化后生成目标代码,OneDNN nGraph 和 XLA 都通过将内部的中间表示最后转换为 LLVM 中间表示进行代码生成。这些深度学习编译器虽然采用了多级中间表示但往往不可重用,仍需要重复开发、优化。为了提高开发效率,深度学习编译器正在逐步形成统一的生态系统,出现了 TVM 及其他基于 MLIR 基础设施的深度学习编译器。下面将对 Glow、OneDNN nGraph、TC、AKG、TVM、XLA、IREE 等深度学习编译器的设计理念和架构进行介绍。

1. Glow

前文提到,深度学习编译器 Glow 基于多级中间表示,通过逐级优化和降低的方式不断接近指令选择,针对异构硬件为框架表示的模型进行代码生成。深度学习编译器中的高级中间表示通常比低级中间表示包含更多的信息,并且更接近源代码的表示,旨在捕获源代码中更多的结构和语义信息,以便编译器进行更有效的优化。高级中间表示一般指图级中间表示,低级中间表示一般指张量级、指令级等更接近底层硬件层次的中间表示。

Glow 与其他深度学习编译器的不同之处在于,其高级中间表示设计中考虑到大多数硬件加速器不支持泛型机制,而使用强类型的中间表示,为动态批次大小生成多个对应的图表示以提供支持。同时,还将高级中间表示中的复杂算子转换为简单的线性代数算子的组合,以避免出现硬件后端不支持复杂算子的情况。在从高级中间表示降低至低级中间表示后,Glow 基于指令的寻址执行与内存相关的优化,如指令调度、静态内存分配和副本消除等,为不同的硬件后端进行代码生成。

Glow 是深度学习框架 PyTorch 中的一个子项目,被设计作为 PyTorch 等深度学习框架的后端。深度学习框架 PyTorch 中除了内置的 Glow 深度学习编译器,也在发布的 2.0 版本中提供了 TorchDynamo 和 TorchInductor 等编译工具集以支持编译优化,让 PyTorch 在具有灵活性的同时,也拥有了更快的训练和推理速度。

2. OneDNN nGraph

OneDNN nGraph 是 Intel 推出的一款深度学习编译器,OneDNN nGraph 的架构如图 2.9 所示。输入的深度学习模型会被转化为编译器内部的图中间表示,并在图中间表示优化模块进行多种变换,对图中间表示进行优化并将其分为一系列融合算子,之后图中间表示进一步降低为张量中间表示。张量中间表示不保留深度学习模型的语义,而是更接近 C 程序的语义,它操作的数据结构是表示为物理内存中张量缓冲区的多维数组。张量中间表示会进一步降低至 LLVM 中间表示和对微内核的调用指令,可以生成高效的代码。

图 2.9 OneDNN nGraph 的架构

3. TC

TC 是一款端到端的深度学习编译器,能够使用 PyTorch 和 Caffe2 等深度学习框架中的模型生成可以在目标架构上运行的高性能应用程序,其架构如图 2.10 所示。TC 不仅是编译器的名称,也是一种张量计算的高级语言,通过集成至深度学习框架进而将框架中模型的算子重写为 TC 表达式,同时支持自定义算子,之后降级为 Halide IR。Halide 是图像处理领域的一种语言,采用类似高级函数的语法来描述一个图像处理的流程,之后再将代码块调度至硬件上。TC 编译器将 Halide 作为一种中间表示的原因之一就是将其中的调度过程进一步降低为 Polyhedral IR 以使用多面体变换技术自动实现,使得开发人员无须了解调度所需底层硬件的细节。使用 Halide 和多面编译技术,TC 能通过委托内存管理和同步功能自动生成可以在目标架构上运行的高性能应用程序,但该编译器目前只支持有限的深度学习框架和目标硬件,且已停止维护。

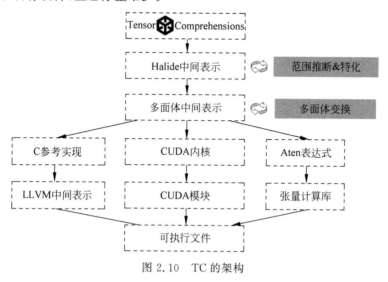

图 2.10　TC 的架构

4. AKG

除了 TC 深度学习编译器使用了多面体技术,华为昇思团队研发的 MindSpore 框架中内置的 AKG(auto kernel generator)编译器也采用多面体技术以进行更高效的算子自动生成,以提高模型的训练速度和硬件利用率。AKG 的架构如图 2.11 所示,深度学习编译器 AKG 由规范化、自动调度和后端优化三个基本的优化模块组成,在算子融合至代码生成的过程中,分别基于计算图、多面体及 Halide 这三种的不同中间表示进行相应的优化。

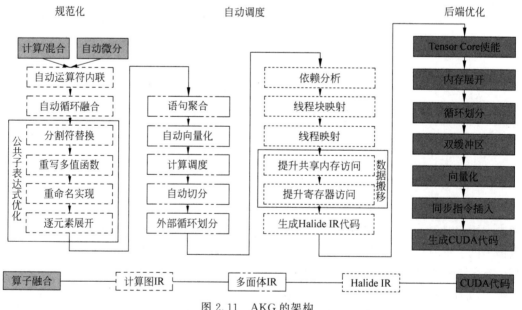

图 2.11　AKG 的架构

由于多面体只能处理静态的线性程序,表达具有局限性,因而首先要对计算公式中间表示进行规范化。规范化模块中的优化主要包括自动运算符内联、自动循环融合和公共子表达式优化等。规范化后的自动调度模块基于多面体技术主要进行自动向量化、自动切分、依赖分析、线程块映射和数据搬移等优化。最后由后端优化模块进行 Tensor Core 使能、内存展开、双缓冲区和同步指令插入等优化,其中 Tensor Core 使能是启用 GPU 上的特殊计算单元 Tensor Core 对深度学习中的矩阵乘法进行优化,内存展开是指将数据从慢速内存预先加载到快速缓存,双缓冲区是指使用两块缓冲区交替加载和计算数据,同步指令插入是指确保多线程或多处理器在处理共享数据时保持一致状态,防止数据竞争和不一致性。

5. TVM

TVM(tensor virtual machine,张量虚拟机)是目前使用最广泛的深度学习编译器之一。TVM 的架构如图 2.12 所示,它提供了一种端到端的方法,能够将由不同前端框架定义的深度学习模型转换为统一的中间表示系统,进而编译到不同的硬件后端,使得开发人员可以在任意硬件后端高效地优化和运行计算,避免了多前端和后端组合爆炸问题。更重要的是,张量表示和优化基础设施使 TVM 成为一个可重用的生态系统。TVM 还借鉴 Halide 的思想,将算法与调度解耦,提高自动调优和自动调度能力,使其能够提供高性能的解决方案,下面将结合 TVM 的架构介绍 TVM 的整个编译流程。

图 2.12 TVM 的架构

深度学习编译器 TVM 的前端将 TensorFlow、PyTorch 等深度学习框架模型的图表示转换为编译器内部的统一图中间表示,从而减少框架级别的碎片化。整个过程中,转换器会遍历框架模型的计算图并将节点映射到编译器内部的图中间表示,完成这些转换的组件一般统称为前端。TVM 的前端由其社区自己维护并适配不同框架,以支持将不同深度学习框架表示的模型转换为内部的图中间表示 Relay IR。

TVM 的中间表示分为两个层次,包括高级的计算图中间表示 Relay IR 和低级的张量中间表示 Tensor IR,其中 Relay IR 负责映射深度学习模型并执行图级优化,而 Tensor IR 则主要执行调优和调度。Relay IR 具有带 Let-binding 结构的功能样式,除了便于图优化,还支持自动微分。在 Relay IR 降低的过程中,TVM 提供张量表达式(tensor expression,TE)来构造 Tensor IR,并且 TE 支持各种调度原语以指定循环分块、张量化和并行化优化等。此外,TVM 往往使用张量算子清单(TVM operator inventory,TOPI)机制来定义常用的张量算子模板,以减少使用张量表达式的手动方法而带来的开销。在调度和调整之后,生成的 TIR 被进一步转换成 LLVM IR,以利用现有的 LLVM 生态实现多后端的支持。

TVM 分别在这两级中间表示上实施相应的优化,与传统编译器类似,优化策略在编译器中被实现为优化遍(pass),每个优化遍都是一个 IR 级转换。Relay IR 会进行常量折叠、死代码消除及算子融合等优化。由于 TVM 分割了算子的计算和调度,增加了算子的可读性并且允许有效地使用调度进行调优,因此 Tensor IR 会使用 AutoTVM、Ansor 等组件进行自动调优,其中 AutoTVM 是基于搜索空间和迭代定义,根据所选配置调整每个搜索步骤中的优化参数以进行代码生成,Ansor 则不需要手动指定搜索空间,可以进行自动调优。TVM 中 Relay IR 和 Tensor IR 的抽象分区便于在不同级别构建优化遍之间的依赖关系并进行包优化。

TVM 进行优化后的代码生成结果被封装到统一的运行时对象中,实际生成的代码对象由执行方法确定。TVM 中常见的执行方式包括解释器(interpret)、图形执行器(graph executor)及虚拟机(virtual machine)等,其中图形执行器和虚拟机分别要求编译器生成图形表示和字节码。另一种代码生成方法是使用 AOT 编译方式生成共享库。此外,TVM 还为硬件后端供应商提供了一种自带代码生成(bring-your-own-codegen,BYOC)机制,让供应商只需要关注专有的代码生成部分,以便将专用加速器快速接入 TVM 中。

代码生成是将程序转换为可执行的机器代码的过程,而运行时是在程序执行过程中提供支持和环境的软件库。TVM 运行时的设计采用模块化策略,开发人员可以在运行时添加新的数据结构。在 TVM 的运行时环境中,运行时对象的输出在代码生成期间可以导出、加载和执行,其中 TVM 将执行模式封装为运行时对象的接口,执行模式包括解释器、图执行器、AOT 编译、虚拟机及远程过程调用(remote procedure call)等。每种执行方式都各有利弊,解释器是通过遍历 AST 执行程序,通常较为低效且不适合部署。图执行器通过运行 Relay 图形表示,可以充分利用静态信息来优化内存分配。AOT 编译允许将 Relay 构建到共享库中进行本地执行,可以实现高性能,但难以扩展和修改。虚拟机方式提供了运行字节码的动态执行环境,支持动态形状,在提供一定灵活性的同时也能很好地平衡性能。TVM 远程过程调用方式支持在远程设备上部署。

6. XLA

XLA(accelerated linear algebra,加速线性代数)作为一种深度学习编译器,长期以来被作为 TensorFlow 框架的一个试验特性被开发,TensorFlow 2.0 发布后,XLA 从试验特性变成了默认打开的特性。随着 MLIR 编译基础设施的提出,深度学习编译器的统一生态也得到越来越多的重视,OpenXLA 整合了 XLA、StableHLO 和基于 MLIR 的 IREE 存储库这 3 个项目,并由谷歌、阿里巴巴、英伟达等 14 家人工智能行业领导者共同开发,致力于整合所有框架和人工智能芯片,以形成统一的深度学习编译器生态系统。

XLA 的架构如图 2.13 所示,首先将 TensorFlow 等深度学习框架中的模型表示转换为编译器内部的中间表示 HLO,之后会基于 HLO 分别进行目标无关及目标相关的优化和分析,最后编译为适用于各种架构的机器指令。在目标无关优化阶段,会执行公共子表达式消除、算子融合等优化,并进行缓冲区内存分析,以计算分配运行时内存。完成与目标无关的优化步骤之后,XLA 会考虑目标特定的信息和需求,执行进一步优化。HLO 更注重张量的表示,而不考虑内存的分配,为针对特定目标生成代码,需要将 HLO 降低为拥有内存分配信息的 LHLO 并进行目标相关优化,最后转换为 LLVM 中间表示,为 CPU 和 GPU 等后端进行优化和代码生成。

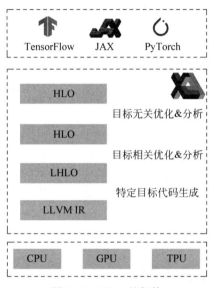

图 2.13 XLA 的架构

上述深度学习编译器几乎都基于多级中间表示,对深度学习框架中的模型通过逐级编译优化和不断递降的方式,端到端地为硬件加速器生成代码。这些编译器尽管各具特色,但内部实现却存在许多相同的模块,这些模块的实现会导致开发人员无法投入其他深度学习编译优化过程中,为此 MLIR(multi-level intermediate representation)作为一种用于构建编译器的多级中间表示基础设施而被提出,来减小构建深度学习编译器的开销。基于 MLIR 构建的具有代表性的深度学习编译器是 IREE(intermediate representation execution environment),同时 TensorFlow、PyTorch 等深度学习框架及 XLA 等深度学习编译器也纷纷接入 MLIR 生态中,如 XLA 的中间表示 HLO 在 MLIR 中对应设计为 MHLO。为促进深度学习编译器统一生态的落地,XLA、IREE 储存库,以及由 MHLO 孵化而来的 StableHLO 被统一整合为 OpenXLA,并由人工智能行业的领导者共同完善其生态。OpenXLA 的架构如图 2.14 所示。接下来将结合深度学习编译器 IREE 对其中的关键基础设施 MLIR 进行介绍。

7. IREE

IREE 是使用 MLIR 基础设施构建的一款具有代表性的深度学习编译器。下文将首先介绍 MLIR 基础设施,再对 IREE 的设计架构进行介绍。

MLIR 的设计原则强调"少内置多定制",这一原则实现的关键在于多级中间表示。同

图 2.14　OpenXLA 的架构

时,MLIR 也是 LLVM 项目的子项目,易于与 LLVM 集成,使得其能够重用 LLVM 强大的后端功能,从而实现可重定向性。少内置多定制及可重定向性是 MLIR 成为编译基础设施的关键。

深度学习编译基础设施 MLIR 方言的架构如图 2.15 所示,MLIR 提供了称为方言(dialect)的核心抽象来提供强大的扩展能力,方言由类型、属性、接口以及多个互补协作的操作组成。其中操作是方言语义的基本元素,是抽象和计算的核心单元。MLIR 提供了操作定义规范(operation definition specification,ODS)模块用于定义操作,每个操作需要指定类型、属性、约束、接口及特性等要素,这使得开发人员可以在构建编译器时对内置方言进行复用和扩展以减小开销,同时也可以轻松地添加新的方言并定义自定义操作、类型和属性,所有自定义扩展都与核心方言兼容,以支持不同的语言、库及后端处理器。

MLIR 的操作可以分为结构操作(structured operation)和负载操作(payload operation),其中结构操作只定义结构性语义,即只描述执行的计算定义,而具体的计算过程则由负载操作定义。MLIR 中操作的一大特性是支持内嵌,即可以通过区域(region)在同一或不同方言之间实现嵌套结构,这使得结构操作可以和负载操作相互组合、互相扩展,以实现复杂

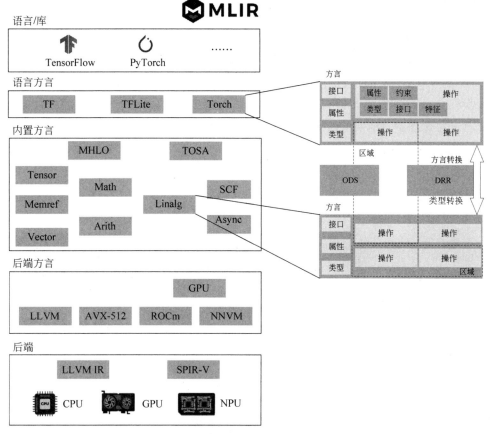

图 2.15　深度学习编译基础设施 MLIR 方言的架构

的功能。MLIR 的操作也支持张量、缓存及标量等类型抽象层次，分别对应深度学习框架中的编程模型、执行系统中的内存体系及执行芯片中的寄存器等不同层次的抽象，支持在这些不同类型间相互转换。

　　MLIR 还支持开发人员在方言内部定义操作、类型、属性及相关语义，具有自定义方言的表达能力，并给编译器提供了不同建模粒度的方言以契合不同层次的优化操作。依托于 DRR(declarative rewrite rule) 模块，不同层次的方言可以进行递降转换，来完成整个编译流程。

　　利用图 2.15 所示架构中的模块可以完成整个编译流程，即深度学习框架 TensorFlow 中的模型能够通过 TF 方言导入 MLIR 系统中。随后，这些模型可以选择转换为 MHLO(multi-level high-level operations) 或 TOSA(tensor operations and storage abstraction) 方言，以进行计算图级别的高级优化。进一步地，它们可以向下转换为 Linalg 方言，在这一层级，需要利用 Tensor 和 Memref 方言，进行循环优化等张量或缓冲区层次的低级优化。由于该优化过程会进行整数浮点运算、shape 操作、控制流操作等，因此也会使用 Arith、Math、Shape 及 SCF 等方言。Linalg 之后需要使用 Vector 方言将 Buffer 这类高维的机器无关虚拟向量分解为低维的机器原生向量，并进行底层优化，最后由不同后端的方言导出至目标硬件。除了算子代码生成，MLIR 也为调度同步等运行时系统提供了相对应的

Async 和 Stream 方言。

　　MLIR 仅提供了具有多层中间表示的基础设施,想要实现完整的端到端编译流程还需要提供中间表示的执行环境,IREE 则是基于 MLIR 的一款具有代表性的深度学习编译器,IREE 的架构如图 2.16 所示。IREE 对深度学习模型的编译采用整体方法,生成的中间表示既包含调度逻辑,又包含执行逻辑。其中调度逻辑需要将依赖性传达给低级并行流水线硬件或接口,执行逻辑是将硬件上的密集计算编码为特定于硬件或接口的二进制文件。IREE 首先将深度学习框架中的模型通过导入工具导入 IREE 中,并对目标平台、加速器及其他约束进行配置后,使用上述 MLIR 提供的基础设施进行编译优化,将模型中的层和算子逐级转换为优化后的本地代码和相关调度逻辑,最后交付给 IREE 的运行时组件,执行编译后的模型。

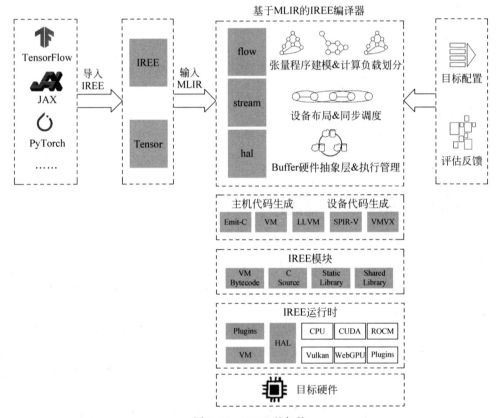

图 2.16　IREE 的架构

　　除了 IREE、OpenXLA 使用了 MLIR 基础架构,TensorFlow、PyTorch 和 ONNX 等深度学习框架分别通过添加 MLIR-HLO、Torch-MLIR 和 ONNX-MLIR 等方言将其接入 MLIR 生态系统。同时,一些编程模型和特定领域的编程语言也已纳入 MLIR 生态系统,例如 OpenAI 的 Triton 使用 MLIR 生成 GPU 代码,基于 MLIR 的编译生态正在蓬勃发展,深度学习编译器也随之朝着统一生态的方向发展。

2.3.2　深度学习编译器的结构

　　随着 ChatGPT 大模型的快速发展和应用,大模型的推理和训练过程也得到许多关注,因而深度学习编译器不仅仅需要提高模型的推理效率,还需要内置自动微分组件对训练过程予以支持。同时,分布式训练、自动并行、模型压缩及分布式推理等概念和技术的引入也是深度学习编译器应对大模型挑战的可选解决方案。本小节将对 2.3.1 节介绍的诸多深度学习编译器的设计理念进行归纳、整理,进一步介绍深度学习编译器的通用结构,同时对深度学习编译器领域的一些新技术、新方向,以及面临的新挑战进行展望。

深度学习编译器的通用架构如图 2.17 所示,包括编程模型与编程接口、前端、中间表示、自动微分、计算图优化、内存分配与优化、算子生成与优化、代码生成与优化、自动并行和模型推理等功能组件。编程接口作为深度学习编译器的入口,主要借助深度学习编程框架或者特定领域的编程语言完成深度学习应用及模型的开发,也能基于编程模型对底层硬件开发相适配的高性能算子。借助编程接口开发的深度学习模型会通过导入器导入编译前端模块中,前端主要完成图级中间表示的生成和分析等操作,同时为支持训练过程,还在生成和分析过程中配置了自动微分组件。除了图级中间表示,深度学习编译器的多层次中间表示还包括张量级、指令级等,目的是通过逐级向硬件层次递降,扩大优化范围。

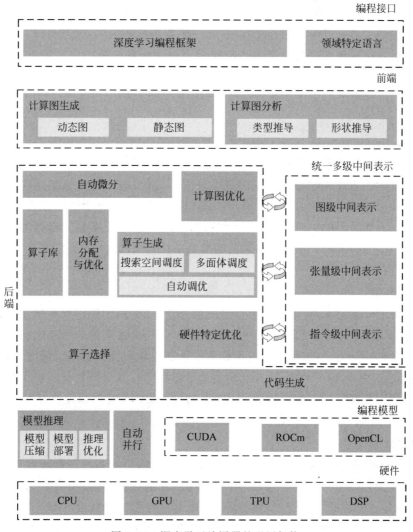

图 2.17 深度学习编译器的通用架构

基于统一的多级中间表示,深度学习编译器会针对每一层级的中间表示进行相应优化,包括计算图优化、算子生成与优化、代码生成与优化。计算图优化是对图级中间表示进行变换与优化,算子生成与优化是在张量级中间表示的基础上对张量和循环结构进行优化,代码生成与优化则往往复用已有的传统编译器生态进行指令级别的优化。不同层级的优化过程中往往还需要考虑内存的分配和优化。整个优化过程完成之后,模型的执行包括编译执行和解释执行两种方式,其中编译执行是指使用代码生成的机器码去执行,解释执行包括直接调用硬件厂商提供的高性能算子库,以及调用编译器生成的算子等。此外,为提升模型执行性能,往往还需要通过自动并行及模型推理中的模型压缩等组件模块进行加速,下面将对上述编译器架构中的组件模块展开详细的介绍。

1. 编程模型与编程接口

当前深度学习应用的开发主要借助 TensorFlow、PyTorch 等框架提供的编程接口,而随着新的深度学习应用领域的兴起和发展,一些领域特定语言也被设计出来作为编程接口。深度学习开发不能仅仅追求易用性,高性能和性能可跨平台移植等因素也需要考虑在内,因此当前深度学习编译器中的编程接口常采用两层相耦合的设计,即以 Python 为核心的高层编程接口主要完成模型的开发,以 C/C++语言为核心的底层编程接口主要完成底层算子的开发以及针对硬件的模型部署。编程模型是底层异构系统与上层深度学习应用之间的桥梁,一些编程模型的设计也对深度学习跨平台开发及性能跨平台移植提供了支持。第 3 章将对当前深度学习应用训练和推理过程中普遍使用的编程模型和编程接口的相关设计与特点进行介绍。

2. 前端

深度学习模型的计算逻辑可以用计算图表示,前端主要负责将编程接口中的计算图表示转换为深度学习编译器内部的统一图级中间表示,减少编程接口级别的碎片化,同时便于后续的优化。编程接口中的计算图有动态图和静态图之分,整个转换过程除了要根据计算图类比遍历并将节点映射到编译器内部的图级中间表示,还需要完成类型检查、类型推导和形状推导等分析流程。第 4 章将对前端模块中计算图的构成、分类、转换及分析等组件和流程进行介绍。

3. 中间表示

中间表示是深层学习编译器的重要组成部分之一,它用于解耦编程接口和硬件平台。深度学习编译器除了依赖传统编译器的中间表示来重用其现有的后端重定目标功能,还设计了更高层次的中间表示,以解决难以用高级抽象和粗粒度操作符映射深度学习模型的问题,缩小与低级别中间表示的差距,并对深度学习模型的特点进行优化以扩大优化空间,多层统一中间表示是深层学习编译器的一个重要特性。第 5 章将对深度学习编译器中不同层次的中间表示及其设计理念进行详细介绍。

4. 自动微分

深度学习编译器不仅需要提高模型的推理效率,还需要对训练过程予以支持。深度学习模型训练是使用基于梯度的方法,不断最小化损失函数、优化模型参数的过程。深度学习编译器利用自动微分技术,可以自动地生成模型训练所需的梯度计算代码,高效地计算损失函数对各个参数的梯度,从而支持模型的参数更新和优化,为深度学习编译器中针对

训练过程的自动并行优化提供支持。第6章将对深度学习编译器中的自动微分组件的原理
及不同实现方法等内容进行介绍。

5. 计算图优化

深度学习编译器基于统一多级中间表示执行变换和优化,以提高模型执行效率。在图
级中间表示阶段进行的变换称为计算图优化。计算图优化主要包括计算图融合、计算图调
度、数据布局转换等。其中融合可以减少内存访问和中间数据的通信开销,数据布局转换
可以生成后端友好的数据格式。第7章将对算子融合、算子调度、计算图替换、混合精度图
改写、常量折叠、公共子表达式消除、代数化简、数据布局转换等常见的图优化手段进行
介绍。

6. 内存分配与优化

深度学习模型的规模和参数量正日益增长,这导致对存储空间的需求不断攀升。无论
是训练过程还是推理过程,都需要占用大量的存储空间。然而硬件的存储能力毕竟有限,
因此,对内存分配和优化的管理变得至关重要,否则将对程序的性能产生严重影响。例如
在模型训练阶段的前向传播和反向传播过程中,以及在推理阶段的前向传播中,都会生成
和更新大量的中间结果、梯度和参数。因此,合理地分配和优化内存不仅直接关系模型的
效率和性能,更是推动硬件和软件技术不断进步的关键因素。第9章将对内存分配、内存复
用、重计算和张量迁移等内存分配与优化技术进行介绍。

7. 算子选择与生成

图级中间表示进一步降低为张量级中间表示之后,可以对张量和循环在算子生成前结
合硬件特征进行多种优化,例如面向CPU可以进行SIMD向量化、多核体系结构的并行计
算和存储器层次结构的存储器访问优化等,面向GPU可以进行多线程和存储器访问优化。
这些优化策略由编译器参数化后会形成一个搜索空间,之后通过目标机器或成本模型报告
每个搜索步骤的结果,迭代搜索过程,直到满足目标约束。对于不同的体系结构,可以基于
上述搜索空间的自动调优技术提高自动编译器优化的效率,此外也可以采用多面体技术进
行自动调度和调优生成算子。第9章将对算子选择与生成中不同的自动调优方案和流程等
内容进行介绍。

8. 代码生成与优化

深度学习编译器的代码生成与优化阶段主要完成一系列针对硬件架构特征的优化工
作及最后的代码生成工作,更关注代码的低层次性能和执行效率。这个过程可被分成低级
中间表示优化和代码生成两个步骤。低级中间表示优化涉及对循环程序的变化,而代码生
成负责将低级中间表示做进一步的转化,可利用传统编译器后端成熟的代码生成技术来生
成目标平台可执行的代码。第10章将以复用传统编译器LLVM为例,介绍深度学习编译
器的代码生成过程中执行的相关优化过程。

9. 自动并行

深度学习模型和数据规模不断增大,使得单个加速硬件已无法满足大模型训练需求,
但仅仅凭借简单的机器堆叠并不一定会带来算力的增长,因为深度学习模型的训练并不是
单纯地把原来一个设备做的事情分给多个设备来做,所以在深度学习编译器中引入并行技
术尤为重要。深度学习训练过程中的并行与传统计算任务不同,训练过程中不仅需要多个

设备进行计算,还涉及设备之间的数据传输,协调集群中的计算与通信需要大量的专业知识,如果手动进行并行设计则门槛过高,因此自动并行成为研究的热点。第 11 章将围绕并行划分、并行策略及通信优化等内容,对深度学习编译器中的自动并行模块进行介绍。

10. 模型推理

模型推理是将训练好的深度学习模型应用于新数据以进行预测或分类的过程。在模型推理阶段,可以借助深度学习编译器,通过量化、剪枝、知识蒸馏等技术进行一些模型压缩和优化,减小模型的体积并提高模型的推理性能。同时为了提高推理速度,还可以进行图优化、算子优化、运行时优化等编译优化,最后将模型部署在不同的硬件平台上。第 12 章将对上述模型推理过程中的模型压缩、推理优化及模型部署等关键部件和流程进行详细介绍。

由上述深度学习编译器的模块介绍可知,与传统编译器相比,深度学习编译器中有许多面向深度学习模型的特定优化过程,如自动微分、自动并行、算子生成、模型量化等。对于大模型的处理需求,除了采用自动并行方式,深度学习编译器也内置了量化等模型压缩技术,在保证模型精度的同时减小模型的体积。

深度学习编译技术方兴未艾,虽然深度学习编译技术从诞生之初到现在已经取得了一定的进展,但尚未形成统一的生态,仍有许多挑战需要去面对,以驱动更加智能和更加高效的应用场景。

## 第3章

编程模型与编程接口

随着深度学习模型和数据规模的不断增长,深度学习应用往往需要采用 CPU+GPU 等异构系统来实现高效的训练和推理。在此背景下,作为深度学习编译器输入的编程模型与编程接口具有至关重要的作用。首先需要简化深度学习应用程序的开发,同时也需要保证硬件算子资源得到充分利用,以实现深度学习模型的高效执行。此外,还需要为编译功能组件的实现与优化提供必要支持,以促进深度学习编译器整体性能的提升,进而提升模型的编译优化效率。

为实现上述功能,作为底层异构系统与上层深度学习应用的桥梁的编程模型,就需要从任务划分、数据分布、通信同步及任务映射等方面进行协同设计。在编程模型的基础上,深度学习编译器的编程接口通常采用多层次的设计,具有代表性的包括以 C/C++ 语言为核心的底层编程接口和以 Python 为核心的高层编程接口。通常,高层编程接口在深度学习开发中表现出很好的易用性,方便编写深度学习编译器的模型输入。底层编程接口往往能够实现高性能,可以用来编写底层算子及编译器优化组件等基础设施,同时再通过 Python 与 C/C++ 的相互调用技术将两者耦合起来,能够平衡深度学习编译器的易用性和性能。

深度学习模型的迭代和硬件平台的多样性,使得深度学习编译器中的编程模型和编程接口也在不断地发展和优化。本章首先聚焦于深度学习编译器中广泛应用的 CUDA 异构编程模型,深入剖析其设计理念,涵盖任务划分、数据分布、通信同步及任务映射等核心内容;然后介绍深度学习编译器发展过程中出现的由 C/C++ 和 Python 拓展而来的多层次接口;最后对耦合这些多层次接口的 Python 与 C/C++ 调用绑定技术进行介绍。

3.1 编程模型

传统处理器受限于功耗瓶颈,无法单靠增加核数来满足大模型和大数据的计算需求,因此异构系统应运而生。异构系统由 CPU 和硬件加速器共同组成,其中 CPU 负责控制调度,而硬件加速器负责高效计算。随着硬件的飞速发展(如 GPU 架构每两年一次快速迭代),以及深度学习应用中数据和模型规模的增长,高并发和低计算等需求日益凸显,催生了 CUDA、OpenCL 和 OpenACC 等异构编程模型,以应对编程和执行效率的挑战。

异构编程模型不仅可以为开发人员提供异构系统中的硬件平台抽象,以合理、充分地利用异构资源而无须考虑底层硬件细节,还可以帮助开发人员以接近自然语言的表达方式去完成深度学习应用开发。与传统并行编程大多在均一的硬件架构上运行,可以通过抽象硬件细节而使得开发人员无须关心具体硬件实现相比,异构系统由不同类型的计算设备组成,为了充分利用这些设备的算力资源,就要求编程模型直接基于硬件去设计,以确保任务能够被合理地分配到不同的设备上,并实现高效的并行计算。因此,异构并行编程模型的设计需要考虑以下问题。

(1) 异构系统中各设备的并行计算能力存在差异,使得它们之间的任务映射与任务划分不再均等,而是根据实际应用不同具有显著的特异性。

(2) 异构系统中的数据可以被分配在 CPU、加速设备片外内存及片内多层次局部存储等多个位置,这种复杂的数据分布使得设备间的数据通信需要显式进行。

(3) 由于数据存储位置多样,同步操作需要在众多位置上保证共享数据的一致性。此外,并行任务由于异构设备并行计算能力带来的差异化形式分布使得同步范围变得复杂,加速设备具有的局部硬件同步机制也使得同步形式更为多样。

(4) 异构系统中的设备往往具有已成型的不同编程语言和编程接口,使得异构系统程序员无法使用统一的接口编写程序。

(5) 与同构系统已有面向特定领域的并行优化接口不同,异构系统的加速设备种类多,没有完善的并行优化接口,因而需要手动在任务划分、任务映射、数据分布、同步、通信等方面进行难度较大的权衡。

异构并行编程模型往往依靠编程接口及编译运行时解决上述问题,其中编程接口提供了开发人员与异构系统交互的规范,包括调用函数、传递参数、访问数据等,它是编程模型的具体实现。编译运行时则是在编译和执行阶段提供必要的支持和环境,负责将程序转换为可执行形式并管理其执行过程,可以针对不同的编程模型和硬件平台进行优化。

本节主要介绍编程模型依靠编程接口解决上述问题的方案。GPU 是当前广泛使用的硬件加速器之一,相较 CPU 而言,GPU 拥有更多独立的大吞吐计算通道和较少的控制单元,这与深度学习任务核心的矩阵计算、浮点计算所具有的计算相对独立的特征存在一定的匹配性,使其不易受到计算以外的其他任务干扰,也由此表现出深度学习网络层次越深、网络规模越大,GPU 加速越显著的效果。深度学习相关研究也更多地基于 CPU＋GPU 的异构系统。

CUDA 并行编程模型建立在 GPU 上,基于并行计算、内存管理和核函数等特性,提供了一种高效、灵活的编程方式,使开发人员能够充分利用 GPU 的并行计算能力,加速深度学习的计算任务。因此,本节以 CUDA 并行编程模型为例,对异构编程模型在任务划分、数据分布、通信和同步、任务映射等方面的设计理念进行介绍,并对编程模型的兼容性和发展趋势进行概括。

3.1.1　任务划分

异构并行编程模型的任务划分包含异构特征描述和并行性表达两方面,其中异构特征描述是异构并行编程模型的特有特征,异构并行编程模型也将异构系统中多种设备上的不同编程接口通过异构特征描述融合为统一编程接口。在异构特征描述上,CUDA 采用了核函数 Kernel 来标明需要在 GPU 上执行的代码段。CUDA 程序包含主机代码和设备代码两部分。其中主机代码在 CPU 上执行,而设备代码则是指 GPU 执行的 Kernel。当程序需要并行处理数据时,CUDA 就会将设备代码编译成 GPU 可执行的程序,并发送至 GPU 执行。

CUDA 在设备执行 Kernel 时将启动多线程,一个 Kernel 所启动的所有线程称为一个网格(Grid),网格又分为多个线程块(Block),线程块可以并行执行,一个线程块里面包含多个线程。CUDA 线程多层次组织结构及示例代码如图 3.1 所示,示例代码中通过块索引blockIdx 及线程索引 threadIdx 等坐标变量对线程进行索引。

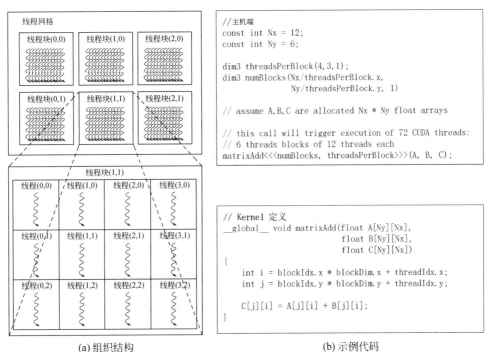

(a) 组织结构   (b) 示例代码

图 3.1   CUDA 线程多层次组织结构及示例代码

在并行性表达上,CUDA 采用单程序多数据(single program mulitple data,SPMD)的并行编程风格,即并行处理单元将数据划分为多个部分,每一部分都执行相同的程序,但不用执行同一指令。CUDA SPMD 并行编程示例如图 3.2 所示,示例中每个线程都进行了两次读内存操作、一次加法操作及一次存储操作,虽然每个线程执行的代码是一样的,但数据却不相同。

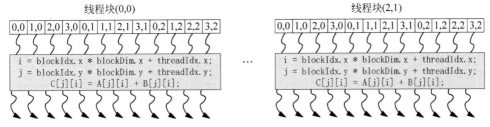

图 3.2   CUDA SPMD 并行编程示例

3.1.2 数据分布

异构系统的加速设备存储层次包括寄存器、本地存储器及全局存储器等,这些不同存储层次的存储速度依次降低,但存储容量却依次增大。利用不同层次的存储器对数据进行合理分布,以提供高带宽和低延迟的数据访问,最大限度地提高加速设备的性能和效率,满足任务计算需求。异构并行编程模型的数据分布包括设备间分布和设备内分布两方面,CUDA 基于 GPU 的分级结构设计了多层缓存机制,通过关键字实现数据的设备内分布,也设计了一些数据传输编程接口实现数据分段后传输至加速设备,或者在加速设备间进行数据传输来实现数据的设备间分布。

CUDA 多层缓存设计如图 3.3 所示,每个线程有自己的私有本地内存,而每个线程块包含共享内存,可以被线程块中所有线程共享,其内容持续在线程块的整个生命周期内保持。此外,所有的线程都可以访问全局内存。主机可以访问设备全局存储器,与设备之间传输和复制数据。从私有本地内存到块内共享内存,再到设备共享全局内存,访问速度逐渐变慢。

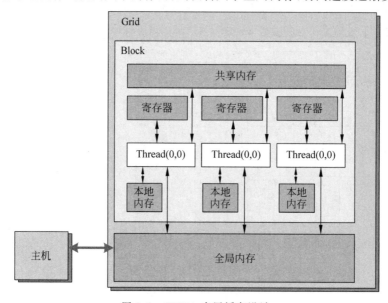

图 3.3 CUDA 多层缓存设计

CUDA 通过使用__local__、__shared__、__constant__与__device__等关键字,以变量声明的方式体现设备内分布,其中__shared__可以在 Kernel 函数或设备函数中声明,__constant__可以在任何函数体外声明。变量声明与存储位置如表 3.1 所示。

表 3.1 变量声明与存储位置

变量声明	存储器	作用域	声明周期
数组以外的自动变量	寄存器	线程	Kernel 函数
自动数组变量	局部存储器	线程	Kernel 函数
__device__ __local__ int LocalVar;	局部存储器	线程	Kernel 函数
__device__ __shared__ int SharedVar;	共享存储器	线程块	Kernel 函数
__device__ int GlobalVar;	全局存储器	线程网格	应用程序
__device__ __constant__ int ConstVar;	常数存储器	线程网格	应用程序

3.1.3　通信和同步

异构编程模型中,通信和同步能够协调和管理不同设备之间的计算任务,是实现异构系统高效利用的关键。通信是在不同设备之间传输数据,以实现数据共享和协同计算,同步用来确保设备之间的协调和顺序执行。在 CUDA 并行编程模型中,数据分布、通信和同步三者是密不可分的,都可以通过数据传输接口、共享内存、全局内存等实现,使用数据传输接口可以实现主机与设备间、设备与设备间的通信与同步,使用共享内存、全局内存可以分别实现设备内线程内和线程间的通信与同步。但三者的侧重有所不同,数据分布侧重于将数据按照任务或算法设计要求分配到不同的处理器上,通信侧重于数据传输,同步侧重于协同计算任务。

CUDA 并行计算需要在设备端和主机端之间传输数据,实现通信。CUDA 提供了特定的显式传输接口,接口指定了传输类型、数据源、目标指针及传输字节数等参数,可以将主机内存中的数据分段,然后将分段的数据传输到不同的 GPU 设备上进行处理。在实现主机内存分段时,需要考虑到每个分段的大小和数据传输的开销等因素,以避免出现数据传输延迟或浪费带宽等问题。

CUDA 中常规的传输接口是 cudaMemcpy,可以将数据在主机端和设备端之间进行复制、传输。它包含四个参数,包括指向目标内存位置的指针、指向源内存位置的指针、传输字节数及传输方向,其中传输方向包括主机到主机、主机到设备、设备到主机、设备到设备。CUDA 中还有针对二维或三维等高维矩阵的传输接口 cudaMemcpy2D 和 cudaMalloc3D,它们的传输速度并不一定比常规接口快,而是适用于二维数组、三维数组等需要对齐内存的数据类型。考虑到计算和传输是两个完全独立的过程,为加速设备利用率可以让计算和传输异步进行,为此 CUDA 提供了 cudaMemcpyAsync、cudaMemcpy2DAsync 及 cudaMemcpy3DAsync 等接口以便传输和计算异步并行,在主机和设备之间进行非阻塞的数据传输操作,隐藏一部分传输耗时。

此外,CUDA 还提供了显式同步函数、CUDA 事件、CUDA 流、互斥锁、原子操作等其他方式实现同步,同步范围包括加速设备内同步及主机与加速设备同步等。在具体实现中,需要根据具体的并行计算需求和算法特点依据同步范围选择合适的同步方式。

加速设备内同步包括全局同步和局部同步,全局同步是在整个加速设备范围内进行,而局部同步是在加速设备的同一个线程块内进行,分别用于确保在加速设备上执行的并行任务,以及线程块内的线程之间的一致性和协调性。CUDA 流、CUDA 事件等方法可以在加速设备范围内实现不同层次的同步,栅栏同步__syncthreads、互斥锁、原子操作等方法可以实现线程范围内的同步。

CUDA 流是一组按照特定顺序执行的异步操作集合。在同一个 CUDA 流中,操作会严格按照定义的顺序在 GPU 上执行。通过利用多个流,可以同时启动多个内核任务,实现线程网格级并发。这使得独立的操作序列可以同时在 GPU 上执行,而不需要在整个 GPU 上进行同步,从而大大提高了程序的运行性能。同时也使得资源能够更有效地被利用,加速了数据处理的速度。CUDA 针对流提供了同步接口 cudaStreamSynchronize,它接受一个 CUDA 流序号,将阻塞 CPU 执行直到 GPU 端完成对应该 CUDA 流的所有任务,CUDA 也提供 cudaStreamWaitEvent 接口进行跨流同步,通过 CUDA 流可以实现任务级、内核级、设备级等不同层次的同步。

CUDA 事件是对给定 CUDA 流中的单个 CUDA 内核函数进行计时,并确定 CUDA 流中的特定操作是否已经出现。它通过记录和等待事件的发生,实现主机与设备间的同步,来确保主机和设备间的任务按照预期的顺序执行。具体步骤包括使用 cudaEventCreate 创建 CUDA 事件,使用 cudaEventRecord 记录事件的发生并记录在主机或设备上,使用 cudaEventSynchronize 在主机或设备上等待事件,最后使用 cudaEventDestroy 销毁事件以释放资源。通过 CUDA 事件可以实现线程级、块级、设备级、主机级等不同层次的同步。

在 CUDA 中可以使用 __syncthreads 函数以栅栏同步的方式实现加速设备内局部同步,它相当于一个线程块级的同步屏障,即线程块内的所有线程执行到 __syncthreads 调用时都会暂停等待,直至同一线程内的所有线程都执行到该函数的同一调用才会继续执行后续计算任务。这种同步方式主要用于协调线程块内的并行任务执行顺序、共享数据的一致性,无法同步线程网格内不同线程块之间的线程同步操作。

在 CUDA 中还可以使用互斥锁来实现线程同步。互斥锁是一种同步原语,它可以确保在任何时候只有一个线程可以访问共享资源。在 CUDA 中实现互斥锁的步骤包括使用 cudaMutexCreate 创建互斥锁对象,使用 cudaMutexLock 获取互斥锁,使用 cudaMutexUnlock 释放互斥锁。其中获取互斥锁时,如果锁已经被其他线程占用,则该函数会阻塞直到锁被释放。使用互斥锁时需要注意死锁问题,即如果一个线程在使用互斥锁时被阻塞,而其他线程也在等待该线程释放的互斥锁,就会导致死锁。因此需要仔细考虑线程调度和访问共享资源的顺序。

CUDA 提供的原子操作也是加速设备内的同步机制,同样用于线程块内部的同步和数据一致性。原子操作是针对线程块内的共享内存而设计的,它允许多个线程同时对共享内存进行读取和写入操作,而不会引发竞争条件。使用原子操作可以确保线程块内的线程在访问共享内存时的顺序性和一致性。原子操作只对同一个线程块内的线程起作用,不涉及不同线程块之间的同步。常见的原子操作函数有 atomicAdd、atomicSub 等,功能是在加、减等操作完成之前,其他线程无法访问或读取这块内存。

主机与设备间的同步用于确保两者间数据传输和任务执行的正确性与协调性,CUDA 提供了 cudaDeviceSynchronize 和异步事件接口等多种主机与设备的同步方式。cudaDeviceSynchronize 接口用于同步主机和设备之间的操作,即确保主机在执行所有 GPU 任务之后,等待所有 GPU 任务完成,以确保计算结果的准确性。CUDA 函数在需要时会隐式地同步设备,因此大多数情况下无须显式调用特定的同步接口。然而,在某些特定场景下,例如进行主机与设备的数据同步时,或者执行某些需要设备完全完成的 I/O 操作时,为了确保任务执行的正确性和同步性,开发人员可能需要显式地调用同步函数。这样做可以确保所有之前的操作都已完成,从而避免潜在的并发问题,保证程序的稳定性和性能。

3.1.4　任务映射

将程序员划分好的并行任务映射到实际的计算单元中执行,包括独立完成并行任务到异构平台映射工作的直接映射,以及其他系统(如 CUDA 异构编译运行时系统)协助完成部分任务映射工作的间接映射。前者常在运行时系统中实现,后者采用编译时源到源变换与运行时分析相结合去实现。

CUDA 线程与硬件的对应关系如图 3.4 所示,其中线程被分为 Grid、Block 和 Thread 这三个层级,和 GPU 的硬件是互相对应的。当一个 Kernel 被执行时,它的 Gird 中的线程块被分配到流式多处理器(streaming multiprocessor,SM)上,一个线程块只能在一个 SM 上被调度,SM 一般可以调度多个线程块。一个 Kernel 的各个线程块可能会被分配至多个 SM,网格和线程块只是逻辑划分,而 SM 才是执行的物理层,所以一个 Kernel 的所有线程在物理层是不一定同时并发的。

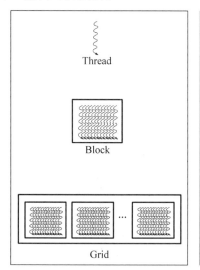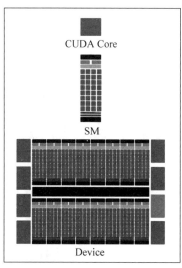

图 3.4 CUDA 线程与硬件的对应关系

SM 采用的是 SIMT 架构,每个 SM 有多个 Core,但是只有一个指令单元,只能同时执行完全相同的指令集。当线程块被划分到某个 SM 上时,它将进一步被划分为多个线程束,线程束一般包含 32 个线程,线程束才是 SM 的基本执行单元。这些线程同时执行相同的指令,但是每个线程都包含自己的指令地址计数器和寄存器状态,也有自己独立的执行路径。

CUDA 异构编译运行时系统通过间接映射的方式,不仅协助完成任务映射,还针对特定应用进行了性能优化,这种优化涵盖平台相关和应用导向两种途径。平台相关优化的核心在于深度挖掘并利用系统硬件的优势,程序员主要负责实现程序的功能代码,而任务划分、数据分布、访存合并、线程或线程块合并、数据预取及调整数据布局等复杂问题,则由编译运行时系统智能处理。此外,CUDA 编译器 NVCC 也提供了平台相关的优化功能,与编译运行时系统协同工作,共同实现性能的最优化。应用导向优化则更侧重于针对具体应用场景的特点和需求进行定制化的优化。编译运行时系统会根据应用的工作负载、数据访问模式及计算需求,采取一系列有针对性的优化措施。这可能包括优化算法选择、数据结构设计、内存访问模式及并行策略等,以更好地适应应用的特性,并进一步提升性能。通过这两种优化途径的综合应用,CUDA 能够在异构计算环境中实现高效、可靠的性能提升,满足各种复杂应用的需求。

3.1.5 兼容性及发展趋势

编程模型的设计需要考虑硬件不断更新、迭代所带来的兼容性问题,例如 CUDA 编程模型在不断兼容 NVIDIA GPU 硬件的过程中,也需要随着硬件的变化进行相应的扩充。

下面将结合 NVIDIA 安培、霍珀等 GPU 架构的一些特性,介绍 CUDA 在兼容过程中进行的改进和发生的变化。

CUDA 编程模型与 NVIDIA GPU 安培架构的兼容示例如图 3.5 所示。在安培架构之前的 GPU 架构中,以图 3.5 中 V100 的伏特架构为例,使用共享内存 SEME 时,必须先将数据从全局内存加载到寄存器中,再写入共享内存。这种操作不仅浪费了部分寄存器资源,还增加了数据搬运的时延,因为数据需要经过多次搬运才能到达其目的地。针对这一问题,安培架构引入了异步内存拷贝机制。这一机制通过全局内存到共享内存的数据加载指令,实现了全局内存数据不经过寄存器而直接加载到共享内存的功能。图 3.5 展示的采用安培架构的 A100 中,通过新的指令 Load-Global-Store-Shared,L2 Cache 中的数据可以直接搬运至 SEME 共享内存中,供寄存器堆 RF 直接执行,从而大大提高了数据处理的效率。此外,与伏特架构相比,安培架构的 Tensor Core 在线程束中实现了更多的线程间数据共享。伏特架构的 Tensor Core 只有 8 个线程间共享数据,而安培架构则扩展到了 32 个,这有助于减少线程间矩阵的数据搬运,进一步提升了计算性能。

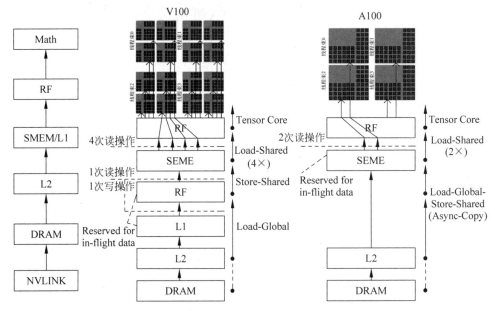

图 3.5　CUDA 编程模型与 NVIDIA GPU 安培架构的兼容示例

安培及其之前架构中的前三代 Tensor Core 都基于线程束层次进行编程,即通过 SIMT 完成矩阵计算,将数据从全局内存加载到寄存器上,再通过线程束调度器调用 Tensor Core 完成矩阵乘,最后将结果输出到寄存器。但这种方式存在以下问题。

(1)数据搬运和计算耦合:Tensor Core 准备数据时,线程束内线程分别加载矩阵数据,每一个线程都会获取独立矩阵块地址。为了隐藏全局内存到共享内存、共享内存到寄存器的数据加载延时,会构建多层级软流水(software pipeline),消耗寄存器数量及存储带宽。

(2)可扩展性受约束:受多级缓存的存储空间限制,单个线程束的矩阵计算规格有上限。

为解决上述问题,新一代的霍珀架构引入 TMA(tensor memory accelerator)进行硬件

...

异步数据加载,即全局内存中的数据可以被异步加载到共享内存。CUDA 编程模型与 NVIDIA GPU 霍珀架构的兼容示例如图 3.6 所示,TMA 将 SM 组织成一个更大的计算和存储单元,完成数据从全局内存到共享内存的异步加载,数据到寄存器的计算,最后通过硬件实现了矩阵乘的流水线。

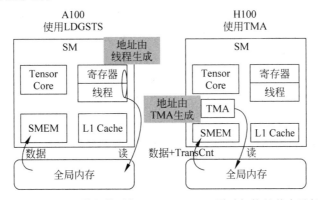

图 3.6　CUDA 编程模型与 NVIDIA GPU 霍珀架构的兼容示例

安培及其之前架构中的前三代 Tensor Core 只有线程块和线程网格,分别对应硬件 SM 和 Device,这使得局部数据只能通过共享内存限制在 SM 内部,不能跨 SM。CUDA 编程模型与 NVIDIA GPU Tensor Core 兼容示例如图 3.7 所示,为解决该问题,新一代的霍珀架构在图形处理集群(graphics processing cluster,GPC)内部通过引入交叉互连网络及同步元语将数据共享层次扩展到 4 个 SM,GPC 内 SM 可以高效访问彼此的共享内存,即采用分布式共享内存和线程束组编程模式,这种结构很好地提升了数据的复用性。为了能编程使用该结构,CUDA 中也对应地引入了线程块簇的概念。

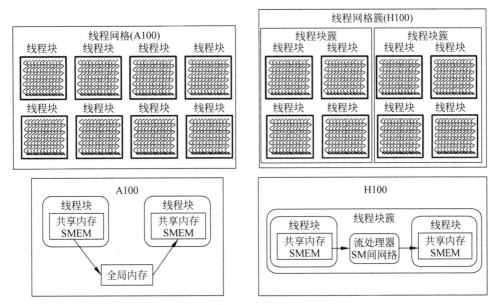

图 3.7　CUDA 编程模型与 NVIDIA GPU Tensor Core 兼容示例

由上述 CUDA 编程模型的发展可以看出,编程模型、硬件架构及计算需求三者间是相互依赖、相互促进的。编程模型的设计和优化会受到硬件架构的影响,同时也能帮助硬件架构实现更高的性能。硬件架构在发展中不断适应计算需求的变化,而计算需求的演变又推动了编程模型和硬件架构的创新。

由于深度学习应用的许多计算都可以被分解成更小且独立的计算任务,这种高度并行的计算特征与 GPU 的并行计算能力非常匹配。因此,当前的深度学习编译器也都内置了基于 CUDA 的 GPU 并行加速库,如 cuDNN 等。尽管 GPU 是目前深度学习领域常用的加速硬件,但随着深度学习专用硬件的不断涌现,编程模型也在不断改进和优化。除了 NVIDIA 针对自己的 GPU 提出了相应的 CUDA 编程模型,其他厂商也对自己生产、研发的芯片进行硬件抽象,设计了相应的编程模型。例如 AMD 针对自己的 GPU 对标提出了 ROCM,GraphCore 针对 IPU 提出了 Poplar 编程模型。这些编程模型的出现,使得开发人员能够更方便地利用不同硬件平台的特性进行开发。

异构系统为深度学习提供了强大的算力支持,然而随着异构计算系统的普及,跨平台编程成为一个迫切的需求。为满足这一需求,OpenCL 被提出,它将各种硬件平台抽象为一个统一的平台模型,使得开发人员可以在任何并行系统上编写代码。为了进一步提高编程效率,OpenACC 被引入,允许开发人员在代码中添加制导命令,无须改写代码即可实现跨平台异构编程。与此同时,为了降低 Java 和 Python 开发人员使用异构计算平台的学习成本,类 Java 和类 Python 的异构并行编程模型和接口也相继被提出。这些模型和接口使得开发人员能够更直观地利用异构系统的并行计算能力,从而提高开发效率。

编程模型在不断改进的过程中,朝着通用性更强、性能更高、易用性更好的方向均衡发展。在通用性方面,编程模型正由同系列兼容向统一平台适配发展,并逐步实现功能完备、接口稳定及全应用场景覆盖。在性能方面,编程模型需要考虑到硬件特性并提供必要的细粒度支持以实现性能的可移植性。在易用性方面,编程模型则需要力求贴近实际应用场景,使得开发人员在处理存储、并发和通信机制时无须过多关注底层细节,从而简化开发过程。

3.2 编程接口

编程接口是编程模型的具体实现,3.1 节介绍的并行编程模型对应的编程接口形式可以分为两类:全新的并行编程语言和对现有编程语言的并行扩展。对现有编程语言的并行扩展往往是基于 Python、Java、C/C++ 等通用语言,其中基于 Python、Java 等语言的并行扩展属于较高级的异构并行编程接口,更易理解和使用;而基于 C/C++ 等语言的扩展通常比较复杂,属于较低级的异构编程接口,需要开发人员显式地利用硬件细节处理任务划分、数据分布、通信和同步等工作。

深度学习编程接口是指用于创建、训练和部署深度学习模型的语言及语言拓展,包括算子库及领域特定语言等。深度学习编程接口的发展和使用可以追溯到早期的深度学习研究,早期的研究员主要使用 C/C++ 等低级编程语言来实现深度学习模型,以追求更高的性能和灵活性,但使用 C/C++ 实现深度学习模型需要编写大量的底层代码,对于非专业的开发人员来说比较困难。随着深度学习技术的日益发展与广泛流行,Python 编程语言因其简洁明了、易于学习和掌握,以及拥有众多丰富的第三方库等特点,为开发人员编写和调试深度学习模型提供了更加便捷的途径。

随着深度学习的持续发展,深度学习编译器的设计也需要兼顾易用性和高性能。深度学习编译器通过提供神经网络层、损失函数及优化器等高级编程接口,极大地简化了深度学习模型的开发和编译过程。此外,编译器还集成了数据加载、模型保存与加载、分布式编译等实用工具和功能,进一步提升了开发效率。这些编译器通常采用 Python 或其扩展作为用户友好的编程接口,使得开发人员能够更便捷地定义和编译模型。然而,在底层实现上,这些编译器主要依赖 C/C++ 语言及其扩展作为核心编程接口,以确保在各种硬件上实现高效执行。为了平衡性能和易用性,编译器利用 Python 绑定技术将底层的 C/C++ 代码封装,并使其能够被 Python 调用,从而实现了两者的无缝集成。除了深度学习编译器提供的编程接口,还出现了针对深度学习特定领域的编程语言,这些语言旨在解决特定领域的优化问题,以满足不同应用场景的多样化需求。

深度学习编译器常用编程接口如图 3.8 所示,深度学习编译器通常将 Python 用作高级接口,以便开发人员进行深度学习模型的编写和训练。而对于高性能算子开发、底层高性能组件实现等任务,则采用 CUDA C、BANG C 等 C/C++ 扩展作为低级接口,分别面向GPU 和 MLU 进行优化。为了实现高级接口和低级接口的相互调用,需要利用 Ctypes、Cython、Cffi 及 Pybind11 等 Python 绑定技术,将底层的 C/C++ 代码封装并提供给 Python调用,从而确保性能和易用性的平衡。

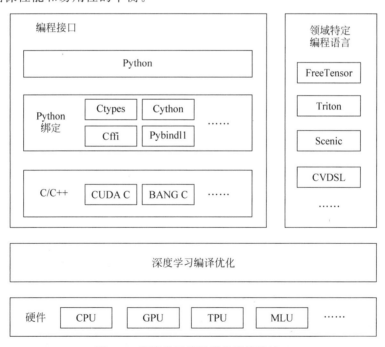

图 3.8　深度学习编译器常用编程接口

此外,针对深度学习领域的特定场景和特定问题,一些基于 Python 和 C/C++ 扩展的领域特定编程语言也被提出。例如基于 Python 扩展而来的 FreeTensor 和 Triton 分别用于解决不规则张量程序的优化问题和简化高性能 GPU 代码的编写,基于 C/C++ 扩展而来的Scenic 和 CVDSL 分别用于解决自动驾驶和计算机视觉领域场景下的问题。上述编程接口最后通过深度学习编译器生成对应硬件的代码,本节将按照基于 C/C++ 和基于 Python 这两个分类对这些接口的特点及使用方法进行介绍，并介绍几种常见的 Python 调用 C/C++ 的绑定技术。

3.2.1 基于 C/C++的接口

由于 C/C++语言具备直接操作硬件内存单元的能力，能够高效执行位、字节等底层运算，因此在早期深度学习研究中，这些语言被广泛用于实现深度学习的底层运算代码。然而，C/C++主要是面向通用计算的编程接口，其操作粒度较细，以标量运算为基础，抽象层次相对较低。当需要实现复杂的深度学习模型计算时，这种低层次的抽象会导致大量冗余的代码描述，降低开发效率。例如，卷积运算是深度学习模型的核心计算之一，它本质上是一个加权求和的过程。卷积核可以用权重矩阵来表示，而卷积操作可以通过将输入数据转换为矩阵形式，并与权重矩阵进行矩阵乘来实现。使用 C 语言编写的矩阵乘示例如代码 3-1 所示，其中 C/C++语言通过三重循环来实现矩阵乘。在深度学习模型中，存在多个卷积操作，也就意味着需要进行多次类似的矩阵乘运算。如果使用 C/C++来描述整个深度学习模型，将导致开发效率低下。

代码 3-1　使用 C 语言编写的矩阵乘示例

```
void MatrixMul(float * P, const float * M, const float * N, unsigned int m, unsigned int n,
unsigned int s){
    //P = M×N, 其中 M 矩阵是 m×s, N 矩阵是 s×n, 所以 P 矩阵是 m×n
    for(int i = 0; i < m; ++i){
        for(int j = 0; j < n; j++){
            //sum 对应每一次点乘(M 的某一行 × N 的某一列)的结果
            float sum = 0;
            for(int k = 0; k < s; k++){
                float a = M[i * s + k];
                float b = N[k * n + j];
                sum += a * b;
            }
            P[i * n + j] = sum;          //乘累加的结果放到对应位置上
        }
    }
}
```

因此，尽管 C/C++语言在底层运算上具有高性能优势，但它们通常不作为深度学习编译器的高级编程接口，而是更多地被用作底层编程接口，用于开发高性能的算子和组件，以充分发挥硬件性能。这样，深度学习编译器可以在更高的抽象层次上提供易于使用和高效的编程接口，从而简化深度学习应用的开发和优化过程。

NVIDIA 和寒武纪等芯片厂商发布了 GPU 和 MLU 等异构加速设备，并基于 C/C++ 推出了 CUDA C 和 BANG C 等编程接口。这些接口通过向量和张量等抽象简化了代码编写，提高了开发效率，并实现了多核并行，从而充分利用了芯片算力。除了满足高算力需求，一些基于 C/C++扩展而来的自动驾驶、计算机视觉等深度学习领域特定语言，如 Scenic 和 CVDSL 等也被提出。下面详细介绍这些由 C/C++扩展而来的接口。

1. CUDA C

CUDA C 是对 CUDA 编程模型的一种接口实现，CUDA C 对 C/C++的扩展主要包括引入函数类型限定符、变量类型限定符、<<<>>>运算符、内建变量、内置变量类型及内建函数等。使用 CUDA C 语言编写的矩阵乘示例如代码 3-2 所示,下面以该示例为例对上述扩展进行介绍。

代码 3-2 使用 CUDA C 语言编写的矩阵乘示例

```
//Kernel 函数
__global__ void MatrixMul( float * P, float * M, float * N, unsigned int m, unsigned int n,
unsigned int s){
//P = M × N,其中 M 矩阵是 m × s,N 矩阵是 s × n,所以 P 矩阵是 m × n
    int Col = blockIdx.x * blockDim.x + threadIdx.x; // cloumn
    int Row = blockIdx.y * blockDim.y + threadIdx.y; // row
    float Pvalue = 0;
    for (int k = 0; k < s; k++) {
        Pvalue += M[Row * s + k] * N[k * n + Col];
    }
P[Row * n + Col ] = Pvalue;
}

//main 函数部分关键代码
int main(){
....
// 申请内存
int Mxy = m * s;
int Nxy = s * n;
int Pxy = m * n;
float * p, * m, * n;
p = (float * )malloc(m * n * sizeof(float));
m = (float * )malloc(m * s * sizeof(float));
n = (float * )malloc(s * n * sizeof(float));

// 初始化
...
//申请显存并把数据从内存复制到显存
float * de_p, * de_m, * de_n;
cudaMalloc((void** )&de_p, sizeof(float) * m * n);
cudaMalloc((void** )&de_m, sizeof(float) * m * s);
cudaMalloc((void** )&de_n, sizeof(float) * s * n);
//cudaMemcpyHostToDevice - 从内存复制到显卡内存
//cudaMemcpyDeviceToHost - 从显卡内存复制到显存
cudaMemcpy(de_m, m, sizeof(float) * m * s, cudaMemcpyHostToDevice);
cudaMemcpy(de_n, n, sizeof(float) * s * n, cudaMemcpyHostToDevice);

// 设置参数
dim3 numThreads(16, 16);
dim3 numblocks((m + numThreads.x - 1)/numThreads.x,(n + numThreads.y - 1)/numThreads.y);

//启动内核函数并把结果从显卡内存复制到内存
MatrixMul <<< numblocks, numThreads >>>(d_p, d_m, d_n, m, n, s);
cudaMemcpy(p, de_p, m * n * sizeof(float), cudaMemcpyDeviceToHost);
//释放内存
    ....
}
```

与代码 3-1 中使用 C 语言编写的矩阵乘相比,CUDA C 利用 GPU 进行矩阵运算,需要分别编写主机端代码和设备端代码,其中设备端代码就是 Kernel 函数。主机端代码的实现过程包括获取 GPU 设备、开辟 GPU 上的显存空间、发起主机向设备的数据传输、启动 Kernel 函数、发起设备向主机的数据传输,以及释放 GPU 显存空间并重置设备等几个步骤。

具体来说，代码 3-2 中利用 cudaMalloc 函数申请分配 GPU 内存中一片连续的线性空间，数据传输函数 cudaMemcpy 指定参数为 cudaMemcpyHostToDevice 将主机端数据复制到显存中，在设备端计算结束后，通过指定参数为 cudaMemcpyDeviceToHost 把设备端数据复制到内存中。启动 Kernel 时，需要通过调用 MatrixMul＜＜＜numBlocks，numThreads＞＞＞来指定线程网格和块维度，实现多线程并行计算。示例中将 numBlocks 设置为((m＋block. x－1)/block. x，(n＋block. y－1)/block. y)，意味着启动一个 Kernel 函数会启动(m＋block. x－1)/block. x * (n＋block. y－1)/block. y * 256 个线程。设置 numThreads 为 16×16，意味着一个线程块有 256 个线程。

在设备端代码中，Kernel 函数使用限定符__global 声明，与代码 3-1 中使用 C 语言编写的矩阵乘代码相比，Kernel 函数中没有了一般矩阵乘函数中最外面的两层循环，而是利用内置变量 blockIdx 和 threadIdx 进行线程索引，通过多线程的并行操作来提升矩阵乘的运算效率。

与使用标量的 C/C++语言编写的矩阵乘相比，使用 CUDA C 编写的代码以细粒度的线程为基本处理单位。CUDA 还包含大量的高性能计算指令，使开发人员能够在 GPU 强大算力的基础上，更高效地完成密集数据的计算。此外，CUDA 还提供 cuDNN 库用于深度学习模型在 GPU 上的训练和推理。

2. BANG C

BANG C 是针对人工智能芯片 MLU 提出的专用编程语言，它与 CUDA C 一样，都是异构编程语言，基于 C/C++语言扩展而来。BANG C 异构编程模型基于 CPU 和 MLU 协同计算，通过利用 MLU 提供算力支持，来有效解决能耗和可扩展性问题。MLU 单个芯片包含多个聚簇，每个聚簇中有 4 个计算核。计算核是 MLU 的基本处理单元，每个计算核执行一个任务。

与 CUDA C 类似，使用 BANG C 编写的异构程序也包括主机端和 MLU 设备端代码。在 MLU 设备端执行任务的程序也被称为 Kernel 函数，用于执行大规模并行计算和与领域相关的计算任务；主机端代码同样也需要完成数据初始化、数据传输至设备端、Kernel 函数的配置与启动，以及数据传回主机端等步骤。

BANG C 使用内置变量 clusterDim、clusterId、coreDim、coreId 表示聚簇和计算核的维度与索引。BANG 异构并行编程模型采用的是粗粒度调度策略，支持 Block 类型任务和 Union 类型任务。Block 类型任务被调度到单个计算核中执行，是编程模型层的基本调度单元。UnionN 任务表示一个 Kernel 在执行时至少需要占用 N 个聚簇。考虑到有聚簇层次，BANG C 提供了两种不同类型的同步操作 sync_cluster 和 sync_all，sync_cluster 用于同步同一个聚簇内部的所有计算核，sync_all 则用于同步多个聚簇内的所有计算核，当所有聚簇内的计算核到达同步点时，将继续执行。

BANG C 在 C/C++语言的基础上，增加了 BANG 异构并行编程模型必需的语法特性、计算原语、数据类型和内建变量支持。设备端代码支持一些 C/C++标准库尚未包含的特殊数据类型，如半精度浮点数 half 等。这要求主机端准备输入数据时，需要进行额外的数据格式转换。例如原本使用浮点或双精度表示的数据，在送往 MLU 进行计算前，需要转换为半精度浮点数 half 格式，并将其存储在相应的数据结构中。这种转换对于充分利用 MLU 的计算性能及节省内存空间至关重要。

使用 BANG 语言编写的矩阵乘示例如代码 3-3 所示,主机端代码中首先需要指定设备、创建运行队列、设置任务类型及规模。代码 3-3 中通过内置变量 dim 表示任务规模,设置 dim.x=4 表示在 x 维度中将任务划分为 4 部分。然后通过 cnrtMalloc 接口在 MLU 设备端申请分配内存,之后使用 cnrtMemcpy 接口指定参数 HOST2DEV 实现矩阵数据从主机端传入 MLU 设备端,然后向任务队列添加 Kernel,调用 cnrtInvokeKernel 接口启动 Kernel 函数,把任务分配到 4 个计算核中并行执行,并且指定任务类型为 UNION1。并行计算结束,最后由 cnrtMemcpy 接口指定参数 DEV2HOST 把矩阵数据从 MLU 设备端传入主机端。

代码 3-3　使用 BANG 语言编写的矩阵乘示例

```
...
//Kernel 函数
__mlu_entry__ void MatrixMulKernel(int32_t * src1, int32_t * src2, int32_t * dst) {
  if (taskId == 0) {
    __nram__ int32_t dst_nram[4][32];
    __bang_write_zero(dst_nram, 4 * 32);
    __memcpy(dst, dst_nram, 4 * 32 * sizeof(int32_t), NRAM2GDRAM);
  }
  __sync_all();
  for (int32_t j = 0; j < 32; j++) {
    for (int32_t k = 0; k < 32; k++)
      dst[taskIdX * 32 + j] += src1[taskIdX * 32 + k] * src2[k * 32 + j];
  }
}

//主机端运行时程序关键代码
...
cnrtDim3_t dim;
dim.x = 4;
dim.y = 1;
dim.z = 1;
int src1[4][32];
int src2[32][32];
int dst[4][32];

//初始化计算矩阵
void * mlu_pa,mlu_pb, mlu_pc;
cnrtMalloc(&mlu_pa, 4 * 32 * sizeof(int));
cnrtMalloc(&mlu_pb, 32 * 32 * sizeof(int));
cnrtMalloc(&mlu_pc, 4 * 32 * sizeof(int));

cnrtMemcpy(mlu_pa, src1, 4 * 32 * sizeof(int), HOST2DEV);
cnrtMemcpy(mlu_pb, src2, 32 * 32 * sizeof(int), HOST2DEV);

cnrtKernelParamsBuffer_t params;
cnrtGetKernelParamsBuffer(&params);
cnrtKernelParamsBufferAddParam(params, &mlu_pa, sizeof(void * ));
cnrtKernelParamsBufferAddParam(params, &mlu_pb, sizeof(void * ));
cnrtKernelParamsBufferAddParam(params, &mlu_pc, sizeof(void * ));

cnrtQueue_t queue;
cnrtCreateQueue(&queue);

//启动 4 个计算核并行执行矩阵乘
cnrtInvokeKernel((void * )(&MatrixMulKernel),dim, params, UNION1, queue);
```

```
cnrtSyncQueue(queue);

cnrtMemcpy(dst, mlu_pc, 4 * 32 * sizeof(int),DEV2HOST);
...
```

在 MLU 编程中,Kernel 函数的入口函数由标识符__mlu_entry__指定,类似于 CUDA C 中的__global__修饰符。在 Kernel 函数中,taskId 表示当前任务的 ID,当 taskId==0 时,初始化一个__nram__修饰的二维数组,并将其所有元素置 0。__nram__修饰的变量位于 MLU 计算核上私有存储 NRAM 空间中,用来存放运算过程中的临时标量数据和向量运算、张量运算的输入和输出数据。之后使用 BANG C 语言提供__memcpy 接口完成显式数据迁移,其中 NRAM2GDRAM 指明数据迁移方向为从 MLU 计算核上私有存储 NRAM 空间到所有 MLU 计算核共享存储 GDRAM 空间。然后使用__sync_all 进行同步,确保所有任务都完成了初始化操作。最后使用两层嵌套循环来计算矩阵乘,通过 taskIdX 索引使得每个任务都可以独立地计算并更新输出矩阵的一部分,从而实现矩阵乘的并行计算。

3. Scenic

在自动驾驶等安全性要求较高的深度学习领域,为保证面对罕见场景或未知场景时做出正确反应,需要对现实世界中危险场景或极端状况下的场景数据进行收集和分析,但这些复杂场景的数据收集难度和成本较高,为此 Scenic 通过随机分布和随机采样的方式,对场景进行模拟以解决上述问题。

Scenic 是一种概率编程语言,其核心思想是使用概率编程语言描述物理世界中的各种实体在空间的随机分布,并且从这种分布中随机采样,从而得到符合特定分布的某个具体的场景实例。将这些场景实例放到模拟器中,用户可以获得图像或其他传感器数据,用于测试和训练感知系统。Scenic 实现了从场景描述到编译,再到仿真器上实例化场景,并得到仿真数据的完整过程。Scenic 的语法语义具有丰富的静态场景表达能力,使得复杂场景编程任务更为简化,能够从位置、朝向、距离等多个角度实现对场景中物体空间分布的描述,允许用户以直接的命令式风格构建对象,并声明性地强加硬约束和软约束。随机选择是 Scenic 的一个关键,Scenic 语言提供的分布函数如表 3.2 所示,使其能够对真实世界的随机性进行建模。

表 3.2　Scenic 语言提供的分布函数

函 数 语 法	函 数 功 能
(low,high)	区间内均匀分布的实数
Uniform(value,…)	在一组有限的值上均匀分布
Discrete({value: wt,…})	具有给定值和权重的离散
Normal(mean,stdDev)	具有给定均值和标准差的正态分布

Scenic 实现对象及场景示例如代码 3-4 所示,Scenic 构建 Car 对象时,将过程分解成语法独立的说明符,road 用来指定工作空间中的哪些点在道路上,roadDirection 矢量场指定这些点上的主要交通方向,车头方向 heading 的默认值是其所在位置 position 的道路方向,position 默认是道路上的一个随机分布点。这些属性可以任意方式组合,具有很好的灵活性。此外还可以覆盖类提供的默认值,实现对 position 和 heading 进行更具体的描述,例如代码 3-4 中使用 offset by X 和 facing Y 这两种说明符修改了 Car 默认的 position 和 heading。Scenic 还允许用户自定义需求,检查由各种几何谓词构建的任意场景。例如代

码 3-4 使用约束语句检查构建的场景,首先创建 Car 对象并赋给特殊变量 ego,作为模拟器渲染图像的视点,之后使用 require X can see Y 检查 ego 是否在汽车的 30°视锥的视角内。

代码 3-4　Scenic 实现对象及场景示例

```
//定义类 Car
class Car:
position: Point on road
heading: roadDirection at self.position

//添加物理实体描述
//创建一辆在镜头前 20～40m,离马路左右边缘不超过 10m 的汽车,车头和道路方向不超过 5°的
//夹角分布
Car offset by (-10, 10) @ (20, 40), \
facing (-5, 5) deg relative to roadDirection

//使用约束语句检查构建的场景
ego = Car
car2 = Car offset by (-10, 10) @ (20, 40), \
with viewAngle 30 deg
require car2 can see ego

//实现典型的测试场景
spot = OrientedPoint on visible curb
//OrientedPoint 是内建类,包含位置和朝向等信息
//visible crub 是内建类型,指定了区域
//要求 OrientedPoint 在该区域中随机分布
bandAngle = Uniform(1.0, -1.0) * (10,20)deg
//bandAngle 指定了 10°～20°的随机角度
Car left of spot by 0.5, \
    facing badAngle relative to roadDirection
//车辆停在马路边缘左侧 0.5m 处,车头和马路边缘呈 10°～20°的夹角分布
```

Scenic 还可以根据预定义规则生成一些场景,用于自动驾驶视觉感知模块的安全性测试。例如代码 3-4 的最后片段所示,使用 Scenic 语言仅用三行代码就能生成一个典型的测试场景。与 C/C++ 和 Python 等传统编程接口相比,Scenic 具有更小的代码量和更低的编程难度,因此一些领域特定的编程接口能够提升开发效率,加速应用落地。

4. CVDSL

计算机视觉领域应用模型的核心是各种算子的组合调用,大部分算子库都提供 C++ 接口以完成算子开发,但是种类繁多的算子间的组合调用较为困难,尤其涉及多算子库的组合调用时,由于需要考虑各算子库的语法、数据类型不一致等问题,使得算子难以集成。为解决上述问题,CVDSL 被提出,它通过较为抽象且简单的语法,在语法上统一了数据类型和算子的语法调用规则,从而不需要考虑多个算子库混合编程所带来的困难。此外,CVDSL 还整合了 OpenCV 和 Halcon 两个机器视觉领域常用算子库中性能较优的算子,利用其特有的语法检查器减少代码中的语法错误,极大地提升了计算机视觉模型和应用的开发效率。

使用 CVDSL 开发计算机视觉应用模型是一种纯算子堆砌的过程,开发过程中对于某些算子间有严格调用次序的情况,CVDSL 在构建元模型和定制语法规则时将这些算子进行合并,利用算子合并的方式可以极大地降低领域工作者的编码难度和编码量。猫眼识别提取示例 CVDSL 代码与代码生成器生成的 C++ 代码示例如代码 3-5 所示,猫眼识别算法

CVDSL 程序的目标是提取图片中猫的眼睛,识别流程包括以下几步。首先读取图片并行转化为灰度图,之后用 Halcon 算子读取灰度图片得到图片的宽和高,并将图片以固定比例展示在窗口中,然后用 Halcon 的 HRegion 类型获取灰度值≤32 的区域,最后获取其中连通的区域,并获取连通区域大小在指定像素的区域,匹配出眼睛部分显示在窗口上。与代码 3-5 中使用代码生成器生成的 C++ 代码相比,可以观察到 CVDSL 语法简单,降低了构建计算机视觉应用模型的复杂性,大大减少了代码量。

代码 3-5　猫眼识别提取示例 CVDSL 代码与代码生成器生成的 C++ 代码示例

```
//猫眼识别提取示例 CVDSL 代码
ReadImage("cat.jpg",imgCat)
CvtColor(imgCat,imgGray)
CvToHalcon(imgGray,imgH)
GetImageSize(imgH,width,height)
Window(imgH,0,0,width/2,height/2,w)
DisplayImage(imgH,w)
RegionGray(imgH,32,dark)
RegionConnection(dark,conn)
RegionSelectShape(conn,"area","and",2000,20000,large)
RegionSelectShape(large,"anisometry","and",1,1.5,eyes)
RegionDisplay(eyes,w)

//代码生成器生成的 C++ 代码
# include < iostream >
# include < opencv2/opencv.hpp >
# include "HalconCpp.h"
. # include < ImageFormatConversion.h >
using namespace cv;
using namespace HalconCpp;
using namespace std;
int main(){
Mat imgCat = imread("cat.jpg",IMREAD_COLOR);
Mat imgGray;
cvtColor(imgCat,imgGray,COLOR_BGR2GRAY);
HImage imgH = Mat2Hobject(imgGray)
Hlong width,height;
img GetImageSize(&width,&height);
HWindow w(0,0,width/2,height/2);
imgH.DispImage(w);
w.Click();
HRegion dark = imgH <= 32;
HRegion conn = dark.Connection();
HRegion large = conn.SelectShape("area","and",2000,20000);
HRegion eyes = large.SelectShape("anisometry","and",1,1.5);
eyes.DispRegion(w);
w.Click();
return 0;
}
```

3.2.2　基于 Python 的接口

Python 是一种解释型的高级编程语言,因其具有语法简单、跨平台支持、强大的生态及第三方库支持、与其他语言混合编程,以及高效开发等诸多优势,已在科学计算、数据分析等领域得到广泛的应用。对于编写矩阵乘而言,Python 实现矩阵乘示例如代码 3-6 所示,与代码 3-1 中使用 C 语言的实现相比,由于 Python 语法简单并且拥有 NumPy 等第三方库提供向量和矩阵计算语义的支持,使得其编写更加高效。由于深度学习模型具有相对复杂的组成结构,因此 Python 也成为深度学习领域的首选语言以降低开发难度,目前大部分深度学习框架也都提供了 Python 接口来支持深度学习模型的开发。使用 Python 开发的过程中存在无法处理深度学习模型中的不规则张量及代码运行性能较差等问题,因此一些基于 Python 扩展而来的深度学习领域特定语言(如 FreeTensor 和 Triton 等)被提出,以在不提升模型开发难度的前提下尽可能提升性能。下面对 FreeTensor 和 Triton 这两种领域特定语言展开介绍。

代码 3-6 Python 实现矩阵乘示例

```python
import numpy as np
A = np.array([[1, 3, 5], [2, 4, 6]])
print("A.shape = ", A.shape)  # 通过 .shape 可查看 A 的形状特征
B = np.array([[1, 1], [2, 2], [3, 3]])
print("B.shape = ", B.shape)
C = np.dot(A, B)
print("C.shape = ", C.shape,)
print("C = ", C)
```

1. FreeTensor

由于自然语言处理、图像处理等应用场景中会出现稀疏数据、长序列数据等数据结构,该结构会导致出现不规则张量,计算时仅需要计算张量的一部分。当前处理这种情况采用的方法是在计算过程中对张量进行变换,这将产生大量的冗余计算和开销。为解决此问题,FreeTensor 被提出。它通过引入细粒度张量操作来减少冗余计算和内存访问,同时仍将张量作为基础操作对象,保证了编程的简单性。

FreeTensor 支持的细粒度编程包括粒度无关和维度无关两方面,其中粒度无关是指可以对张量在任意粒度下进行索引,并进行细粒度的运算。为了实现粒度无关的张量运算,FreeTensor 引入了循环、分支和始终内联函数。FreeTensor 张量定义与索引示例如代码 3-7 所示,可以发现 FreeTensor 提供用户友好的 NumPy 风格索引规则,能够索引张量的任何子区域,从而灵活地支持对张量的部分操作。张量维度是张量计算的关键属性,维度无关是指 FreeTensor 在张量的元数据中会记录与维度相关的属性,用于访问维度、形状、元素类型和设备位置等张量信息。例如编写张量程序时不能确定张量的形状,会导致不能确定循环结构,使用 FreeTensor 则可以通过张量元数据中的属性去判度维度,针对不同的维度进行不同的处理,从而极大地降低编程的复杂性。

代码 3-7 FreeTensor 张量定义与索引示例

```python
# declare a 3 - D 32 - bit floating - point tensor on cpu
A = create_var((2, 4, 6), "f32", "cpu")
# B is a 1 - D tensor copied from A[0, 1]
B = A[0, 1]
# C is a 0 - D tensor (scalar) copied from A[0, 1, 2]
C = A[0, 1, 2]
# D is a 2 - D tensor with shape (2, 6), whose is the
# concatenation of A[0, 1] and A[0, 2]
D = A[0, 1:3]
```

2. Triton

使用 CUDA C 进行程序开发时,开发人员需要考虑数据传输和计算同步等因素,这导致开发效率相对较低。为了解决该问题,OpenAI 推出了 Triton。Triton 是基于 Python 扩展而来的开源编程接口,旨在提供比 CUDA 更高效的编程环境,并具有比其他领域特定语言更高的灵活性。为确保高效编程的同时拥有良好的性能,Triton 采用基于 LLVM 的中间表示为中心的模块化系统结构,旨在通过成熟的 LLVM 编译器提供性能优化保证。

与 CUDA 不同,Triton 以细粒度的线程为基本处理单位,Triton 操作的粒度是 Block 级别。使用 Triton 开发时,用户只需要处理 Block 层级的逻辑,Block 内部逻辑交由 Triton 编译器自动完成,这样就有效地把与 CUDA 线程块内并发相关的所有问题抽象化,为用户隐藏更多的优化细节,由 Triton 自动优化,以便开发人员更好地专注于并行代码的高级逻辑。表 3.3 对比了使用 CUDA 编程接口和 Triton 编程接口实现矩阵乘的代码,它们都通过任务划分实现并行计算,但不同的是,CUDA 通过行和列把线程对应于结果矩阵中的每个元素,通过多线程的方式并行计算每个元素的结果;Triton 则把结果矩阵分块,将程序实例对应到结果矩阵的每一小块上,通过每个程序实例计算每小块的结果来完成并行。

表 3.3 使用 CUDA 编程接口和 Triton 编程接口实现矩阵乘的对比

CUDA 编程接口 (Scalar Program,Blocked Threads)	Triton 编程接口 (Blocked Program,Scalar Threads)
``# pragma parallel
for(int m = 0; m < M; m++){
# pragma parallel
for(int n = 0; n < N; n++){
float acc = 0;
for(int k = 0; k < K; k++)
acc += A[m, k] * B[k, n];
C[m, n] = acc;
}
}```	```# do in parallel
for m in range(0, M, BLOCK_SIZE_M):
# do in parallel
for n in range(0, N, BLOCK_SIZE_N):
# program instance 执行开始
acc = zeros((BLOCK_SIZE_M,BLOCK_SIZE_N),
dtype = float32)
for k in range(0, K, BLOCK_SIZE_K):
a = A[m:m + BLOCK_SIZE_M,k:k + BLOCK_SIZE_K]
b = B[k:k + BLOCK_SIZE_K,n: n + BLOCK_SIZE_N]
acc += matmul(a, b)
C[m : m + BLOCK_SIZE_M, n : n + BLOCK_SIZE_N] = acc
program instance 执行结束```

Triton 接口实现矩阵乘示例如代码 3-8 所示,可以观察到由于 Triton 的宿主语言是 Python,它复用了 Python 语言中包括 for 循环语句、加减乘除等基本算术运算在内的一些语法,同时 Triton 也新增了一些操作。Triton 在定义 Kernel 函数时通过装饰器@jit 修饰实现即时编译,将 Python 函数转换为可以在 GPU 上执行的代码。在代码的第一部分对计算任务分块并将使用 tl. program_id 获取的程序 ID 映射至要计算的任务分块,同时将任务分块按照行主序存储计算以提高缓存的命中率。代码的第二部分使用 NumPy 风格的语句根据程序 ID 和分块大小计算输入矩阵的指针。代码的第三部分使用 tl. load 加载数据,并通过 tl. dot 执行矩阵乘运算后,将计算结果进行累加,完成核心的矩阵乘操作。最后依据程序 ID 和分块大小计算得到输出矩阵,将计算结果写入相应的内存位置。

代码 3-8 Triton 接口实现矩阵乘的示例

```
@triton.jit
def matmul_Kernel(
    a_ptr, b_ptr, c_ptr,M, N, K,stride_am, stride_ak,stride_bk, stride_bn,stride_cm, stride_cn,
    BLOCK_SIZE_M: tl.constexpr, BLOCK_SIZE_N: tl.constexpr, BLOCK_SIZE_K: tl.constexpr,
    GROUP_SIZE_M: tl.constexpr,
    ACTIVATION: tl.constexpr,
):
    """Kernel for computing the matmul C = A * B.
    A has shape (M, K), B has shape (K, N) and C has shape (M, N)
    """
    # ----------------------------- 第一部分 -----------------------------
    # Map program ids 'pid' to the block of C it should compute.
    # This is done in a grouped ordering to promote L2 data reuse.
    pid = tl.program_id(axis = 0)
    num_pid_m = tl.cdiv(M, BLOCK_SIZE_M)    //tl.cdiv 向上取整
    num_pid_n = tl.cdiv(N, BLOCK_SIZE_N)
    num_pid_in_group = GROUP_SIZE_M * num_pid_n
    group_id = pid                          // num_pid_in_group
    first_pid_m = group_id * GROUP_SIZE_M
    group_size_m = min(num_pid_m - first_pid_m, GROUP_SIZE_M)
    pid_m = first_pid_m + (pid % group_size_m)
    pid_n = (pid % num_pid_in_group)        // group_size_m
    # ----------------------------- 第二部分 -----------------------------
    # 'a_ptrs' is a block of [BLOCK_SIZE_M, BLOCK_SIZE_K] pointers
    # 'b_ptrs' is a block of [BLOCK_SIZE_K, BLOCK_SIZE_N] pointers
    offs_am = (pid_m * BLOCK_SIZE_M + tl.arange(0, BLOCK_SIZE_M)) % M
    offs_bn = (pid_n * BLOCK_SIZE_N + tl.arange(0, BLOCK_SIZE_N)) % N
    offs_k = tl.arange(0, BLOCK_SIZE_K)
    a_ptrs = a_ptr + (offs_am[:, None] * stride_am + offs_k[None, :] * stride_ak)
    b_ptrs = b_ptr + (offs_k[:, None] * stride_bk + offs_bn[None, :] * stride_bn)
    # ----------------------------- 第三部分 -----------------------------
    # Iterate to compute a block of the C matrix.
# We accumulate into a '[BLOCK_SIZE_M, BLOCK_SIZE_N]' block of fp32 values
# for higher accuracy.
    # 'accumulator' will be converted back to fp16 after the loop.
    accumulator = tl.zeros((BLOCK_SIZE_M, BLOCK_SIZE_N), dtype = tl.float32)
    for k in range(0, tl.cdiv(K, BLOCK_SIZE_K)):
        # Load the next block of A and B, generate a mask by checking the K dimension.
        # If it is out of bounds, set it to 0.
        a = tl.load(a_ptrs, mask = offs_k[None, :] < K - k * BLOCK_SIZE_K, other = 0.0)
        b = tl.load(b_ptrs, mask = offs_k[:, None] < K - k * BLOCK_SIZE_K, other = 0.0)
        accumulator += tl.dot(a, b)
        a_ptrs += BLOCK_SIZE_K * stride_ak
        b_ptrs += BLOCK_SIZE_K * stride_bk
    c = accumulator.to(tl.float16)
    # --------------------------------------------------------------------
    # Write back the block of the output matrix C with masks.
    offs_cm = pid_m * BLOCK_SIZE_M + tl.arange(0, BLOCK_SIZE_M)
    offs_cn = pid_n * BLOCK_SIZE_N + tl.arange(0, BLOCK_SIZE_N)
    c_ptrs = c_ptr + stride_cm * offs_cm[:, None] + stride_cn * offs_cn[None, :]
    c_mask = (offs_cm[:, None] < M) & (offs_cn[None, :] < N)
    tl.store(c_ptrs, c, mask = c_mask)
```

3.2.3 Python 调用 C/C++的绑定技术

Python 的简单易用性使得其在实现深度学习模型时非常容易，但由于要兼顾模型执行

的效率及模型的可扩展性,往往需要使用更偏底层的 C/C++ 语言去实现底层的组件及自定义新算子,这就需要 Python 和 C/C++ 这两种语言实现交互,即在 Python 中使用 C++ 代码编译的动态链接库,或者使用 C 来加速 Python 代码中的特定部分。当前深度学习编译器中的算子及优化遍大多使用 C/C++ 实现,并通过 Python 绑定把算子和优化遍暴露为 Python 函数,从而方便在模型开发和优化时进行调用。深度学习编译器中存在多种 Python 绑定技术来实现 Python 与 C/C++ 的调用,包括 Ctypes、Cython、Cffi 及 Pybind11 等,下面将对这些绑定技术的原理及使用方法进行简单介绍。

Ctypes 和 Cffi 都用于在 Python 中调用 C/C++ 代码的外部函数接口库,两者的使用步骤都是首先将 C/C++ 代码编译生成 .so 动态链接库,然后在 Python 代码中调用这两个接口库的接口实现对动态链接库的调用。Ctypes 和 Cffi 实现 Python 调用 C/C++ 的示例如代码 3-9 所示。其中分别使用 Ctypes 和 Cffi 实现了在 Python 中调用 C/C++ 编写的加法函数,从中可以看出使用这两种绑定技术的接口比较简单,仅需要掌握 Python 和 C/C++,而无须学习额外的语言。两者也存在一定的差异,其中 Ctypes 是 Python 的标准库之一,只要安装 Python 就可以直接使用,而 Cffi 需要额外安装相应的库,但在使用时与 Ctypes 需要编写其他声明配置文件相比,Cffi 只需要两三行语句即可完成绑定,使用更为简单。但这两种绑定技术也存在一定的缺点,例如都依赖 C 语言原生的类型,对自定义类型支持不够好,同时平台兼容性较差,对 C++ 的交互支持较差。

代码 3-9　Ctypes 和 Cffi 实现 Python 调用 C/C++ 的示例

```
// ------------------------- Ctypes 实现 Python 绑定 -------------------------
// add.h
float add(float a, float b);

// sources.c
# include < math.h >
# include < stdio.h >
# include < malloc.h >
float add(float a, float b)
{
return a + b;
}

// add_cy.pyx
cdef extern from "add.h":
    float add(float a, float b)

def add(float a, float b):
    return add(a,b)
// setup.py
from distutils.core import setup, Extension
from Cython.Build import cythonize
setup(
ext_modules = [Extension("add_cy", sources = ["add_cy.pyx","source.c"])],
)

//Python 文件
import add_cy
a = 3
b = 5
print(add_cy.add(a,b)) # 结果为 8
```

```
// ------------------------- Cffi 实现 Python 绑定 -------------------------
// ffi_test.cpp
extern "C" int add(int a, int b);
int add(int a, int b) {
return a + b;
}

//代码编译
g++ffi_test.cpp - fPIC - shared - o libffi_test.so

//test_ffi.py
from cffi import FFI
ffi = FFI()
ffi.cdef(""" int add(int a, int b); """)
lib = ffi.dlopen("libffi_test.so")
print(lib.add(3, 4))

//执行 test_ffi.py
python test_ffi.py ♯结果为 7
```

Cython 是一种使用 Python 语法编写 C 扩展的工具，是一个优化的静态编译器。它允许开发人员编写具有 Python 语法的 C/C++代码，并将其编译成 C/C++扩展模块，可以被 Python 解释器直接调用。Cython 结合了 Python 和 C/C++两者的优势，可以在 Python 中无须任何转换直接调用 C/C++代码，并通过添加静态类型声明，将可读性良好的 Python 代码快速转换为高性能的 C/C++代码，这使得 Cython 可以高效地处理大型数据集、与现有的代码和数据集集成。同时，Cython 可以用于提高 Python 代码的性能，特别是对于深度学习编译器中的张量计算和模型推理等计算密集型任务。

Cython 实现 Python 调用 C/C++的示例如代码 3-10 所示。首先在头文件 add.h 中声明加法函数，并在 sources.c 中编写所声明的加法函数的具体实现。然后 add_cy.pyx 通过 cdef extern from 语句块加载 Cython 代码以外的纯 C/C++代码，并且通过 Cython 代码进行封装。这样做的好处是能够将外部的 C/C++的代码在 Cython 源代码中重用，然后编写编译配置文件 setup.py，通过执行 python setup.py build 和 python setup.py install 这两个命令来构建和安装 Python 软件包，最后在 Python 代码中使用 cy.add 即可调用。将这一流程与代码 3-9 中的实现流程对比发现，Cython 同样也是在基于 Python 的语法中融入一些 C/C++语法，也无须额外的学习成本，但能够显式地给变量指定类型，通过编译的方法把 Python 代码转换成性能更高的 C/C++代码。

代码 3-10　Cython 实现 Python 调用 C/C++的示例

```
// add.h
float add(float a, float b);

// sources.c
♯ include < math.h >
♯ include < stdio.h >
♯ include < malloc.h >
float add(float a, float b)
{
  return a + b;
```

```
}
//本文件名为 add_cy.pyx
cdef extern from "add.h":
    float add(float a, float b)

def add(float a, float b):
    return add(a,b)

// setup.py
from distutils.core import setup, Extension
from Cython.Build import cythonize
setup(
ext_modules = [Extension("add_cy", sources = ["add_cy.pyx", "source.c"])],
)
//Python 文件
import add_cy
a = 3
b = 5
print(add_cy.add(a,b))    #结果为 8
```

Pybind11 是一个轻量级的 C++ 库，它提供了一种更为简洁且无缝集成 C/C++ 和 Python 的方法，支持 C++11 版本及 Python 3.6 版本，可以将 C/C++ 代码暴露给 Python 调用，同时也支持在 C/C++ 代码中调用 Python。深度学习编译器 TVM 等都主要依赖 Pybind11 将底层的大量 C/C++ 函数自动生成对应的 Python 可直接调用的函数。

Pybind11 实现 Python 调用 C/C++ 的示例如代码 3-11 所示。首先在 example.cpp 文件中编写加法函数，通过 PYBIND11_MODULE 宏函数实现绑定。宏函数 Pybind11::module::def 的第一个参数为 Python 调用时的函数名，第二个参数为 C/C++ 函数名，第三个参数为相应的描述，最后两个参数 py::arg("i")=1 和 py::arg("j")=2 用于给函数添加默认值，然后编译 C/C++ 代码生成动态链接库，最后即可在 Python 中直接调用 C/C++ 编写的加法函数。从整个流程可以看出，相比之前介绍的几种绑定技术，Pybind11 只需要包含头文件及一行宏函数即可，支持使用 Python 从序列类型中提取子序列的切片语法，更为简洁和方便。

代码 3-11　Pybind11 实现 Python 调用 C/C++ 的示例

```
// example.cpp
# include < pybind11/pybind11.h>
int add(int i, int j) {
  return i + j;
}
PYBIND11_MODULE(example, m) {
  m.def("add", &add, "addFunction", py::arg("i") = 1, py::arg("j") = 2);
}

//Python 文件
import example
example.add(3, 4) #结果 7
```

深度学习编译器中编程接口的设计对于整个编译流程的效率和易用性至关重要。目前，许多深度学习编译器采用 C/C++ 和 Python 两层接口的设计。在未来，编程接口的设计将朝着统一的高层接口、增强跨平台支持、提高可扩展性和灵活性、促进与其他工具的集成和协作，以及强化安全性和隐私保护的方向发展，以满足不断增长的用户需求、性能需求及数据安全需求。这些改进将提升深度学习编译器的效率，促进深度学习的广泛应用。

第4章

前　　端

编译器工作过程中,前端首先对高级语言程序进行词法分析和语法分析,生成对应的抽象语法树,然后将抽象语法树转换为中间表示,最后对该中间表示进行静态分析和硬件无关优化。深度学习编译器前端和传统编译器前端的工作过程相似,但是两者在表达和优化方面有着明显不同。在表达方面,深度学习编译器前端的输入是深度学习模型,其使用的中间表示需要清晰地表达模型的结构和计算过程,方便开发人员理解和调试程序;传统编译器前端的输入是高级语言源程序,其使用的中间表示需要准确地表达高级语言源程序的功能,降低开发人员的编程难度。在优化方面,深度学习编译器前端使用的中间表示侧重于完成与模型相关的优化,进而提升模型的执行效率;传统编译器前端使用的中间表示侧重于完成与程序性能相关的优化。由上述对比可以看出,与传统编译器前端相比,深度学习编译器前端与模型的联系更密切。

随着深度学习的快速发展,模型的拓扑结构日益复杂,该发展趋势严重影响了深度学习编译器中自动微分、计算图优化、自动并行、模型部署等功能的实现。为了解决上述问题,深度学习编译器使用了一种更加通用的中间表示和执行模型,该中间表示也被称为计算图。计算图是一种表达模型训练过程中计算逻辑和状态的工具,也是深度学习编译器前端的核心。计算图能够帮助深度学习编译器完成不同类型模型的统一建模和表达,分析中间变量的生命周期以优化内存管理,实现自动微分以高效地计算模型梯度,完成各类模型优化以提升执行效率等。本章主要介绍计算图的构成、分类、转换和分析,帮助开发人员深入理解深度学习编译器前端的工作流程。

4.1　计算图构成

计算图主要由节点和依赖边构成,节点可以分为数据节点、计算节点和控制节点,依赖边可以分为数据依赖和控制依赖。计算图中的数据节点能够表示张量,计算节点能够表示算子,控制节点能够控制程序的执行顺序;数据依赖能够表示不同节点输入数据和输出数据的依赖关系,控制依赖能够控制节点的执行方式。例如,MSELoss 损失函数对应的计算图示例如图 4.1 所示,张量 *a*、

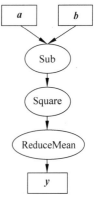

图 4.1　MSELoss 损失函数对应的计算图示例

b 和 *y* 是数据节点,Sub 是逐元素减计算节点,Square 是逐元素乘方计算节点,ReduceMean 是平均值计算节点,有向边表示不同节点之间的控制依赖和数据依赖。

4.1.1　数据节点

计算图中的数据节点能够存储模型的输入、输出和中间变量。在数学定义中,张量是标量、向量和矩阵的推广,标量、向量和 RGB 彩色图像可以分别理解为零阶张量、一阶张量和三阶张量。在模型中,张量是一种能够存储形状、秩、数据、数据类型、存储位置、存储状态、特殊分类等属性的基础数据结构。张量的部分核心属性如图 4.2 所示。

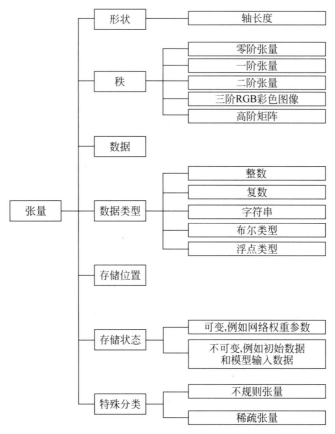

图 4.2　张量的部分核心属性

数据节点可以分为叶子节点和非叶子节点,叶子节点是开发人员定义的,非叶子节点是叶子节点经过计算生成的。一般情况下,开发人员只需要使用叶子节点的梯度,所以在模型反向传播过程中,深度学习编译器需要保存叶子节点的梯度,不需要保存非叶子节点的梯度。

4.1.2　计算节点

计算图中的计算节点能够表示计算操作和数据操作。计算节点按照功能可以分为张量操作、神经网络操作和数据流操作。张量操作主要包括结构操作和数学运算,神经网络操作主要包括特征提取、激活函数、损失函数和优化算法,数据流操作主要包括数据预处理和数据载入相关算子。部分计算节点表示的操作和功能简介如表 4.1 所示。

表 4.1　部分计算节点表示的操作和功能简介

操 作 分 类		功 能 简 介
张量操作	结构操作	对数据维度、形状等结构的操作
	数学运算	数据逻辑代数运算
神经网络操作	特征提取	提取信息或者特征
	激活函数	引入非线性运算
	损失函数	衡量预测结果和真实结果的差异
	优化算法	更新参数并且最小化损失函数
数据流操作	数据预处理	对数据进行格式转换等初步处理
	数据载入	将数据加载到运行时环境

　　张量操作中,结构操作主要包括张量创建、索引切片、维度变换、合并分割等,数学运算主要包括标量运算、向量运算、矩阵运算等。部分张量操作分类和功能简介如表 4.2 所示。

表 4.2　部分张量操作分类和功能简介

张量操作分类		功 能 简 介
结构操作	张量创建	创建张量或者占位符
	索引切片	对张量进行部分选取或者切片分割
	维度变换	缩减、扩展或者转置张量维度
	合并分割	按照维度合并或者分割张量
数学运算	标量运算	对张量实施逐元素运算
	向量运算	在一个张量轴上运算,将向量映射为新的向量或者标量
	矩阵运算	矩阵乘法、矩阵范数、矩阵行列式、矩阵求特征值、矩阵分解等

　　神经网络操作中,特征提取主要包括卷积算子等,激活函数主要包括 Sigmoid 函数、ReLU 函数、Softmax 函数等,损失函数主要包括 0-1 函数、绝对值函数等,优化算法主要包括随机梯度下降法、自适应矩估计等。部分神经网络操作分类和功能简介如表 4.3 所示。

表 4.3　部分神经网络操作分类和功能简介

神经网络操作分类		功 能 简 介
特征提取	卷积算子	根据卷积核、步长、填充等提取信息或者特征
激活函数	Sigmoid 函数	将输入数据映射为 0~1 的数据
	ReLU 函数	将输入数据负数部分映射为 0
	Softmax 函数	将输出数据转换为概率分布
损失函数	0-1 函数	预测结果和真实结果相同为 0,不同为 1
	绝对值函数	预测结果和真实结果差值的绝对值
优化算法	随机梯度下降法	迭代寻找损失函数的最小值,进而获取最优的模型参数
	自适应矩估计	对样本数据进行分析和预测

　　数据流操作位于整个计算图的边缘,该操作能够处理计算图的输入数据并且将其转换为深度学习编译器支持的数据格式,按照迭代次数输入神经网络进行训练或者推理,提升数据载入速度并且减少内存占用。数据流操作中,数据预处理主要负责完成图像数据和文本数据的裁剪、填充、归一化、数据增强等操作,数据载入主要负责完成数据集的随机乱序、分批次载入、预载入等操作。部分数据流操作分类和功能简介如表 4.4 所示。

表 4.4　部分数据流操作分类和功能简介

数据流操作分类		功 能 简 介
数据预处理	裁剪	对多余数据进行删除
	填充	对稀疏数据进行填充
	归一化	缩小特征值分布范围
	数据增强	扩充数据样本规模
数据载入	随机乱序	最大化样本独立性
	分批次载入	小批量输入神经网络
	预载入	提前载入后续数据

4.1.3　控制节点

高级语言程序能够使用分支语句控制数据流向,而计算图能够使用控制节点描述控制流操作符,进而控制模型前向传播和反向传播的数据流向,常见的控制流操作符包括条件运算符和循环运算符。计算图的执行过程中,如果计算图不包含控制流操作符,则所有节点只执行一次,所有节点按照顺序执行完成后便能够获得执行结果。如果计算图包含控制流操作符,则所有节点能够根据循环或者条件判断执行。控制流操作符的使用提高了模型的表达能力并且降低了开发人员灵活构建复杂模型的难度,实现控制流操作符的方法主要分为图内方法和图外方法。包含控制流操作符的计算图示例如图 4.3 所示。

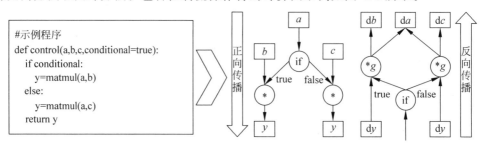

图 4.3　包含控制流操作符的计算图示例

图内方法是指结合使用模型结构和能够在硬件设备上执行的低级别细粒度控制原语运算符实现控制流的方法,采用该方法生成的计算图能够完整地运行在深度学习编译器后端。图内方法的优点是使用控制原语运算符实现控制流并且不需要依赖外部语言,能够准确地判断模型计算梯度时需要缓存的变量,在模型部署、编译、优化和运行时具有优势。缺点是控制原语运算符缺乏进一步的抽象,开发人员需要掌握控制原语运算符的使用方法并结合前端语言使用才能描述复杂模型结构。

图外方法是指使用 Python、C++等高级语言控制流语句实现计算图中控制流的方法。图外方法的优点是能够直接使用前端语言实现控制流,可以严格分离控制流和数据流,灵活、易用并且开发难度较低。缺点是需要在编译阶段将前端语言转化为控制原语描述,并且采用该方法生成的计算图不能完整地运行在深度学习编译器后端。

4.1.4　依赖边

计算图中的数据节点、计算节点和控制节点之间存在依赖关系,该依赖关系能够影响节点的执行顺序和并行情况。根据内容进行分类,依赖边可以分为数据依赖和控制依赖。

数据依赖是包含数据流的依赖边,控制依赖是不包含数据流的依赖边。例如,一个计算节点的输入依赖于前面一个或者多个数据节点的张量数据时,计算节点和数据节点之间存在数据依赖。当前节点需要等待前面一个计算节点执行完毕后才能执行时,计算节点和当前节点之间存在控制依赖。

计算图可以使用展开机制表示不同节点之间的循环关系,即当需要实现循环关系时,循环体对应的计算子图能够按照迭代次数进行复制并且在相邻迭代轮次的计算子图之间构建直接依赖。计算图中的所有张量和算子都具有独特标识符,不同计算任务中的相同张量和算子也具有不同标识符,复制计算子图时需要为复制的张量和算子赋予新的标识符。循环依赖是指两个独特标识符之间具有相互依赖,因为循环依赖会形成计算逻辑上的死循环并且导致模型训练程序无法正常结束,所以计算图中不允许使用会造成循环依赖的数据流。

4.2 计算图分类

在模型的推理和训练过程中,深度学习编译器前端能够根据模型结构生成计算图并且完成调度。根据作用阶段进行分类,计算图可以分为前向计算图和反向计算图,前向计算图主要作用于模型的前向传播阶段并且与前向计算过程联系紧密,反向计算图主要作用于模型的反向传播阶段并且与自动微分过程联系紧密。同一个模型的前向计算图和反向计算图结构相似,区别在于前向计算图的节点采用前向算子,反向计算图的节点采用反向微分算子。

计算图的生成方式主要分为静态计算图模式和动态计算图模式,静态计算图模式对应声明式编程范式,该模式下深度学习编译器前端能够根据前端语言描述的模型拓扑结构、参数变量等信息生成固定的静态计算图。动态计算图模式对应命令式编程范式,该模式下深度学习编译器前端能够在模型执行过程中根据前端语言描述生成临时的动态计算图。下面将分别介绍动静态计算图和动态计算图的概念、定义流程、执行流程和优缺点。

4.2.1 静态计算图

静态计算图模式采用先编译后执行的方式,该模式下计算图的定义流程和执行流程是分离的。数据占位符是一种为输入数据预留位置的特殊张量,静态计算图的定义流程中不需要读取输入数据,而是使用数据占位符表示输入数据。因为数据占位符无法进行逻辑计算和分支判断,所以静态计算图中需要包含所有条件控制算子和分支计算子图。以1.3.2节中使用的MSELoss损失函数为例,静态计算图的定义流程和执行流程如图4.4所示。

如图4.4所示,在静态计算图的定义流程中,首先,开发人员需要使用前端语言定义模型并且形成完整的程序表达;然后,深度学习编译器前端对程序表达进行分析,获得神经网络层之间的连接拓扑关系、参数变量设置、损失函数等信息;最后,深度学习编译器前端将模型编译为静态前向计算图。因为静态计算图模式下深度学习编译器前端能够获得完整的模型定义,所以深度学习编译器前端能够根据静态前向计算图构造对应的静态反向计算图。该过程可以理解为基于对偶图的反向构造,其实现思路主要分为三步,首先深度学习编译器前端通过模型解析获得模型对应的静态前向计算图,然后遍历静态前向计算图并且

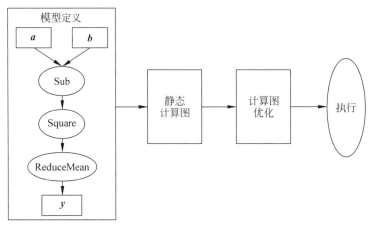

图 4.4　静态计算图的定义流程和执行流程

根据遍历得到的节点信息构造对应的静态反向计算图节点,最后完成遍历便可以获得模型对应的静态反向计算图。静态计算图可以通过计算图优化等技术转换为更加高效的等价结构,构造完成模型对应的静态计算图后,如果后续执行过程中模型结构没有改变,则不需要重新构造。在静态计算图的执行流程中,首先静态计算图会接收输入数据,然后执行器会进行逻辑计算和分支判断,控制数据流流入不同分支计算子图中完成计算,最后完成所有计算便可以获得静态计算图的执行结果。

以 TensorFlow 1.0 为例,TensorFlow 1.0 默认使用静态计算图模式,能够使用基于 Python 的拓展定义静态计算图。在 TensorFlow 1.0 静态计算图的定义流程中,首先开发人员需要使用前端语言定义模型,然后深度学习编译器会自动构造模型对应的静态前向计算图和静态反向计算图。在 TensorFlow 1.0 静态前向计算图的执行流程中,当静态计算图的数据占位符输入真实张量数据并且指定输出节点时,执行器首先会解析整个静态前向计算图以获得所有节点的执行顺序,然后会对张量进行相应处理并且获得前向传播结果。在 TensorFlow 1.0 静态反向计算图的执行流程中,开发人员可以调用 TensorFlow 1.0 提供的自动微分函数执行静态反向计算图并且获得反向传播结果。以 1.3.2 节中使用的 MSELoss 损失函数为例,TensorFlow 1.0 静态计算图的定义流程和执行流程示例如代码 4-1 所示。

代码 4-1　TensorFlow 1.0 静态计算图的定义流程和执行流程示例

```
# TensorFlow 1.0 静态计算图的定义流程和执行流程示例
import tensorflow as tf
a = tf.constant([1., 2., 3.])
b = tf.constant([1., 1., 1.])
y = tf.keras.losses.mse(a, b)
y_grad = tf.gradients(y, [a, b])
sess = tf.compat.v1.Session()
output = sess.run(y)
grad = sess.run(y_grad)
```

如代码 4-1 所示,开发人员首先创建数据节点 *a* 和 *b*,该数据节点能够记录张量的数据类型、形状等属性,然后创建逐元素减计算节点 $h1$ 并且使用有向边将数据节点 *a* 和 *b* 指向计算节点 $h1$,之后创建逐元素乘方计算节点 $h2$ 并且使用有向边将计算节点 $h1$ 指向计算节

点 $h2$,随后创建平均值计算节点 $h3$ 并且使用有向边将计算节点 $h2$ 指向计算节点 $h3$,最后创建数据节点 y 并且使用有向边将计算节点 $h3$ 指向数据节点 y,静态前向计算图构造完成。静态前向计算图构造完成后,深度学习编译器首先会利用执行器获取数据节点 a 和 b 的真实张量数据,然后调度静态前向计算图获得前向传播结果。代码 4-1 对应的静态前向计算图示例如图 4.5 所示,节点和箭头表示静态前向计算图的结构,箭头方向表示静态前向计算图的执行流程。

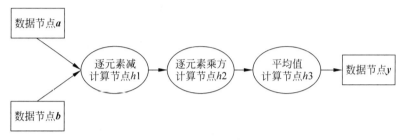

图 4.5　TensorFlow 1.0 静态前向计算图示例

如代码 4-1 所示,TensorFlow 1.0 能够根据静态前向计算图构造对应的静态反向计算图。静态反向计算图构造完成后,开发人员调用 TensorFlow 1.0 提供的自动微分函数进行执行。深度学习编译器首先会求解数据节点 y 关于计算节点 $h3$ 的梯度,然后求解计算节点 $h3$ 关于计算节点 $h2$ 的梯度,之后求解计算节点 $h2$ 关于计算节点 $h1$ 的梯度,随后分别求解计算节点 $h1$ 关于数据节点 a 和 b 的梯度,最后使用链式求导法则进行组合即可获得数据节点 y 关于数据节点 a 和 b 的梯度,获得反向传播结果。代码 4-1 定义的静态反向计算图示例如图 4.6 所示,节点和箭头表示静态反向计算图的结构,箭头方向表示静态反向计算图的执行流程。

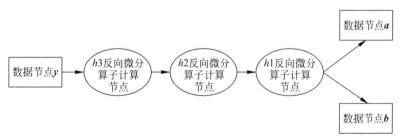

图 4.6　TensorFlow 1.0 静态反向计算图示例

静态计算图的优点是实现思路清晰并且可以方便地完成自动微分,执行期间可以不依赖于前端语言描述,可以直接部署在不同类型的硬件设备上。缺点是利用前端语言编写程序的难度较大,静态计算图的构造具有滞后性,程序编写和深度学习编译器执行之间存在较多步骤,无法随时获得中间变量结果并且难以及时发现程序中的错误。

4.2.2　动态计算图

动态计算图模式采用解析式的执行方式,该模式下计算图的定义流程和执行流程是同时进行的。以 1.3.2 节中使用的 MSELoss 损失函数为例,动态计算图的定义流程和执行流程如图 4.7 所示。

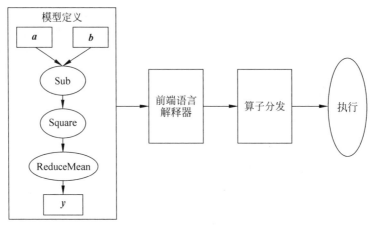

图 4.7 动态计算图的定义流程和执行流程

如图 4.7 所示，在动态计算图的定义流程和执行流程中，首先开发人员需要使用前端语言定义模型并且设置输入数据，然后前端语言解释器会对模型进行解析，之后深度学习编译器会利用算子分发功能立刻执行算子并且输出执行结果，最后执行完所有算子便能够获得动态计算图的执行结果。动态反向计算图和动态前向计算图的定义流程没有严格的界限，两种计算图结构会在程序执行过程中同时生成。

以 PyTorch 为例，PyTorch 默认使用动态计算图模式，其算子性能强大并且能够利用 Python 进行解释执行。在 PyTorch 动态计算图的定义流程中，首先模型需要读取输入数据，然后深度学习编译器前端会按照模型的定义顺序依次调用算子并且利用算子信息构造动态前向计算图，之后深度学习编译器会利用 Tape 机制记录张量和算子的执行顺序并且自动创建对应的反向张量和反向微分算子，最后深度学习编译器会利用反向张量和反向微分算子构造动态反向计算图。Tape 机制是一种记录算子执行顺序的技术，该技术能够按照执行顺序记录前向传播过程中的算子，方便后续构造动态反向计算图时使用。反向张量能够绑定数据和张量，反向微分算子的本质是微分函数，两者结合使用能够完成梯度计算和指明后续执行的反向微分算子。PyTorch 动态前向计算图的定义流程和执行流程是同时进行的，所以动态前向计算图构造完成后便可以获得前向传播结果。在 PyTorch 动态反向计算图的执行流程中，开发人员可以调用 PyTorch 提供的自动微分函数执行动态反向计算图并且获得反向传播结果。以 1.3.2 节中使用的 MSELoss 损失函数为例，PyTorch 动态计算图的定义流程和执行流程示例如代码 4-2 所示。

代码 4-2 PyTorch 动态计算图的定义流程和执行流程示例

```
# PyTorch 动态计算图的定义流程和执行流程示例
import torch
import torch.nn as nn
a = torch.tensor([1., 2., 3.], requires_grad = True)
b = torch.tensor([1., 1., 1.], requires_grad = True)
loss = nn.MSELoss()
y = loss(a, b)
y.backward()
```

如代码 4-2 所示，PyTorch 动态前向计算图与 TensorFlow 1.0 静态前向计算图的定义流程和执行流程相似，区别在于 PyTorch 会在构造动态前向计算图的同时执行并且输出执

行结果,TensorFlow1.0会先构造完成静态前向计算图再执行。代码 4-2 对应的 PyTorch
动态前向计算图示例如图 4.8 所示,节点和箭头表示动态前向计算图的结构,箭头方向表示
动态前向计算图的执行流程,实线表示已经构造完成的结构,虚线表示未构造完成的结构。

图 4.8　PyTorch 动态前向计算图示例

如代码 4-2 所示,PyTorch 动态反向计算图与 TensorFlow 1.0 静态反向计算图的定义
流程和执行流程相似,区别在于 PyTorch 会根据算子执行顺序构造动态反向计算图,
TensorFlow 1.0 会根据静态前向计算图构造对应的静态反向计算图。代码 4-2 对应的
PyTorch 动态反向计算图示例如图 4.9 所示,节点和箭头表示动态反向计算图的结构,箭头
方向表示动态反向计算图的执行流程,实线表示已经构造完成的结构,虚线表示未构造完
成的结构。

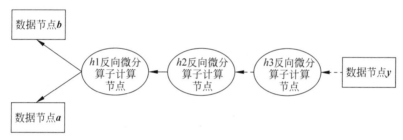

图 4.9　PyTorch 动态反向计算图示例

动态计算图的优点是计算图的定义流程和执行流程是同时进行的,开发人员能够随时
获得中间变量结果,编程实现简单并且在线调试容易。缺点是反向传播过程中深度学习编
译器需要缓存和维护前向传播的计算结果、反向传播的梯度结果、参数矩阵等多种类型的
中间变量,该过程需要占用大量内存。

通过上述分析可以看出,静态计算图模式和动态计算图模式在使用场景、执行方式、控
制流实现、完整性等方面有很大不同,两种模式各有优缺点并且都得到了广泛应用。

在使用场景方面,静态计算图模式的优点是深度学习编译器能够提前获得并且分析整
张计算图的拓扑结构,完成各种计算图优化。静态计算图能够在模型结构不变的情况下进
行重用,进而避免大量的重复计算,适合完成模型部署。优化后的静态计算图结构不会变
化并且优化效果可以持续,深度学习编译器能够通过静态分析获得更合理的节点执行顺
序,进而实现更高的并行度、计算效率和内存使用效率。缺点是无法实时获取中间变量并
且程序调试困难。动态计算图模式的优点是能够实时获取中间变量并且程序调试容易。
缺点是深度学习编译器无法提前获得并且分析整张计算图的拓扑结构,需要大量的内存来
存储中间变量。动态计算图无法保存,优化效果难以持续并且可能被后续迭代变化破坏,

深度学习编译器不能使用计算图优化技术提高性能和效率，无法直接进行模型部署。

在执行方式方面，因为静态计算图模式下计算图的定义流程和执行流程是分离的，所以该模式下执行器执行过程中不需要区分前向计算图和反向计算图，不能动态地添加 Python 操作，难以实时获得中间变量结果。当前虽然也出现了部分实时获取静态计算图信息的技术，但是该类技术的调试过程比较复杂。因为动态计算图模式下计算图的定义流程和执行流程是同时进行的，所以该模式下执行器执行过程中需要区分前向计算图和反向计算图，每构造完成一部分计算图结构都会立即执行并且返回具体的执行结果，便于开发人员进行错误分析、结果查看等调试工作。

在控制流实现方面，静态计算图模式下的控制流实现比较麻烦，动态计算图模式下的控制流实现比较简单。以条件判断为例，因为静态计算图需要先定义再执行并且无法进行实时判断，所以静态计算图的定义流程需要充分考虑所有可能的分支。因为动态计算图的定义流程和执行流程是同时进行的并且可以进行实时判断，所以动态计算图的定义流程只需要确定使用的具体分支，该方法能够减少大量的无用工作。

在完整性方面，因为静态计算图定义过程中节点使用的是数据占位符，所以该过程无法进行逻辑计算和分支判断，静态计算图需要包含所有条件控制算子和分支计算子图，进而表达模型的完整语义。因为动态计算图定义过程中节点使用的是真实张量数据，所以该过程可以进行逻辑计算和分支判断，动态计算图只需要包含具体执行的分支计算子图，无法表达模型的完整语义。

4.3　计算图转换

静态计算图模式和动态计算图模式各有优缺点。静态计算图模式可以分离深度学习编译器前后端语言，该模式下静态计算图可以通过编译优化高效执行和直接部署。动态计算图模式可以提供简洁的接口和良好的编程体验，该模式下动态计算图可以按照顺序即时执行。为了兼顾静态计算图模式和动态计算图模式的优点，开发人员需要使用动静态计算图转换技术，使得模型可以在不同场景选择合适的计算图模式。

从编程语言的角度看，Python 是一种动态类型的解释性语言，静态计算图是一种静态类型的领域特定语言，本质上动态类型的语言难以完全无损地转换为静态类型的语言，而动静态计算图转换技术的出现大大降低了动静态计算图转换的难度。根据发展时间进行分类，动静态计算图转换技术可以分为动静结合和动静统一两种类型，两者的区别在于动静结合技术主要实现动态计算图向静态计算图的转换，该技术需要开发人员显式地标识需要转换为静态计算图的程序。动静统一技术可以实现动态计算图和静态计算图的相互转换，该技术允许深度学习编译器在编译过程中自动判断需要转换的程序。根据技术原理进行分类，动静结合技术可以分为基于追踪方式和基于分析方式，动静统一技术可以分为延迟执行和提前执行。下面通过具体的例子分别介绍上述技术的概念、原理和优缺点，并简单介绍动静态计算图转换技术的发展趋势。

4.3.1　动静结合技术

在深度学习应用的开发过程中，为了实现性能和效率的折中，开发人员需要在动态计算图模式下编写程序,然后在模型执行过程中将部分程序转换为静态计算图,该方法被称为动静结合。在动静结合的实现过程中,开发人员需要在动态计算图模式下编写程序,并且在编写过程中判断程序中需要使用静态计算图模式的位置,然后根据判断结果在程序对应位置通过静态计算图模式函数或者装饰符进行标识,最后未被标识的程序会生成动态计算图,被标识的程序会生成静态计算图。动静结合技术能够针对模型中的部分程序或者某一层神经网络进行转换,该方法按照技术原理可以分为基于追踪方式和基于分析方式。

1. 基于追踪方式

采用基于追踪方式实现动静结合的原理较为简单,即在动态计算图模式下,深度学习编译器首先会根据模型信息构造并且执行动态计算图,该过程中深度学习编译器会自动追踪数据流动和算子调度并且使用追踪信息构造静态计算图。后续再次执行相同模型时,深度学习编译器会自动执行模型对应的静态计算图。

以 PyTorch 和 TensorFlow 2.0 为例,PyTorch 的 torch. jit. trace 函数和 TensorFlow 2.0 的 @tf. function 装饰器能够使用基于追踪方式实现动静结合。该方法支持在动态计算图模式下以静态计算图的方式执行被函数或者装饰器指定的程序,即被指定的程序会转换为静态计算图并且按照静态计算图的方式进行整体下发执行,未被指定的程序会按照动态计算图的方式通过算子分发进行执行。PyTorch 和 TensorFlow 2.0 基于追踪方式实现动静结合示例如代码 4-3 所示。

代码 4-3　PyTorch 和 TensorFlow 2.0 基于追踪方式实现动静结合示例

```
# PyTorch基于追踪方式实现动静结合示例
import torch
def pytorch_function_trace(input):
    result = torch. rand(0)
    if True == True:
        result = torch. rand(1)
    else:
        result = torch. rand(2)
    return result
result = torch. jit. trace(pytorch_function_trace,(torch. rand(0)),check_trace = False)

# TensorFlow 2.0基于追踪方式实现动静结合示例
import tensorflow as tf
@tf. function(autograph = True)
def tensorflow2_function_trace(input):
    result = tf. constant([0. ])
    if True == True:
        result = tf. constant([1. ])
    else:
        result = tf. constant([2. ])
    return result
```

PyTorch 使用的追踪技术只能记录第一次执行动态计算图时调度的算子,如果模型中存在依赖中间结果的条件分支控制流,则构造的静态计算图只包含第一次执行的分支。如果后续调用过程中需要执行静态计算图中不包含的分支,则会导致运行错误。

TensorFlow 2.0 使用@tf. function 装饰器装饰函数时,如果设置 autograph=True,则深度学习编译器能够实现控制流转换和添加控制依赖等功能。控制流转换是指在控制流表达式使用张量的情况下,深度学习编译器能够将 Python 控制流转换为静态计算图控制流,即将所有分支添加到静态计算图中。控制流转换主要包括将 if 语句转换为 tf. cond 算子表达,将 while 和 for 循环语句转换为 tf. while_loop 算子表达,该过程必要时可以添加 tf. control_dependencies 指定执行顺序依赖关系。添加控制依赖是指在节点之间添加必要的控制依赖。以一个需要读写的算子为例,该算子在动态计算图模式下需要按照 Python 程序的顺序执行,在静态计算图模式下与并行调度等工作有关。为了保证动态计算图模式和静态计算图模式下张量的读写顺序一致,深度学习编译器需要在对同一个张量进行读写的不同算子之间添加控制依赖。

采用基于追踪方式实现动静结合的优点是追踪技术深度嵌入 Python 语言并且能够复用所有 Python 语法,能够存储通过追踪技术获得的静态计算图并且在后续调用时直接进行下发推理。缺点是难以处理程序中的控制流结构,部分深度学习编译器通过追踪技术获得的静态计算图不完整并且定义完成后无法改变,如果后续调用过程中数据流向静态计算图不包含的分支,则会提示运行错误,依赖于中间变量结果的循环控制也无法追踪到全部的迭代状态。

2. 基于分析方式

动态计算图能够使用前端语言解释器对模型进行解析执行。以 Python 作为前端语言为例,Python 具有边运行边解释的特性,能够配合深度学习编译器提供的数据处理和算子分发功能完成计算。静态计算图首先需要使用深度学习编译器进行构造,然后需要通过调用执行。因为动态计算图程序与静态计算图程序之间存在差异,静态计算图编译器无法直接编译动态计算图程序,所以出现了基于分析方式实现动静结合,该方法能够将动态计算图转换为静态计算图。

基于分析方式和基于追踪方式实现动静结合的使用方法相似,但是两者的原理差别很大。基于分析方式实现动静结合的原理如下:在动态计算图模式下,前端语言解释器首先扫描模型程序并且进行词法分析,通过词法分析器分析程序中的所有字符,对程序进行分割并且移除空白符、注释等,将所有单词和字符都转化为符合规范的语法单元列表;然后进行语法分析,将获得的语法单元列表转换为抽象语法树并且对语法进行检查以避免错误;最后对抽象语法树进行转写,深度学习编译器为所有需要转写的语法都预设了转换器,该转换器能够对抽象语法树进行扫描转写,将动态计算图程序语法映射为静态计算图程序语法。该过程中的前端语言控制流会转换为静态计算图接口进行实现,完成转写后的新抽象语法树将还原为静态计算图。

以 PyTorch、PaddlePaddle 和 MindSpore 为例,PyTorch 的 @torch. jit. script 装饰器、PaddlePaddle 的 @paddle. jit. to_static 装饰器和 MindSpore 的 @mindspore. jit 装饰器能够使用基于分析方式实现动静结合。该方法支持在动态计算图模式下以静态计算图的方式执行被装饰器指定的程序,即被指定的程序会转换为静态计算图并且按照静态计算图的方式进行整体下发执行,未被指定的程序会按照动态计算图的方式通过算子分发执行。PyTorch、PaddlePaddle 和 MindSpore 基于分析方式实现动静结合示例如代码 4-4 所示。

代码 4-4　PyTorch、PaddlePaddle 和 MindSpore 基于分析方式实现动静结合示例

```
# PyTorch 基于分析方式实现动静结合示例
import torch
@torch. jit. script
```

```
def pytorch_function_script(input):
    result = torch.rand(0)
    if True == True:
        result = torch.rand(1)
    else:
        result = torch.rand(2)
    return result

# PaddlePaddle基于分析方式实现动静结合示例
import paddle
@paddle.jit.to_static
def paddle_function_trace(input):
    result = paddle.to_tensor(0.)
    if True == True:
        result = paddle.to_tensor(1.)
    else:
        result = paddle.to_tensor(2.)
    return result

# MindSpore基于分析方式实现动静结合示例
import mindspore as ms
ms.set_context(mode = ms.PYNATIVE_MODE)
@ms.jit
def midnspore_function_trace(input):
    result = ms.Tensor(0)
    if True == True:
        result = ms.Tensor(1.)
    else:
        result = ms.Tensor(2.)
    return result
```

基于分析方式实现动静结合的优点是具有易用的接口和友好的调试交互机制,能够解决部分基于追踪方式实现动静结合技术无法表示控制流的问题。缺点是Python程序的所有语法和数据结构都需要转换为静态计算图表达,该过程需要完成复杂的类型推导和值推导。

4.3.2 动静统一技术

动静态计算图的相互转换主要有两种思想,分别是动态计算图向静态计算图转换和静态计算图向动态计算图转换,转换的核心是模型算子在执行思路上的差异。静态计算图模式也被称为图模式,该模式下深度学习编译器首先能够将前端语言程序编译为静态计算图,然后对静态计算图进行编译优化,最后通过执行器执行静态计算图。动态计算图模式也被称为算子模式,该模式下执行器执行前端语言程序中的算子时能够立即通过算子解析和算子分发执行。动静统一结合了动静态计算图相互转换的思想,能够灵活切换动静态计算图模式,该方法按照技术原理可以分为延迟执行和提前执行。

1. 延迟执行

延迟执行是指在程序执行过程中,系统可以尽量缓存不需要立即输出结果的程序直到必须输出的时刻,该时刻被称为障碍。LazyTensor机制采用延迟执行思想实现动静统一,该机制从动态计算图的角度出发并且建立在动态计算图异步执行的基础上,相当于自动为程序加上装饰器。在LazyTensor机制的工作过程中,当深度学习编译器处理张量算子操作时,如果不需要查看张量的具体内容,则可以暂时缓存算子生成静态计算图并且不分发到硬件设备执行;当缓存到一定程度并且需要获取执行结果时,可以通过即时编译的方式对缓存算子序列对应的静态计算图进行编译优化,便于后续的反复执行。

LazyTensor 系统中的张量接口主要分为两类,分别是能够被表达为静态计算图的接口和无法被表达为静态计算图的接口。返回张量的接口可以被转换成静态计算图,返回非张量的接口无法被转换成静态计算图,LazyTensor 机制可以根据接口分类确定能够进行编译优化的算子序列。LazyTensor 系统需要提供障碍接口,该接口能够结束正在进行的静态计算图构造流程并且编译和执行静态计算图。以 1.3.2 节中使用的 MSELoss 损失函数为例,LazyTensor 机制工作流程如图 4.10 所示。

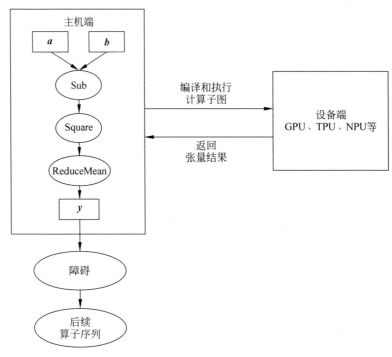

图 4.10　LazyTensor 机制工作流程

如图 4.10 所示,在 LazyTensor 机制的工作流程中,LazyTensor 机制首先会按照执行顺序记录算子序列,当遇到产生障碍的算子后,LazyTensor 机制会从算子序列中分离出计算子图,即时编译和执行该计算子图并且获得张量结果,然后返回并且执行产生障碍的算子,最后继续记录后续的算子序列。

PyTorch、Swift for TensorFlow 等支持使用 LazyTensor 机制实现动静结合,以 PyTorch 为例,PyTorch 的 LazyTensor 机制依赖于 XLA 编译器,其系统起点是自定义张量类型,该张量类型也被称为 XLA 张量。在 PyTorch 的 LazyTensor 机制工作过程中,所有 XLA 张量算子执行记录能够通过异步缓存和编译的方式存储在 XLA 静态计算图中,然后通过设置障碍便可以控制 XLA 静态计算图的构造和执行。默认情况下,PyTorch 张量上执行的任何操作都会作为内核或者内核组合分配给底层硬件设备异步执行,程序在获取张量结果之前不会停止执行,该方法在大规模并行编程相关硬件设备上得到了较好的支持。

PyTorch 中需要设置障碍的情况主要有两种,一种是当开发人员调用 PyTorch 提供的障碍接口时,系统需要设置障碍并且将调用障碍接口之前缓存的算子序列转换为对应的 XLA 静态计算图;另一种是当系统发现部分算子无法映射为等效的 XLA 算子时或者当存在需要判断张量值的控制结构、语句或其他方法时,系统需要设置障碍并且完成 XLA 静态计算图拆分。

LazyTensor 机制的优点是支持加入各种后端加速器,能够带来部分优化收益,语法限制少并且理论上合适的算子序列都可以被编译为静态计算图。该机制能够解决部分基于追踪方式实现动静结合技术无法表示控制流、容易产生语义不正确等问题,也能够解决部分基于分析方式实现动静结合技术中,因为深度学习编译器后端支持的中间表示体系难以完全覆盖到所有 Python 语法而产生的模型无法顺利导出问题。缺点是即时编译开销大并且处理部分特殊模型时会重复在主机端和设备端之间异步调度。当处理动态形状或者控制流等情况时,深度学习编译器需要完成新的编译流程,进而导致性能退化。

2. 提前执行

提前执行是指在计算图编译阶段完成节点推导和执行。JIT Fallback 机制采用提前执行思想实现动静统一,该机制从静态计算图的角度出发并且能够在静态计算图模式下尽量多地支持动态计算图模式语法,其实现原理借鉴了传统即时编译回退的思路,操作对象是基于分析方式获得的静态计算图。传统即时编译经常通过程序分析信息对函数进行多态选择、值推导、分支调度等优化并设置有效性标志位,当有效性标志位发现情况有变时,深度学习编译器可以取消优化并回到未优化的函数进行解释执行。在 JIT Fallback 机制的工作过程中,当静态计算图编译过程中遇到深度学习编译器不支持的 Python 语法时,深度学习编译器首先可以保留相关程序语句并生成解释节点,然后可以在后续处理过程中回退到 Python 语法并且执行相关程序语句。以 1.3.2 节中使用的 MSELoss 损失函数为例,JIT Fallback 机制工作流程如图 4.11 所示,灰色虚线节点表示未处理的节点。

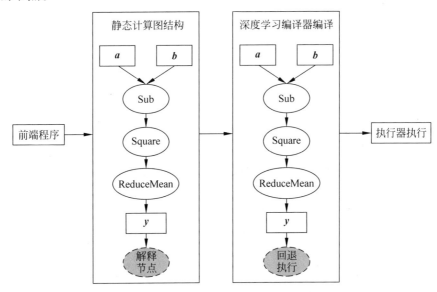

图 4.11　JIT Fallback 机制工作流程

如图 4.11 所示,在 JIT Fallback 机制的工作流程中,首先深度学习编译器需要解析前端程序,寻找程序中包含的无法转换的语法。然后为了保证静态计算图的语义完整性,深度学习编译器需要为无法转换的语法构造解释节点并且将其添加到静态计算图中。之后深度学习编译器需要对静态计算图中的解释节点进行推导执行并且通过与 Python 解释器的交互将解释节点转换为常量节点。最后深度学习编译器和执行器需要对静态计算图进行优化和执行。

MindSpore 支持使用 JIT Fallback 机制实现动静结合,以 MindSpore 为例,在 MindSpore 将 Python 抽象语法树转换为静态计算图的过程中,如果深度学习编译器需要处理不认识的语法,则可以回退到 Python 解释器进行解释执行,该特性能够实现更多语法的兼容并且仍然在不断完善。

JIT Fallback 机制的优点是能够使开发人员在静态计算图模式下获得接近动态计算图模式的语法使用体验。缺点是技术相对不成熟并且使用过程中存在很多限制,例如该机制不支持使用无法转换为常量节点的变量节点等。

计算图的发展过程主要分为动静分离、动静结合和动静统一三个阶段,动静分离技术已经难以满足当前的任务需求,主流深度学习编译器使用的动静结合技术已经较为成熟,动静统一技术是未来发展的必然趋势。虽然当前已经出现了几种较为成熟的动静统一方案,但是该领域仍然缺乏统一的标准和方案,以静态计算图为主还是以动态计算图为主仍然存在不确定性。

4.4　计算图分析

计算图构造完成后,计算图中的部分节点可能缺乏类型信息。为了正确和高效地执行计算图,深度学习编译器需要对计算图进行分析,补全计算图中缺少的类型系统抽象信息,对计算图中的信息进行校验以确保计算图执行的正确性,构造静态强类型计算图以便完成后续的算子生成、自动并行等功能。本节从类型系统、类型推导、类型转换和形状推导 4 个角度介绍计算图分析,类型系统为计算图的构造和分析提供了基础,类型推导、类型转换和形状推导使得计算图的构造更加高效和智能。

4.4.1　类型系统

类型系统是编程语言的一个基本组成,该系统可以通过一套类型规范、编译监控和测试机制保障软件系统数据抽象和运行时数据处理的安全性,在确保软件系统的正确性和可靠性,以及模型的高效执行和优化方面有至关重要的作用。类型系统提供了一个形式化的框架,该框架能够对程序中的各种变量、表达式、函数等进行类型分类和分配,使得深度学习编译器能够推理程序中使用的数据类型,在执行程序之前检测出潜在的类型相关错误。类型系统中的数据类型赋予了数据意义,限制了一个变量可以接受的有效值集合。类型检查器是编译器中负责实施类型规则的组件,现代类型检查器具有强大的类型推导算法,能够在不需要显式标注的情况下确定变量或者函数的类型。编译器在转换代码时进行类型检查,运行时在执行代码时进行类型检查。类型检查能够确保程序遵守类型系统的规则,如果类型检查失败,则意味着程序没有遵守类型系统的规则,此时程序将编译失败或者发生运行时错误。

　　类型系统具有很多功能,在正确性方面,深度学习编译器类型系统引入了类型检查技术用于检测和避免运行时错误,进而确保程序运行时的安全性。通过类型推导和检查,深度学习编译器能够捕获大多数类型相关的异常报错并且保证内存安全,避免因为执行问题程序而产生运行时错误、类型间的无效计算、语义上的逻辑错误等问题。在优化方面,静态类型检查可以向深度学习编译器提供有用信息,使得深度学习编译器可以应用更加有效的指令以节省运行时间。在抽象方面,在安全的前提下,判断类型系统是否强大的标准是抽象能力。通过合理设计抽象,开发人员可以关注更高层次的设计。在可读性方面,明确的类型声明有助于开发人员理解程序代码。

　　根据变量类型检查时间进行分类,类型系统可以分为静态类型和动态类型,两者的区别在于类型检查发生的时间。静态类型是一种在编译时先检查变量类型再执行程序的类型系统,倾向于与 Java、C 等编译型语言及中间表示相关联。静态类型系统中的变量需要被分配显式类型并且需要在编译过程中检查正确性和兼容性,需要提供类型相关问题的早期检测并且通过执行严格的类型规则来保证程序的正确性。静态类型系统的优点是能够将运行时错误转换成编译时错误,早期类型错误报告保证了大规模应用开发的安全性并且使得程序更容易维护。缺点是定义变量的自由度较低。动态类型是一种在运行时才能确定和检查变量类型的类型系统,倾向于与 Python 等解释型语言相关联。动态类型系统中的变量不需要显式地分配类型,而是携带类型信息的相关约束,在变量被使用时进行类型约束的检查。动态类型的优点是不会在编译时施加任何类型的约束,具有较强的灵活性并且使得程序可以重用。缺点是编译时没有类型检查,可能会导致运行时阶段发生类型相关错误。

　　编程语言中的类型包括基本类型、函数类型、泛型类型、高阶类型、代数数据类型、接口类型和未知类型等,下面将分别介绍不同类型的定义和构成。

1. 基本类型

　　基本类型包括空类型、布尔类型、数值类型、字符串类型、数组类型等。为了在特定场景下实现内存优化和提升计算效率,深度学习编译器引入了低位宽整数、低位宽浮点数等。

　　低位宽整数是比标准整数的位数更少的整数数据类型,使用固定位数来表示整数值,通常用于内存使用和计算效率要求很高的场景,例如需要高效存储和处理整数数据的深度学习应用。与标准整数相比,低位宽整数能够表示较小范围的值。常见的低位宽整数有int8 和 int4。int8 使用 8 位表示整数,包括 1 位符号位和 7 位数值位。int4 使用 4 位表示整数,包括 1 位符号位和 3 位数值位。

　　低位宽浮点数是比标准浮点数的小数位和指数位位数更少的浮点数据类型,通常用于优先考虑计算效率而不要求高精度的场景,例如涉及数值模拟的深度学习应用,该类应用中降低精度仍然能够提供可以被接受的结果。与标准浮点数相比,低位宽浮点数能够表示的值的范围有限并且计算精度较低。常见的低位宽浮点数有 float16、bfloat16、tfloat32、floatp8。float16 和 bfloat16 都使用两字节表示浮点数,float16 包括 1 位符号位、5 位指数位和 10 位小数位,bfloat16 包括 1 位符号位、8 位指数位和 7 位小数位。tfloat32 使用 19 位表示浮点数,包括 1 位符号位、8 位指数位和 10 位小数位。floatp8 使用 8 位表示浮点数,包括 1 位符号位、4 位指数位和 3 位小数位。

2. 函数类型

函数包括普通函数、高阶函数和匿名函数。高阶函数是一种对其他函数进行操作的函数，该函数能够将其他函数作为形参或者返回值。匿名函数是一种能够直接定义和使用的无名称函数，通常用于一次性的短期处理，该函数可以像数据一样传播，能够简化一些常用结构的实现并且把常用算法抽象为库函数。函数式编程是一种通过应用和组合函数构建程序的编程范式，一等函数是函数式编程中的重要特性，该特性允许函数有类型，可以被赋值给变量、作为实参传递、被检查是否有效，也可以在兼容的情况下被转换为其他类型等。函数的实参集合和返回类型称为函数类型，该类型是一组映射规则并且不绑定具体实现。函数类型由函数的实参类型和返回类型决定，如果两个函数接受相同的实参并且返回相同的类型，则两个函数具有相同的类型。

3. 泛型类型

泛型编程是一种专注于对算法及其数据结构进行设计的编程方式，该编程方式支持强大的解耦合和代码重用。泛型类型能够把数据布局与数据本身分隔开并且能够使用迭代器遍历。泛型算法是能够在不同数据类型上重用的算法，迭代器是泛型类型和算法之间的接口，系统可以根据迭代器的能力启用不同的算法。

4. 高阶类型

高阶类型是一种接受其他类型作为实参的类型。例如，$T\langle U\rangle$有类型参数 T，$Box\langle T\langle U\rangle\rangle$有类型参数 T 和 U。为了更好地完成数值计算任务和在特定场景下完成内存优化，深度学习编译器引入了张量类型。

5. 代数数据类型

代数数据类型是一种通过组合已知类型来定义新类型的方式，新类型的值结果由所有已知类型的值组成。代数数据类型提供了乘积类型与和类型两种组合类型的方式。乘积类型是值结果由各个已知类型通过乘积构成的复合类型，包括结构体、元组等。例如，类型元组 A 为 $\{a1,a2\}$，类型元组 B 为 $\{b1,b2\}$。通过乘积类型的方式将类型元组 A 和 B 组合成为新类型时，其值结果为 $\{(a1,b1),(a1,b2),(a2,b1),(a2,b2)\}$。和类型是值结果由任何一个已知类型构成的复合类型，包括联合类型、枚举类型等。例如，类型元组 A 为 $\{a1,a2\}$，类型元组 B 为 $\{b1,b2\}$。通过和类型的方式将类型元组 A 和 B 组合成为新类型时，其值结果为 $a1$、$a2$、$b1$ 或者 $b2$。

6. 接口类型

接口类型描述了实现该接口的任何对象都理解的一组消息，该消息包括名称、实参和返回类型。接口类型又被称为动态数据类型，该数据类型没有任何状态并且规定了开发人员需要提供的信息，使用时需要将接口对位置的动态类型改为所指向的类型。

7. 未知类型

未知类型可以表示目标拥有一个缺少特定类型的信息，也可以表示目标被指定为动态类型或者未知类型，该类型增强了程序的灵活性，可以将类型检查推迟到运行时执行。

4.4.2　类型推导

在传统类型化语言中，深度学习编译器会给每个表达式和子表达式分配一个类型，而开发人员不需要为每个表达式和子表达式指定一个类型,类型信息只需要在程序中的关键点声明,剩余信息可以从上下文推断。类型推导是指深度学习编译器编译过程中根据上下文自动推断变量、函数等类型的过程。在类型推导过程中,深度学习编译器首先能够根据变量的赋值情况、函数参数和返回值等信息来推断其数据类型,然后会将该数据类型应用于程序中的其他部分。当程序中的类型信息太多以至于类型推导任务变得非必要时,类型推导就简化为类型检查,即当待检查程序中的所有类型表达式都已经显式包含在程序文本中时,深度学习编译器会进行类型检查。

为了提高编程语言的灵活性和简洁性,帮助开发人员把更多的精力放在程序逻辑上,深度学习编译器一般采用 Python 等动态类型语言定义神经网络接口。动态类型语言不需要开发人员标明所有类型,深度学习编译器会自动推导出其类型。类型推导分为抽象语法树生成前和抽象语法树生成后两个阶段。抽象语法树生成前的类型推导发生在词法分析和语法分析过程中,词法分析使用一系列正则表达式和有限自动机来识别不同类型的标记或者符号并且将其转换为单词流。抽象语法树生成后的类型推导会采用一系列类型推导算法分析计算图。

抽象语法树生成前的类型推导主要发生在词法分析和语法分析阶段,但是 Python 的词法分析器并不直接处理类型信息,而是侧重于识别关键字、运算符、标识符和其他特定于语言的结构。Python 词法分析阶段会逐字符扫描程序并且生成一系列用于解析的标记,例如标识符、关键字、字符串、数字、标点符号等,该过程的类型推导主要基于正则表达式和有限自动机实现。例如,当词法分析器遇到一个数字字符时,首先会尝试将数字字符转换为整数或者浮点数,然后继续扫描后续字符直到数字结束。如果数字中包含小数点或者指数标记,则词法分析器将其视为浮点数。当词法分析器遇到单引号或双引号字符时,首先会开始扫描字符串,然后在遇到相同类型的引号时结束扫描。如果字符串中包含反斜杠字符,则词法分析器会将其作为转义字符并且继续扫描。Python 词法分析阶段的类型推导示例如代码 4-5 所示。

代码 4-5　Python 词法分析阶段的类型推导示例

```
// Python 词法分析阶段类型推导示例
// 正则表达式举例
// 返回整型
[0-9]+
// 返回浮点数型
([0-9]+"."[0-9]*)|([0-9]*"."[0-9]+)
// 在具体编程语言中的体现
// 推断类型为 int
var1 = 3
// 推断类型为 str
var2 = "hi"
```

Python 语法分析阶段会根据带有标记的单词流分析程序的句法结构并且根据语法规则构造抽象语法树。因为 Python 变量类型在运行时确定,所以类型信息没有在语法或者解析规则中明确定义,但是 Python 3.5 及后续版本允许通过类型注解的方式引入可选的类型注释。类型注解允许开发人员提供有关变量、函数参数和返回值的预期类型提示,该提示可以作为程序的一部分并且可以供类型检查工具和代码分析工具来分析程序并且提供类型相关反馈,语法分析阶段能够在不影响解析过程的情况下提取程序中类型注解提供的

各种期望类型附加信息。通过类型注解添加类型信息示例如代码 4-6 所示，add_numbers
函数使用了类型注解，参数 a、b 和返回类型被注释为 int。

代码 4-6　通过类型注解添加类型信息示例

```
# 通过类型注解添加类型信息示例
def add_numbers(a:int,b:int) -> int:
    return a + b
```

抽象语法树生成后的类型推导采用了一系列类型推导算法，常见的类型推导算法大致
分为基于约束求解的类型推导算法、基于笛卡儿积的类型推导算法和基于抽象解释的类型
推导算法，基于约束求解的类型推导算法和基于笛卡儿积的类型推导算法使用较为广泛。

基于约束求解的类型推导算法最初应用于 Standard ML 语言，后经扩展主要应用于函
数式编程语言，该算法的推导结果是具体类型或者任意类型。在基于约束求解的类型推导
算法推导过程中，首先系统需要根据类型系统的约束条件构造方程组，常量会直接标注为
方程组中的常数，变量会标注为任意类型并且作为方程组中的未知数，然后解方程组便可
以获得变量的类型。采用 Standard ML 语言实现基于约束求解的类型推导算法示例如代
码 4-7 所示，对于以下函数，首先需要将变量 a 和 b 设置为任意类型 A 和 B，然后 if 语句会
产生约束，即 A 和 B 具有相同类型，最后因为 Standard ML 语言中的加减法操作数只能是
整数，所以 then 和 else 语句会产生约束，即 A 和 B 为 int 类型。

代码 4-7　基于约束求解的类型推导算法示例

```
# 基于约束求解的类型推导算法示例
fun foo a b =
    if a = b
        then a − b
    else a + b
;
```

基于笛卡儿积的类型推导算法是一种针对面向对象语言的类型推导算法，该算法的推
导结果是对象的具体类型，不支持多态类型的推导。因为算法推导过程中需要进行类型合
并，所以会损失一定的精确度。基于笛卡儿积的类型推导算法引入了函数模板的概念，函
数模板代表函数参数到函数返回值的映射，一个函数有多个函数模板，每个函数模板的函
数参数具有唯一类型。该算法将所有函数模板保存在模板库中，当遇到函数调用时会根据
调用处的实参类型集合计算笛卡儿积并且构造函数模板，然后在模板库中查找，找到则复
用该模板，若找不到则将新模板加入模板库中。Python 语言实现基于笛卡儿积的类型推导
算法示例如代码 4-8 所示，计算函数 func(1,2) 和 func(1.0,2.0) 时，系统会在调用点处返回
⟨(int,int),int⟩ 和 ⟨(float,float),float⟩ 两个函数模板。

代码 4-8　基于笛卡儿积的类型推导算法示例

```
# 基于笛卡儿积的类型推导算法示例
def func (a,b):
    return a + b
```

基于抽象解释的类型推导算法允许程序使用变量、表达式、函数、类、模块等具体对象
表达计算过程。因为抽象解释可以基于具体对象近似表达计算过程，所以抽象执行的结果
反映了实际程序运行的部分信息，能够通过忽略程序某些方面的信息解决现有问题，该算
法适用于不需要获取完整执行信息或者可以忍受精度损失的情况。

以上是几种常见的类型推导算法,其中基于约束求解的类型推导应用最为广泛。基于约束求解的类型推导可以在没有类型注释的情况下自动推断表达式的类型,其基本思想是分析程序的语法和上下文以生成一组类型方程或者约束,进而确定程序中类型之间的关系。下面将分别介绍未知类型、单分配类型、多分配类型、歧义类型、返回类型、参数类型的推导过程。

未知类型是一种特殊形式,系统允许在类型没有声明和不能推断时发出选择性警告,如果不能推断出变量的类型,则可以将其类型设置为 Any 或 Unknown。

单分配类型推导是指在程序的单个位置对变量进行赋值,该方法推断出的类型来自源表达式的类型。单分配类型推导示例如代码 4-9 所示。

代码 4-9　单分配类型推导示例

```
# 单分配类型推导示例
# 推断变量 var1 类型为 int
var1 = 12
# 推断变量 var2 类型为 str
var2 = "abc"
# 推断变量 var3 类型为 list[Unknown]
var3 = list()
# 推断变量 var4 类型为 list[int]
var4 = [3, 4]
# 推断变量 var5 类型为 int
for var5 in [3, 4]: ...
# 推断变量 var6 类型为 list[int]
var6 = [p for p in [1, 2, 3]]
```

多分配类型推导是指在程序的多个位置对变量进行赋值时,变量可能具有不同的类型,变量的推导类型是所有类型的并集。多分配类型推导示例如代码 4-10 所示。

代码 4-10　多分配类型推导示例

```
# 多分配类型推导示例
# 变量 var1 的推断类型为 str|int
class Foo:
    def _init(self):
        self.var1 = ""
    def do_something(self, val: int):
        self.var1 = val
# 变量 var2 的推断类型为 Foo|None
if __debug__:
    var2 = None
else:
    var2 = Foo()
```

歧义类型推导是指在表达式类型不明确时进行推导,该类情况可能会导致意外的类型违规。例如,[]表达式的类型可能是 list[None]、list[int]、list[Any]、Sequence[Any]、Iterable[Any]等。静态分析工具使用多种技术减少基于上下文信息的歧义问题,在缺少上下文信息的情况下使用了启发法。例如,在[]表达式作为参数传递给函数并且在函数中使用类型注释 list[int]时,当前上下文中的[]必须为 list[int],该情况被称为双向推断。因为赋值语句的类型推断首先需要确定语句等号右侧变量的值或者类型,然后将右侧的类型赋给左侧变量,但是在左侧变量类型已声明的情况下,类型推导系统需要结合右侧变量的类型进行类型转换。歧义类型推导示例如代码 4-11 所示。

代码 4-11　歧义类型推导示例

```
# 歧义类型推导示例
# 右侧变量的类型不明确
var1 = []
# 左侧变量的类型注释明确了右侧变量的类型
var2: list[int] = []
# 左侧变量的类型被指定为 list[int]
var3 = [4]
# 右侧变量的list[int]被左侧变量转换为list[float]
var4: list[float] = [4]
# 左侧变量的类型被指定为[Literal[3]]
var5 = (3,)
# 右侧变量的类型被指定为 tuple[float, ...]
Var6: tuple[float, ...] = (3,)
```

返回类型推导是指函数返回类型可以根据该函数返回语句进行推导，返回类型是所有返回语句中返回类型的并集。如果返回语句后没有表达式，则返回类型为 None；如果函数没有在返回语句中结束并且函数的结尾可达，则假设该函数有一个隐式返回类型 None。返回类型推导示例如代码 4-12 所示。

代码 4-12　返回类型推导示例

```
# 返回类型推导示例
# 该函数有两个显式返回语句和一个隐式返回语句
# 推断的返回类型为 str|bool|None
def func1(val: int):
    # 根据返回表达式推断其返回类型
    if val > 3:
        return ""
    elif val < 1:
        return True
```

参数类型推导是指对函数输入参数类型进行推导。函数输入参数通常需要使用类型注释，但在没有类型注释的情况下，分析工具也能够推断出一些参数的类型。如果无法推断未注释参数的类型并且该参数具有关联的默认参数表达式，则可以从默认参数类型中推断出未注释参数的类型。如果默认参数为 None，则推断参数的类型为 Unknown 或者 None。参数类型推导示例如代码 4-13 所示。

代码 4-13　参数类型推导示例

```
# 参数类型推导示例
# 变量 a 的推断类型为 Unknown
# 变量 b 的推断类型为 int
# 变量 c 的推断类型为 Unknown|None
# 本例中推断的返回类型为 None
def func(a, b = 0, c = None):
    Pass
```

4.4.3　类型转换

类型转换是实现不同数据类型之间连接和兼容的重要手段。当计算机程序中的数据类型与所需的数据类型不匹配时，需要通过类型转换改变变量或者表达式的数据类型以满足运算、函数调用或者其他用途需要。例如，部分程序需要将字符串转换为数字或者将浮点数转换为整数等。

深度学习编译器中的类型转换包括隐式类型转换和显式类型转换。隐式类型转换由深度学习编译器自动进行并且无须明确指定,深度学习编译器能够根据操作数的类型自动进行类型转换,例如整型与浮点型之间的赋值、运算操作等。显式类型转换需要明确指定需要进行的类型转换,以便深度学习编译器能够正确执行。基本类型之间的转换是常见的显式类型转换,例如整型和浮点数之间的转换、整型和布尔值之间的转换等。为了确保模型可以在不同的硬件和软件环境下正确运行,深度学习编译器引入了数据类型精度转换,该方法能够结合量化类型和后端特定类型进行转换。

为了提高模型的性能和精度,某些情况需要将模型中部分操作的精度调整为更高或者更低,例如将 float32 转换为 float16 或者 int8 以减少内存使用和计算量,将 int16 转换为 float32 以提高计算精度等,该情况下需要进行数据类型精度转换。数据类型精度转换包括两种,一种是低位宽数据类型向高位宽数据类型转换,该转换通常发生在需要提升模型精度、算子需要高位宽数据类型等场景;另一种是高位宽数据类型向低位宽数据类型转换,该转换通常发生在性能优化过程中,例如后端算子支持更低位宽数据类型、根据量化选项选择更低位宽量化数据类型等。

低位宽数据类型向高位宽数据类型转换的方式包括符号扩展和零扩展两种。在使用符号扩展方式将低位宽有符号数据类型转换为高位宽有符号数据类型的过程中,系统需要复制低位宽值的符号位以填充高位宽值的符号位,该方式能够确保在转换中保留原始值的符号。例如,将 8 位有符号整数转换为 32 位有符号整数时,8 位有符号整数的符号位将复制到 32 位有符号整数的高位字节中。在使用零扩展方式将低位宽无符号数据类型转换为高位宽无符号数据类型的过程中,系统需要将零填充至高位宽值的高位字节中。因为原始值是无符号数据类型,所以该方式不考虑符号位。例如,当将 8 位无符号整数转换为 32 位无符号整数时,32 位无符号整数的高位字节用零填充。

高位宽数据类型向低位宽数据类型转换的方式包括截断、舍入和量化等。在高位宽数据类型向低位宽数据类型转换的过程中,截断能够直接将高位宽数据类型按照低位宽数据类型的位宽进行截断,超出范围的高位信息会丢失,该方式会产生较大的精度损失。舍入能够按照低位宽数据类型的位宽对高位宽数据类型进行舍入,包括向上舍入、向下舍入、向奇数舍入、向偶数舍入等,其中向偶数舍入方法常用于数值计算。舍入后超出的高位信息虽然还会损失,但比直接截断的损失小。量化能够将连续范围的值映射为一组有限的离散值,该方法适用于高位宽浮点数据类型向低位宽整数数据类型转换。量化涉及将高位宽数据类型的范围划分为等间距的区间,并且将值映射为每个区间内最接近的离散值,使用区间内数值的计算模拟真实高位宽计算,该方法能够最大限度地减小精度损失,但是需要对数据进行额外的处理。目前量化领域常见的转换包括 float32 向 float16、bfloat16、int8、int4、floatp8 的转换,以及 float16 向 bfloat16、int8 的转换。

4.4.4 形状推导

深度学习中的数据通常被组织为张量的形式,张量的形状信息描述了数据的维度和大小。深度学习编译器需要具有自动推导给定模型或者算法所有张量形状的能力,以便完成计算图正确性校验、计算图优化、算子生成等工作。

张量的形状信息包括静态形状和动态形状两类。静态形状在创建时确定,在模型执行过程中不会发生改变,适用于需要特定大小的输入或者张量维度的模型。静态形状允许深度学习编译器在编译时进行内存分配、数据布局等性能优化,可以使深度学习编译器在编译过程中检测形状相关错误。

动态形状在初始化时未知,仅在运行时已知并且会随着模型执行而变化。该形状适用于具有可变输入或者在执行期间动态变化的模型,在不同的深度学习编译器中有不同的表示方式。张量的动态形状可以根据需要进行更改,但可能会影响后续计算的正确性和性能。动态形状分为固定秩和动态秩,固定秩是指在张量的一些维度上具有动态大小,该使用方法更加常见,动态秩允许秩进行动态改变。通常情况下,当模型中的某些维度由运行时输入决定时会产生动态形状。例如,在确定图像处理任务中的特征图大小、确定自然语言处理任务中的句子长度、模型训练过程中不断调整模型结构或者权重等情况下需要使用动态形状。

张量形状的推导过程通常需要考虑输入张量形状和算子性质两方面,输入张量形状在运行时通常是已知的,深度学习编译器需要根据算子性质推导输出张量形状,方便完成后续的校验等工作。算子形状推导是指根据算子的性质和输入张量形状确定算子输出张量形状的过程,下面将分别介绍按元素运算、矩阵乘法、卷积、池化、激活函数等常见算子的性质和形状推导的方法。

在按元素运算中,任意按元素一元运算都不会改变张量的形状。在给定两个相同形状输入张量的情况下,任何按元素二元运算输出张量都与任意输入张量的形状相同。按元素运算的形状推导过程如公式(4.1)所示。

$$\text{Output\_Shape:Input\_Shape} \tag{4.1}$$

其中,Input_Shape 是输入张量的形状,Output_Shape 是输出张量的形状。

当使用两个形状不同的输入张量执行按元素操作时,系统可以通过适当复制元素来扩展一个或者两个张量的维度,以便在转换之后使得两个输入张量具有相同的形状并且执行按元素二元运算。广播机制的规则是所有输入张量都向其中维度最高的张量看齐,维度中不足的部分需要补齐,输出张量维度是输入张量维度各个轴上的最大值。在广播机制的工作过程中,如果两个输入张量 a 和 b 的维度个数不同,则可以在维度较少的张量前面插入长度为 1 的维度进行扩展,直到两个张量具有相同的维度个数。如果两个输入张量 a 和 b 在某个维度上的长度不匹配并且其中一个输入张量 b 在该维度上的长度为 1,则可以通过复制该输入张量 b 的值来扩展维度,使得两个输入张量在该维度上的长度相同。如果上述步骤无法统一输入张量的形状,则可能产生错误。例如,如果输入张量 a 为[[1,1,1],[1,1,1]],输入张量 b 为[1,2,3],则通过广播机制可以将输入张量 b 扩展为[[1,2,3],[1,2,3]]。

矩阵乘法算子能够将两个矩阵相乘,其中第一个矩阵的宽度和第二个矩阵的高度必须相等。矩阵乘法算子的形状推导过程如公式(4.2)所示。

$$\text{Output\_Shape:}\{\text{Input\_A\_Width,Input\_B\_Height}\} \tag{4.2}$$

其中,Input_A_Width 是第一个输入矩阵的宽度,Input_B_Height 是第二个输入矩阵的高度,Output_Shape 是输出矩阵的形状。

卷积算子能够将一个滤波器或者卷积核沿着输入张量进行滑动,并且将对应元素相乘,求和得到一个输出张量。例如,现有一个形状为(N,C_{in},H_{in},W_{in})或者(C_{in},H_{in},W_{in})

的输入张量,其中 N 表示批次大小,C_{in} 为输入通道数,H_{in} 为输入张量的高度,W_{in} 为输入张量的宽度。对于形状为 $(N,C_{out},H_{out},W_{out})$ 或者 $(C_{out},H_{out},W_{out})$ 的输出张量,需要推导的部分为输出张量的高度 H_{out} 和宽度 W_{out}。填充模式设置为 same 的情况下,算子会对输入张量进行填充,使得输出张量的形状等于输入张量的形状。填充模式设置为 valid 的情况下,卷积算子的形状推导过程如公式(4.3)所示。

Input_Shape:(N,C_{in},H_{in},W_{in})or(C_{in},H_{in},W_{in})

Output_Shape:$(N,C_{out},H_{out},W_{out})or(C_{out},H_{out},W_{out})$

$$H_{out} = \left\lfloor \frac{H_{in} + 2 \times \text{padding}[0] - \text{dilation}[0] \times (\text{kernel\_size}[0] - 1) - 1}{\text{stride}[0]} + 1 \right\rfloor$$

$$W_{out} = \left\lfloor \frac{W_{in} + 2 \times \text{padding}[1] - \text{dilation}[1] \times (\text{kernel\_size}[1] - 1) - 1}{\text{stride}[1]} + 1 \right\rfloor$$

$$(4.3)$$

其中,stride 为卷积核滑动的步长,padding 是应用于输入张量边缘的填充数量,dilation 为卷积核每个元素之间的间隔大小,kernel_size 是卷积核的大小,Input_Shape 是输入张量的形状,Output_Shape 是输出张量的形状。

池化算子能够将一个滤波器或者池化核在输入张量上滑动并且汇总位于池化核覆盖区域内的特征,常用的池化操作有最大池化和平均池化。以平均池化为例,现有一个形状为 (N,C,H_{in},W_{in}) 或者 (C,H_{in},W_{in}) 的输入张量,对于形状为 (N,C,H_{out},W_{out}) 或者 (C,H_{out},W_{out}) 的输出张量,需要推导的部分为输出张量的高度 H_{out} 和宽度 W_{out}。池化算子的形状推导过程如公式(4.4)所示。

Input_Shape:(N,C,H_{in},W_{in})or(C,H_{in},W_{in})

Output_Shape:(N,C,H_{out},W_{out})or(C,H_{out},W_{out}),where

$$H_{out} = \left\lfloor \frac{H_{in} + 2 \times \text{padding}[0] - \text{kernel\_size}[0]}{\text{stride}[0]} + 1 \right\rfloor$$

$$(4.4)$$

$$W_{out} = \left\lfloor \frac{W_{in} + 2 \times \text{padding}[0] - \text{kernel\_size}[1]}{\text{stride}[1]} + 1 \right\rfloor$$

其中,stride 为池化核滑动的步长,padding 是池化填充长度,dilation 为池化核每个元素之间的间隔大小,kernel_size 是池化核的大小,Input_Shape 是输入张量的形状,Output_Shape 是输出张量的形状。

部分激活函数的输出张量形状与输入张量形状完全相同。例如,ReLU 函数和 Softmax 函数是常见的非线性激活函数,ReLU 函数的本质是如果输入值大于或等于 0,则输出值与输入值相等,否则输出值为 0。Softmax 函数能够重新缩放输入张量,使得输出张量元素在[0,1]范围内并且和为 1。

以上是部分常见算子的性质及形状推导的方法,部分特殊算子可能需要特殊处理才能实现形状推导。例如,拉格朗日乘数法中,输出张量的大小可能取决于约束条件和拉格朗日乘数等与输入形状无关的额外参数,该算子进行形状推导时需要根据具体情况选择合适的方法并且进行充分测试和验证。

第5章

中 间 表 示

中间表示是程序编译过程中位于源语言和目标语言之间的程序表示,是编译器的核心数据结构之一。中间表示的两大核心任务是表达和优化,一方面,中间表示作为源程序和机器指令之间的桥梁,能够表达不同类型源程序的结构和语义信息,并且转化为不同类型的硬件设备机器指令;另一方面,中间表示作为编译器的内部表示,能够准确地表达源程序的更多细节,并且完成更多类型的优化。

当前深度学习应用发展迅速,中间表示也在与时俱进、不断发展。深度学习中间表示是一种面向深度学习应用设计和开发的中间表示,该中间表示需要借鉴传统编译器中间表示的设计理念,充分考虑深度学习模型的特点,能够针对模型的特点完成优化,提升模型的性能和效率,适用于与深度学习相关的应用场景和任务。本章从中间表示的概念、分类和深度学习中间表示的设计三个角度入手展开介绍,帮助开发人员深入理解深度学习编译器中间表示的设计方法和重要作用。

5.1 中间表示的概念

编译器通常包括前端、优化器和后端三部分。编译器工作过程中,前端主要负责词法分析和语法分析,并且能够将源程序转换为抽象语法树,优化器主要负责对中间表示进行优化,后端主要负责将优化后的中间表示转换为机器指令。

中间表示是一种在编译器工作过程中表达源程序的方法,可以看作一种单独的计算机语言,该语言通常比高级语言更接近机器指令,并且比机器指令更容易理解和分析。编译器工作过程中,中间表示能够面向多种类型的前端并表达多种类型的源程序,能够对接多种类型的后端并连接不同类型的硬件设备。使用中间表示可以降低编译器处理不同类型源程序的难度,简化编译优化算法,能够将源程序映射到目标程序的过程分为多个具有明确输入和输出的阶段,方便在不同阶段完成特定的优化,能够更好地支持跨平台编译,提高编译器的可移植性和优化能力。编译器工作流程如图 5.1 所示。

如图 5.1 所示,编译器工作流程中,前端对接多种类型的源语言,将 C、Python、Java 等不同类型的源程序转换为中间表示,优化器对中间表示进行转换和优化,后端将优化后的中间表示转换为 x86、PowerPC、ARM 等不同类型硬件设备使用的机器指令。

传统编译器中间表示的优点是能够满足编译器的基本功能需求,包括类型系统、控制

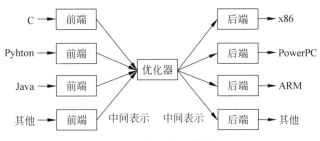

图 5.1　编译器工作流程

流和数据流分析等,能够在函数级别、模块级别和链接级别等不同层次上进行优化,优化过程主要通过各种分析和变换实现,能够解耦编译器的前端和后端,提高编译器的可移植性和可拓展性。缺点是难以适用于与深度学习相关的应用场景和任务。

深度学习任务具有结构化程度高、控制依赖少、处理数据以张量为主、有规律访存等特点。传统编译器处理深度学习任务时,中间表示难以表达和处理张量数据及算子,无法满足深度学习任务的需求。深度学习中间表示是一种面向深度学习应用设计和开发的中间表示,该中间表示在设计时需要充分考虑深度学习任务的特点,以弥补传统编译器中间表示的不足。

5.2　中间表示的分类

根据结构组织进行分类,中间表示可以分为线性中间表示、图中间表示和混合中间表示,不同类型的中间表示各有特点。图中间表示是一种基于图的表达方式,该中间表示能够将源程序转换为图,并且使用图结构表达源程序的操作、数据流和控制流。混合中间表示是一种将线性中间表示和图中间表示相结合的表达方式,该中间表示能够使用不同类型的中间表示表达不同类型的源程序信息。下面将通过一些具体的例子分别介绍线性中间表示、图中间表示和混合中间表示的基本概念与特点。

5.2.1　线性中间表示

线性中间表示是一种基于有序序列的表达方式,该中间表示可以将源程序表达为一系列有序指令。线性中间表示的优点是可以方便地生成目标代码,缺点是缺乏高层次的信息。

三地址代码也被称作四元组,是一种常见的线性中间表示。三地址代码中包含一个操作符和三个地址,其中两个地址表示运算数,一个地址表示运算结果。例如,在三地址代码中,$(1+2)\times3$ 可以表示为指令 Add 1,2,t 和 Mul t,3,r,编译器编译过程中,结果变量 t 和 r 会生成表达临时变量的中间表示。

静态单赋值机制是一种编译器中广泛使用的中间表示技术,能够保证程序中的每个变量只被赋值一次,主要应用在线性中间表示中。例如,基于静态单赋值的中间表示中存在许多变量,当一个变量被赋值时,系统不会修改原变量的值,而是生成新变量,新变量是对原变量进行引用的对象。静态单赋值的优点是能够清晰地表达变量之间的数据依赖关系,简化程序对变量的优化。

5.2.2　图中间表示

图中间表示是一种基于图的表达方式,该中间表示可以将编译器工作过程中的信息存储在图结构中,并且使用图结构中的节点和边表达程序中各种类型的关联关系。虽然所有类型的图中间表示都包含节点和边,但是不同类型的图中间表示在抽象层次、图结构、图与底层代码之间的关系等方面各有不同的特点。图中间表示的优点是能够方便地表达控制流和数据流结构,缺点是结构比较复杂和冗余。语法解析树、抽象语法树、有向无环图、控制流图、数据流图、静态单赋值图、程序依赖图等是典型的图中间表示。

语法解析树是一种能够对输入程序进行推导或者语法分析的图中间表示。语法解析树包含解析过程中使用的所有非终止符,能够体现推导或者语法分析的过程,主要用于语法分析。1.3.2 节中使用的 MSELoss 损失函数对应的语法解析树示例如图 5.2 所示,P 表示变量,E 表示语法规则。

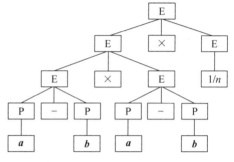

图 5.2　语法解析树示例

抽象语法树是一种更接近源程序的图中间表示,该中间表示在语法解析树的基础上删除了非必要的节点,保留了基本的结构。编译器工作过程中往往需要使用复杂的树遍历算法访问各个节点的数据,但是因为抽象语法树中存在冗余计算,所以抽象语法树不利于完成优化,主要用于类型检查和语义分析。1.3.2 节中使用的 MSELoss 损失函数对应的抽象语法树示例如图 5.3 所示。

有向无环图是一种在抽象语法树基础上改进的图中间表示。有向无环图中的一个节点可以有多个父节点,同一个表达式只存在一个副本,所以构造有向无环图时需要检查并且消除代码中潜在的冗余。与抽象语法树相比,有向无环图使用的内存更少,并且编译器对子树的求值次数更少,能够实现计算结果的重用。1.3.2 节中使用的 MSELoss 损失函数对应的有向无环图示例如图 5.4 所示。

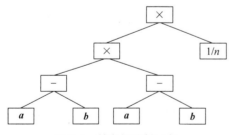

图 5.3　抽象语法树示例

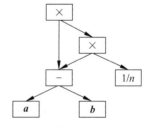

图 5.4　有向无环图示例

控制流图是一种表达程序中各个基本程序块之间控制流的图中间表示,该中间表示是由节点集合和边集合组成的有向图,节点表示基本程序块,基本程序块是指令的序列,边表示不同节点之间的跳转关系。在控制流图中,start 节点和 end 节点是控制流图的入口节点和出口节点,节点表达式中的? 后缀表示条件判断,标记为 true 的边表示条件判断为真时的控制流向,标记为 false 的边表示条件判断为假时的控制流向。控制流图通常用于表达单个函数并且拥有程序中所有指令的执行顺序。调用图是表达程序中函数之间调用关系的有向图,节点表示函数,边表示调用关系。控制流图可以从线性指令集合或者抽象语法树中生成,能够执行多种优化和转换并且直接进行代码生成。控制流图示例如图5.5所示。

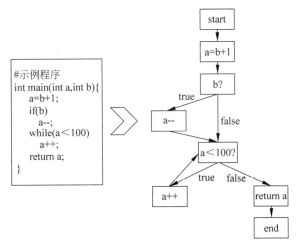

图 5.5　控制流图示例

数据流图是一种表达程序中数据流的图中间表示,该中间表示是由节点集合和边集合组成的有向图,节点表示变量和指令,边表示一个指令的输出数据作为另外一个指令的输入数据。数据流图中的指令获得所有输入数据时才会被执行,指令执行后会产生新的数据并将其传递给数据流指向的指令。与控制流图相比,数据流图没有限定指令集合的执行顺序,不包含整体程序信息,可以看作控制流图的伴随图。当同时访问控制流图和数据流图时,编译器可以有效地执行各种优化,但是该方法会增加执行的时间复杂度。1.3.2节中使用的 MSELoss 损失函数对应的数据流图示例如图5.6所示,r 是指令 $r = a - b$ 的输出和指令 $s = r \times 1/n$ 的输入,s 是指令

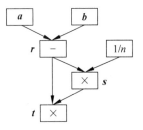

图 5.6　数据流图示例

$s = r \times 1/n$ 的输出和指令 $t = r \times s$ 的输入,t 是指令 $t = r \times s$ 的输出,箭头指明了数据流向。

静态单赋值图是定义使用链在图数据结构上的扩展,节点表示计算操作,有向边将值的使用和值的定义连接,到达节点的边表示计算操作需要的参数,从节点出发的边表示计算结果的传播方向。定义使用链和使用定义链是表达变量数据流信息的数据结构,该数据结构可以用于完成静态优化。变量的定义使用链将该变量的一次定义链接到所有对该变量的使用,变量的使用定义链将该变量的一次使用链接到所有对该变量的定义。

程序依赖图是一种表达程序中控制依赖和数据依赖的图中间表示,该中间表示是由节点集合和边集合组成的有向图,节点包括指令节点、判断节点或者区域节点,边表示节点之间的依赖关系。在程序依赖图中,Entry 节点和 Exit 节点是程序依赖图的入口节点和出口节点,矩形节点表示指令节点,菱形节点表示判断节点,圆形节点表示区域节点。判断节点能够进行判断,标记为 true 的边表示条件判断为真时的控制流向,标记为 false 的边表示条件判断为假时的控制流向。区域节点将具有相同控制依赖关系的节点分组在一起,并且排序到层次结构中。如果区域节点的控制依赖条件得到满足,对应的所有子节点都可以执

行。边有两个不同的子集,分别表示控制依赖和数据依赖,实线表示控制依赖,虚线表示数据依赖。程序依赖图示例如图 5.7 所示。

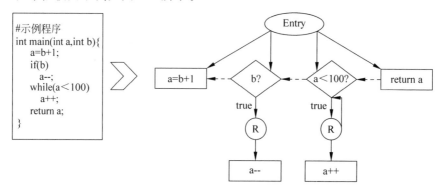

图 5.7　程序依赖图示例

5.2.3　混合中间表示

混合中间表示结合了线性中间表示和图中间表示的要素与特点,获得了两者的优点并且避免了两者的缺点。混合中间表示通常使用线性中间表示表达无循环代码块,使用图中间表示表达无循环代码块之间的控制流。随着技术的不断发展,单一类型的中间表示难以满足各种应用场景和任务的需求,当前主流编译器通常采用多种类型的中间表示。

LLVM IR 是一种典型的混合中间表示,底层是基本块,顶层是控制流图。基本块是一个采用静态单赋值技术设计指令的线性指令序列,控制流图中的每个节点代表一个基本块,基本块之间的边代表控制流从第一个基本块的最后一条指令流向第二个基本块的第一条指令。LLVM IR 结构示例如图 5.8 所示,在 LLVM IR 中,单个基本块是基于静态单赋值的中间表示,所有基本块是基于控制流图的中间表示,基本块之间的连线表示控制流。

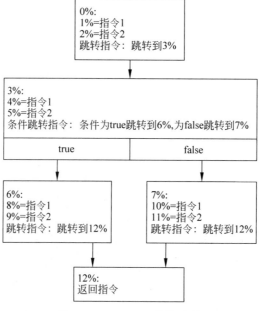

图 5.8　LLVM IR 结构示例

　　LLVM IR 具有通用、静态、类型安全、平台无关等特点。在硬件支持上，该中间表示能够支持无限数量和任意类型的寄存器。在表示形式上，该中间表示支持文本格式和二进制格式，文本格式方便阅读和编辑，二进制格式方便硬件设备处理和传输，两种格式可以相互转换。

5.3　中间表示的设计

　　当前，深度学习应用场景类型繁多并且发展迅速，开发人员需要不断结合新的需求和技术，设计和开发具有不同特点的深度学习中间表示。深度学习中间表示的设计需要考虑 Python 等语言描述的模型和目标机器指令间存在的巨大抽象层次差异，实现模型在图层、算子层等多种抽象层次上的建模和优化。不同类型深度学习中间表示的设计理念相似，但是使用的设计方法不同。根据层次数量进行分类，深度学习中间表示的设计方法可以分为单层设计、两层设计和多层设计。无论使用哪种设计方法，一种优秀的深度学习中间表示都应该充分考虑表达和优化、设计层次、类型系统、扩展性、具体实现等方面的问题。

　　在表达和优化方面，深度学习编译器的输入是不同类型的模型，输出是在不同类型硬件设备上运行的机器指令，其编译过程中涉及大量的硬件无关优化和硬件相关优化。深度学习中间表示需要能够对接不同类型的模型和硬件设备，需要保留张量、算子、数据流和控制流结构进而正确和高效地处理张量数据类型，需要支持各种优化的实现进而提升模型的训练、推理和部署效率。此外，深度学习中间表示需要通过即时编译或者静态编译在不同类型的硬件设备上执行。即时编译能够在运行时把程序转换为机器指令，静态编译能够在执行前把程序转换为机器指令。

　　在设计层次方面，不同的设计方法可以选择实现不同抽象层次的功能。单层设计可以只实现图层或者算子层的功能，也可以同时实现图层和算子层的功能，前者可能会产生功能不完整等问题，后者可以打破图层和算子层的边界，更好地实现图层和算子层的融合。两层设计可以在不同层级的中间表示中分别实现图层或者算子层的功能，使得不同层级的中间表示分别完成对应的优化，但是低层级中间表示会缺乏高层级中间表示的部分信息。多层设计的中间表示可以支持部分降级，即在高层级中间表示降级为低层级中间表示的过程中，允许部分高层级中间表示不进行降级，使得低层级中间表示保留高层级中间表示的部分信息。

　　不同设计方法各有优缺点，多层设计的优点是能够灵活地表达更多的源程序信息，开发人员能够根据需求选择在最合适层级的中间表示中实现对应的功能并且高效地执行优化算法。缺点是中间表示的层级越多，设计和开发的工作量越大，不同层级的中间表示之间转换和信息交换越困难，不同层级的中间表示定义的算子粒度不同可能给精度带来影响。高层级中间表示缺乏对低层级中间表示信息的感知能力，无法确定其他层级中间表示完成的优化，开发人员需要决策不同层级中间表示需要完成的优化。因为高层级中间表示降级为低层级中间表示的过程中会产生信息损失，所以低层级中间表示的优化设计有较多的限制。单层中间表示的优点是不需要处理不同层级中间表示之间的转换和信息交换问题，缺点是表达方式的灵活性较低，不同类型的优化集中在同一层级中间表示中，设计和开发优化的难度较大。

在类型系统方面,根据变量类型检查时间进行分类,类型系统可以分为静态类型和动态类型,当前常见的中间表示大部分具有静态类型的特点。按照类型系统的严格程度进行分类,类型系统可以分为强类型和弱类型两种,强类型倾向于不容忍隐式类型转换,弱类型倾向于容忍隐式类型转换。强类型有助于防止类型错误,使得程序更加安全和稳定。此外,为了解决深度学习中的动态形状和量化等重要问题,深度学习中间表示需要支持更多的类型,特别是未知类型和低精度类型。

在扩展性方面,深度学习的应用场景复杂多样,深度学习算子的种类也越来越多。深度学习中间表示需要考虑统一不同层级中间表示的开发方法,提高开发人员的自主性,使得开发人员在遵循基本开发规则的基础上,不需要受限于固定的层数,而是根据具体的需求选择合适的层数和确定各个层级需要完成的功能。为了顺应深度学习的发展趋势,深度学习中间表示需要考虑支持未来可能出现的算子或者提供简单易用的自定义算子接口,支持对类型系统进行扩展。

在具体实现方面,不同的深度学习编译器有不同的设计重点,其使用的深度学习中间表示需要考虑语言特性、生成方式、结构特性等多方面的问题。在深度学习中间表示的具体实现过程中,开发人员不需要解决所有的问题,只需要根据业务场景和任务需求进行选择和取舍。

理解了不同设计方法的基本概念和评价标准,下面将以一些主流的深度学习中间表示为例,介绍单层、两层和多层中间表示设计。

5.3.1　单层中间表示设计

单层中间表示设计是指在同一编译器中设计单层中间表示的设计方法,MindIR、TorchScript IR、HLO IR 等中间表示都采用了该设计方法。下面将以上述三种中间表示为例介绍单层中间表示设计。

1. MindIR

MindSpore 能够同时支持静态计算图模式和动态计算图模式,静态计算图模式是默认执行模式,其使用的中间表示是 MindSpore 中间表示,简称 MindIR。

MindIR 使用的核心数据结构主要包括 AnfNode、ANode、Cnode、ParameterNode、ValueNode 等。AnfNode 主要包括 ANode 和 Cnode,ANode 表示原子表达式,CNode 表示复合表达式。ANode 主要包括 ParameterNode 和 ValueNode,ParameterNode 是参数节点,表示函数的形参;ValueNode 是常数节点,表示常数值、原语函数、普通函数等。

MindIR 是一种函数式风格的图中间表示,该中间表示中的函数定义本身是一个值,能够存储为变量并且进行递归调用,也能够作为参数传到其他函数中或者从其他函数中返回。该中间表示是一种计算流,当前计算的结果是下一次计算的输入。除了完成基本的中间表示功能,MindIR 在表达和优化、设计层次、类型系统、具体实现等方面都有突出特点。

在表达和优化方面,MindIR 支持数据流和控制流结构,能够将控制流转换为高阶函数数据流,支持硬件无关优化、硬件相关优化和部署推理相关优化,能够显著提升MindSpore 的编译执行能力,支持通过即时编译在不同类型的硬件设备上执行。

在设计层次方面,MindIR 采用单层设计的设计方法,该中间表示能够使用统一的形式定义模型的逻辑结构和算子属性,消除不同类型模型的差异,对接不同类型的后端,同时实现图层和算子层的功能,核心目的是实现自动微分。

在类型系统方面,MindIR 具有强类型的特点,计算图中的每个节点都有一个具体的类型并且可以在计算过程中表现出最大的性能。深度学习应用算子的处理会耗费大量时间,尽早捕获错误能够减少大量的资源浪费。MindIR 支持函数调用和高阶函数,具有强大的类型推导和形状推导功能,能够尽早发现并且捕获程序中的错误。

在具体实现方面,MindIR 具有纯函数、支持闭包表示等特点,该中间表示能够解决因为使用副作用函数而造成的问题。函数具有副作用是指函数依赖或者影响外部的状态,如果在无法保证程序执行顺序的情况下使用具有副作用的函数,可能会得到错误的结果。纯函数是指返回值只依赖函数形参并且没有副作用的函数。MindIR 能够将具有副作用的中间表示转换为纯函数的中间表示,能够在保持函数式语义不变的同时确保程序执行顺序。闭包是一种编程语言特性,该特性是指代码块和作用域环境的结合可以实现一个函数访问另一个函数作用域中的变量。MindIR 中的代码块是以函数图的形式呈现的,作用域环境可以理解为函数被调用时的上下文环境,能够方便地表达程序中的闭包表示,进而实现不同函数之间变量的相互访问。

2. TorchScript IR

为了保存和加载模型,PyTorch 提供了多种将动态计算图转换为静态计算图的图捕获解决方案。TorchScript 机制是 PyTorch 提供的图捕获解决方案之一,TorchScript IR 是 TorchScript 机制保存模型的中间表示,该中间表示能够从 Python 进程中保存并且加载到没有 Python 依赖的进程中。

TorchScript IR 使用的核心数据结构主要包括 Graph、Block、Node、Value、Pass 等。Graph 表示函数,主要包括 Node、Block、Value 等数据结构。Block 是一组 Node 的集合,主要负责管理 Node。Node 表示算子,Value 表示算子的输入和输出,Pass 表示各种类型的优化。

TorchScript IR 是一种基于有向无环图的中间表示,该中间表示使得深度学习编译器能够方便地分析算子之间的依赖关系。除了完成基本的中间表示功能,TorchScript IR 在表达和优化、类型系统、具体实现等方面都有突出特点。

在表达和优化方面,TorchScript IR 支持数据流和控制流结构,支持硬件无关优化和硬件相关优化,能够提高计算图的执行效率并且减少内存占用。PyTorch 默认使用动态计算图模式,该模式下的动态计算图结构在提高开发效率和降低开发难度的同时也带来了许多问题。例如,动态计算图非固定的网络结构会给网络结构分析和优化带来困难,多数参数都能以张量形式传输使得资源分配变得复杂。因为动态计算图是由 Python 程序构造的,所以部署时需要依赖 Python 环境,该特性增加了部署难度并且降低了保密性。TorchScript IR 能够把动态计算图转换为静态计算图,优点是静态计算图具有相对固定的图结构,能够解决动态计算图结构上存在的问题。缺点是静态计算图结构复杂,修改和增加优化的难度较高,只能表示前向计算图而不能处理反向计算图和动态形状张量。此外,TorchScript IR 支持通过即时编译在不同类型的硬件设备上执行。

在类型系统方面,TorchScript IR 是 Python 语言的子集,在变量声明机制方面,TorchScript IR 具有静态类型的特点,其变量在使用前需要声明数据类型,运行时不能变换数据类型,该特性使得 TorchScript IR 能够在部分高性能环境中运行。此外,TorchScript IR 只支持部分用于表达模型的特定数据类型,无法支持 typing 模块的所有功能和数据类型。typing 模块是 Python 的一个标准库,主要为类型注解提供运行时支持,类型注解是一种在程序中指定变量、函数参数和返回值类型的方法。

在具体实现方面,TorchScript IR 能够通过基于追踪方式或者基于分析方式生成。在通过基于追踪方式生成 TorchScript IR 的过程中,每读取一个张量或者执行一个算子,深度学习编译器会向计算图中增加一个对应节点。所有操作完成后,深度学习编译器能够构造一张包含所有读取和执行信息的静态计算图。在通过基于分析方式生成 TorchScript IR 的过程中,TorchScript 实现了一个完整的编译器,能够使用@torch. jit. script 装饰器解析模型程序并且构造对应的抽象语法树,然后经过一系列分析过程生成静态计算图。基于追踪方式和基于分析方式各有优缺点,开发人员可以将两种方式结合使用以同时获得两种方式的优点。

3. HLO IR

TensorFlow 能够同时支持静态计算图模式和动态计算图模式,其中静态计算图模式更为人所熟知。为了提高模型的执行效率,TensorFlow 使用了深度学习编译器 XLA,该编译器能够将模型转换为 HLO IR。

HLO IR 使用的核心数据结构主要包括 HLOModule、HLOComputation、HLOInstruction 等。HLOModule 表示整个模型,可以包含多个 HLOComputation。HLOComputation 表示模型中的函数,可以包含多个 HLOInstruction。HLOInstruction 表示函数中的指令。

HLO IR 是一种函数式风格的图中间表示,除了完成基本的中间表示功能,其在表达和优化、类型系统、扩展性、具体实现等方面都有突出特点。

在表达和优化方面,HLO IR 支持数据流和控制流结构,支持硬件无关优化和硬件相关优化。HLO IR 能够表达更加细粒度的图,使用多个基础算子节点表示计算图的一个复杂算子节点,减少对自定义算子的依赖。计算图中的许多算子都是逐元素的计算,HLO IR 能够将多个连续的基础算子节点融合成一个复杂算子节点,减少算子中间结果的内存占用和内核的启动次数,进而提高计算图的执行效率。此外,HLO IR 支持通过即时编译和静态编译在不同类型的硬件设备上执行。

在类型系统方面,HLO IR 是一种纯静态形状语义的中间表示,不支持动态形状张量。XLA 编译器工作过程中,HLO IR 中的形状表达会被静态化,所有的形状计算都会被固化为编译时常量并且保留在编译结果中。

在扩展性方面,HLO IR 具有可移植性强的特点,能够降低 TensorFlow 程序适配不同类型硬件设备的难度。应用 XLA 深度学习编译器之前,TensorFlow 程序在新硬件设备上运行时需要重新运行所有算子,该过程的工作量巨大。应用 XLA 深度学习编译器之后,XLA 深度学习编译器能够自动地将 TensorFlow 计算图中的复杂算子拆解为原语算子,该特性使得大部分 TensorFlow 程序都能够以未经修改的方式在新的硬件设备上运行。

在具体实现方面,HLO IR 使用分层嵌套的结构,能够方便地表达图与图之间的调用关系,并且有助于完成计算图融合。在 HLO IR 中,一个 HLOModule 只能有一个入口函数,其他函数都需要通过入口函数进行调用。一个 HLOComputation 只能有一个根指令,根指令的输出就是函数的输出。所有指令都能够调用函数,其执行顺序取决于指令之间的依赖关系。当进行计算图融合时,编译器需要将多个需要融合的指令添加到一个融合 HLOComputation 中,使用一个融合 HLOInstrution 代替被融合的指令。当进行代码生成时,编译器需要根据融合 HLOInstrution 生成对应的代码。HLO IR 分层嵌套结构如图 5.9 所示。

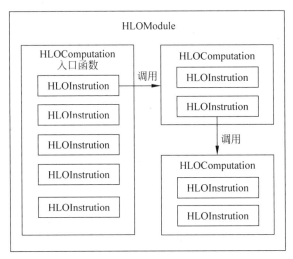

图 5.9 HLO IR 分层嵌套结构

5.3.2 两层中间表示设计

两层中间表示设计是指在同一编译器中设计两层中间表示的设计方法。TVM IR、oneDNN Graph IR 等中间表示都采用了该设计方法。下面将以上述两种中间表示为例介绍两层中间表示设计。

1. TVM IR

TVM 编译器是一种采用两层中间表示设计的端到端深度学习编译器,其发展早期受 Halide 编译器影响较大,低层级中间表示使用的是具有 Halide 特性的中间表示,高层级中间表示最初使用 NVVM IR。Halide 是一种使用 C++作为宿主语言进行图像处理的领域特定语言,其基本思想是分离计算与调度,调度能够决定计算的执行顺序、数据的存放和中间表示完成的优化。基于 Halide 特性设计开发的中间表示能够实现对嵌套循环的优化,能够针对不同类型的硬件设备选择不同的调度策略,能够方便地完成不同类型的优化并且具有较强的扩展性。随着技术的不断发展,当前 TVM 编译器的高层级中间表示使用 Relay IR,低层级中间表示使用 TIR。TVM 编译器工作过程中,TVM 编译器首先将模型转换为 Relay IR 并且完成硬件无关优化,然后将 Relay IR 降级为张量表达式并且提供自定义算子方法,之后将张量表达式降级为 TIR 并且完成硬件相关优化,最后将 TIR 转换为机器指令。

IRModule 是 Relay IR 和 TIR 的核心数据结构,也是模型构建和中间表示转换的基础,不同模型最终都会被封装到 IRModule 数据结构中进行编译。此外,Relay IR 和 TIR

共用一套中间表示基础设施,其中的元素主要由 Type 类和 Expr 类两个基类派生而来,所以 Type 类和 Expr 类是 TVM IR 设计的两大核心。

Type 类主要用于表达各种数据类型,包括 bool、int8、float32 等基础数据类型和张量、函数等高级数据类型。Relay IR 主要使用张量、函数等高级数据类型,TIR 主要使用指针、缓冲区等数据类型。Expr 类主要用于表达对各种数据类型的处理,包括控制结构、分支信息等。Expr 类包括 RelayExpr 和 PrimExpr 两个子类,Relay IR 主要使用 RelayExpr 子类表达数据流和控制流结构,包括 if 表达式、Let 表达式等。TIR 主要使用 PrimExpr 子类完成低层级的代码优化和整数类型分析检查,包括部分基本数据类型的常量表示、基本运算等。

在 Relay IR 降级为 TIR 的过程中,TVM 编译器采用了 Halide 的思想,通过计算和调度分离的方式对 Relay IR 中的算子进行生成和优化,张量表达式是该过程中的一个重要概念。张量表达式是一种使用纯函数语言描述张量计算的表达形式,需要和调度一起使用,每个张量表达式都能够接收输入张量并且生成输出张量。调度主要分为循环级调度和多线程并行优化,循环级调度主要包括循环切分、融合、重排、分块、展开等,多线程并行优化主要包括向量化、线程绑定、并行化、张量化等。针对不同硬件设备的体系架构特点,同一个算子在不同的硬件设备上具有不同的调度策略。算子策略是计算和调度策略的组合使用,能够实现某个算子在某种平台上的算子生成。

因为张量表达式并不能直接被编译为机器指令,所以张量表达式需要继续降级为一种能够描述计算过程的中间表示。TIR 是 TVM 编译器中一种接近硬件设备的中间表示,该中间表示能够表达变量声明、初始化、计算、函数调用、控制流等。TIR 采用抽象语法树数据结构,因此通过遍历抽象语法树完成对应的代码生成工作,TVM 编译器能够将 TIR 转换为不同类型硬件设备的机器指令,包括 LLVM IR、CUDA 程序等。TIR 代码生成流程示例如图 5.10 所示,stmt 表示指令语句,expr 表示对应的表达式。

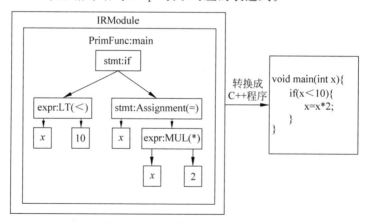

图 5.10　TIR 代码生成流程示例

自动张量化是深度学习领域中与硬件相关的一个热点问题。随着硬件设备的发展,越来越多的深度学习加速器具有矩阵乘等深度学习特定算子的快速计算指令,该类指令的使用往往需要开发人员手工编写,其在程序优化与拓展方面成本较高。自动张量化的实现原理包括自底向上和自顶向下,主流实现是在编译器内部中间表示对张量化程序进行建模,以解决当前硬件后端提供的多种张量化指令在程序中的表达和优化问题。

自底向上实现自动张量化是指从嵌套的标量计算循环中找到张量模式以生成张量化程序,该方法与高级编程语言中编译的自动向量化优化类似,不同之处在于使用该方法完成深度学习应用的编译时,输入的张量数据被降级为更细粒度的嵌套标量循环计算。自底向上实现自动张量化的缺点是会产生从张量中间表示到标量中间表示,再到张量中间表示的转换,该转换过程会产生不必要的信息损失。以卷积算子为例,自底向上实现自动张量化示例如图 5.11 所示。该过程中,首先高层级中间表示会被分解为由标量运算构成的多层循环,然后编译器需要改变标量运算过程以进行调度优化,最后编译器需要生成后端机器指令。

```
#原程序
Produce Conv.wmma.accumulator{
for(hw,0,out_height*out_width){
 for(brw,0,block_row_warps){
  for(bcw,0,block_col_warps){
   for(n.c,0,warp_row_tiles){
    for(o.c,0,warp_col_tiles){
     for(rhw,0,kernel_h*kernel_w){
      for(i,0,in_channel/chunk){
       for(ck,0,chunk){
        for(nn,0,block){
         for(oo,0,block){
          for(ii,0,block){
           conv.wmma.accumulator[…]+=
           float32(A.wmma.matrix_a[…])+
           float32(W.wmma.matrix_b[…])+
}}}}}}}}}}}}}
```

代码生成 →

```
#完成代码生成后的程序
Produce Conv.wmma.accumulator{
for(hw,0,out_height*out_width){
 for(brw,0,block_row_warps){
  for(bcw,0,block_col_warps){
   for(n.c,0,warp_row_tiles){
    for(o.c,0,warp_col_tiles){
     for(rhw,0,kernel_h*kernel_w){
      for(i,0,in_channel/chunk){
       for(ck,0,chunk){
        tvm_mma_sync(Conv.wmma.accumulator,
        A.wmma.matrix_a,W.wmma.matrix_b,
        Conv.wmma.accumulator)
}}}}}}}}}
```

图 5.11 自底向上实现自动张量化示例

自顶向下实现自动张量化是指通过张量计算问题的逐步解耦,对任务进行划分以映射到张量化原语。TIR 使用自顶向下实现自动张量化,其核心设计理念是在嵌套循环内构建一个 Block 结构以分离张量计算负载和外层循环,进而独自进行转换和优化,Block 结构支持嵌套表达复杂的张量计算模式。以卷积算子为例,自顶向下实现自动张量化示例如图 5.12 所示。该过程中的中间表示具有算子的算法信息,能够直观地进行数据分块和优化,通过简单的循环分解实现高效的代码生成。

```
#原程序
Produce Conv.wmma.accumulator{
for(hw,0,out_height*out_width){
 for(brw,0,block_row_warps){
  for(bcw,0,block_col_warps){
   for(n.c,0,warp_row_tiles){
    for(o.c,0,warp_col_tiles){
     for(rhw,0,kernel_h*kernel_w){
      for(i,0,in_channel/chunk){
       for(ck,0,chunk){
        Tensor=Conv(data_block,kernel_block)
}}}}}}}}}
```

代码生成 →

```
#完成代码生成后的程序
Produce Conv.wmma.accumulator{
for(hw,0,out_height*out_width){
 for(brw,0,block_row_warps){
  for(bcw,0,block_col_warps){
   for(n.c,0,warp_row_tiles){
    for(o.c,0,warp_col_tiles){
     for(rhw,0,kernel_h*kernel_w){
      for(i,0,in_channel/chunk){
       for(ck,0,chunk){
        tvm_mma_sync(Conv.wmma.accumulator,
        A.wmma.matrix_a,W.wmma.matrix_b,
        Conv.wmma.accumulator)
}}}}}}}}}
```

图 5.12 自顶向下实现自动张量化示例

TVM IR 主要包括 Relay IR 和 TIR,Relay IR 是一种同时基于有向无环图、函数式风格和 Let 绑定的图中间表示,TIR 采用抽象语法树的数据结构。Let 绑定是一种解决语义歧义的方法,使用 Let 绑定的编译器能够构建变量与所有计算结果之间的映射,能够通过查找映射快速查找计算结果。除了完成基本的中间表示功能,TVM IR 在表达和优化、设计层次、类型系统、扩展性等方面都有突出特点。

在表达和优化方面,Relay IR 支持数据流和控制流结构,并且支持数据流和函数式风格的混合编程,能够兼容不同类型的模型,主要完成硬件无关优化。该中间表示具有明确规定的语义,能够表达通用程序和复杂模型,能够快速地通过查询获得结果,但是表达方式和优化方式比较复杂,其使用的函数式风格计算图不够直观。TIR 支持数据流和控制流结构,主要完成硬件相关优化,能够实现对张量化程序的表达和优化,支持通过即时编译和静态编译在不同类型的硬件设备上执行。

在设计层次方面,TVM IR 采用两层设计的设计方法,该设计方法的优点是 Relay IR 和 TIR 分别负责实现图层和算子层的功能,进而降低开发人员设计和开发优化的难度。缺点是 Relay IR 降级为 TIR 的过程中会产生信息损失,使得 TIR 无法获取完整的模型信息,编译器难以确定不同层级中间表示的边界。

在类型系统方面,Relay IR 具有静态类型的特点,其支持的数据类型与 Type 类相关。此外,Relay IR 支持使用代数数据类型和 Lambda 表达式,能够表达更加复杂的模型,但是不支持动态形状张量。代数数据类型是一种复合类型,该类型可以由其他类型组合而成。Lambda 表达式是匿名内部类的一种替代,该特性允许将函数作为函数参数传入,能够解决匿名内部类因为使用一次就销毁特性而造成的语法冗长问题。

在扩展性方面,Relay IR 在设计上是可扩展的并且容易开发新的大规模程序变换和优化。此外,TVM Unify 统一多层抽象是 TVM 编译器未来发展的重要方向,该技术的关键是统一计算图、张量程序、算子库和运行环境、硬件专用指令等四类抽象,能够打破不同抽象之间的隔阂,使得不同抽象之间能够相互交互和联合优化。TVM Unify 统一多层抽象主要包括 Relax IR、自动张量化机制、TVM FFI 机制和 Tensor IR,Relax IR 是 Relay IR 的迭代版本,该中间表示支持动态类型的张量;自动张量化机制能够实现硬件指令声明和张量程序对接;TVM FFI 机制能够灵活地引入任意的算子库和运行库函数,并且能够在各个编译模块和自定义模块里面相互调用;Tensor IR 负责张量级别程序和硬件张量指令的整合。

2. OneDNN Graph IR

oneDNN Graph 编译器是一种采用两层中间表示设计的深度学习计算图编译模块,该编译器特别适合完成与 CPU 相关的优化。oneDNN Graph 编译器的高层级中间表示使用 Graph IR,主要用于表达计算图;低层级中间表示使用 Tensor IR,主要用于表达算子内部的具体计算。Graph IR 和 Tensor IR 是 oneDNN Graph 编译器使用的中间表示名称,而不是中间表示的类型。oneDNN Graph 编译器工作过程中,oneDNN Graph 编译器首先将 oneDNN 计算子图转换为 Graph IR 并且完成硬件无关优化,然后将 Graph 中间表示降级为 Tensor IR 并且完成硬件相关优化,最后将 Tensor IR 转换为机器指令。

Graph IR 主要用于表达计算图算子之间的连接关系,该中间表示使用的核心数据结构主要包括 Graph、Op、Tensor 和 Pass。Graph 表示整张计算图,Op 表示计算图中的算子节点,Tensor 表示计算图中的张量节点,Pass 表示各种类型的优化。张量形状主要包括两部分,一部分是逻辑上的形状,即想象的张量形状,该形状可以在内存重新排布时提升性能;另一部分是在内存中的形状,即张量的实际形状。

Tensor IR 主要用于描述具体运算,该中间表示使用的核心数据结构主要包括 expr、stmt、IR function 和 IR module。expr 节点表示计算结果,主要包括 float16、bfloat16、signed8、unsigned8 等数据类型和加法、减法等表达式。expr 节点具有支持嵌套定义、可扩展、有返回值等特点,通过扩展 expr 基类可以实现各种类型运算表达式的定义,通过指针可以指向其他 expr 节点,但是无法指向 stmt 节点。stmt 节点表示指令语句,主要包括控制流、赋值语句,以及每一句完整的程序代码等。stmt 节点没有返回值但是能够引用其他的 expr 节点和 stmt 节点。IR function 表示函数,是由 expr 节点和 stmt 节点组成的集合。函数之间可以相互调用,也可以组成 IR module,用于表示完整的模型。

oneDNN Graph 编译器中间表示主要包括 Graph IR 和 Tensor IR,两者在设计理念、功能特点等方面分别与 TVM 编译器的 Relay IR 和 TIR 相似。除了完成基本的中间表示功能,TVM IR 在表达和优化方面有突出特点。

在表达和优化方面,Graph IR 支持数据流结构,主要完成硬件无关优化。除了常见的公共子表达式消除、死代码消除、常量折叠等优化,Graph IR 还支持低精度转换、常量权重预处理、布局转换、细粒度融合、粗粒度融合等深度学习领域相关优化。低精度转换能够将模型计算图和密集型计算中的计算过程转换为低精度的计算过程,减少计算过程中需要使用的计算资源和内存带宽。常量权重预处理能够识别并且预处理常量权重,确保常量权重在编译过程中只需要执行一次,减少常量权重的处理次数并且提升编译效率。布局转换能够为每个算子选择合适的输入张量布局,当输入张量布局与期望布局不同时,可以在内存中对算子进行重新排序,进而提升算子的执行效率。细粒度融合能够对多个可融合算子进行融合,粗粒度融合能对多个已经融合过的算子进行融合。

TIR 支持数据流和控制流结构,主要完成硬件相关优化,支持通过即时编译在不同类型的硬件设备上执行。TIR 支持完成张量形状优化和内存缓冲区优化等张量相关优化。张量形状优化能够尽可能地减小临时张量的形状,进而降低内存占用。内存缓冲区优化能够尽可能地重用临时张量的内存缓冲区,降低临时缓冲区大小并且提高临时缓冲区的使用局部性。

5.3.3 多层中间表示设计

多层中间表示设计是指在同一编译器中设计三层及三层以上中间表示的设计方法。MLIR(multi-level intermediate representation)是一种典型的多层中间表示设计方法,MLIR 编译器是基于 MLIR 框架设计、开发的编译器,该编译器使用的中间表示是 MLIR 中间表示。下面将以 MLIR 编译器为例介绍多层中间表示设计。

MLIR 编译器和 MLIR 中间表示并不是具体的编译器或者中间表示,而是两种类别。所有基于 MLIR 框架设计、开发的编译器都是 MLIR 编译器,MLIR 编译器中的所有中间表示都是 MLIR 中间表示。

MLIR 中间表示的核心概念主要包括 Dialect、Operation、Attribute、Type、Interface、Constraint、Trait、Region、Block 等。Dialect 在特定的命名空间下为抽象提供了分组机制,能够将所有的抽象放在同一个命名空间中,分别为每种抽象定义对应的 MLIR 表达式并且绑定对应的 Operation,进而生成 MLIR 中间表示。Operation 是 Dialect 中具有特定语意的抽象和计算的核心单元,能够表示指令、函数、模块等。Attribute 是属性信息,Type 是类型信息,Interface 是标准化的接口,Constraint 和 Trait 是 Operation 的限制信息和特征信息,

Region 和 Block 是 Operation 的作用域，两者支持嵌套使用。Dialect 的结构如图 5.13 所示，Operation 主要包括 Attribute、Type、Interface、Constraint、Trait、Region 和 Block，Dialect 主要包括 Operation、Attribute、Type 和 Interface。

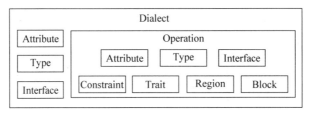

图 5.13 Dialect 的结构

MLIR 编译器的工作流程主要分为前端接入、转换和优化、后端代码生成三个阶段。在前端接入阶段，MLIR 编译器需要将高级语言抽象语法树、ONNX、TensorFlow 等格式的模型文件转换为 MLIR 中间表示。在转换和优化阶段，MLIR 编译器需要完成多层 MLIR 中间表示之间的转换和每层 MLIR 中间表示对应的优化，即 MLIR 编译器提供了多种内置的低层级中间表示，开发人员可以使用内置的 Dialect 构建自定义编译流程，也可以根据业务需求和应用场景构建不同层次和功能的 Dialect。在后端代码生成阶段，MLIR 编译器需要通过即时编译或者使用 LLVM 编译器的方式生成硬件设备机器指令。当前，大部分 MLIR 编译器都选择使用 LLVM 编译器生成机器指令。MLIR 中间表示部分 Dialect 构建编译流程如图 5.14 所示，负载和结构分别表示 Dialect 负责表达和优化的类型，张量和内存分别表示 Dialect 操作的对象，实线表示 Dialect 之间的转换，虚线表示 Dialect 之间的转换需要大

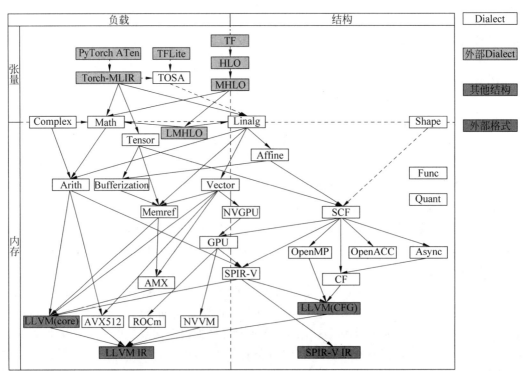

图 5.14 MLIR 中间表示部分 Dialect 构建编译流程

量的优化才能实现,部分同时处于多个区域的 Dialect 表示该 Dialect 可以表达和优化多种类型或者操作多种对象。

如图 5.14 所示,MLIR 中间表示提供了大量的 Dialect 供开发人员使用。PyTorch ATen Dialect、TFLite Dialect、TF Dialect 等的主要功能是导入模型程序。TOSA Dialect、MHLO Dialect 等是 MLIR 编译器的较高层级中间表示,主要功能是使用一种统一的 Dialect 完整地表达模型,便于作为后续降级过程的输入。Linalg Dialect 是 MLIR 编译器的中间层级中间表示,其本质是完美嵌套循环,主要功能是将较高层级中间表示的算子进一步细分,描述线性代数的相关结构,实现算子融合和分块优化等。Affine Dialect 借鉴了多面体编译中循环索引表达,常用于描述访存模式。Vector Dialect 是 Linalg Dialect 的主要降级对象,其结构设计与 Lianlg Dialect 相似,主要功能是实现结构化代码生成。Arith Dialect、Math Dialect 等通常作为 Linalg Dialect 和 Vector Dialect 等的负载操作,其主要功能是表达整数和浮点数计算,支持张量、向量、标量等各种抽象层级。SCF Dialect 和 CF Dialect 的主要功能是描述 if、for、while 等结构化控制流操作,其使用过程中需要标明边界,进而简化分析和变换过程。Func Dialect 的主要功能是对模型中的函数对象进行建模,Quant Dialect 的主要功能是对模型中的量化类型进行建模。GPU Dialect 的主要功能是对 GPU 的硬件特性进行建模,包括模型中 GPU 算子的计算和访存模式等。LLVM Dialect、SPIR-V Dialect 等是 MLIR 编译器的较低层级中间表示,其主要功能是将 MLIR 中间表示转换到 LLVM 编译器等外部工具链,以进一步完成代码生成。LLVM IR 和 SPIR-V IR 是常见的传统编译器中间表示。

MLIR 是一种典型的多层中间表示设计方法,基于该设计方法开发的中间表示除了完成基本的中间表示功能,其在表达和优化、设计层次、类型系统、扩展性、具体实现等方面都有突出特点。

在表达和优化方面,MLIR 中间表示支持数据流和控制流结构,支持硬件无关优化和硬件相关优化,支持通过即时编译或者使用 LLVM 编译器的方式在不同类型的硬件设备上执行。

在设计层次方面,MLIR 采用多层设计的设计方法,该设计方法的优点是 MLIR 编译器中各个层级的中间表示都使用了相同的设计规则,可以轻松地进行转换和实现各种类型的优化。因为各个层级的中间表示不再相互独立,所以单层中间表示的设计不需要考虑所有的优化,而是可以将不同类型的优化放在最合适的层级。当某一层级中间表示需要完成其他层级中间表示的优化时,可以先将当前层级中间表示转换为其他层级中间表示,再完成相关优化。缺点是 MLIR 中间表示的可定制性会带来内部碎片化的风险,需要更加灵活的设计来支持抽象级别的可扩展性,不同层级的中间表示设计可能存在重复问题并且造成较大的开销。

MLIR 中间表示采用渐进式降级的设计理念并且支持部分降级。许多编译器都采用多层级中间表示的设计理念并且引入了多个固定的抽象级别,但是固定降级的实现方式比较僵化。在 MLIR 中间表示中,源程序能够以较小的步幅依次经过多个抽象级别,从较高层级中间表示降低到较低层级中间表示。此外,在从较高层级中间表示降低到较低层级中间表示的过程中,MLIR 编译器允许只对部分中间表示降级,剩下的中间表示仍然可以保持较高层级。该特性使得 MLIR 编译器能够保留部分必要的高层级中间表示信息,提升编译器工作的流畅度和效率。

MLIR 中间表示采用源位置跟踪和可追溯性的设计理念。在结构复杂的编译器中,开发人员往往很难获得最终层级中间表示构造的完整过程。MLIR 中间表示能够准确地将较高层级中间表示的信息传递给较低层级中间表示,实现安全且可回溯的编译过程,解决复杂编译器中常见的缺乏透明性的问题。

在类型系统方面,MLIR 中间表示采用复杂、全面的类型系统,该类型系统能够支持多种内置类型和量化类型,允许开发人员创建自定义类型并且规定语义,具有可定制的特点。此外,MLIR 中间表示不仅提供了预设的操作与抽象类型,而且允许开发人员自由地设计中间表示,有针对性地解决对应领域的问题。MLIR 类型系统如图 5.15 所示。

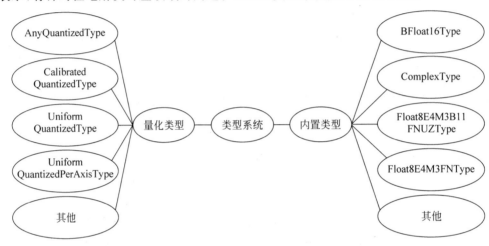

图 5.15　MLIR 类型系统

在扩展性方面,MLIR 中间表示支持嵌套结构,可扩展性极强。开发人员可以任意对 Dialect、Operation、Type、Interface、Trait 进行扩展,构建满足需求的 MLIR 中间表示。MLIR 中间表示的嵌套结构如图 5.16 所示,一个 Region 可以包含一系列 Block,一个 Block 可以包含一系列 Operation,一个 Operation 可以包含一系列 Block 和 Region。

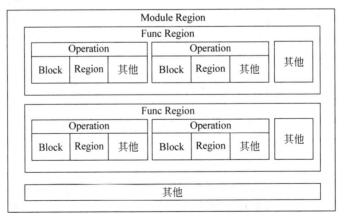

图 5.16　MLIR 中间表示的嵌套结构

在具体实现方面,MLIR 中间表示支持基于静态单赋值的控制流图。MLIR 中间表示与 LLVM IR 有相似的结构,但是当控制流图中某一基本块中的变量来自多个基本块时,LLVM IR 需要使用 PHI 节点判断当前基本块之前执行的基本块并且确定变量值,而 MLIR 中间表示的终止符语义定义了当前基本块中的变量值,所以不需要使用 PHI 节点。

以上是部分常见的深度学习中间表示设计方法及其典型应用,从上述分析可以看出,深度学习中间表示是一种贯穿深度学习编译器整个工作流程的重要工具,不同类型的深度学习中间表示各有侧重点,不同类型的设计方法各有优缺点。开发人员在设计和开发深度学习中间表示的过程中,不需要拘泥于单一的设计理念和设计方法,而是需要根据业务场景和任务需求进行结合与取舍。

第6章

自 动 微 分

深度学习模型训练过程中,通常会用损失函数来衡量模型的预测值与真实值之间的误差。模型的训练过程就是使用基于梯度的方法,不断寻找损失函数的最小值,进而优化模型参数的过程。自动微分是深度学习编译器中硬件无关优化的核心之一,该技术可以自动地计算任意复杂模型中的梯度,计算速度快并且结果精度高,在深度学习编译器中得到了广泛应用。本章从自动微分的概念、模式和实现三个角度入手展开介绍,帮助开发人员深入理解深度学习编译器中自动微分的实现原理。

6.1 自动微分的概念

梯度是深度学习中的一个重要概念。在形式上,梯度是多元函数分别对各自变量求偏导数并且把求得的偏导数组合形成的向量。在作用上,多元函数图像的每一点处都有无数个方向,一个点的梯度向量方向就是多元函数在该点处上升最快的方向,梯度向量的模表示函数值上升的剧烈程度。

模型的训练过程中经常需要寻找损失函数的最小值,其中会涉及多次微分计算。在寻找损失函数最小值的过程中,首先通过计算损失函数的梯度得到损失函数的梯度向量方向和梯度向量反方向。梯度向量方向代表损失函数上升最快的方向,梯度向量反方向代表损失函数下降最快的方向。然后设置学习率作为步长,按照一定的步长沿着梯度向量反方向更新模型参数,逐渐减小损失函数。当前,微分机制已经成为计算损失函数梯度的重要模块,常见的微分方式有手动微分、符号微分、数值微分和自动微分。

手动微分是利用手工方式计算梯度的方法。在计算过程中,首先需要对目标函数进行手工求导,获得微分表达式,然后需要按照微分表达式来编写程序,最后将自变量代入微分表达式程序中便可以获得梯度结果。手动微分的优点是梯度结果数值精确,缺点是既耗时也容易出错,缺乏灵活性和通用性,如果目标函数改变则需要重新计算微分表达式。

符号微分是利用求导法则制定表达式变换规则,然后使用计算机根据表达式变换规则计算梯度的方法。在计算过程中,首先需要利用求导法则制定表达式变换规则,然后需要使用计算机按照表达式变换规则对目标函数的所有运算进行自动计算,获得微分表达式程序,最后将自变量代入微分表达式程序中便可以获得梯度结果。符号微分的优点是梯度结果数值精确,可以帮助开发人员深入理解目标函数和目标函数对应微分函数的结构。缺点是对于复杂的目标函数使用符号微分时,可能会产生表达式膨胀问题,即产生一个难以简化的大型计算图,导致计算效率较低。此外,由于符号微分底层依赖一个封闭并且会占用大量空间的表达式库,所以该方法的空间复杂度较高,目标函数的编程形式也受到限制。

数值微分是根据导数的原始定义,使用有限差分近似的方式计算梯度的方法。在计算过程中,首先需要按照目标函数编写程序,然后需要选择合适的步长,按照差分公式编写程序,最后将自变量代入差分公式程序中便可以获得梯度结果。常见的差分公式包括向前差分公式和中心差分公式,两种方法的误差精度分别为 $O(h)$ 和 $O(h^2)$,h 为步长,一般情况下步长 $h \leqslant 10^{-5}$。n 阶向前差分公式和 n 阶中心差分公式分别如公式(6.1)和公式(6.2)所示。

$$
\begin{cases}
f'(x) = \lim_{h \to 0} \dfrac{f(x+h) - f(x)}{h} \\[2mm]
f''(x) = \lim_{h \to 0} \dfrac{f(x+2h) - 2f(x+h) + f(x)}{h^2} \\[2mm]
\cdots \\[2mm]
f^{(n)}(x) = \lim_{h \to 0} \dfrac{\sum\limits_{k=0}^{n} (-1)^{n-k} \dfrac{n!}{k!(n-k)!} f(x+kh)}{h^n}
\end{cases}
\tag{6.1}
$$

$$
\begin{cases}
f'(x) = \lim_{h \to 0} \dfrac{f(x+h) - f(x-h)}{2h} \\[2mm]
f''(x) = \lim_{h \to 0} \dfrac{f(x+2h) - 2f(x) + f(x-2h)}{(2h)^2} \\[2mm]
\cdots \\[2mm]
f^{(n)}(x) = \lim_{h \to 0} \dfrac{\sum\limits_{k=0}^{n} (-1)^{k} \dfrac{n!}{k!(n-k)!} f(x+(n-2k)h)}{(2h)^n}
\end{cases}
\tag{6.2}
$$

数值微分的优点是计算方便并且容易执行,几乎适用于不可导点之外的所有情况。缺点是计算效率较低,存在舍入误差和截断误差。舍入误差是计算过程中计算机系统对小数位数的不断舍入造成的,截断误差是使用差分公式的近似结果作为梯度结果造成的。随着步长大小的变化,截断误差和舍入误差的变化趋势相反。当步长趋近于 0 时,截断误差会趋近于 0,但是舍入误差会增大。当步长不趋近于 0 时,舍入误差会趋近于 0,但是截断误差会增大,选择合适的步长难度较高。此外,该方法的扩展性较差,不适用于计算拥有百万量级参数目标函数的梯度。

自动微分也被称为算法微分,是介于数值微分和符号微分之间,采用类似有向图的方式计算梯度的方法。该方法的特点是所有数值计算都由有限的基本操作组成,基本操作的导数表达式都是已知的,以及能够通过链式求导法则将数值计算的各部分组合成整体。

自动微分的实现依赖于表达式追踪机制。表达式追踪机制是自动微分的基础,该机制可以追踪数值计算过程中的中间变量,表示中间变量之间的依赖关系。任何有关数值计算的逻辑最后都可以表达为一个基于数值的计算序列,该计算序列包含确定的输入、中间变量和输出。因为控制流不会直接改变数值变量的结果,所以自动微分也适用于使用分支、循环、递归和函数调用的算法。在计算过程中,首先需要按照目标函数编写程序,然后开始计算并且利用表达式追踪机制记录每一次计算中的中间变量,最后利用链式求导法则组合各部分中间变量并且生成梯度结果。自动微分的优点是梯度结果数值精确,能够对开发人员隐藏求解过程,降低微分机制的使用门槛。缺点是计算过程中需要存储中间求导结果,所以会增加内存占用。以函数 $f(x)=x(x+4)(x+2)^2(x^2+4x+2)^2$ 为例,不同微分方式计算梯度的过程对比如图 6.1 所示。

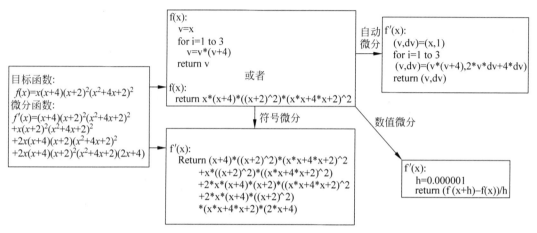

图 6.1　不同微分方式计算梯度的过程对比

在模型的执行流程中,深度学习编译器首先需要按照模型建立计算图,然后按照输入计算损失函数和损失函数关于模型参数的梯度,最后利用梯度下降法等方法反向更新模型参数,寻找损失函数的最小值。前向传播是指按照模型建立计算图和计算损失函数结果的过程,该过程本质上是开发人员完成的。反向传播是指按照损失函数计算梯度的过程,该过程工作比较烦琐,通常由计算机完成。自动微分能够完成反向传播阶段的工作,帮助开发人员摆脱手动推导公式并且进行算法实现的烦琐操作,能够方便地完成模型中的梯度计算。

6.2　自动微分的模式

自动微分计算目标函数的梯度时,系统首先会将所有数值计算分解为一系列已知导数表达式的基本操作组合,然后使用导数表达式计算所有基本操作的导数结果,最后根据基本操作之间的数据依赖关系,使用链式求导法则将导数结果进行组合,获得数值计算的梯度结果。使用链式求导法则对导数结果进行组合是自动微分的核心操作之一,根据链式求导法则的展开形式进行分类,自动微分可以分为前向模式和反向模式。在前向模式中,梯度计算过程从输入方向开始,在对计算图进行前向传播的同时计算梯度,所以一次前向传播可以得到函数结果和梯度结果。在反向模式中,梯度计算过程从输出方向开始,在梯度计算过程开始前对计算图进行前向传播获得函数结果,然后从输出方向开始进行反向传播获得梯度结果。

下面以计算函数 $f(x_1,x_2)=\ln(x_1)+x_1x_2-\sin(x_2)$ 在 $(x_1,x_2)=(2,5)$ 处的梯度为例介绍自动微分前向模式和反向模式。函数 $f(x_1,x_2)$ 带有中间变量的计算图示例如图 6.2 所示，i 为数字索引下标，v_i 表示中间变量，箭头方向表示数据传播方向，箭头尾部的中间变量完成箭头对应的操作后便可以获得箭头头部的中间变量。

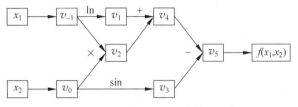

图 6.2 带有中间变量的计算图示例

6.2.1 前向模式

在自动微分前向模式中，梯度计算过程从计算图起点开始，沿着计算图边的方向依次前向进行计算，到达计算图终点时结束。在任意节点的计算过程中，系统首先需要获取自变量的值和当前节点对应父节点关于自变量的梯度，然后通过链式求导法则组合已知的值便可以计算出当前节点关于自变量的梯度。自动微分前向模式计算函数 $f(x_1, x_2)$ 在 $(x_1, x_2) = (2, 5)$ 处梯度的流程如表 6.1 所示，i 为数字索引下标，v_i 代表中间变量，v_i' 代表中间变量 v_i 关于自变量 x_1 的梯度。节点计算过程记录每个节点的计算过程和函数结果，方向为自上而下。节点梯度计算过程记录每个节点的梯度计算过程和梯度结果，方向为自上而下。

表 6.1 自动微分前向模式计算梯度的流程

方向	节点计算过程		方向	节点梯度计算过程	
自上而下	$v_{-1} = x_1$	$= 2$	自上而下	$v_{-1}' = x_1'$	$= 1$
	$v_0 = x_2$	$= 5$		$v_0' = x_2'$	$= 0$
	$v_1 = \ln v_{-1}$	$= \ln 2$		$v_1' = v_{-1}'/v_{-1}$	$= 1/2$
	$v_2 = v_{-1} \times v_0$	$= 2 \times 5$		$v_2' = v_{-1}' \times v_0 + v_0' \times v_{-1}$	$= 1 \times 5 + 0 \times 2$
	$v_3 = \sin v_0$	$= \sin 5$		$v_3' = v_0' \times \cos v_0$	$= 0 \times \cos 5$
	$v_4 = v_1 + v_2$	$= 0.693 + 10$		$v_4' = v_1' + v_2'$	$= 0.5 + 5$
	$v_5 = v_4 - v_3$	$= 10.693 + 0.959$		$v_5' = v_4' - v_3'$	$= 5.5 - 0$
	$f(x_1, x_2) = v_5$	$= 11.652$		$f'(x_1, x_2) = v_5'$	$= 5.5$

从数学角度看，自动微分前向模式可以看作使用对偶数计算目标函数的梯度。对偶数可以定义为被截断的泰勒级数，形式为 $a + b\varepsilon$，其中 a 和 b 是任意实数，ε 是一个不为 0 的无穷小实数并且满足 $\varepsilon \times \varepsilon = 0$。基于该性质，以函数 $g(a + b\varepsilon)$ 为例，函数 $g(a + b\varepsilon)$ 对 a 进行泰勒展开可以得到 $g(a + b\varepsilon) = g(a) + g'(a)b\varepsilon$，通过计算 $g(a + b\varepsilon)$ 便可一次性得到 $g(a)$ 及其一阶导数 $g'(a)$，该结论对于链式求导法则和基本操作的组合同样适用。对偶数适用于四则运算和复合运算，可以方便地反映符号微分规则，在自动微分前向模式中得到了广泛使用。

在使用对偶数计算目标函数梯度的具体实现中，首先系统需要将目标函数传入自动微分工具，然后自动微分工具会自动加入额外代码对目标函数进行扩充，使得目标函数能够完成对偶数操作，最后系统需要完成一次前向传播，同时计算目标函数的函数结果和梯度结果。

下面以计算函数 $h(x_1,x_2)=x_1^2 x_2 + x_1 x_2$ 在 $(x_1,x_2)=(2,5)$ 处的梯度为例介绍使用对偶数实现自动微分前向模式的过程,该过程主要包括以下三步。

第一步,建立函数 $h(x_1,x_2)$ 对应的计算图,该计算图如图 6.3 所示,方块节点表示函数中的变量和常量,圆圈节点表示操作,箭头方向表示数据传播方向。

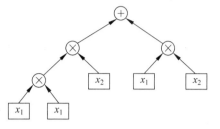

图 6.3　函数 $h(x_1,x_2)$ 对应的计算图

第二步,使用对偶数计算函数 $h(x_1,x_2)$ 在 $(x_1)=(2)$ 处的梯度。由对偶数性质可知,只需要计算 $h(2+\varepsilon,5)$ 即可。$h(2+\varepsilon,5)$ 的输出结果是一个对偶数,对偶数的第一部分是函数结果 $h(2,5)$,第二部分是函数 $h(x_1,x_2)$ 在 $(x_1)=(2)$ 处的梯度结果,该计算过程如图 6.4 所示。

第三步,使用对偶数计算函数 $h(x_1,x_2)$ 在 $(x_2)=(5)$ 处的梯度和使用对偶数计算 $h(x_1,x_2)$ 在 $(x_1)=(2)$ 处的梯度原理相同,只需要计算 $h(2,5+\varepsilon)$ 即可。$h(2,5+\varepsilon)$ 的输出结果是一个对偶数,对偶数的第一部分是函数结果 $h(2,5)$,第二部分是函数 $h(x_1,x_2)$ 在 $(x_2)=(5)$ 处的梯度结果,该计算过程如图 6.5 所示。

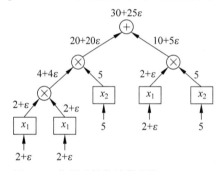

图 6.4　使用对偶数计算函数 $h(x_1,x_2)$ 在 $(x_1)=(2)$ 处的梯度过程

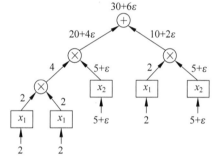

图 6.5　使用对偶数计算函数 $h(x_1,x_2)$ 在 $(x_2)=(5)$ 处的梯度过程

自动微分前向模式的优点是容易理解和实现,每对计算图完成一次前向传播便可以计算出所有输出变量关于一个输入变量的偏导数,该模式适用于输入向量维度小于输出向量维度的情况。缺点是当输入向量维度远大于输出向量维度时,时间复杂度会非常高。

6.2.2　反向模式

在自动微分反向模式中,梯度计算过程从计算图终点开始,沿着计算图边的方向依次反向进行计算,到达计算图起点时结束。在任意节点的计算过程中,首先需要获取输出节点关于当前节点对应子节点的梯度和当前节点对应子节点关于当前节点的梯度,然后通过链式求导法则组合已知的值便可以计算出输出节点关于当前节点的梯度。自动微分反向模式计算函数 $f(x_1,x_2)$ 在 $(x_1,x_2)=(2,5)$ 处梯度的流程如表 6.2 所示,i 为数字索引下标,v_i 代表中间变量,v_i' 代表输出变量 $f(x_1,x_2)$ 关于中间变量 v_i 的梯度,节点计算过程记录每个节点的计算过程和函数结果,方向为自上而下。节点梯度计算过程记录每个节点的梯度计算过程和梯度结果,方向为自下而上。

表 6.2　自动微分反向模式计算梯度的流程

方向	节点计算过程		方向	节点梯度计算过程	
自上而下	$v_{-1}=x_1$	$=2$	自下而上	$x'_1=v'_{-1}$	$=5.5$
	$v_0=x_2$	$=5$		$x'_2=v'_0$	$=1.716$
	$v_1=\ln v_{-1}$	$=\ln 2$		$v'_{-1}=v'_{-1}+v'_1\dfrac{\partial v_1}{\partial v_{-1}}$	$=5.5$
	$v_2=v_{-1}\times v_0$	$=2\times5$		$v'_0=v'_0+v'_2\dfrac{\partial v_2}{\partial v_0}$	$=1.716$
				$v'_{-1}=v'_2\dfrac{\partial v_2}{\partial v_{-1}}$	$=5$
	$v_3=\sin v_0$	$=\sin 5$		$v'_0=v'_3\dfrac{\partial v_3}{\partial v_0}$	$=-0.284$
	$v_4=v_1+v_2$	$=0.693+10$		$v'_2=v'_4\dfrac{\partial v_4}{\partial v_2}$	$=1$
				$v'_1=v'_4\dfrac{\partial v_4}{\partial v_1}$	$=1$
	$v_5=v_4-v_3$	$=10.693+0.959$		$v'_3=v'_5\dfrac{\partial v_5}{\partial v_3}$	$=-1$
				$v'_4=v'_5\dfrac{\partial v_5}{\partial v_4}$	$=1$
	$f(x_1,x_2)=v_5$	$=11.652$		$v'_5=f'(x_1,x_2)$	$=1$

　　自动微分反向模式的计算过程分为两个阶段,第一个阶段是进行前向传播,该阶段需要获得目标函数的所有中间变量,记录计算图中所有中间变量之间的依赖关系。第二个阶段是进行反向传播,该阶段需要计算输出变量关于每个中间变量的梯度。如表 6.2 所示,以中间变量 v_0 为例,从表中可以看出,中间变量 v_0 会通过产生中间变量 v_2 和 v_3 来影响输出变量。根据全微分定义,中间变量 v_0 对输出变量的贡献度可以通过公式(6.3)计算,输出变量关于中间变量 v_0 的梯度可以通过公式(6.4)计算。

$$v'_0=\frac{\partial f}{\partial v_0}=\frac{\partial f}{\partial v_2}\frac{\partial v_2}{\partial v_0}+\frac{\partial f}{\partial v_3}\frac{\partial v_3}{\partial v_0}=v'_2\frac{\partial v_2}{\partial v_0}+v'_3\frac{\partial v_3}{\partial v_0} \tag{6.3}$$

$$v'_0=v'_3\frac{\partial v_3}{\partial v_0}$$

$$v'_0=v'_0+v'_2\frac{\partial v_2}{\partial v_0} \tag{6.4}$$

　　自动微分反向模式的优点是高效和准确,只需要分别执行一次前向传播和一次反向传播就可以得到一个输出变量关于所有输入变量的偏导数,在输入向量维度大于输出向量维度时计算效率很高。缺点是自动微分反向模式将计算过程分为两个阶段,需要生成、保存和使用前向传播与反向传播阶段的大量中间变量,实现原理复杂并且实现难度大。在生成中间变量的过程中,因为自动微分反向模式需要先完成前向传播再进行反向传播,所以深度学习编译器在前向传播阶段完成后才能使用前向传播阶段的中间变量,导致该过程的中间变量有较长的生命周期,会占用大量内存。在使用前向传播中间变量的过程中,因为反向传播和前向传播阶段的数据流向相反,所以深度学习编译器生成和使用前向传播中间变量的顺序也相反,该特性会导致中间变量的重用距离较远,严重破坏系统的时间局部性。

梯度是多元函数分别对所有自变量求偏导数并且把求得的偏导数组合形成的向量。例如,多元函数 $f(x,y)$ 的梯度如公式(6.5)所示。

$$\nabla f(x,y) = \left[\frac{\partial f(x,y)}{\partial x}, \frac{\partial f(x,y)}{\partial y}\right] \tag{6.5}$$

雅可比矩阵是多个多元函数分别对各自的所有自变量求偏导数并且把求得的偏导数组合形成的矩阵。例如,多元函数 $f(x,y)$ 和 $g(x,y)$ 的梯度组合得到的雅可比矩阵如公式(6.6)所示。

$$\boldsymbol{J} = \begin{bmatrix} \nabla f(x,y) \\ \nabla g(x,y) \end{bmatrix} = \begin{bmatrix} \dfrac{\partial f(x,y)}{\partial x} & \dfrac{\partial f(x,y)}{\partial y} \\ \dfrac{\partial g(x,y)}{\partial x} & \dfrac{\partial g(x,y)}{\partial y} \end{bmatrix} \tag{6.6}$$

对于函数 $\boldsymbol{y} = f(\boldsymbol{x})$,其中 $\boldsymbol{y} = [y_1, y_2, \cdots, y_m]^{\mathrm{T}}$,$\boldsymbol{x} = [x_1, x_2, \cdots, x_n]^{\mathrm{T}}$,$m$ 和 n 是任意实数,函数 $\boldsymbol{y}$ 关于自变量 $\boldsymbol{x}$ 的梯度组合形成的雅可比矩阵如公式(6.7)所示。

$$\boldsymbol{J}_f = \begin{bmatrix} \nabla y_1(x_1, \cdots, x_n) \\ \vdots \\ \nabla y_m(x_1, \cdots, x_n) \end{bmatrix} = \begin{bmatrix} \dfrac{\partial y_1}{\partial x_1} & \cdots & \dfrac{\partial y_1}{\partial x_n} \\ \vdots & \ddots & \vdots \\ \dfrac{\partial y_m}{\partial x_1} & \cdots & \dfrac{\partial y_m}{\partial x_n} \end{bmatrix} \tag{6.7}$$

使用自动微分前向模式计算函数 $\boldsymbol{y} = f(\boldsymbol{x})$ 的雅可比矩阵时,对于每一个输入变量 x_i 进行一次前向传播,可以迭代计算出雅可比矩阵的每一列,其中 $1 \leqslant i \leqslant n$。使用自动微分反向模式计算函数 $\boldsymbol{y} = f(\boldsymbol{x})$ 的雅可比矩阵时,对于一个输出变量 y_j 进行一次反向传播,可以迭代计算出雅可比矩阵的每一行,其中 $1 \leqslant j \leqslant m$。所以当雅可比矩阵的行数大于列数时,即当输出向量维度大于输入向量维度时,使用自动微分前向模式计算梯度效率更高。当列数大于行数时,即当输入向量维度大于输出向量维度时,使用自动微分反向模式计算梯度效率更高。因为模型中输入参数的数量往往大于输出参数的数量,所以大部分深度学习编译器选择采用自动微分反向模式。

6.3 自动微分的实现

不同类型深度学习编译器中自动微分使用的数学原理大致相同,但是具体实现方式需要充分考虑深度学习编译器的特点和计算机的资源开销。根据封装微分表达式的方法进行分类,自动微分的实现方式可以分为基本表达式法、操作符重载法和源码转换法。基本表达式法需要封装基本表达式和对应的微分表达式作为库函数。操作符重载法需要利用高级编程语言的多态特性,使用操作符重载的方式重载基本表达式并且封装对应的微分表达式。源码转换法需要扩展语言预处理器、深度学习编译器或者解释器的功能,预定义基本表达式对应的微分表达式。下面将以计算目标函数 $f(x_1, x_2)$ 在 $(x_1, x_2) = (2,5)$ 处的梯度为例介绍自动微分不同实现方式的基本流程和优缺点。

6.3.1 基本表达式法

基本表达式法也被称为元素库法,关键步骤是实现一个能够封装一系列基本表达式和对应微分表达式的元素库,微分表达式包含基本表达式对应的微分规则和链式求导法则。使用基本表达式法计算目标函数的梯度时,首先在程序运行前,需要手动将目标函数分解为基本表达式组合并且编写程序;然后在程序运行时,元素库会记录程序运行时所有的基本表达式和对应的组合关系,调用元素库中对应的微分表达式替换基本表达式;最后使用链式求导法则对微分表达式的结果进行组合,获得梯度结果。

以计算目标函数 $f(x_1, x_2)$ 在 $(x_1, x_2) = (2,5)$ 处的梯度为例,使用基本表达式法实现自动微分前向模式的基本流程主要包括以下三步。

第一步,将目标函数 $f(x_1, x_2)$ 中的所有操作分解为元素库中的基本表达式组合。分解得到的基本表达式组合如代码6-1所示。

代码6-1 函数 $f(x_1, x_2)$ 分解得到的基本表达式组合

```
# 基本表达式组合
t1 = log(x)
t2 = sin(x)
t3 = x1 * x2
t4 = x1 + x2
t5 = x1 - x2
```

第二步,使用元素库中的微分表达式替换基本表达式组合,编写目标函数对应微分函数的程序。元素库中的微分表达式示例如代码6-2所示。

代码6-2 元素库中的微分表达式示例

```
# 元素库中的微分表达式示例
def ADAdd(x, y, dx, dy, t, dt):
    t = x + y
    dt = dx + dy
def ADSub(x, y, dx, dy, t, dt):
    t = x - y
    dt = dx - dy
def ADMul(x, y, dx, dy, t, dt)
    t = x * y
    dt = ydx + xdy
def ADLog(x, dx, t, dt)
    t = log(x)
    dt = dx/x
def ADSin(x, dx, t, dt)
    t = sinx
    dt = cosxdx
```

第三步,设置目标函数自变量,实现自动微分前向模式,计算目标函数 $f(x_1, x_2)$ 在 $(x_1, x_2) = (2,5)$ 处的梯度。由于需要实现自动微分前向模式,因此需要完成一次前向传播,该过程如代码6-3所示。

代码6-3 基本表达式法实现自动微分前向模式示例

```
# 基本表达式法实现自动微分前向模式示例
x1 = 2
x2 = 5
```

```
t1 = ADlog(x1)
t2 = ADSin(x2)
t3 = ADMul(x1, x2)
t4 = ADAdd(t1, t3)
t5 = ADSub(t4, t2)
```

基本表达式法的优点是简单、直接,并且基本可以在任何语言中快速实现。缺点是需要手工分解函数并且必须使用库函数进行编程,实现难度较高且工作量较大。在操作符重载法和源码转换法没有出现之前,基本表达式法是深度学习编译器中实现自动微分的常用方法。

6.3.2 操作符重载法

操作符重载法也被称为运算重载法,关键步骤是在具有多态特性的高级语言中,使用操作符重载的方式重载算子并且封装对应的微分规则。使用操作符重载法计算目标函数的梯度时,系统首先需要定义一种存储数据结构,该存储数据结构能够按照操作顺序记录程序的所有算子和对应的组合关系。然后如果需要实现自动微分前向模式,则正序遍历该存储结构;如果需要实现自动微分反向模式,则逆序遍历该存储结构。之后在遍历过程中利用封装的微分规则对遍历得到的算子进行微分,获得微分结果。最后使用链式求导法则对微分结果进行组合,获得梯度结果。当前,大部分使用操作符重载法的深度学习编译器选择实现自动微分反向模式。

以计算目标函数 $f(x_1, x_2)$ 在 $(x_1, x_2) = (2, 5)$ 处的梯度为例,使用操作符重载法实现自动微分反向模式的基本流程主要包括以下三步。

第一步,定义数据结构 Variable 和 Tape。数据结构 Variable 代表变量类,该变量类需要重载算子并且封装对应的微分规则。在微分规则中,如果可以获得目标函数输出关于当前算子输出的梯度、当前算子输出关于当前算子输入的梯度、当前算子输入和输出信息,则能够通过链式求导法则进行组合,获得目标函数输出关于当前算子输入的梯度。数据结构 Tape 能够记录算子微分规则,以及对应的输入和输出信息。程序运行时,系统需要定义数据结构 Tape 列表,所有的算子信息会按照顺序记录到数据结构 Tape 列表中。数据结构 Variable 重载算子如代码 6-4 所示。

代码 6-4 数据结构 Variable 重载算子

```
# 数据结构 Variable
class Variable:
    # 初始化
    def _init(self, value, name = None):
        self.value = value
        self.name = name
    # 重载算子
    def _mul(self, other):
        return ops_mul(self, other)
    # 其他算子重载方法类似
    def _add(self, other)
    def _sub(self, other)
    def _div(self, other)

# 数据结构 Tape
class Tape(NamedTuple):
```

```
    # 算子输入和输出信息
    inputs : List[str]
    outputs : List[str]
    # 微分规则
    propagate : 'Callable[List[Variable], List[Variable]]'

# 定义数据结构 Tape 列表
gradient_tape : List[Tape] = []

# 以乘法算子为例进行重载
# 其他算子重载方法类似
def ops_mul(self, other):
    # 前向传播
    x = Variable(self.value * other.value)
    # 反向传播
    # dl_doutputs:目标函数输出关于当前算子输出的梯度
    # doutputs_diutputs:当前算子输出关于当前算子输入的梯度
    # dl_dinputs:目标函数输出关于当前算子输入的梯度
    def propagate(dl_doutputs):
        dl_dx, = dl_doutputs
        dx_dself = other
        dx_dother = self
        dl_dself = dl_dx * dx_dself
        dl_dother = dl_dx * dx_dother
        dl_dinputs = [dl_dself, dl_dother]
        return dl_dinputs

    # 利用数据结构 Tape 列表记录算子微分规则,以及对应的输入和输出信息
    tape = Tape(inputs = [self.name, other.name], outputs = [x.name], propagate = propagate)
    gradient_tape.append(tape)
    return x
```

第二步,逆序遍历数据结构 Tape 列表,完成自动微分反向模式。前向传播完成后,数据结构 Tape 列表会记录所有的算子信息。在反向传播时,首先系统需要逆序遍历数据结构 Tape 列表。然后在遍历过程中,系统会利用封装的微分规则对遍历得到的算子进行微分,获得微分结果。最后当一个算子有多个操作数时,该算子可以通过多个操作数影响目标函数输出,所以需要完成梯度累计,即汇总目标函数输出关于该算子所有输入的梯度。该过程如代码 6-5 所示。

代码 6-5 操作符重载法实现自动微分反向模式的过程

```
# 操作符重载法实现自动微分反向模式的过程
def grad(l, results):
    # 定义字典数据结构,存储目标函数输出关于算子输出的梯度
    dl_d = {}
    # 目标函数输出关于最后一个算子输出的梯度为1
    dl_d[l.name] = Variable(1.)

    # 存储目标函数输出关于算子输出的梯度
    def gather_grad(entries):
        return [dl_d[entry] if entry in dl_d else None for entry in entries]

    # 逆序遍历数据结构 Tape 列表
    for entry in reversed(gradient_tape):
        # 完成当前算子的微分操作
        # dl_doutputs:目标函数输出关于当前算子输出的梯度
```

```
# dl_dinputs:目标函数输出关于当前算子输入的梯度
dl_doutputs = gather_grad(entry.outputs)
dl_dinputs = entry.propagate(dl_doutputs)
# 梯度累计
for input, dl_dinput in zip(entry.inputs, dl_dinputs):
    if input not in dl_d:
        dl_d[input] = dl_dinput
    else:
        dl_d[input] += dl_dinput

# 存储目标函数输出关于算子输出的梯度
return gather_grad(result.name for result in results)
```

第三步,设置目标函数自变量,实现自动微分反向模式,计算目标函数 $f(x_1, x_2)$ 在 $(x_1, x_2) = (2, 5)$ 处的梯度。因为需要实现自动微分反向模式,所以需要完成一次前向传播和一次反向传播,该过程如代码 6-6 所示。

代码 6-6　操作符重载法计算梯度的过程

```
# 操作符重载法计算梯度的过程
# 定义目标函数自变量
x1 = Variable.constant(2., name = 'v - 1')
x2 = Variable.constant(5., name = 'v0')
# 前向传播
y = Variable.log(x1) + x1 * x2 - Variable.sin(x2)
# 反向传播
dx1, dx2 = grad(y, [x1, x2])
```

PyTorch 是一种典型的使用操作符重载法的技术,该技术提供的自动微分工具类 autograd 可以用于实现自动微分反向模式,其实现过程主要包括前向传播和反向传播两个阶段。在前向传播阶段,PyTorch 会从叶子节点开始,到根节点结束,使用反向微分算子构造一个虚拟的动态反向计算图。该动态反向计算图并不是真实的图数据结构,而是通过特定的数据结构将所有反向微分算子联系起来形成的。在反向传播阶段,PyTorch 会从根节点开始,到叶子节点结束,利用链式求导法则组合所有反向微分算子结果,获得梯度结果。

为了实现自动微分反向模式,PyTorch 通过操作符重载的方式为所有基本算子定义了对应的反向微分算子。PyTorch 乘法算子对应的反向微分算子如代码 6-7 所示。

代码 6-7　PyTorch 乘法算子对应的反向微分算子

```
// 以乘法算子对应的反向微分算子为例
// 其他基本算子对应的反向微分算子类似
variable_list MulBackward0::apply(variable_list&& grads) {
    // 定义算子输入的位置信息
    auto self_ix = gen.range(1);
    auto other_ix = gen.range(1);
    variable_list grad_inputs(gen.size());
    auto& grad = grads[0];
    auto self = self_.unpack();
    auto other = other_.unpack();
    bool any_grad_defined = any_variable_defined(grads);
    // 分别对操作数求解梯度
    if (should_compute_output({ other_ix })) {
        auto grad_result = any_grad_defined?
          (mul_tensor_backward(grad, self, other_scalar_type)) : Tensor();
        copy_range(grad_inputs, other_ix, grad_result);
    }
```

```
    if (should_compute_output({ self_ix })) {
        auto grad_result = any_grad_defined?
          (mul_tensor_backward(grad, other, self_scalar_type)) : Tensor();
        copy_range(grad_inputs, self_ix, grad_result);
    }
    // 返回反向微分算子结果
    return grad_inputs;
}
```

在前向传播阶段,PyTorch 会构造一个虚拟的动态反向计算图,该动态反向计算图主要由 Node 类、Edge 类构成。Node 类代表一个运算操作,可以使用 next_edges_ 属性记录该 Node 类节点的所有输出边,Edge 类代表 Node 类节点之间的输出边。在动态反向计算图中,Node 类节点通过 Edge 类边指向下一个要执行的 Node 类节点。PyTorch 前向传播阶段的基本流程主要包括以下两步。

第一步,构造动态反向计算图的叶子节点,即前向传播的起点和反向传播的终点。在该过程中,需要分别实例化 AccumulateGrad 类和 Tensor 类并且绑定两者,AccumulateGrad 类是 Node 类的派生类,代表动态反向计算图的叶子节点,Tensor 类代表计算过程中生成的张量。实例化 Tensor 类时需要设置一些属性,requires_grad 属性用于判断张量是否需要被跟踪并且计算梯度,默认为 false,如果设置 true,则所有依赖该张量节点张量的 requires_grad 属性也是 true。is_leaf 属性用于判断张量是否为叶子节点,显式初始化的张量是叶子节点。data 属性表示张量的值,grad 属性用于保存张量对应的梯度,grad_fn 属性会指向一个表示反向微分算子的 Node 类对象。在反向传播的过程中,autograd 类只会计算和保留 requires_grad 属性和 is_leaf 属性都为 true 的节点的梯度。

第二步,按照计算顺序完成所有操作。在完成每个操作时,PyTorch 首先需要将算子派发到对应的硬件设备上,获取前向传播的计算结果。然后会获取该算子对应的反向微分算子,并将其与前向传播的计算结果绑定。最后会构造反向微分算子之间的输出边,使用反向微分算子的 next_edges_ 属性指向前向传播的输入参数。如果输入是叶子节点,则指向叶子节点的 AccumulateGrad 类实例化对象。如果输入不是叶子节点,则指向输入对应的反向微分算子。按照计算顺序完成所有操作后便能够获得前向传播的计算结果和利用反向微分算子构造的动态反向计算图。前向传播阶段的关键是按照计算顺序完成所有操作和构造动态反向计算图,该过程如代码 6-8 所示。

代码 6-8　PyTorch 前向传播阶段构造动态反向计算图

```
// 以乘法算子为例构造动态反向计算图
// 其他算子构造方式类似
at::Tensor mul_Tensor(c10::DispatchKeySet ks, const at::Tensor & self,
                const at::Tensor & other) {
    // 获取乘法算子信息
    auto& self_ = unpack(self, "self", 0);
    auto& other_ = unpack(other, "other", 1);
    [[maybe_unused]] auto _any_requires_grad = compute_requires_grad( self, other );
    // 获取乘法算子对应的反向微分算子
    std::shared_ptr< MulBackward0 > grad_fn;
    // 反向传播
    if (_any_requires_grad) {
        // 设置反向微分算子
        grad_fn = std::shared_ptr< MulBackward0 >(new MulBackward0(), deleteNode);
```

```
            // 构造反向微分算子输出边
            grad_fn->set_next_edges(collect_next_edges( self, other ));
            if (grad_fn->should_compute_output(1)) {
                grad_fn->self_ = SavedVariable(self, false);
            }
            // 设置反向微分算子输出边的类型
            grad_fn->other_scalar_type = other.scalar_type();
            grad_fn->self_scalar_type = self.scalar_type();
            if (grad_fn->should_compute_output(0)) {
                grad_fn->other_ = SavedVariable(other, false);
            }
        }
        // 前向传播
        auto _tmp = ([&]() {
            at::AutoDispatchBelowADInplaceOrView guard;
            return at::redispatch::mul(ks & c10::after_autograd_keyset, self_, other_);
        })();
        auto result = std::move(_tmp);
        // 将反向微分算子添加到动态反向计算图中
        if (grad_fn) {
            set_history(flatten_tensor_args( result ), grad_fn);
        }
        return result;
    }

    // 将反向微分算子添加到动态反向计算图中
    inline void set_history(
        at::Tensor& variable,
        const std::shared_ptr<Node>& grad_fn) {
        // 设置反向微分算子的输入信息
        auto output_nr = grad_fn->add_input_metadata(variable);
        // 将反向微分算子添加到动态反向计算图中
        // 并且和前向传播的计算结果绑定
        impl::set_gradient_edge(variable, {grad_fn, output_nr});
    }
```

　　在反向传播阶段,PyTorch 需要执行前向传播阶段生成的动态反向计算图,获得梯度结果,PyTorch 反向传播阶段的基本流程主要包括以下三步。

　　第一步,解析反向传播输入参数,获得反向传播起点、反向传播起始梯度和反向传播输出边,反向传播起始梯度在没有设置的情况下会初始化为值为 1 的张量。

　　第二步,初始化调度执行动态反向计算图的 Engine 引擎类,设置执行动态反向计算图的基本信息。在该过程中,首先需要设置基本信息和构建等待队列。GraphRoot 实例化对象是根据反向传播起点构建的,该实例代表反向传播的起点。GraphTask 实例化对象是一个动态图级别的资源管理对象,该实例拥有执行一次反向传播需要的所有数据。NodeTask 实例化对象是等待队列中待执行的节点任务,等待队列用于保证 NodeTask 实例化对象按照一定的顺序执行。然后需要计算出 GraphTask 实例化对象中所有节点的依赖数。

　　第三步,执行动态反向计算图。在该过程中,PyTorch 首先需要将 GraphRoot 实例化对象添加到等待队列中。然后按照顺序取出等待队列中的 NodeTask 实例化对象,执行 NodeTask 实例化对象对应的反向微分算子。之后遍历该反向微分算子的输出边,将输出边对应节点的依赖减 1。如果输出边对应节点的依赖为 0,则将该节点加入等待队列中。最后进行循环,直到完成 GraphTask 实例化对象中所有节点的计算。反向传播阶段的关键是执行动态反向计算图,调用反向微分算子并且获得梯度结果,该过程如代码 6-9 所示。

代码 6-9　PyTorch 反向传播阶段执行动态反向计算图

```
// PyTorch 反向传播阶段执行动态反向计算图
// 调用反向微分算子
static variable_list call_function(std::shared_ptr < GraphTask > & graph_task, Node * func,
                       InputBuffer& inputBuffer) {
    auto& fn = * func;
    auto inputs = call_tensor_pre_hooks(fn, InputBuffer::variables(std::move
(inputBuffer)));
    // 调用预处理函数
    inputs = call_pre_hooks(fn, std::move(inputs));
    const auto has_post_hooks = !fn.post_hooks().empty();
    variable_list outputs;
    // 调用反向微分算子
    if (has_post_hooks) {
        auto inputs_copy = inputs;
        outputs = fn(std::move(inputs_copy));
    } else {
        outputs = fn(std::move(inputs));
    }
    // 调用后处理函数
    if (has_post_hooks) {
        return call_post_hooks(fn, std::move(outputs), inputs);
    }
    return outputs;
}
```

操作符重载法的优点是实现简单,只需要编程语言具有多态能力即可,通过重载方式获得的反向微分算子和原算子的使用方式相似。缺点是需要构造特殊的数据结构并且需要对该特殊数据结构进行大量读写和遍历操作,该特性不利于高阶微分的实现,系统难以使用操作符重载方式定义 if、while 等控制流表达式的微分规则。

6.3.3　源码转换法

源码转换法也被称为源码变换法,关键步骤是扩展语言预处理器、深度学习编译器或者解释器的功能,预定义基本表达式对应的微分表达式。在该过程中,语言预处理器、深度学习编译器或者解释器能够将目标函数程序作为输入,将完成自动微分的微分函数程序作为输出。使用源码转换法计算目标函数的梯度时,系统首先需要分析目标函数程序并且将程序自动分解为一系列基本表达式,获取基本表达式之间的组合关系。然后使用预定义的微分表达式替换基本表达式。最后使用链式求导法则对微分表达式进行组合,获得目标函数对应的微分函数。当前,大部分使用源码转换法的深度学习编译器选择实现自动微分反向模式。

以计算目标函数 $f(x_1, x_2)$ 在 $(x_1, x_2) = (2, 5)$ 处的梯度为例,使用源码转换法实现自动微分反向模式的基本流程主要包括以下三步。

第一步,分析目标函数程序,获得程序对应的抽象语法树。函数 $f(x_1, x_2)$ 的抽象语法树如图 6.6 所示。

第二步,通过分析目标函数程序对应的抽象语法树,将目标函数程序分解为一系列基本表达式,使用预定义的微分表达式替换基本表达式。此外,通过遍历抽象语法树,系统能够获得基本表达式之间的组合关系。

第三步,使用链式求导法则对微分表达式的结果进行组合,获得目标函数程序对应的微分函数程序。函数 $f(x_1,x_2)$ 对应微分函数的抽象语法树如图 6.7 所示。

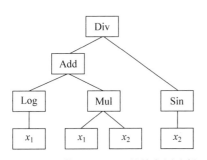

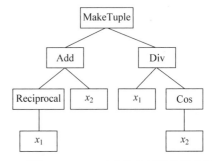

图 6.6 函数 $f(x_1,x_2)$ 的抽象语法树 　　图 6.7 函数 $f(x_1,x_2)$ 对应微分函数的抽象语法树

MindSpore 是一种典型的使用源码转换法的技术,该技术提供的自动微分接口 grad 和 value_and_grad 可以用于实现自动微分反向模式。MindSpore 执行模式主要有两种,分别是静态计算图模式和动态计算图模式,静态计算图模式是默认执行模式。静态计算图模式下,深度学习编译器可以针对静态计算图进行全局优化,获得较好的性能。动态计算图模式下,深度学习编译器可以将算子按照顺序依次下发执行,方便进行调试。因为 grad 接口和 value_and_grad 接口的实现原理相同,下面将以 grad 接口为例进行介绍。

MindSpore 中自动微分反向模式的实现依赖于 MindIR 和反向微分算子。为了实现自动微分,MindSpore 为大部分算子定义了对应的反向微分算子,允许开发人员按照规范注册自定义算子和对应的反向微分算子,注册成功后即可在自动微分中使用。MindSpore 乘法算子对应的反向微分算子如代码 6-10 所示。

代码 6-10　MindSpore 乘法算子对应的反向微分算子

```
// 以乘法算子对应的反向微分算子为例
// 其他基本算子对应的反向微分算子类似
@bprop_getters.register(P.Mul)
def get_bprop_mul(self):
    mul_func = P.Mul()
    # 反向传播
    def bprop(x, y, out, dout):
        if x.dtype in (mstype.complex64, mstype.complex128):
            raise TypeError("For 'Mul', gradient not support for complex type currently.")
        bc_dx = mul_func(y, dout)
        bc_dy = mul_func(x, dout)
        return binop_grad_common(x, y, bc_dx, bc_dy)
    # 返回反向微分算子结果
    return bprop
```

在静态计算图模式和动态计算图模式下,grad 接口都可以实现自动微分反向模式。两种执行模式都包括前向传播和反向传播两个阶段,都会建立前向计算图和反向计算图,但是不同执行模式下不同阶段的具体实现原理并不完全相同。在静态计算图模式下,自动微分反向模式是基于图结构的微分,MindSpore 首先需要建立前向计算图。然后从前向计算图的叶子节点开始,到根节点结束,依次分析前向计算图节点,构造对应的反向计算图节点。该执行模式下自动微分的结果与具体数值无关,只与目标函数对应的静态前向计算图的结构有关。在动态计算图模式下,自动微分反向模式是基于张量的微分,前向计算图和反向计算图的建立是同时进行的,即每构造一个前向计算图节点,需要同时构造一个对应的反向计算图节点。

静态计算图模式和动态计算图模式下建立的前向计算图和反向计算图结构相似,但是并不完全相同。以函数 $f(x_1, x_2)$ 为例,两种执行模式下构造的前向计算图如图 6.8 所示,x_1 和 x_2 代表操作数;实线代表不同的 CNode 节点之间,以及 CNode 节点和操作数之间的连接;虚线代表 CNode 节点和算子之间的连接。

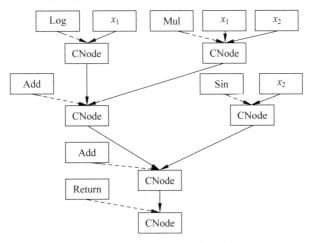

图 6.8 函数 $f(x_1, x_2)$ 的前向计算图

在静态计算图模式下的前向传播阶段,MindSpore 不会记录任何信息,而是完成目标函数中的所有前向操作,建立目标函数对应的静态前向计算图。MindSpore 静态计算图模式下前向传播阶段的基本流程主要包括以下两步。

第一步,首先开发人员需要设置执行模式为静态计算图模式,定义需要计算梯度的目标函数。静态计算图模式下定义目标函数的方法主要有两种,一种是使用 nn.Cell 类并且在 construct 函数中编写执行代码;另一种是调用@jit 装饰器装饰目标函数。然后开发人员设置需要计算梯度的输入参数变量或者神经网络变量的位置信息并调用 grad 接口。

第二步,在前向传播建立静态前向计算图的过程中,MindSpore 会按照计算顺序完成目标函数中的所有前向操作,建立目标函数对应的静态前向计算图,获得计算结果。该阶段的实质是通过源码转换的方式,将目标函数程序转换为对应的静态前向计算图,生成对应的中间表示。

在静态计算图模式下的反向传播阶段,MindSpore 首先需要获取目标函数对应的静态前向计算图,然后分析静态前向计算图,建立微分函数对应的静态反向计算图,最后使用硬件设备执行静态反向计算图,获得梯度结果。MindSpore 静态计算图模式下反向传播阶段的基本流程主要包括以下四步。

第一步,定义待处理节点数组,获得目标函数对应的静态前向计算图返回节点,将该返回节点加入待处理节点数组中。

第二步,遍历待处理节点数组,对其中每个静态前向计算图节点进行分析并且构造对应的反向微分图。在节点分析的过程中,通过分析静态前向计算图节点的算子,可以获得对应的反向微分算子。反向微分算子是一个算子序列,该算子序列会按照执行顺序组合成一个计算图,即静态前向计算图节点对应的反向微分图。将反向微分图中未进行微分的节点加入待处理节点数组中继续处理,直到完成待处理节点数组中所有节点的分析。

第三步,完成所有操作后,MindSpore 能够建立微分函数对应的动态反向计算图。以函数 $f(x_1,x_2)$ 为例,该函数对应微分函数的静态反向计算图如图 6.9 所示,x_1 和 x_2 代表操作数;实线代表不同的 CNode 节点之间,以及 CNode 节点和操作数之间的连接;虚线代表 CNode 节点和算子之间的连接;MakeTuple 表示算子整理。

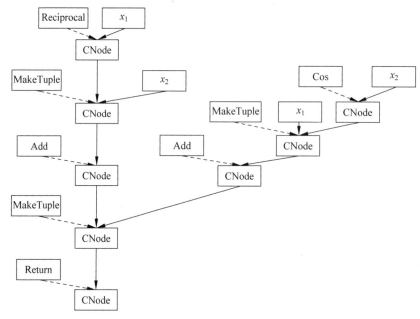

图 6.9　函数 $f(x_1,x_2)$ 对应微分函数的静态反向计算图

第四步,MindSpore 首先需要按照 grad 接口输入的参数变量或者神经网络变量的位置信息构造微分函数输入参数,然后将输入参数代入微分函数中,最后调用微分函数,执行对应的静态反向计算图,获得梯度结果。

静态计算图模式下 grad 接口实现自动微分反向模式反向传播阶段的核心是根据静态前向计算图建立静态反向计算图,该过程如代码 6-11 所示。

代码 6-11　MindSpore 静态计算图模式下反向传播阶段的过程

```
// MindSpore 静态计算图模式下反向传播阶段的过程
// 建立静态反向计算图
bool SubstitutionList::ApplyIRToSubstitutions(const OptimizerPtr &optimizer,
                                              const FuncGraphPtr &func_graph) const {
    // 定义待处理节点数组
    std::deque< AnfNodePtr > todo;
    // 将静态前向计算图返回节点加入待处理节点数组中
    (void)todo.emplace_back(func_graph->return_node());
    bool changes = false;
    auto &all_nodes = manager->all_nodes();
    // 遍历待处理节点数组
    while (!todo.empty()) {
        AnfNodePtr node = std::move(todo.front());
```

```
        todo.pop_front();
        bool change = false;
        // 对节点进行自动微分
        for (auto &substitution : list_) {
            // 建立反向微分图
            auto res = DoTransform(optimizer, node, substitution);
            if (res != nullptr) {
                changes = true;
                node = res;
                break;
            }
        }
        // 更新待处理节点数组
        UpdateTransformingListForSubstitutions(node, &todo, change);
        UpdateTransformingListWithUserNodes(optimizer, node, &todo, change, seen);
    }
    return changes;
}
```

在动态计算图模式下的前向传播阶段,MindSpore 首先需要按照计算顺序将目标函数中所有应用于张量的算子记录下来,为每个算子构造对应的反向微分图,然后将所有反向微分图连接起来建立微分函数对应的动态反向计算图。MindSpore 动态计算图模式下前向传播阶段的基本流程主要包括以下三步。

第一步,开发人员需要设置执行模式为动态计算图模式,定义需要计算梯度的目标函数。然后开发人员设置需要计算梯度的输入参数变量或者神经网络变量的位置信息并调用 grad 接口。

第二步,按照计算顺序完成所有操作,对其中的每个操作进行分析,建立对应的反向微分图。完成每个操作的分析时,首先通过分析操作的算子获得对应的反向微分算子,反向微分算子是一个算子序列,该算子序列会按照执行顺序组合成一个计算图,即操作对应的反向微分图。然后根据反向微分算子的输入信息设置反向微分图的输入信息,根据算子的输入信息设置反向微分图的输出信息。

第三步,完成所有操作,获得前向传播的结果,建立微分函数对应的动态反向计算图。以函数 $f(x_1, x_2)$ 为例,该函数对应微分函数的动态反向计算图如图 6.10 所示,x_1 和 x_2 代表操作数;实线代表不同的 CNode 节点之间,以及 CNode 节点和操作数之间的连接;虚线代表 CNode 节点和算子之间的连接;MakeTuple 表示算子整理。

动态计算图模式下 grad 接口实现自动微分反向模式前向传播阶段的关键是按照计算顺序完成所有操作,获得目标函数的计算结果,建立微分函数对应的动态反向计算图,该过程如代码 6-12 所示。

代码 6-12　MindSpore 动态计算图模式下前向传播阶段的过程

```
// MindSpore 动态计算图模式下前向传播阶段的过程
// 动态计算图模式下前向传播阶段
py::object PyNativeExecutor::RealRunOp(const py::args &args) const {
    // 算子
    FrontendOpRunInfoPtr op_run_info = forward_executor()->GenerateOpRunInfo(args);
    // 完成前向操作
    PyNativeExecutorTry(forward_executor()->RunOpS, op_run_info);
    // 返回目标函数的计算结果
    return PyNativeAlgo::DataConvert::ValueToPyObj(op_run_info->out_value);
```

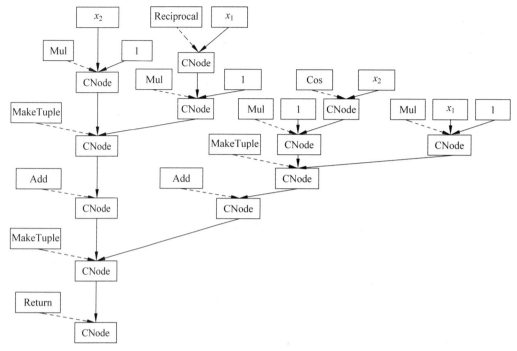

图 6.10 函数 $f(x_1, x_2)$ 对应微分函数的动态反向计算图

```
    }

    // 完成前向操作
    void ForwardExecutor::RunOpForward(const FrontendOpRunInfoPtr &op_run_info) {
        // 执行算子并且获得计算结果
        if (!op_run_info->output_get_by_infer_value) {
            GetOutput(op_run_info);
        }
        // 对算子进行自动微分
        grad()->ProcessOpGradInfo(op_run_info);
    }

    // 对算子进行自动微分
    void GradExecutor::ProcessOpGradInfo(const FrontendOpRunInfoPtr &op_run_info) const {
        // 建立动态前向计算图
        const auto &cnode = ConstructForwardGraph(op_run_info);
        // 对算子进行自动微分
        DoOpGrad(op_run_info, cnode, op_run_info->out_value);
        top_cell()->GetOpInfo(op_run_info);
        // 更新动态反向计算图
        UpdateForwardTensorInfoInBpropGraph(op_run_info->op_info,
                                            op_run_info->out_value);
    }

    // 对算子进行自动微分
    bool AutoGradCellImpl::KPynativeOp(const GradParamPtr &grad_param) {
        // 获取动态前向计算图节点算子
        auto prim = GetCNodePrimitive(grad_param->cnode);
        // 获取前向计算图节点输出信息
        auto cloned_value = ShallowCopyTensorValue(grad_param->out);
        AnfNodePtr dout = ZerosLike(ad_param()->tape_, grad_param->out->ToAbstract());
```

```
        // 反向微分算子
        auto fn = std::make_shared< FunctionNode >(ad_param() − > tape_, dout);
        auto variable_adjoint = std::make_shared< VariableAdjoint >(fn, cloned_value);
        // 动态反向计算图节点输入
        CNodePtr input_node = ConstructBpropGraphInput(grad_param, dout,
                                            variable_adjoint, is_custom_prim);
        // 动态反向计算图节点输出
        std::vector< CNodePtr > outputs;
        // 构造动态反向计算图节点
        BuildCustomBpropCNode(input_node, prim, &outputs);
        // 设置动态反向计算图节点输出
        UpdateNextEdges(variable_adjoint, grad_param − > cnode,
                    outputs, grad_param − > op_args);
    }

    // 设置动态反向计算图节点输出
    void AutoGradCellImpl::UpdateNextEdges(const VariableAdjointPtr &variable,
                                        const CNodePtr &cnode,
                                        const std::vector< CNodePtr > &dins,
                                        const ValuePtrList &op_args) {
        // 反向微分算子
        const auto &fn = variable − > fn();
        // 遍历动态前向计算图节点输入
        for (size_t i = 0; i < op_args.size(); ++i) {
            const auto &node = cnode − > input(i + 1);
            const auto &din = dins[i];
            // 设置动态反向计算图
            UpdateNextEdge(fn, node, din, op_args[i]);
        }
        // 设置节点是否需要计算梯度
        if (fn − > next_edges().empty()) {
            variable − > set_is_need_grad(false);
        }
    }
```

在动态计算图模式下的反向传播阶段,Mindspore 首先需要按照 grad 接口输入的参数变量或者神经网络变量的位置信息构造微分函数输入参数,然后将输入参数代入微分函数中,最后调用微分函数,执行对应的动态反向计算图,获得梯度结果。

源码转换法的优点是支持多种数据类型、运算操作和控制流操作,支持开发人员自定义数据类型,容易实现高阶微分求解,不需要每次都记录微分过程中产生的大量中间变量,不需要使用额外的数据结构和读写操作,能够对运算表达式进行统一的编译优化。缺点是需要开发人员深入理解计算机体系和底层编译原理,扩展语言的预处理器、深度学习编译器或者解释器。虽然能够支持自定义的数据类型和操作,但是必须严格执行自定义规则,否则可能会产生系统错误。此外,源码转换法的微分结果以程序的形式存在,不利于进行深度调试。

自动微分作为当前主流深度学习编译器的重要功能之一,能够降低计算梯度的难度,使得开发人员将更多精力投入模型的建立中,极大地促进了深度学习的发展。虽然当前主流深度学习编译器的自动微分功能已经较为成熟,但是其在易用性、高效性、安全性和扩展性等方面仍存在很多问题并面临很多挑战,如何解决这些问题和应对这些挑战正是自动微分未来的主要研究方向。

在易用性方面,自动微分与数学中的微分机制联系密切,实现原理较为简单。但是受制于当前的技术条件,自动微分的思想无法在计算机中完全实现,其使用受到了很多限制。理想情况下,自动微分是对数学表达的分解、微分和组合。实际情况下,自动微分是对程序表达的分解、微分和组合。当前主流深度学习编译器的自动微分功能仍然难以识别程序中的控制流,难以实现对复杂数据类型的微分。所以需要不断优化自动微分的实现方法,降低自动微分的使用限制。

在高效性方面,当前主流深度学习编译器大多使用自动微分反向模式,但是该模式的实现需要保存前向传播阶段和反向传播阶段的大量中间变量,容易产生中间变量占用内存较大、生命周期较长、重用距离较远、不规则读取等问题。为了解决上述问题,开发人员提出了一系列解决方法,其中比较新颖的是对 Tape 机制存储布局和访问方式进行优化,同时使用两种优化能够提高深度学习编译器保存和使用中间变量的效率,降低缓存的使用量。Tape 机制存储布局优化是指深度学习编译器首先将 Tape 机制使用的内存拆分为不同区域,然后将中间变量根据生命周期进行分类,将具有相同生命周期的中间变量存储在相同区域,方便后续统一使用。Tape 访问方式优化是指深度学习编译器首先将模型执行转换为层结构,将前向传播阶段和反向传播阶段转换为数据流,然后约束每一层以平铺的方式访问 Tape 机制存储的操作数,并且在不同层结构之间引入流操作。此外,当前模型结构日益复杂,使用自动微分计算损失函数梯度的时间复杂度往往也比较高。所以需要研究更高效的自动微分算法,降低自动微分的时间复杂度和对存储资源的需求。

在安全性和扩展性方面,操作符重载法和源码转换法作为当前深度学习编译器中自动微分的常用实现方式,其实现过程中存在部分问题。使用操作符重载法实现自动微分的深度学习编译器一般只允许使用预定义的数据结构和算子,开发人员自由度较低,难以处理日益复杂的模型。使用源码转换法实现自动微分的深度学习编译器一般允许使用自定义数据类型和算子,开发人员自由度较高,但是开发人员的编程错误往往会造成系统错误和大量的资源浪费。所以在自动微分的实现过程中,开发人员需要处理好安全性和扩展性的平衡问题,在保障一定扩展性的条件下,充分考虑开发人员编写出不符合系统规则程序的情况,做好程序异常检测工作。

第7章

计算图优化

随着深度学习模型层次结构的不断加深和复杂化,将模型的计算逻辑表示为计算图并进行优化成为提高训练和推理速度的关键手段。计算图优化是通过一系列等价或近似的操作,将原始计算图转换为新的计算图,优化的目的在于减少计算图中的节点数量,以简化图结构,并增强数据重用以减轻数据在节点间搬运所产生的计算成本,进而降低计算复杂度和内存开销。此外,计算图优化还需要考虑适配硬件限制,确保优化后的计算图能够在不同设备上高效执行。

本章将详细探讨算子融合、混合精度改写及数据布局转换等深度学习特有的优化方法,同时也介绍了常量折叠、公共子表达式消除及代数化简等其他图优化方法。这些计算图优化方法是深度学习研究和工程实践中的关键组成部分,有助于确保深度学习模型在不同场景下都能发挥出更高的性能。

7.1 算子融合

算子融合是深度学习编译器中的一种计算图优化技术,旨在将多个算子合并为一个更大的算子,以充分利用寄存器和缓存,降低数据存储读写耗时以减少计算和内存访问的开销,提升计算设备资源的利用率。算子融合与传统循环融合带来的优势类似,包括消除冗余中间结果的实例化及实现其他优化机会等。

深度学习编译器的概念未提出之前,深度学习框架在执行模型中的算子时,会调用硬件厂商编写的高性能算子库,这些算子库提供了对深度学习算子的高效实现,使得深度学习模型能够在 GPU 等深度学习硬件加速器上执行。这一时期的算子融合往往需要手动实现,即识别模型执行过程中热点算子组合后,先通过手工方式实现这些组合对应的融合算子,并将其注册到算子库中,最后添加优化遍,在模型执行过程中匹配这些热点算子组合并替换为融合算子。手工融合的方式具有较大的工程量,且专业性较强,因此在深度学习编译器中,算子融合往往采用自动的方式实现。相较手工融合方式而言,深度学习编译器中的融合方案省去了手工识别算子组合和重写融合后算子的步骤。下面将主要介绍深度学习编译器中的算子融合方案。

深度学习编译器中规则融合的一般实现流程包括计算图划分和算子自动调度两个步骤。规则融合的核心流程可以概括如下,将算子进行分类并设计基于经验定义的融合规则后,根据融合规则遍历计算图,利用启发式的融合策略算法搜索得到融合方案并进行标记,最后通过自动调度完成融合,其中融合规则和融合策略是规则融合的关键。此外,还有一些基于模型的内存、并行及动态等特征而进行的算子融合优化,下面将对这些算子融合优化展开介绍。

7.1.1 融合规则

融合规则旨在明确哪些算子之间可以进行融合操作,融合规则的设计需要基于应用程序的需求和硬件平台的限制,考虑算子间的数据依赖关系和计算逻辑等因素,对被融合算子的类型、输入输出张量大小等进行约束限定,以保证融合后算子的性能得到提升。融合规则包括基于算子依赖、基于算子分类和基于算子执行三种。

1. 基于算子依赖的融合规则

基于算子依赖的融合规则是指根据算子间不同的数据依赖形式确定融合规则,代表性的规则包括后继节点融合、复制节点融合、多输出下兄弟节点融合及多输出下父子节点融合等。基于算子依赖关系的融合规则如图 7.1 所示。

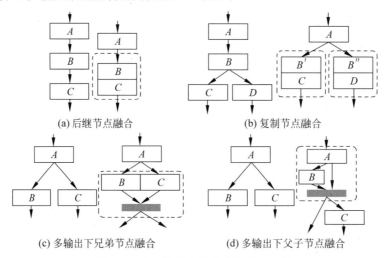

(a) 后继节点融合　　　　　(b) 复制节点融合

(c) 多输出下兄弟节点融合　　　(d) 多输出下父子节点融合

图 7.1　基于算子依赖关系的融合规则

后继节点融合如图 7.1(a)所示,是指生产者算子会被融合至其消费者算子上,但这种融合并不是无条件的,通常深度学习编译器会维护一张表来记录能带来正收益的后继节点融合的算子组合。复制节点融合如图 7.1(b)所示,是指当生产者算子具有多个消费者算子时,会将生产者算子进行复制,然后合并到每个消费者算子上。假设融合前算子 C 和 D 能够并行,则执行融合后算子 B 能与算子 C 和 D 并行,虽然该融合规则使得算子 B 需要重复计算,但免去了中间结果算子 B 向算子 C 和 D 的数据传输开销。多输出下兄弟节点融合和多输出下父子节点融合如图 7.1(c)和图 7.1(d)所示,具体是指在生产者算子 A 具有多个消费者算子 B 和 C 时,可以选择将兄弟节点 A 和 B 融合,或选择将父子节点 A 和 B 融合,这两种融合均能够减少一次读取内存的操作,同时也减少了一次算子启动开销。

基于算子依赖的融合规则具有一定的通用性,但同时融合优化策略也较为保守。开发人员可以在此类规则的基础上,根据具体领域模型的算子组合模式,通过设定融合的算子节点及定制、优化其中的规则等方式对融合规则进行扩充,以实现更多的融合优化机会。

2. 基于算子分类的融合规则

基于算子分类的融合规则是指在制定前先对算子进行分类,算子的类型在算子定义时就需要确定,完成分类后再分析各类型算子间相融合的性能收益情况,将始终能带来正收益的算子类型组合确定为融合规则。常见的分类方式包括按照算子的功能特性分类及按照输入输出映射关系分类。

按照算子的功能特性分类,可以将算子分为逐元素(element-wise)、广播(broadcast)、归约(reduction)、计算复杂(complex)等类型。其中逐元素类型的算子用于对两个张量中对应位置的元素进行逐元素操作,广播类型的算子用于将一个较小的张量广播到与另一个较大的张量相同的形状,归约类型的算子用于对张量中的元素进行求和、求平均、求最值等聚合操作,计算复杂类型的算子涉及多张量间的复杂交互,而非简单的逐元素或聚合操作,常见的有转置(transpose)、矩阵乘(matmul)、卷积(conv)等算子。基于上述按照算子功能特性的分类,整理得到按照算子功能特性分类的融合规则如表7.1所示,其中列举了能够相互融合的生产者算子类型与消费者算子类型,以及融合后得到的新算子类型。

表 7.1 按照算子功能特性分类的融合规则

规则	生产者算子类型	消费者算子类型	融合后算子类型
1	element-wise	element-wise	element-wise
2	broadcast	element-wise	broadcast
3	broadcast	broadcast	broadcast
4	element-wise	reduction	reduction
5	broadcast	reduction	reduction
6	element-wise / broadcast	transpose	transpose
7	matmul	element-wise	matmul
8	element-wise	matmul	matmul
9	conv	element-wise	conv
10	element-wise	conv	conv

按照输入输出映射关系分类,可以将算子分为一对一(one-to-one)、重组(reorganize)、乱序(shuffle)、一对多(one-to-many)及多对多(many-to-many)等类型。其中一对一类型的算子指输入输出存在一一映射的关系;重组和乱序类型的算子是特殊的一对一类型的算子,不同之处在于重组类型的算子将输入一一映射后的输出元素进行了重组,代表性的算子是张量形状变换(reshape)算子;而乱序类型的算子的输出是通过置换输入对应维度的元素而来,代表性的算子是转置(transpose)算子;一对多和多对多类型的算子分别指输入和输出存在一对多和多对多的映射关系,由于多对一可以视作特殊的多对多映射关系,所以多对多也涵盖了多对一类型。基于上述按照输入输出映射关系的分类方式,需要对不同类型之间算子融合带来的性能收益进行分析,整理得到对应的融合规则。

(1)一对一类型+任意类型:一对一类型与任意类型融合过程中,一对一类型算子的输出作为后继任意类型算子的输入。由于一对一类型的映射关系已知,因而对后继任意类型算子输入的内存访问可以被映射至一对一类型算子输入的内存访问,即可以进行替换,替换后缩短了内存访问时间,因而融合后可以带来正收益。

(2)重组/乱序类型+任意类型:重组和乱序两种类型都是一对一类型的变体,因而与后继任意类型的算子进行融合都会带来正收益。但重组和乱序类型会改变复制和访问的数据,因而在与后继为一对多和多对多类型的算子融合时,需要判断一对多和多对多类型的算子是否需要以连续的内存访问顺序复制和访问输入张量,如果需要,则无法在该融合过程中产生正收益。

(3)一对多类型＋多对多类型:一对多类型与后继为多对多类型的算子融合过程中,一对多类型的算子通常是将其输入张量通过复制等方式对张量维度进行扩充后得到输出,而这一过程会影响后继多对多类型的算子以连续的内存访问方式进行读取,因而无法带来正收益。

(4)多对多类型＋多对多类型:多对多类型与后继为多对多类型的算子融合,由于会涉及多个输入输出的读取访问,进而会加大寄存器和缓存的访问压力,往往不会产生正收益。多对多类型中的多对一算子与后继为一对多类型的算子融合后,由于数据访问模式是不确定的,因而是否带来正收益需要结合算子进行进一步具体分析。

依据上述不同映射类型算子之间融合情况的收益分析,可以将其中始终能带来正收益的组合作为融合规则,并且将其中需要具体分析的情况作为规则的补充,以供开发人员进行定制设计。最终整理得到按照算子输入输出映射关系分类的融合规则如表 7.2 所示,表中列举了能够相互融合的生产者算子类型与消费者算子类型,以及融合后得到的新算子的类型。

表 7.2　按照算子输入输出映射关系分类的融合规则

规则	生产者算子类型	消费者算子类型	融合后算子类型
1	one-to-one	任意类型	任意类型
2	reorganize	one-to-one/reorganize/shuffle	reorganize/reorganize/shuffle
3	shuffle	one-to-one/reorganize/shuffle	shuffle
4	reorganize/shuffle	one-to-many/many-to-many	one-to-many/many-to-many
5	many-to-many	one-to-many	many-to-many

基于算子分类的融合规则具有一定的泛化性,能够对深度学习模型中常见的算子进行分类,涵盖更多算子融合匹配模式,提供更多优化机会。其不足之处在于规则的设计往往凭借经验和理论分析得来,针对不同的硬件平台在性能优化能力上存在一定差异。

3. 基于算子执行的融合规则

基于算子执行的融合规则是指根据融合后算子的实际执行性能确定算子融合规则,采用这种设计的代表性方案为组合枚举,其实现思想如下,首先输入算子的定义和规格,枚举给定阈值范围内的融合组合,进而针对这些融合组合初步验证正确性,即在一组随机输入张量上执行,执行结果与未融合前相同的算子组合则可被视为候选融合算子组合。然后通过算子属性中的定义进一步准确地验证候选融合算子组合的等价性,验证完成后对剩余候选融合组合中的冗余组合进行删除。最后建立包含计算性能、访存性能等作为指标的代价模型,从中选择性能最优的融合算子组合作为融合规则。基于算子执行的融合规则因硬件平台的不同而导致融合效率不同,同时也具有较大的执行开销。

7.1.2　融合策略

算子融合规则制定后,还需要通过对计算图进行遍历,应用融合规则进行图替换。当计算图规模较大时,会出现多个符合融合规则的匹配情况,进而也存在多个图替换序列,因此需要制定融合策略来搜索性能最优的图替换序列。当前深度学习编译器中使用的具有代表性的融合策略搜索算法包括基于支配树的贪心算法、回溯搜索算法、动态规划搜索算法及基于强化学习的搜索算法等,下面将分别进行介绍。

有向无环图表示的计算图中,两个可融合算子的位置关系如图 7.2 所示,包括两种关系,一种是父子关系,如图 7.2(a)所示,可以直接进行融合;另一种是后支配关系,如图 7.2(b)所示。后支配关系中的支配点指的是在一个有向图中,从某个起点到达某个终点的所有路径上必须经过的节点,即公共祖先节点,由各个节点的支配点所构成的树则被称为支配树。图 7.2(b)中,具有后支配关系的卷积 conv2d 和逐元素加 elewise add 两个节点的融合时,需要判断 conv2d 节点未来

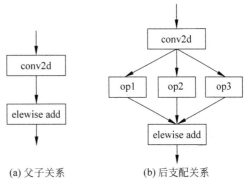

(a) 父子关系　　　　　　(b) 后支配关系

图 7.2　两个可融合算子的位置关系

路径上的节点 op1、op2、op3 是否都能和 elewise add 节点进行融合。如果可以,那么 conv2d 节点也可以和 elewise add 节点进行融合。

因此,想要对整个计算图进行算子融合,需要构建计算图所对应的后支配树,然后基于后支配树判断支配点及其之间的节点是否符合融合规则,这就是基于支配树的融合搜索算法。由于这种搜索算法仅考虑了临近节点间的融合,可被视为一种贪心算法。基于支配树的贪心算法可以帮助算子在融合过程中确定融合的算子范围,避免出现算子融合后数据依赖关系发生变化的情况。同时也可以避免在算子融合过程中引入额外的数据通信和存储,从而优化计算图的执行效率。

回溯搜索算法则是利用回溯的思想将任务分解为小任务求解。具体来讲,首先将计算图递归地分割为更小的子图,针对每个子图搜索应用算子融合规则,之后再将融合优化完成的子图重新拼接在一起,构成完整的计算图。考虑到在对计算图进行分割时,分割点附近的子图可能错失了算子融合的机会,因此最后需要围绕每个分割点进行搜索并应用算子融合规则,得到全图搜索并进行算子融合优化后的计算图。回溯算法存在搜索时间开销过大的问题。

动态规划搜索算法将迭代后搜索得到的算子融合方案附加到已搜索算子融合方案上,与回溯算法相比,能够减少冗余搜索,加快搜索速度。此外,上述传统的搜索算法还能通过剪枝、采样等优化来减小搜索空间,提升搜索速度。

强化学习等机器学习算法也可以被用于计算图划分融合方案的搜索过程中,基于强化学习的搜索算法能够跳过代价模型的建立问题。具体来讲,就是将计算图作为输入,基于设定的融合规则,每一次迭代应用一个融合规则生成相应的候选融合方案,并作为下一次迭代评估的融合方案。过程中,将候选融合方案作为强化学习代理的观察对象,使用端到端的推理时间作为每一次迭代的反馈信号,将计算推理时间的提升率作为激励函数,当没有更多融合规则可应用或融合方案不变时,表示最优融合方案生成。基于强化学习的搜索算法的优势还在于能够忍受短期奖励的下降,以最大限度地提升长期回报,这使得其能够从全图视角搜索融合方案。

7.1.3　内存融合

通过制定算子融合规则并进行搜索得到的融合方案,仅仅是从形式上对计算图进行了划分,而具体的融合工作则依赖于深度学习编译器后端对合并后的算子在循环、内存等层次上完成的进一步融合调度工作。例如,在计算图划分阶段,将卷积 Conv 和激活 ReLU 两个算子划分为一个组进行融合后,在针对 Conv_ReLU 实施融合的过程中,若卷积 Conv 算子的调度被拆分为多层循环,ReLU 激活算子放置的循环层次则由算子融合调度策略决定。其中算子融合调度可以借助深度学习编译器后端提供的调度功能模块自动实现,可以进一步提升算子融合的性能。除了利用编译器通用的自动调度方案,算子融合在调度层面也有许多体现,如内存融合、并行融合及动态融合等优化工作。

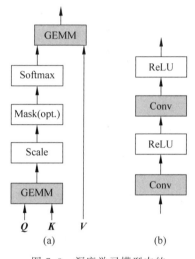

图 7.3　深度学习模型中的
计算密集型算子

当前深度学习模型在实现中往往将通用矩阵乘 GEMM 及卷积 Conv 等计算密集型算子组合在一起,以提升模型的性能。深度学习模型中的计算密集型算子如图 7.3 所示,图 7.3(a)中 Transformer 模型的自注意力层通常包含两个 GEMM 和一个归一化指数函数 Softmax 的算子组合,图 7.3(b)中的卷积神经网络也包含多个卷积 Conv 算子和 ReLU 等激活函数算子相组合的情况,而且这些计算密集型算子的执行往往占用了很大一部分时间。由于这些计算密集型算子的底层计算都是基于循环的数学计算,所以可被分解为更细粒度的计算循环分块,之后可以建立内存开销评估模型,对这些循环分块间的顺序及分块大小进行调整,从而筛选出使内存开销最小的分块大小和执行顺序,以作为计算密集型算子间的融合方案。其中内存开销可以依据计算密集型算子融合过程的数据移动特性,通过计算数据移动量和内存使用量得到。

减少内存开销的方法之一是内存融合,而内存融合的一个限制是相邻算子节点是否可融合,这受限于待融合算子的循环是否可以进行有效合并,使得融合子图规模难以进一步扩大。同时,新提出的注意力机制等深度学习模型中,访存密集型算子的开销更大,对高速内存的要求越来越高,而且 Tensor Core 等更高效的专有计算核也进一步加大了内存压力,计算与访存两者之间的差距持续增大,会使得内存墙问题越来越突出。为此,可以将计算密集型及访存密集型算子中相互依赖的算子,利用层次化的存储媒介通过内存融合的方式扩大融合的粒度,来解决内存墙问题。

基于数据局部性的内存融合方案是指可根据不同的数据局部性来制定不同的内存融合策略,进而覆盖存在复杂依赖的算子融合情况。基于规则的融合对具有元素级一对一依赖的相邻算子进行融合时,中间数据会被存储在每个线程的寄存器中,以保证线程级数据的局部性。类似地,对于具有一对多的元素级依赖,可以通过将中间数据存储在共享内存中以供消费者算子使用,保证线程块级别的局部性。而将中间数据存储在全局内存,可以实现全局局部性,能对任何依赖关系进行处理。不同的内存融合策略需要特定的局部性来支持,局部性范围越小,对并行的限制就越大,因而全局局部性的限制最小,对应的并行限制也最小,但这时算子中的所有线程需要进行全局同步,即算子间的隐式同步需要内联到算子内部进行,来减少一次主机设备间切换的操作。

实现内存融合除了上述基于数据局部性的方案,还有一种计算数据重用块的内存融合方案。考虑到深度学习模型可以看作由多个算子连成的一张图,整个计算过程涉及多个阶段,即数据需要流过不同的算子,在每个阶段都需要将张量切分成块,先搬运到处理器上进行计算,再搬运回内存,这就会造成很大的搬运开销。为了解决内存问题,一种方案是在第一个阶段在顶层完成一部分子任务后直接交给下一个阶段继续处理,再将多项任务连接起来,实现流水化作业。

计算数据重用块的内存融合方案如图 7.4 所示,首先猜测两个相邻的算子是否可以在某个内存层级进行数据块重用,然后获得最通用的数据块形状,来查看是否可以减少内存流量。具体地,以卷积 Conv、ReLU 激活及 MaxPool 池化算子的融合为例介绍融合流程。首先卷积 Conv 等深度学习算子可以被多个同构的细粒度的计算分块所实现,这些计算分块接受输入张量中的分块数据,能够以顺序或并行的方式执行输出张量中所有数据块的计算。例如图 7.4 中的卷积 Conv 算子输入 $3\times3\times C$ 的数据块,将其分为 $1\times1\times C$ 的块进行计算。为了提高多层次内存资源的利用率,实现数据块的重用,需要将算子通过公共的中间数据块连接起来,实例中通过 $1\times1\times C$ 的数据块将 Conv 和 ReLU 算子相连接,形成数据块图。通过链接不同的算子,让数据块以流水线的方式处理,大大降低了访存量,提升计算效率。

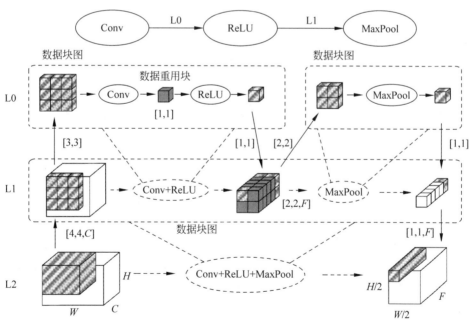

图 7.4　计算数据重用块的内存融合方案

此外,考虑到用户定义好的算子去融合不一定能获得最优的融合效果,可以先把用户定义好的算子做进一步的拆分,拆分为更多细粒度的算子后进行融合,带来更多的融合机会,提升融合效率。逐层融合通常指的是将多个层融合成一个更大的操作或层的过程,这个过程可以减少内存访问和数据传输的开销,从而提高程序的性能和效率。具体地,逐层融合方案如图 7.5 所示,首先在计算图划分阶段将计算图划分为子图,将每个子图作为算子融合调度的单位,并以此为起点进行逐层融合过程。具体来讲,包含三个层次,底层对每个子图进行循环融合,让生产者和消费者间携带的张量依赖置于更快的本地内存中,中间层使用内存融合的方式弥补底层循环融合的不足,最后上层结合底层和中间层生成的子图,通过并行融合的方式最大限度地利用硬件的并行性。逐层融合方案不是单独为每个子图生成代码,而是将前一层生成的中间表示传递至下一层,使用分段编译策略更快地编译多个子图,完成算子融合过程。

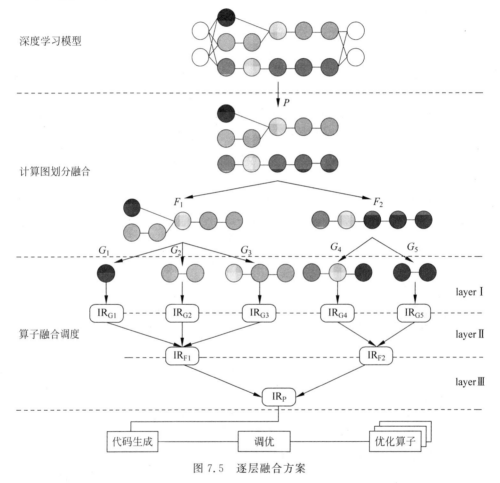

图 7.5　逐层融合方案

　　以上这些从底层开始逐步合并操作,最大限度地减少内存访问次数和数据传输开销的方法统称自底向上的内存融合方案。除此之外,还可以通过自顶向下的方式进行算子内存融合优化。与自底向上策略不同,自顶向下策略首先视整个计算图为一个整体,然后考虑共享内存、寄存器数据重用和指令生成等因素,通过基于数据流和资源约束等的全局分析将计算图划分为多个子图进行融合,最后针对每个子图进行内存融合来减少内存访问冗余。与自底向上策略相比,自顶向下策略的优点在于能够基于算子生成的代码进行全局分析,从而更精确地确定算子边界,实现更高效的算子融合优化。

7.1.4　并行融合

许多计算设备（如 CPU、GPU、FPGA 及特定领域的加速器）被用来执行深度学习计算，这些硬件芯片并行核数不断堆叠，而深度学习网络中单个算子节点的并行度难以利用这些多核资源，计算任务之间存在依赖关系或者数据之间存在竞争关系，导致无法有效并行执行，从而出现内存访问速度较慢而引发的处理器性能受限的并行墙问题。为了解决该问题，可以将计算图中的算子节点进行并行编排，通过并行融合的方式提升整体计算的并行度，以充分利用硬件资源。

实现并行融合的方式之一是通过动态规划调度算法实现多算子的自动化并行执行。该算法可以为每个算子段迭代地选择最优调度方案，从而确定整个计算图的最优调度策略，实现并行融合。在算法的执行过程中，划分得到的各算子段将按顺序执行，而在同一个算子段内，多个算子则会根据代价模型来选择合并或并发执行这两种并行调度策略中代价更低的一种。其中算子合并策略主要将同类型的算子合并为一个算子，目的是在提升并行性能的同时减少存储访问开销。而并发执行策略则是将同一段内的算子划分为多个组，确保有依赖关系的算子被划分在同一组内，而不同组的算子则可以并发执行，从而提高整体计算效率。

除了基于动态规划算法的并行融合方案，优化深度学习工作负载在大规模并行加速器上执行的另一种方式是细粒度并行调度。为实现细粒度并行调度，需要提出新的抽象来描述算子中细粒度的操作任务，并能够打破算子边界从而实现统一算子间和算子内调度。细粒度抽象实现并行融合方案如图 7.6 所示，将深度学习模型抽象为 rProgram、rOperator 及 rTask 三个层次，同时由于硬件加速器往往不显示算子内调度的接口，因此也需要对底层的硬件进行细粒度的抽象，抽象为 vDevice 和 vEU，分别对应硬件加速器及其执行单元 EU，以实现对应的映射调度。基于深度学习模型和硬件的细粒度抽象可以直接将 rOperator 中

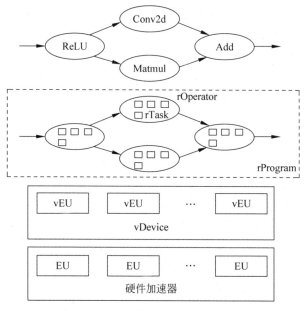

图 7.6　细粒度抽象实现并行融合方案

的细粒度计算任务 rTask,通过 vDevice 上的 vEU 设备抽象映射到硬件上执行,最终形成由 rTask 组成的 rProgram 执行调度,完成算子的并行融合。

除了对 GPU 等加速设备进行并行融合,针对领域特定加速器进行并行融合也尤为重要。深度学习模型的计算图进行划分时,并没有考虑底层硬件架构,导致冗余的本地内存与全局内存之间的移动,并未充分利用更快的本地内存和计算单元之间的并行性,造成了资源的浪费。为此,需要在计算图划分为粗粒度子图时就充分考虑硬件架构,通过端到端多层次融合方案实现深度学习模型和硬件架构之间的协同。

端到端多层次融合方案如图 7.7 所示,在计算图层面,将深度学习模型分为段(stage)、块(block)及层(layer)三个层次,其中段是模型设计中使用的高级逻辑抽象,将其前一阶段的结果作为输入并生成输出张量,块是深度学习模型中递归使用的单个或多个层的组合,层是以直线方式连接的一组节点;同时将加速器抽象为簇、核心、计算单元、本地内存及全局内存等通用表示结构,结合模型特征和硬件信息,通过基于计算依赖的融合规则对计算图进行划分融合。在算子融合调度阶段,将划分后得到的子图拆分并通过分析依赖关系对其进行排序,以在多核间负载均衡的同时实现并行融合。最后进行循环融合和内存融合完成算子融合,并自动管理内存分配和重用。

深度学习模型中,除了矩阵乘、卷积等计算密集型算子,还有 Softmax、ReLU 及 Batch Normalization 等轻量级的算子,这些算子都涉及归约运算,即将二元运算符应用于输入向量的每个元素后将向量归约为单个值。这些归约算子通常使用以下两种方式实现并行:一种方式是使用循环变换等,通过抽象硬件结构特征来提供跨层的优化,虽然实现了归约算子与其他类型算子的融合,但没有充分利用硬件的高性能指令,往往只能在单个计算单元中实现归约;另一种方式是使用高性能算子库实现多个计算单元上的并行,但并不能根据数据类型和张量形状进行调整,使得数据移动开销抵消了高性能算子库的性能提升。

为实现归约算子的并行融合,可以将上述两种存在局限的方式结合起来,并通过仔细管理编译时循环变换和高性能算子库来实现性能提升。具体地,首先执行循环合并来简化归约算子的分析优化,利用多面体模型来管理循环变换和硬件绑定,实现归约跨线程块的循环维度绑定。优化后的多面体表示被降低至代码生成器时,将算子库中的高性能算子嵌入适当位置,实现高性能算子库和循环变换的无缝组合。同时在代码生成过程中还可以使用原子指令来根据应用场景对数据类型和张量形状实现放缩调整,完成归约算子的并行融合。

7.1.5 动态融合

当前深度学习模型的发展呈现动态化的趋势,其中包括动态张量形状及控制流等的动态特性。动态张量形状是指在深度学习模型的输入或计算过程中,张量的形状会动态地发生变化。例如计算机视觉模型中因图片数据尺寸和批处理次数的不同而导致形状变化,文本生成语言模型中解码器会得到不同的形状,稀疏模型中与数据相关的算子也会引发形状的变化。除了形状变化,循环、分支及递归等复杂控制流逻辑在深度学习模型中也越来越常见。因此在计算图优化阶段识别模型中的动态特征并对其进行优化,对于提升模型编译效率至关重要。下面将展开介绍基于动态张量形状和控制流等动态特性对计算图的动态融合优化。

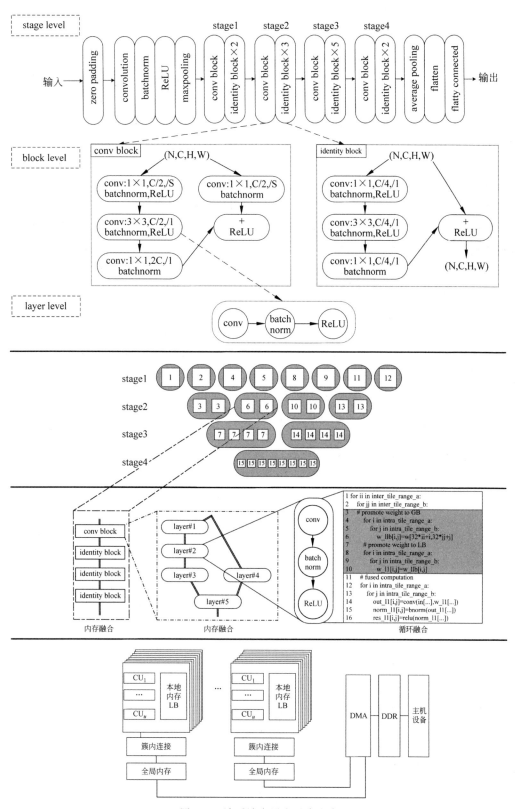

图 7.7　端到端多层次融合方案

在深度学习模型的计算中,除了负责计算的数据流,控制流也具有重要作用,例如循环控制流可用于执行多个子步,分支控制流能够根据运行时条件跳过计算的一部分,递归控制流能够实现基于树的数据结构访问。控制流和数据流在整个深度学习计算中交替执行,其中数据流通常由运算符组成计算图,通过 GPU 等专用硬件加速,而控制流作为特殊运算符或者直接重用编程语言的内置语句实现,通常在 CPU 等设备上执行,这会导致主机和加速器之间频繁地同步。将控制流和数据流分别优化的方式,忽视了控制流在执行过程中的开销。

为了解决这一问题,可以采用将控制流融入数据流进行优化的方法。深度学习模型中的数据流在本质上是一个多级并行程序,其中单个操作符在不同的硬件并行性中执行,比如线程、线程块或 GPU 中的一个内核。而控制流通常应用于算子层面,在所有较低级别的并行结构中共享相同的控制结果。最重要的是,GPU 等现代硬件加速器的设计支持在每个线程中使用低级编程语言进行控制逻辑,这使得控制流融入数据流这种调度方法在实践中可行。因此可以通过一种新的抽象来统一涵盖控制流和数据流的表示,构建用于重新调度控制流的整体调度空间,并使用启发式策略搜索有效的调度方案,自动将控制流移动到设备内核中,进而实现跨控制流边界的优化。

细粒度数据流、控制流协同优化如图 7.8 所示,在统一表示方面,使用更细粒度的方式对控制流和数据流进行统一抽象,在对循环控制流的统一抽象中,将算子表示为 uOperator,并将算子中的数据流拆分为更细粒度的 uTask,对于循环控制也使用 uTask 进行表示,uTask 是能够被调度至加速器的计算单元。uProgram 则表示完成调度后的整个程序,包含多个数据流和控制流 uTask,同时也指定了调度的加速器层次。在协同调度方面,对硬件加速器的多级层次进行了一定的抽象,从而能将数据流和控制流正确映射到硬件加速器上执行,实现函数内联、循环展开及递归展开等优化。

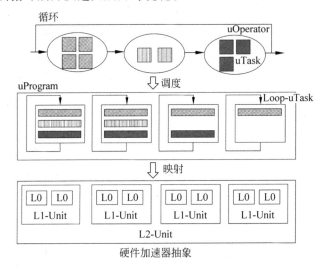

图 7.8　细粒度数据流、控制流协同优化

深度学习模型计算过程中,由于控制流的存在,输入的不同部分会被动态地转发至模型中的特定子网络,每个子网络仅激活模型的部分结构或专门处理样本的某一部分。例如,在基于子神经网络的语言模型中,每个子网络会条件性地激活一部分参数,

不同的输入单词会被分配给相应的子网络进行计算,这种方法已成功将 Transformer 模型的参数扩展到数万亿级别。此外,在处理超分辨率图像时,模型中的控制流也会根据图像的处理难度将不同的图像块分配给不同的子网络处理。在视频处理中,控制流也使得模型能够专注于处理不同视频帧之间发生变化的部分,以实现高效的计算资源利用。

而基于张量和算子粒度的编程模型在计算图优化方面受限于较粗的粒度,难以捕捉应用中动态行为的细节,如不同输入的分发路径和分支的热度等,因此难以高效地处理上述动态神经网络中更细粒度的分发过程。为了解决这一问题,可以让开发人员显式地将动态信息传递给编译器来增加优化空间,并基于运行时信息指导优化过程。

具体地,开发人员可以对张量进行标注,明确指定要处理的张量的维度和形状,深度学习编译器就能更明确地知道如何对张量进行子张量的划分。此外,开发人员还可以定义分发规则,明确告知编译器如何为每个子张量选择合适的分支。编译器接收到显式信息后,会根据路由规则将各个子张量准确地传递到相应的分支上。同时,借鉴即时编译的思想,可以将运行时收集到的数据流向信息存入反馈文件中,并通过分析这些文件,显式指定分发单元实现控制流优化策略,如图 7.9 所示,包括水平融合、分支放置、分支预测和参数预加载等优化过程。图 7.9(a)所示的水平融合策略是指通过分析跳过没有输入的分析,并预测各分支上的输入数据规模,预先生成融合算子。图 7.9(b)所示的分支放置策略是指通过追踪同一子张量在不同层的分支选择,识别位于不同层分支之间的相关性,并将相关度较大的分支放在同一个设备上,从而减少子张量在不同计算设备之间迁移导致的通信量。图 7.9(c)和图 7.9(d)所示的分支预测和参数预加载策略,是指利用过往的分支选择信息来预测大概率会被执行到的分支,并在真正做出决策前,尝试直接执行概率较大的分支,或者将其涉及的参数加载到加速设备内存中,如果预测错误,则重新执行正确的分支。

编译实现动态融合优化的过程中,未知完整张量形状信息可以通过在编译过程中生成张量形状的计算逻辑,并使用约束分析指导编译优化过程。动态形状通过符号形状注释的方式表示,符号形状注释通过包含整数变量和常量的表达式对形状进行描述。这种表示方法能够涵盖静态形状,也能够适配具有混合动态和静态形状的深度学习模型,同时还能根据算子的形状推导规则,在模型构建和优化过程中自动跟踪并推导中间张量的符号形状注释,以实现动态形状感知的编译优化过程。

动态形状的深度学习模型在编译优化流程中,可以通过用户定义、前端输入、算子定义及中间表示分析等方式获得张量维度、大小等形状约束信息。形状信息可以分为形状关系和形状属性两大类,考虑到形状由一组维度组成,因此形状信息也可以用细粒度的维度信息表示。形状关系表示不同张量之间的关系,如张量形状相等、张量之间元素数量相等,这些信息能够指导算子融合过程。

深度学习模型中的形状关系包括维度相等和维度展开相等两种类型,其中维度展开相等是指一组维度的乘、除、取模运算后与单一的维度相等,常用来描述张量形状变换等操作。动态形状推断示例如图 7.10 所示,维度相等的判断有输入输出推断、兄弟节点约束及形状值提取三种方式,输入输出推断和兄弟节点约束示例如图 7.10(a)所示,矩阵乘(dot)算子的输入输出维度相等,输入之间也具有相同的维度。形状值提取示例如图 7.10(b)所示,张量形状变换

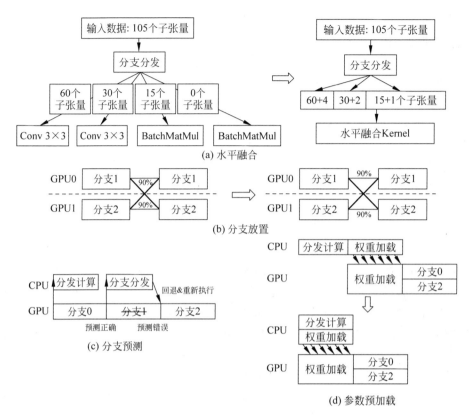

图 7.9　显式指定分发单元实现控制流优化策略

(reshape)、广播(broadcast)等算子中,不同张量的两个维度映射为同一个值,则这两个维度是相等的。维度展开相等可以通过追踪整型运算或形状变换算子实现,图 7.10(c)中,张量形状变换算子输入张量维度的乘积与输出张量维度的乘积相等。

形状属性表示单个张量的性质,例如张量元素个数是否能够被 2 整除常用于指导向量化等优化过程,形状属性可以通过已知的维度属性和代数计算性质进行分析计算。图 7.10(c)中,将维度为<x,4>的张量通过张量形状变换操作变为<y>,可以得知 y 能够被 4 整除,若已知 x 最小值为 512,则可以推断得到 y 最小值为 2048,进而可以通过输入输出推断进一步传播并更新每个维度属性。基于上述分析即可推导出张量的形状,这些形状信息可用于指导计算图优化,如有助于算子融合决策生成、冗余算子消除、冗余布局转换等操作。

对动态形状进行推断后利用自动调度来处理,只能离线生成有限的优化程序子集,而无法保证对预定义范围之外的形状进行高效甚至正确地执行,从而限制了形状频繁变化的动态场景中的可用性。此类情况可以通过创建一组可进行微调的固定大小微内核并在运行过程中进行动态组合,来为模型执行过程中遇到的任何张量形状生成优化代码。其中每个微内核代表一个负责执行张量算子中特定部分计算的循环嵌套,微内核的组合策略则是由考虑了计算、内存及并行性等因素的成本模型预测而来,能够保证在模型执行过程中以较低的成本生成优化的代码。

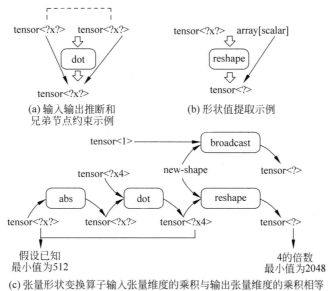

(a) 输入输出推断和
兄弟节点约束示例

(b) 形状值提取示例

(c) 张量形状变换算子输入张量维度的乘积与输出张量维度的乘积相等

图 7.10 动态形状推断示例

7.2 混合精度改写

当前深度学习硬件加速单元倾向只支持 FP16、INT8、INT4,甚至 INT1 等低精度,这是因为与单精度浮点数所需的 32 位内存空间相比,低精度能节省一半以上的内存空间。充分利用这些硬件加速单元的前提是需要一个低精度的模型,而在大多数深度学习模型中,参数及张量的表示精度多默认为 FP32,因此混合精度改写优化顺势而生。

混合精度改写是一种针对深度学习模型中的数值计算进行优化的技术,其核心思想在于通过降低部分计算操作的精度,从高精度转换为低精度,来提高计算性能。这一做法基于一个关键观察,即在深度学习模型执行过程中,存在大量的冗余计算和参数更新操作。通过降低这些操作的计算精度,可以显著减少计算开销,同时采用一系列技巧管理精度损失,确保模型的性能和准确性不受显著影响。混合精度改写的主要目标是在不显著损害模型性能的前提下,通过减少计算密集型算子的计算开销来提升计算效率,从而加速模型的训练过程。具体来说,图改写过程可以细分为以下步骤。

(1) 维护算子列表。为确保模型的高精度,需要维护一个特定的算子列表,仅列表中的算子会考虑转换为 FP16 格式。不论是计算密集型算子还是访存密集型算子,编译器都会尽量多地将其转换为 FP16 或采用 FP16/FP32 混合精度进行计算。例如,卷积和矩阵乘等计算密集型算子,通过混合精度优化可以充分利用 TensorCore 的硬件加速特性;而访存密集型算子则可以通过 FP16 的使用降低内存消耗。

维护算子列表不仅是保证模型精度的关键,也是满足深度学习编译器运行要求的重要一环。在实际的图转换过程中,由于多种约束条件的存在,部分算子无法加入算子列表。这些约束主要来自两方面:一方面,归约类及批量归一化等特定算子,由于其独特的计算特性或受到深度学习编译器的限制,不适合使用半精度进行计算,因此会被排除在列表之外;

另一方面,一些深度学习编译器可能并不支持半精度算子,同样需要将不支持的算子排除在列表之外,以确保整个计算过程的正确性和稳定性。通过维护这个算子列表,可以在不损害模型性能的前提下,实现计算效率的有效提升。

(2)代价模型构建。实际应用中,并非算子列表中的所有算子都应转换为半精度格式,每个计算图节点是否需要转换为 FP16 需要综合考虑多个因素,其中包括节点本身的算子类型,以及节点与其他节点的连接拓扑等。为了更精确地识别适合转换为 FP16 的节点,可以通过引入代价模型来量化精度转换对整体性能的影响。代价模型会综合考虑节点的计算量、内存占用、数据传输效率等因素,并预测转换为 FP16 后可能带来的性能变化。基于代价模型的评估结果,编译器能够做出是否进行转换的决策,并据此进一步过滤算子列表。通过这种方式,可以更加智能地选择那些适合转换为低精度的节点,从而找到计算性能和模型准确性的最佳平衡点。这种策略能够更好地适应不同的计算图结构和硬件配置,为深度学习模型的优化提供更大的灵活性和更精细的控制。

(3)半精度传播。混合精度改写过程中,需要在确保满足模型精度要求的前提下,最大限度地使用 FP16 等低精度进行节点计算。为了实现这一目标,需要采用 FP16 半精度传播方案。该方案以矩阵乘和卷积等计算密集型算子节点作为起点,将 FP16 算子逐步向后传播。当传播遇到算子列表之外的算子或需要保持 FP32 精度的特定子图时,会停止 FP16 的传播,以确保满足模型层对精度的要求。通过这种方法能够在维持模型准确性的基础上,最大限度地利用低精度计算提升训练效率和性能。此外,还可以根据具体的算子列表和实际需求进一步调整与优化改写策略,以实现更佳的混合精度训练效果。这种灵活且精准的优化方式,使得混合精度训练成为提升深度学习模型训练速度和效率的有效手段。

(4)Cast 消除与融合。在计算图层面的细粒度改写过程中,不可避免地会产生大量的 Cast 转换节点,这些节点负责将一种数据类型的表达式显式转换为另一种数据类型。混合精度改写示例如图 7.11 所示,示例显示了从原始计算图到优化后计算图的转换过程。原始计算图中的算子均为 FP32 节点,通过混合精度改写为 FP16 节点后,在输入端的卷积 Conv

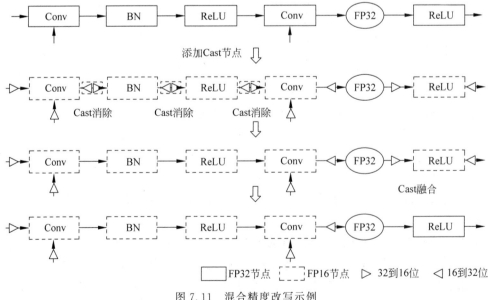

图 7.11　混合精度改写示例

节点处插入了两个 FP32 转 FP16 的 Cast 节点,在输出端的 ReLU 激活节点处插入了 FP16 转 FP32 的 Cast 节点,并且在两个 FP16 节点间也插入了连续且方向相反的 Cast 节点进行类型转换。这些 Cast 操作会引入相当大的额外开销,为了降低这些额外开销并优化图结构,可以采用 Cast 消除和融合两种方法提升运行效率。Cast 消除主要针对那些连续且方向相反的 Cast 节点,通过相互抵消来减少不必要的转换操作。虽然 Cast 消除能够在很大程度上减少额外开销,但并非所有 Cast 节点都能被完全消除。对于剩余的 Cast 节点,编译器会进一步采用 Cast 融合策略,将与 Cast 节点前后相邻的节点进行融合。例如图 7.11 中最后将 FP16 类型的 ReLU 激活算子与之前的 Cast 节点融合为 FP32 类型的节点,来避免额外的访存开销和算子启动开销,进一步提升计算图的执行效率,实现深度学习训练和推理的加速。

7.3　数据布局转换

深度学习模型常常利用张量来表示输入、输出及模型参数。在构建这些模型时,数据布局成为一个关键因素,它是程序开发人员所选择的算法与系统默认数据存储格式之间的桥梁和平衡点。为了实现更高效的计算,数据布局转换作为一种优化手段应运而生。这种转换方法通过灵活调整张量的存储布局,使其能够更好地适应不同的硬件特性和计算模式,从而显著提升计算效率。

数据布局转换通常是在计算图中的具体操作节点上进行的,例如在优化矩阵乘法操作的数据布局时,可以根据硬件的内存访问模式来决定二维或多维数组的存储方式,选择行主序或列主序,减少内存访问的次数,提高计算效率。同时,计算图中的操作结构和数据流动方式也会对数据布局的选择和优化方式产生重要影响。这两者相互关联,共同为深度学习模型的性能提供支持。因此在优化深度学习模型时,需要综合考虑数据布局转换与计算图优化之间的关系,通过协调这两者的优化策略,可以更有效地提升深度学习模型的计算性能和效率。

深度学习中用于自然语言处理的序列模型的数据通常按照序列长度和批次大小进行存储,每个序列中的单词或标记会被编码为向量,在某些情况下,可能还会包括额外的维度来表示不同的特征或嵌入。Transformer 模型数据的存储方式可能更加复杂,通常是由词嵌入、位置嵌入等组合成一个多维度的张量。深度学习中最常见且具有代表性的是图像数据,下面将以图像数据的布局方式为例进行介绍。图像数据布局方式通常有 NCHW 和 NHWC 两种,其中 N 表示批量大小,C 表示特征图通道数,H 表示特征图的高,W 表示特征图的宽,不同的组合方式表示不同的数据布局。图像数据布局方式示例如图 7.12 所示,NCHW 布局中先沿着 N 方向进行存储,即存储完 000~319 再存储 320~639。每一批次下按照通道顺序沿着 C 方向存储,例如存储完 000~019 再存储 020~039。每一通道下沿着 H 和 W 方向按行优先方式存储。NHWC 布局中先沿着 N 方向存储每一批次数据,然后按照 H 和 W 方向跨通道沿着 C 方向存储每一通道中的统一位置元素,即先存储 000、020、……、300,再存储 001、021、……、301。

基于上述数据布局方式的介绍,可以对深度学习模型在不同布局方式间转换,来提升模型性能。卷积神经网络的布局转换示例如图 7.13 所示,将布局由 NCHW 转换为

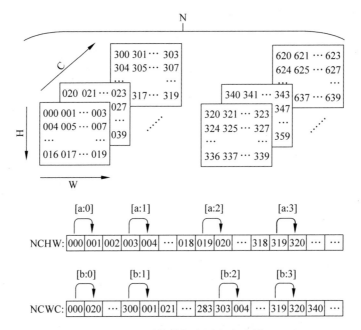

图 7.12 图像数据布局方式示例

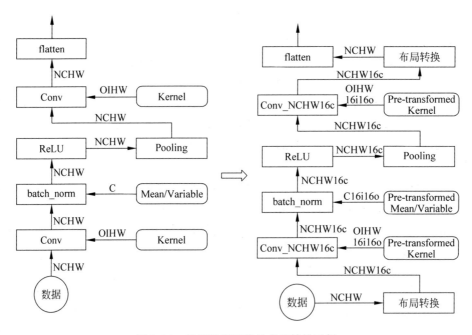

图 7.13 卷积神经网络的布局转换示例

NCHW[x]c,其中[x]c 是指将通道 C 的维度拆分成 x 的大小。经过这种布局转换后可以最大限度地利用硬件的特性,提高计算图的运行效率和性能,并且更好地适应不同的硬件平台和计算模式。

图 7.13 所示示例中,卷积神经网络的操作根据其数据布局交互方式的不同可以分为布局无关、布局兼容和布局特定三类,布局无关操作是指处理数据时无须知道其具体布局,可

以处理任何布局的操作,如 ReLU 激活算子。布局兼容操作是指处理数据时需要知道要处理的数据布局,但仍可以处理多种布局,如卷积算子可以处理 NCHW、NHWC 及 NCHW[x]c 等多种布局,批量归一化算子对每个通道的数据进行归一化操作而不会改变数据的通道数,池化算子通过在空间维度上进行池化操作减少空间维度但不会改变通道数。布局特定操作是指仅支持一种特定布局,不容许任何布局转换,因此在进行这些操作前,必须先将数据布局转换为适当的格式,如张量扁平化算子(flatten)。

　　基于上述分析发现,图 7.13 所示示例中,两个卷积算子之间的操作要么是布局无关的,要么是布局兼容的,因此能够在整个卷积过程中将数据布局保持为 NCHW[x]c。示例中将 x 值设为 16,而无须额外的转换,从 NCHW 到 NCHW16c 的布局转换仅在第一个 Conv 前发生,指定最后的布局特定操作张量扁平化时,数据布局才从 NCHW16c 转换回 NCHW,通过在两次数据布局转换过程中插入相应功能节点来实现。同时,卷积核权重及批量归一化算子的均值方差等参数的布局是不变的,因此在编译期间也能够进行预转换。

　　此外,数据布局转换还会涉及新算子的插入与消除,这一过程将改变算子输出的张量布局,并重构底层的循环结构。不当的数据布局转换会干扰原有搜索空间的结构,进而导致原有最优解性能下降,同时可能影响原有算子间的融合及优化策略,从而带来额外的开销。为了避免这种情况,更为高效的做法是在转换过程中引入代价模型及空间剪枝算法。这样不仅能避免组合空间的爆炸式增长,还能有效消除冗余的转换,减少算子之间融合的冲突,从而优化整体性能。

　　预先确定张量布局再进行算子循环优化的方法,将图级优化和算子级优化严格分离开来,使得两者无法统一调优,从而错失了许多潜在的优化机会。可以联合图级布局优化和算子级循环优化的方法,利用循环分块、融合及重排等基础原语函数来灵活操作布局和循环。通过将这些原语函数应用于数据布局转换,能够更容易地利用特定领域的知识进行更细粒度的编译优化。

　　在执行数据布局联合优化的过程中,当计算图中的操作需要不同的数据布局时,布局转换的实现方式如图 7.14 所示,包括插入布局转换算子和布局传播两种方式。与图 7.14(a)所示在填充和卷积间直接插入布局转换算子相比,图 7.14(b)所示的布局传播将转换操作合并至填充操作中,避免了额外的数据移动开销。但布局传播改变操作的输出布局时,可能会重构循环嵌套,从而阻碍操作间的融合优化。

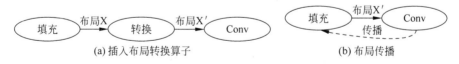

(a) 插入布局转换算子　　　　　　　　　(b) 布局传播

图 7.14　布局转换的实现方式

　　Conv 和 ReLU 布局传播前示例如图 7.15 所示,两个操作的原始输出布局都是 NCHW,通过循环拆分和循环重排将 Conv 的输出布局转换为 NHWC4h 后,其循环嵌套由于输出布局变换而相应地被重构,这使得此时不能将两个循环嵌套进行循环分块后融合,从而导致性能损失。

　　为了消除因布局转换引起的融合冲突,可以对布局传播进行优化扩展,通过复制原始

```
for n in range(N):
  for ht in range(H//4):
    for w,c in range(W,C):
      for hi in range(4):
        Conv[n][ht][w][c][hi]=0.0
        for ri,rh,rw,in range(I,KH,KW):
          Conv[n][ht][w][c][hi]+=Inp[...]*Ker[...]
for n,c,h,w in range(N,C,H,W):
  ReLU[n][c][h][w]=max(Conv[n][h//4][w][c][h%4],0)
```

图 7.15　Conv 和 ReLU 布局传播前示例

操作的布局转换序列到目标操作,允许在多个操作间共享相同的布局,从而使消费者操作能够触发与生产者操作相同的循环嵌套重构,保持操作融合的可能性。Conv 和 ReLU 布局传播扩展后示例如图 7.16 所示,将 Conv 的循环拆分和循环重排操作同样应用至 ReLU 操作,使得 ReLU 的循环嵌套与 Conv 完美对齐,能够实现两个操作循环分块后融合。

```
for n,ht,w,c,hi in range(N,H//4,W,C,4):
  Conv[n][ht][w][c][hi]=0.0
  for ri,rh,rw in range(I,KH,KW):
    Conv[n][ht][w][c][hi]=0.0
  ReLU[n][ht][w][c][hi]=max(Conv[...],0)
```

图 7.16　Conv 和 ReLU 布局传播扩展后示例

7.4　其他图优化方法

此外还有一些面向计算图的其他优化,这些优化是基础的,包括常量折叠、公共子表达式消除及代数化简等。常量折叠是指通过跟踪程序中各个变量和表达式的值,在编译器的优化阶段用已知的常量值进行替换以减少不必要的运算。公共子表达式消除是指识别代码中相同的子表达式,并将其计算结果保存在临时变量中,以便在后续使用时直接引用,而不需要重新计算。代数化简是指通过数学公式简化表达式的计算,以减少运算量。下面将介绍上述基础图优化方法在深度学习编译器计算图优化中的应用。

7.4.1　常量折叠

在计算图中,常量节点表示具有固定值的输入或中间结果,通常情况下这些常量节点不需要进行重复计算,因为它们的值是已知的。然而在某些情况下由于计算图的构建或其他操作,常量节点可能会进行不必要的计算,导致计算图中存在冗余的常量操作。常量折叠优化的目标是识别和消除这些冗余的常量操作,常量折叠优化会将常量节点的计算与其所连接的节点合并,直接使用常量的值进行计算,这样可以避免在计算图中重复执行相同的常量操作,减少内存占用和计算时间,同时还可以提高模型的可读性。常量折叠优化可以应用于包括神经网络和其他数值计算模型等在内的各种类型的计算图。常量折叠优化示例如图 7.17 所示,优化前计算图包含加法和两个常量节点,进行常量折叠优化后,可以将常量节点的值与加法节点进行合

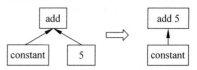

图 7.17　常量折叠优化示例

并,即合并常量值 5 和加法节点,输入常量节点 constant 值后可以直接进行计算。

常量折叠的主要思想是通过遍历计算图中的算子并记录它们是否为常量来实现,具体实现时可以按照拓扑排序的顺序遍历算子。对于每个算子,检查其输入是否都是已经计算出的常量,如果是常量则可以推断该算子的结果也是常量,并且可以直接计算出该算子的值。通过这种方式,只需要遍历一次算子就可以确定所有可折叠的常量及其对应的值。在遍历过程中,由于按照拓扑排序进行,保证了在访问一个算子之前该算子的所有输入都已经被访问过。因此如果某个算子的输入中包含常量,那么在访问该算子时这些常量的值已经被计算出来,可以直接使用。

7.4.2　公共子表达式消除

在深度学习模型编译过程中构建的计算图中,可能存在多个节点具有相同的输入和操作,可以将这些重复的计算合并为一个节点从而减少计算开销,此为冗余消除。冗余消除最常见的就是公共子表达式消除,公共子表达式消除优化示例如图 7.18 所示。优化前的两个表达式中都包含公共子表达式 $b \times c$,执行公共子表达式优化后,可以对此子表达式进行重用以避免重复计算,减少程序的运行时间和内存开销。

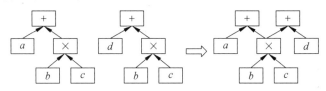

图 7.18　公共子表达式消除优化示例

具体地,公共子表达式消除的优化步骤如下,首先遍历计算图,找到所有的子表达式后,赋予每个子表达式一个唯一的标识符,并将其值存储在一个键值对中。对于每个节点,检查它的输入是否与之前出现过的某个子表达式相同,如果存在相同的子表达式,则替换该节点的输入为先前计算的唯一子表达式的输出;如果不存在相同的子表达式,则将该子表达式添加到键值对中。公共子表达式消除在实际编程中非常常见,尤其在复杂的计算任务或者大规模的深度学习模型中,可以显著提升计算性能并减少资源的消耗。

7.4.3　代数化简

代数化简将某种特定的张量计算转化为数学上等价的张量计算,是一种将复杂的表达式或计算图转化为等价但形式更简洁的技术,转化后的计算方式比转化前的计算方式计算量更小。代数化简一般利用交换律、结合律等特性调整图中算子的执行顺序,或者删除不必要的算子以提高图整体的计算效率,是一个在算子层加速中较通用的手段。代数化简优化示例如图 7.19 所示,优化前的表达式是 $a \times (b+c)$,代数化简优化后变为 $a \times b + a \times c$,将乘法节点和加法节点拆分成了两个独立的节点,从而简化了计算图的结构。代数化简优化不仅可以减少计算图中的节点数量,还可以提高计算效率和减少存储开销。

深度学习编译器常见的代数化简操作如表 7.3 所示,这些操作旨在优化计算图的结构和运算。代数化简在计算图中的应用形式多样,包括表达式的简化、梯度的简化及计算优化等。在简化复杂表达式时,运用基本的代数等式和性质,如结合律、分配律和因式分解

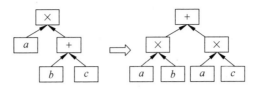

图 7.19　代数化简优化示例

等,将表达式转化为更简单但等价的形式,从而减少计算量,提高速度和准确性。在梯度简化的反向传播中,利用代数化简简化复杂的链式法则和乘法运算,减少冗余计算,提高计算效率和内存利用率。此外,代数化简还能识别并合并计算图中的重复和冗余计算,如公共子表达式的提取、常数折叠,以及乘法和加法的合并等。

表 7.3　深度学习编译器常见的代数化简操作

优 化 前	优 化 后
Add(const_1, Add(x, const_2))	Add(x, const_1 + const_2)
Conv2D(const_1 × x, const_2)	Conv2d(x, const_1 × const_2)
Concat([x, const_1, const_2, y])	Concat([x, concat([const_1, const_2]), y])
Matmul(Transpose(x), y)	Matmul(x, y, transpose_x = true)
Cast(Cast(x, dtype1), dtype2)	Cast(x, dtype2)
Reshape(Reshape(x, shape1), shape2)	Reshape(x, shape2)
Add(const_1, Add(x, const_2))	Add(x, const_1 + const_2)

综上所述,代数化简在计算图中的应用能够优化计算过程和结构,提高计算效率和准确性,从而加速深度学习模型的训练和推理。

第8章

内存分配与优化

大模型的训练和推理阶段往往需要占用大量的内存空间来进行存储和计算。当模型规模逐渐增大时,内存需求也会随之增加。例如,GPT-4、ChatGLM、Gemma 及 Sora 等大模型在训练数据集时,都需要几十 GB 甚至几百 GB 的存储空间。因此,如何分配和优化内存是深度学习领域的一个重要课题,它不仅关系模型的效率和性能,也可以推动硬件和软件技术的发展。

在深度学习中,模型训练和模型部署阶段都涉及内存优化,以 GPT-3 为例,模型参数量为 175B,训练过程中大约需要 2.67TB 的总内存,推理过程大约需要 408GB 的总内存。训练阶段的内存主要用于存储模型参数、梯度、中间特征表示及计算过程中的临时变量等,推理过程中主要考虑模型参数的大小对内存占用的影响。本章主要介绍训练和推理过程中如何减少模型对显存的占用,围绕内存分配、内存复用、张量迁移和重计算等多种内存优化技术展开讲解。采用这些技术的目的是合理规划内存使用、提高内存的利用率、节省内存资源,以提高大模型训练和部署时的性能。

8.1 内存分配

内存分配是深度学习编译系统中的一个重要的优化模块,它负责为模型中的算子和数据分配合适的内存空间,目标是在满足模型正确性的前提下,尽可能地减少内存开销、提高内存利用率。内存分配的过程需要根据模型的结构和计算图结构来进行分析,确定每个算子和数据的生命周期、依赖关系和访问模式,然后选择合适的内存区域和分配策略,使算子的输入、输出张量能够在设备内存中合理地布局和存储。这样可以避免内存溢出、碎片化和冲突等问题,同时可以提高内存访问效率和计算性能。

根据不同的需求和场景,内存分配可以针对不同的内存区域选择不同的分配策略,具体可以分为静态内存分配和动态内存分配,除此之外还有其他常用的内存分配方法,如内存池、基于拓扑图的最小内存分配等。本节将介绍上述内存分配方法的原理,并讨论它们的适用场景及优缺点。

静态内存分配是在编译期间进行内存分配,将内存空间全部分配好后,在程序运行时不再改变。这种方法的优点是可以减少内存分配和释放的时间开销,提高程序运行效率,避免内存碎片和内存泄漏的问题,同时可以保证内存空间的连续性和完整性,便于管理和使用内存资源,简化编程难度。但是静态内存分配也有相应的缺点,首先需要提前知道内存需求的大小和数量,否则可能会导致内存不足或浪费;其次不能灵活地适应不同的场景和需求,例如小批量训练或动态图模型,不能充分利用内存复用等优化技术提高内存利用率和节省内存空间。因此,静态内存分配适用于模型规模相对较小且内存预算充足的场景。下面以图 8.1 所示内存分配示例为例介绍静态内存分配。

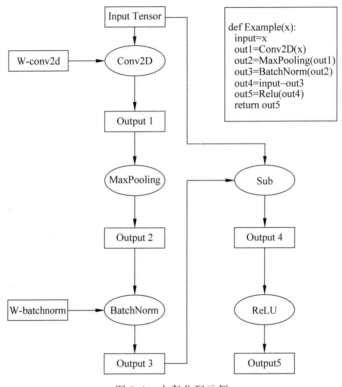

图 8.1　内存分配示例

　　首先,编译器会为输入算子及 Conv2D 算子的权重和输出分配内存地址。接着,在为 MaxPooling 算子的输入分配地址时,发现它是 Conv2D 算子的输出,而该张量的地址已经在之前分配过,因此只需要将 Conv2D 算子的输出地址共享给 MaxPooling 算子的输入即可避免内存重复申请和冗余拷贝。随后,为 BatchNorm 算子的权重及输入输出分配地址,并同样将 MaxPooling 算子的输出地址共享给 BatchNorm 算子的输入。这个过程中,待分配的内存可以分为三种类型:整张图的输入张量、算子的权重或属性、算子的输出张量,它们在训练过程中的生命周期不同。

　　动态内存分配则是在程序运行时根据实时需求进行内存分配和释放。例如在计算图中添加一个用于在后向传播时根据需要动态地分配和释放内存空间的节点,可以避免在前向传播时为所有的张量分配内存空间,从而节省内存空间和提高内存利用率。动态内存分配示例代码 8-1 中展示了该技术的使用方法,这个示例中,在延迟求值模式下会尽可能地延迟计算和内存分配,直到需要结果时才进行计算,使用延迟求值模式可以更有效地管理内存和计算资源,尤其在处理大规模数据和复杂模型时效果显著,这样可以减少不必要的计算和内存分配,从而提高性能和内存使用效率。

代码 8-1 动态内存分配示例

```
import mxnet as mxfrom mxnet import nd
# create a computation graph
a = nd.ones((1000, 1000))
b = nd.ones((1000, 1000))
c = nd.dot(a, b)
# enable lazy evaluation
mx.engine.set_lazy_evaluation(True)
# perform backward pass
c.backward()
# check the memory usageprint(mx.profiler.dumps_memory())
```

动态内存分配的优点是更加灵活,适用于需要频繁申请和释放内存的场景,例如小批量训练或动态图模型,可以根据实际的内存需求来分配内存空间,避免内存浪费或不足。而动态内存分配的缺点是内存分配和释放的时间开销较大,且会产生内存碎片和内存泄漏等问题,降低了内存空间的连续性和完整性,同时可能需要更复杂的内存管理和使用方法,增加了编程难度。因此,动态内存分配适用于模型规模相对较大且内存空间不足的场景。

在训练场景中可以同时使用静态内存分配和动态内存分配,但是需要根据不同的模型和硬件来选择合适的比例和方式。一般来说,静态内存分配可以用于那些结构和大小都不变的部分,比如模型的权重和偏置;而动态内存分配可以用于那些结构或大小会变化的部分,比如模型的梯度和输入。同时使用静态内存分配和动态内存分配可以在保证内存效率的同时,保留一定的灵活性和可扩展性。假设要训练一个 LSTM 模型,可以把权重矩阵 W 和偏置向量 b 作为静态内存分配的对象,因为它们在训练过程中的结构和大小都是固定的。因此可以在编译时就为它们分配好内存空间,在运行时不再改变,这样可以节省内存开销,也可以避免内存碎片和泄漏。而对于输入序列 x 和输出序列 y,以及中间的隐藏状态 h 和内部记忆单元 C,它们在训练过程中的结构或大小都可能会变化,因为不同的输入序列可能有不同的长度,可以把它们作为动态内存分配的对象,根据每个批次的实际情况来申请和释放内存空间,这样可以适应不同的输入数据,也可以提高内存利用率。

除动态内存分配,内存池也是对内存进行动态管理的重要技术。在一些对性能要求很高的计算场景中,由于申请的内存块大小不固定,频繁地进行内存申请和释放会破坏内存的连续性从而降低性能。为了解决这个问题,通常会使用内存池来管理内存。内存池是一种预先分配一定数量和大小的内存块的方法,当有新的内存需求时,就从内存池中申请一些内存块,如果不够则再申请新的内存。这样做的优点是可以提高内存分配的效率,而且当程序释放内存时,内存池可以回收并重用这些内存块以避免浪费。在深度学习框架中,设备内存的申请也是非常频繁的,因为每个算子都需要为输入和输出的张量分配内存。所以深度学习框架也会使用内存池的方式来管理设备内存,并让设备内存的生命周期与张量的生命周期保持一致。

内存池的使用可以提高内存的利用率和分配效率,也可以减少内存的碎片和泄漏,提高程序的稳定性,同时还可以根据不同的场景设计不同的内存池策略,提高内存管理的灵活性和可扩展性。其缺点是需要额外的空间和时间来管理内存池,增加了程序的复杂度,例如需要合理地选择内存池的大小和划分方式,并且需要注意线程安全和同步问题,避免出现竞争和死锁。各编译器内存池大致相似,这里以双游标内存分配法为例介绍内存池的原理。双游标内存分配法如图 8.2 所示,进程会从设备上申请一块足够大的内存,然后从头部开始分配内存给算子的权重张量,这些张量的生命周期较长,通常会持续整个训练过程。然后从尾部开始分配内存给算子的输出张量,这些张量的生命周期较短,通常在算子计算完成并且不再被后续计算所依赖时就可以释放内存。采用这种方式,只需要从设备上申请一次大块的内存,后续的内存分配可通过指针偏移来实现,从而减少从设备申请内存的开销。

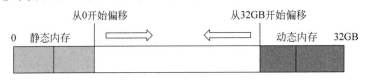

图 8.2 双游标内存分配法

基于拓扑排序的最小内存优化是一种针对内存占用的算法优化技术,通过合理地使用内存池和优化算法,可以减少内存分配和释放的开销,提高程序的性能和效率。基于拓扑排序的最小内存优化利用图论的知识提高神经网络的计算效率,神经网络可以看作一个有向无环图,其中每个节点代表一个计算单元,每条边代表一个数据流。为了保证神经网络的计算正确性,需要按照节点之间的依赖关系确定计算的顺序,也就是说,如果节点 A 依赖于节点 B 的输出,那么必须先计算节点 B,再计算节点 A。拓扑排序就是一种能够找出计算顺序的算法,它可以将有向无环图中的所有节点排成一个线性序列,使得任意一对节点满足依赖关系。

但是仅仅确定了计算顺序还不够,还需要考虑内存空间的问题。神经网络中的每个节点都需要占用一定的内存空间来存储输入数据、输出数据和中间结果等。如果不加优化地为每个节点分配内存空间,那么可能会导致内存空间不足或浪费。为了解决这个问题,需要根据节点所需的内存空间来动态地分配和回收内存区域。可以使用一个数据结构来记录已分配和未分配的内存区域,当为一个节点分配内存时,优先选择未分配的内存区域,如果没有足够的未分配内存区域,就从已分配的内存区域中回收一些不再被使用的内存空间,这样可以尽量减少内存的浪费和碎片化。

基于拓扑排序的最小内存分配适用于那些计算图中存在多个分支或循环的场景,比如循环神经网络或者残差网络。这些情况下,如果使用静态的内存分配策略,会造成大量的内存浪费,因为某些分支或循环中的变量在其他部分不再被使用,但仍然占用内存空间。而如果使用基于拓扑排序的最小内存分配,就可以在变量不再被使用后及时释放内存空间,从而降低内存峰值需求。基于拓扑排序的最小内存分配的优点是可以有效地降低内存峰值需求,提高内存的利用率,也可以适应不同的计算图结构,无须人为地调整内存分配策略,同时与其他优化技术如内存复用、梯度检查点等结合使用,可以进一步减少内存消耗。缺点是需要额外的时间和空间来维护计算图的拓扑排序和变量的引用计数,在运行时动态地分配和释放内存空间,可能会增加系统开销和碎片,并且需要考虑并行计算和异步执行等因素,避免出现数据竞争和同步问题。

基于拓扑排序的最小内存分配大致有如下步骤,首先是拓扑排序,按照依赖关系排列节点,避免数据依赖问题;然后进行内存计算,计算每个节点需要占用的内存空间;接着是内存分配,按照拓扑顺序分配内存空间,优先使用未分配或可回收的内存区域,减少内存浪费和碎片化;之后是指针更新,更新每个节点的输入和输出指针,使其指向正确的内存地址;最后进行网络计算,执行神经网络的前向传播和反向传播,计算输出值和梯度,并用梯度更新权重。同时在不影响计算正确性的前提下,释放一些不再被使用的内存空间。假设有一个深度学习网络的计算,简单计算图示意如图 8.3 所示,其中每个节

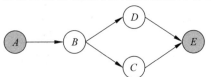

图 8.3 简单计算图示意

点表示一个算子,每个边表示一个张量。为了运行这个计算图,需要为每个张量分配内存空间。

A 是输入节点,E 是输出节点,B、C、D 是中间节点。可以按照以下步骤为这 5 个节点分配内存。

步骤一,对计算图进行拓扑排序,得到一个线性序列:A、B、C、D、E。

步骤二,为第一个节点 A 分配一个内存块 M1,并将 A 的值存入 M1。

步骤三,为第二个节点 B 分配一个内存块 M2,并将 B 的值存入 M2。此时,内存中有两个节点 A 和 B。

步骤四,为第三个节点 C 分配一个内存块 M3,并将 C 的值存入 M3。此时,内存中有 3 个节点 A、B 和 C。

步骤五,检查 A 是否还被后续节点使用,发现不再被使用,因此可以释放 A 占用的内存块 M1,并将其分配给第四个节点 D,然后将 D 的值存入 M1。此时,内存中有 3 个节点 B、C、D。

步骤六,检查 B 是否还被后续节点使用,发现不再被使用,因此可以释放 B 占用的内存块 M2,并将其分配给第五个节点 E,然后将 E 的值存入 M2。此时,内存中有 3 个节点 C、D 和 E。

步骤七,检查 C、D 是否还被后续节点使用,发现不再被使用,因此可以释放 C、D 占用的内存块 M3 和 M4,并将其回收。此时,内存中只有一个节点 E。

步骤八,检查 E 是否还被后续节点使用,发现不再被使用,因此可以释放 E 占用的内存块 M1,并将其回收。此时,内存中没有任何节点。

通过如上过程,只需要 4 个内存块就可以完成计算图的前向和反向传播,而不需要为每个节点单独分配一个内存块,这样就实现了基于拓扑排序的最小内存分配。假设上述计算图中每个张量所需的内存空间均为 1MB,如果使用普通分配算法,即为每个张量分配一个独立的内存空间,那么总共需要的内存空间计算公式为

$$M_{\text{normal}} = \sum_{i=1}^{n} S_i \tag{8.1}$$

其中,n 是张量的个数,S_i 是第 i 个张量的大小。通过该公式可以计算出采用普通分配算法得到的内存空间大小为 5MB。如果使用基于拓扑排序的最小内存分配算法,即按照拓扑顺序为每个张量分配内存空间,并且复用已经不再使用的内存空间,那么总共需要的内存空间为

$$M_{\text{min}} = \max_{i=1}^{n} \left(\sum_{j=1}^{i} S_j - \sum_{k=1}^{i-1} S_k \right) \tag{8.2}$$

可以计算出所需内存空间的大小为 3MB。其中,n 是张量的个数,S_i 是第 i 个张量的大小,S_k 是第 k 个不再使用的张量的大小,并且第 k 个张量在第 i 个张量之前已经不再使用。通过计算可以看出基于拓扑排序的最小内存分配可以明显降低内存的使用量。

除去以上内存分配,片上存储器的内存分配也是一个主要的挑战。内存分配器的任务是选择设备内存中的缓冲区位置,以保证已使用内存的总量不会超过设备上可用内存的总量,但这是一个高维、NP 难的优化问题,具有挑战性。当前深度学习编译器要么使用特别的启发式解决方案,要么使用基于求解器的解决方案来解决这个问题。启发式解决方案适

用于简单情况,不适用于此问题的更复杂的实例。基于求解器的解决方案可以处理这些复杂的实例,但在关键场景中代价昂贵,例如在移动设备上编译模型,编译时间占比大大增加。一种可能的方法是将约束优化和领域特定知识相结合,以实现两者的最佳特性。具体来说是将启发式解决方案与基于求解器的解决方案相结合,来指导决策过程。此方法在简单输入的情况下与启发式解决方案相匹配,在复杂输入情况下比基于最佳整数线性规划求解器的解决方案效果显著。TelaMalloc 是此方法的一个实例,与基于经过高度调优的求解器解决方案相比,在真实的机器学习工作负载上实现了高达两个数量级的分配时间加速。

另外,随着大模型变得越来越流行,训练或微调此类模型需要大量的计算能力和资源。由于 GPU 原始的显存分配器的开销太大,若采用流行的显存节省技术的混合应用,如重新计算激活值、卸载参数到其他存储系统、分布式训练和低秩分解等,缓存分配器的效率会迅速下降。主要原因是这些减少内存使用的技术引入了频繁、不规则的内存分配和释放请求,导致基于拆分的缓存分配器出现严重的碎片问题。将非连续内存块与虚拟内存地址映射进行融合或组合是解决缓存碎片化问题可行的思路,且对 DNN 模型和内存减少技术是完全透明的,可以大大减少 GPU 内存的使用,同时可为资源密集型深度学习任务的无缝执行提供关键的支持。

大语言模型推理内存占用主要由模型权重、键值缓存及其他内存三部分组成。键值(key-value)缓存是一种常见的内存分配方式,用于存储键值对数据并提供高速的读写访问。由于大语言模型一次推理只输出一个单词,输出的单词会与输入的单词序列拼接在一起,作为下一次推理的输入,不断反复直到遇到终止符。键值缓存的原理在于缓存当前 i 轮可重复利用的计算结果,$i+1$ 轮计算时直接读取缓存结果。现有的大语言模型中,键值缓存和激活值显存开销与推理时的批大小成正比,批大小取值越大,键值缓存和激活值所占内存开销越大。由于大模型的高吞吐量服务需要在同一时间高效且批量地处理很多请求,每个请求的键值缓存都是巨大的,而且动态地变大变小。与此同时,由于现有内存管理低效,内存碎片化和冗余造成巨大的内存浪费。应用操作系统中虚拟内存和分页的经典思想,在非连续空间存储连续的键值对张量,把每个序列的键值缓存进行了分块,每个块包含固定长度的单词,而在计算注意力时可以高效地找到并获取那些块。每个固定长度的块可以看成虚拟内存中的页,单词可以看成字节,序列可以看成进程,那么通过一个块表就可以将连续的逻辑块映射到非连续的物理块,而物理块可以根据新生成的单词按需分配。序列在分块之后,只有最后一个块可能会浪费内存。此种方法的运用减少了内存浪费,可以在一个批次中同时输入更多的序列,在提升 GPU 利用率的同时显著地提升吞吐量。

8.2　内存复用

内存复用是一种优化内存使用的技术,可以在不增加设备内存的前提下,运行规模更大或更复杂的模型。它的基本原理是通过分析张量的生命周期,确定哪些张量在计算过程中不再需要,将它们所占用的设备内存释放出来,供后续的张量使用。例如,在深度神经网络中,每一层的输出张量传递给下一层之后就可以将其占用的内存收回,从而节省内存空间。

为了描述内存复用问题,可以使用内存生命周期图来表示张量的生命周期和内存大小。内存生命周期图如图 8.4 所示,图中横坐标表示张量的生命周期,纵坐标表示占用的内存大小。内存复用的目标是在内存生命周期图中容纳更多的矩形块,约束使矩形块之间不能重叠。图 8.4(a)所示为在未使用任何内存复用策略情况下的内存生命周期图,此时内存同时只能容纳 T_1、T_2、T_3、T_4、T_5 5 个张量。而如果使用内存复用技术,将生命周期已经终止了的张量对应的内存空间进行释放,并且将新的张量放入该空间,实现内存复用后,可以从图 8.4(b)中明显看到相同空间及时间内,内存可支持更多的张量。

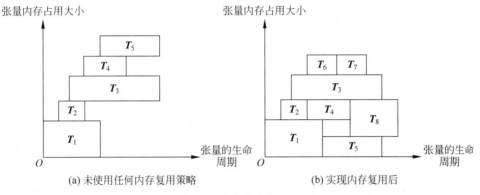

(a) 未使用任何内存复用策略　　　　　　(b) 实现内存复用后

图 8.4　内存生命周期图

前面介绍了内存复用的基本原理,即分析张量的生命周期,再将不再被使用的张量内存回收并分配给后续的张量。接下来,将介绍两种常见的内存复用技术,分别是原地置换和内存共享。这两种技术都可以在不影响模型准确性的前提下,提高内存的利用率,让有限的设备内存容纳更大的模型。

8.2.1　原地置换

原地置换是一种内存复用技术,它可以将输出张量存储在输入张量的物理地址上,从而节省内存空间。原地置换适用于不改变张量形状的操作,例如激活函数。原地操作示意如图 8.5 所示,这里有三层 tanh 操作,每层的输入和输出张量都有相同的形状。为了实现原地置换,可以将每层的输出张量覆盖在上一层的输入张量的内存中。当计算第二层的输出张量 C 时,第一层的输出张量 B 就不再被使用,所以可以被覆盖;同理,当计算第三层的输出张量 E 时,第二层的输出张量 C 也可以被覆盖。这样只需要为三层 tanh 操作分配一块内存空间,而不是三块。

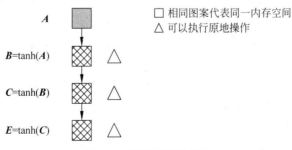

□ 相同图案代表同一内存空间
△ 可以执行原地操作

图 8.5　原地操作示意图

原地置换虽然可以节省内存空间,但是也有一些限制和风险。需要确保被覆盖的张量不再被后续的计算所依赖,否则会导致计算错误。不可进行原地置换示意如图 8.6 所示,这

里有一个节点 **F** 依赖于张量 **B**。如果在计算 **C** 时，将其覆盖在 **B** 的内存中，那么 **F** 就无法正确地获取 **B** 的值，从而无法得到正确的结果。因此在原地置换时，需要分析张量之间的依赖关系，避免覆盖生命周期未终止的张量。

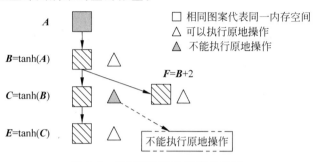

图 8.6　不可进行原地置换示意图

8.2.2　内存共享

内存共享也是一种内存复用技术，它可以使不同生命周期的张量共享同一块内存空间，从而提高内存利用率。内存共享适用于形状相同或相似的张量，例如卷积层的输出张量。内存共享示意如图 8.7 所示，这里有两个卷积层，每个卷积层的输出张量都有相同的形状。为了实现内存共享，可以在计算第二个卷积层的输出张量 **E** 时，将其存储在第一个卷积层的输出张量 **B** 的内存空间中，当不再需要 **B** 时，就可以回收 **B** 的内存空间，并分配给 **E**。这样只需要为两个卷积层分配一块内存空间，而不是两块。

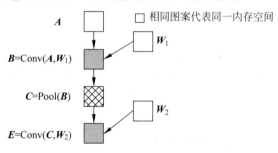

图 8.7　内存共享示意图

内存共享虽然可以提高内存利用率，但是也有一些限制和条件。例如内存共享只能在生命周期不重叠的变量之间进行，这里的生命周期指的是一个变量从开始计算到最后一次被用到的时间段，即变量的有效期。张量生命周期如图 8.8 所示，fc_1 的生命周期在计算得到 act_1 后终止，所以它的内存空间可以被回收并分配给其他变量。

上述示例的分配逻辑都是串行的，但在进行内存共享时容易遇到并行化问题，要将并行计算和内存共享很好地结合有一定的难度。

图 8.9 中的两个图是同一个网络的两种不同的内存共享设计图。如果以串行方式运行从 A[1] 到 A[8]，那么这两种方案都是有效的。但是如果要并行计算，图 8.9(a) 所示分配方案中由于 A[2] 和 A[5] 两者的内存是共享的，所以不能以并行方式运行 A[2] 和 A[5] 的计算，而图 8.9(b) 所示分配方案显然是可以并行的。通过对比可以看出，尽量不要在可并行的节点之间进行内存共享。

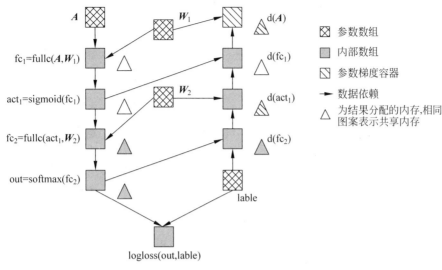

图 8.8　张量生命周期

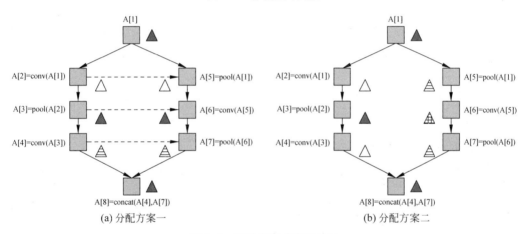

(a) 分配方案一　　　　　　　　　　　　(b) 分配方案二

图 8.9　两种内存共享设计图

可以采用图 8.10 所示并行计算判断方法来判断哪些节点可以并行计算。首先找到网络中的最长路径,把这个路径用一种虚线表示;然后继续找剩下的最长路径,用另一种虚线表示。因为相同种类虚线路径的变量都有依赖关系,所以不能被并行,因此相同虚线路径的变量可以利用内存共享机制对其进行内存分配。

为了更好地理解原地置换和内存共享,可以通过一个具体的例子来观察它们的应用。选择一个双层全连接神经网络作为例子,计算图和可能的内存分配计划如图 8.11 所示。这个神经网络包括两个全连接层和两个激活函数层,以及对应的反向运算。为了简化图示,省略了权重节点和权重梯度节点,并假设反向运算时会计算权重梯度。

图 8.11(c) 展示了两层神经网络的一种可能的分配方案,包含了上述两种类型的内存优化操作,其中相同图案的节点共享内存。第一个 sigmoid 转换使用置换操作来节省内存,其反向运算又重用了这部分内存,softmax 梯度与第一个全连接层的梯度共享内存。然而在特定情况下应用这些优化操作可能会导致错误,例如,如果一个操作的输入仍然是另一个操作所需的,那么对输入进行置换操作将导致错误的结果。

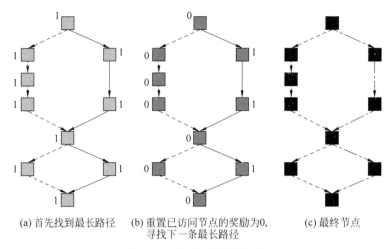

(a) 首先找到最长路径　　(b) 重置已访问节点的奖励为0，　　(c) 最终节点
寻找下一条最长路径

图 8.10　并行计算判断方法

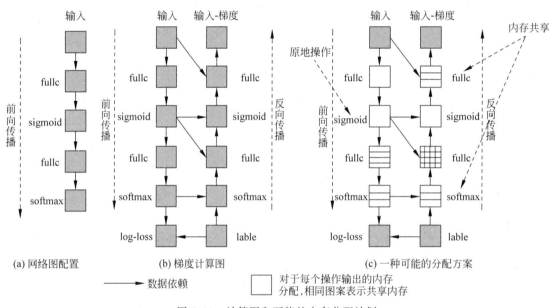

(a) 网络图配置　　　　(b) 梯度计算图　　　　(c) 一种可能的分配方案

───→ 数据依赖　　　　□ 对于每个操作输出的内存
分配，相同图案表示共享内存

图 8.11　计算图和可能的内存分配计划

因此，只能在生命周期不重叠的节点之间共享内存。因此可以以每个变量作为节点，变量之间的重叠生命周期为边，构造冲突图，然后运行图着色算法。基于计算图的内存分配算法如图 8.13 所示。按拓扑顺序遍历整个图，使用计数器记录还有多少个依赖于该节点并且还未计算的节点数目，即节点的生命周期。如果当前操作的输入变量没有被其他操作引用，即输入变量的计数器为 1，那么当前操作的输出变量就可以使用置换操作。临时标签用于指示内存共享，即图中的不同类型的矩形，当节点计数器变为 0 时，可以回收节点的标签。右上角的矩形框表示回收的可以被重新利用的内存，当节点的生命周期没有重叠时，另一个节点使用回收标签就会发生内存共享，如图 8.12 所示，B、E 和 G 复用了同一块内存空间。图中的模拟过程中并没有真正分配内存，而是记录下每个节点需要多少内存，使用静态内存分配算法，在训练开始之前将内存分配给每个节点，最后一次性申请所需的内存。

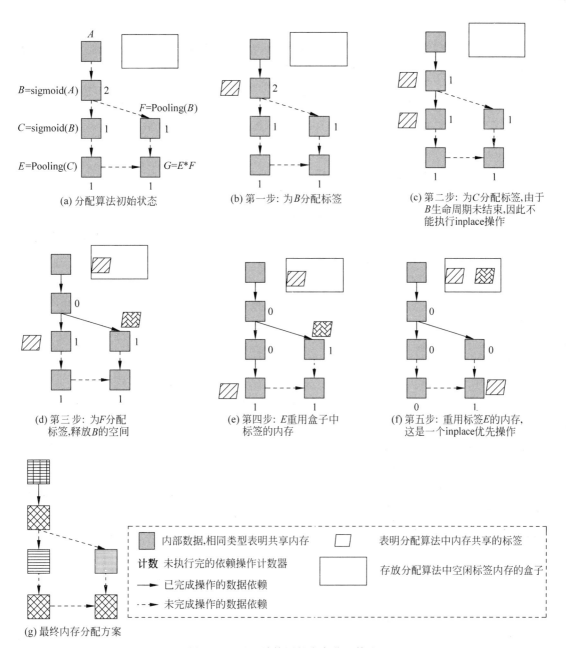

图 8.12　基于计算图的内存分配算法

8.3　张量迁移

深度学习模型在训练和部署过程中需要大量的内存空间,模型对内存空间的需求往往超出了计算设备的内存容量。为了防止内存溢出和程序崩溃,张量迁移技术可以在设备和内存之间动态地调整张量数据的位置,有效地管理和优化数据,在节省内存空间的同时提高数据的传输和存储效率。

张量迁移技术还可以优化加速设备和 CPU 之间的数据通信,从而提升系统资源的使用效率。在深度学习中,GPU 等加速设备负责执行计算密集型任务,而 CPU 负责处理数据的预处理和后处理,通过将一些张量数据从加速设备迁出到 CPU,可以减少加速设备的存储负担,提高其计算性能。

8.3.1 迁移机制

张量迁移机制通过在 GPU、TPU 等加速设备内存和外部存储之间交换张量数据来实现训练过程中内存方面的供给,以当前时刻内存需求替代累积内存需求作为内存供给依据,保障深度学习训练的运行,张量迁移机制可细分为张量迁入机制和张量迁出机制。该过程中,首先要对张量进行迁出,然后在特定的时刻对张量进行迁入,因此需要实现良好的可用性目标及性能目标。可用性目标即降低深度学习训练的瞬时内存需求,也就是在某一时刻,保证内存中有足够的可用空间可供当前训练使用;性能目标即减少训练过程中由于张量在设备间的交换而造成阻塞的时间。下面对张量迁出及张量迁入机制进行详细介绍。

1. 张量迁出机制

在进行张量迁出操作时,需要根据算子的运行特征选择需要换出的张量,以降低训练阶段的瞬时内存需求,从而保障训练过程中的内存供给。算子的运行特征主要有内存先入后出、内存占用差异、迭代间稳定性三种。

(1)内存先入后出。深度学习训练中最先计算的算子对应的张量数据最先进入内存中,且最后从内存中释放,具有最长的内存占用时间。内存先入后出示意如图 8.13 所示,深度学习训练中,张量数据在前向和反向传播过程中会被多次使用。算子 2 的前向传播会根据输入数据 X 和权重数据 W 计算输出数据 Y,而算子 2 的反向传播会根据输入数据 X、输出数据 Y 和输出梯度 dY 计算输入梯度 dX。可以看出算子的输出数据不仅要传递给下一个算子,还要在反向传播中复用,所以要一直保存在内存中。另外,反向传播中将不再需要算子的输入数据和权重数据,因此可以提前进行内存释放。这样内存中的张量数据就呈现出先入后出的特征,即最先计算的算子对应的张量数据最先进入内存,最后从内存中释放,具有最长的内存占用时间。

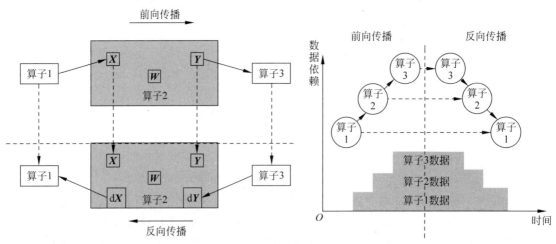

图 8.13　内存先入后出示意

(2)内存占用差异。算子内存占用差异特征指的是在深度学习模型中,不同类型的算子之间存在较大的内存占用差异。例如,卷积算子比全连接层的矩阵乘法算子占用更多的内存空间。此外,随着对输入数据特征提取的不断深入,卷积算子的内存占用逐渐减少,不同算子的不同组成部分也存在较大的内存占用差异。例如在卷积算子中,输入输出数据具有较大的比重,而在实现全连接层的矩阵乘法算子中,权重具有较大的比重。

(3)迭代间稳定性。迭代间稳定性是指在训练过程中,每次迭代中算子在前向传播和反向传播阶段具有稳定的运行时间和内存需求。这是因为每次迭代中只有输入数据内容发生变化,而影响输入数据规模的批处理尺寸、影响计算开销的内部实现等参数配置没有发生变化。可以利用这一特征,在每次迭代中收集运行状况信息,周期性换出内存数据。

根据上述算子的几个运行特征,可以使用一些迁出机制进行张量的换出。先出后入换出机制是一种基于算子内存先入后出特征的内存换出机制,即最先换出的张量最后换入,可以根据其对训练阶段可用性和性能的要求,采用即时换出或按需换出的方式。即时换出是指深度学习框架在前向传播某一算子数据不再被使用时,换出其内存数据。按需换出是指深度学习框架在内存不足时,通过内存换出机制释放内存空间。大张量优先迁出机制是一种基于算子数据对内存资源占用空间差异的内存换出机制。训练过程中在进行张量数据换出时,通过卸载占用大量内存的张量,可以有效降低算子的内存占用。该机制根据从过程中观察、总结的算子内存占用差异特征,或在运行时动态获取内存特征来选择换出张量。周期性张量迁出机制根据算子的迭代间稳定性特征,在每次迭代的过程中,周期性地对某些张量进行换出。

张量迁出机制在深度学习中扮演重要的角色,通过及时释放不再需要的张量,优化内存利用并减少数据冗余,提高了系统的效率和性能,以保证深度学习任务的顺利进行。

2. 张量迁入机制

为了访问被换出的张量,编译器要根据训练阶段的内存需求变化,给每个被换出的算子安排一个换入的时间点,把算子数据重新换回内存,以保证深度学习训练的内存访问。训练阶段的内存需求变化决定了张量的访问时间,而算子运行时间、张量迁移时间等因素决定了张量的迁入时间。所以需要结合数据依赖关系,建立反馈和前馈的内存数据换入机制,在适当的时间点把算子数据换回内存,保证训练阶段的性能目标。

因此在张量换入阶段,主要依靠数据依赖关系及数据访问时间来决定一个张量是否换入计算设备中。该阶段首先需要确定数据依赖关系,通过分析计算图或代码了解张量与其他操作或张量之间的依赖关系,以确定哪些张量是必需的。之后需要评估每个张量的数据访问时间,数据访问时间通常基于算子运行时间和内存交换时间来计算,这是为了确保在深度学习训练过程中需要访问数据时,相应的数据已经准备好并可以被访问。通过这种方式,在训练过程中可以使数据访问和算子运行在同时刻完成数据换入,之后就可以根据确定的数据依赖关系及数据访问时间来实施换入策略。接下来介绍一些常见的迁入机制。

(1)反馈机制。在训练过程中,算子执行到某一步骤时,如果当前算子执行所需的张量数据已被换出,则 GPU、TPU 等专用的计算设备执行缺页中断,由硬件将对应的张量数据换入内存中。但是使用这种机制进行换入操作的训练过程在张量迁移时会阻塞,必须等到张量迁移完成后才会继续执行,会造成较大的阻塞开销,反馈机制如

图 8.14 所示。

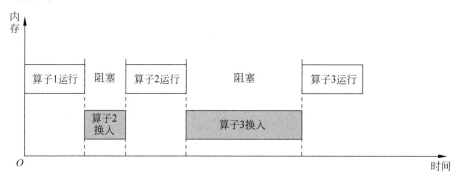

图 8.14　反馈机制

（2）前馈机制。前馈机制在换出的数据被访问之前,会将数据从外部存储预取回内存。根据触发预取的时刻,这一机制分为基于数据依赖关系的前馈机制与基于数据访问时间的前馈机制。基于数据依赖关系的前馈机制中,当算子被执行时,根据算子所需的张量数据对应的依赖关系提前进行换入,但是仅采用基于数据依赖关系的前馈机制可能导致数据过早或过晚换入。基于数据依赖关系的前馈机制如图 8.15 所示,若算子计算时间长于数据传输时间,则数据将过早换入内存中,降低了内存使用效率。若算子计算时间短于数据传输时间,在计算完成时数据仍未完全换入内存中,训练过程仍需要阻塞,等待数据换入的完成。

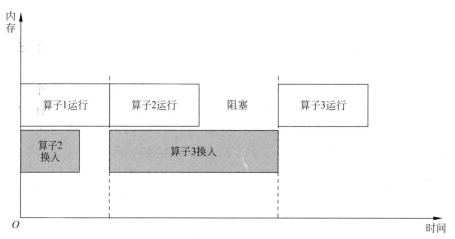

图 8.15　基于数据依赖关系的前馈机制

除了基于数据依赖关系的换入机制,还有基于数据访问时间的换入机制,该机制同样是前馈机制的一种,也是提前将张量数据进行换入,但是换入的时机与基于数据依赖关系的换入有所不同。采用该机制时,会将算子的运行时间与对应张量的数据访问时间对齐,从而消除阻塞训练的耗时。基于数据访问时间的前馈机制如图 8.16 所示。

在深度学习中,张量迁入机制优化了数据传输的过程,降低了成本与延迟,节约了资源并提高了系统性能,提高了计算资源的利用效率和系统性能,是深度学习系统优化中不可或缺的一环。

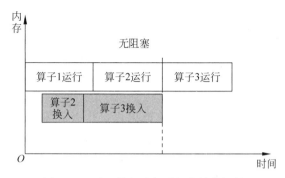

图 8.16 基于数据访问时间的前馈机制

8.3.2 迁移优化

张量迁移的基本原理是将张量数据在不同设备之间进行分配和传输,以适应超大规模的模型和数据。然而张量迁移本身也会带来一定的开销,影响训练的效率和性能。为了优化张量迁移的过程,可以通过张量压缩、零冗余优化器卸载、统一内存优化和智能交换方案等减小张量迁移的成本。

1. 张量压缩

张量压缩技术是内存优化的一种手段。在深度学习中,模型通常包含大量的权重矩阵和激活函数,这些矩阵和函数通常以张量的形式存储在内存中。通过压缩技术,可以将这些张量的维度和精度进行缩减,从而减少内存的占用。另外,张量压缩技术还可以结合缓存优化、梯度压缩等技术进一步减少内存的占用。缓存优化可以将常用的张量缓存在内存中,避免重复读取;梯度压缩可以减少梯度计算中的冗余信息,从而减少内存的占用。

在张量迁移中使用张量压缩技术主要有几个原因:一是张量压缩技术可以将高维的张量分解为一组低维的核张量和因子矩阵,从而实现灵活地压缩和恢复,这样可以减少通信数据量的大小,降低通信带宽需求以提高通信速度;二是张量压缩技术可以保留张量的结构信息,从而避免信息的丢失或损坏,这样可以保证通信数据的质量,提高模型的精度和稳定性;三是张量压缩技术可以适用不同的通信拓扑和硬件平台,从而实现跨平台的兼容性,这样可以增加通信数据的可移植性,提高模型的灵活性和可扩展性。

深度学习对精确还原数据的要求相对较低,更注重的是减小存储空间和传输带宽,更常见的是采用基于量化的有损压缩方法,通过降低参数的精度来实现更高的压缩率。模型量化是将深度学习模型中的浮点数参数和操作转换为定点数表示的过程,目的是减小模型的存储空间和计算需求,提高模型在移动设备等资源有限的环境下的效率,主要包括参数量化与操作量化。参数量化会将浮点数参数转换为定点数,常见的方法是将浮点数参数映射到一个有限的整数范围内,例如使用 8 位整数表示参数,这样可以大大减小参数的存储空间。操作量化则将浮点数操作转换为定点数操作,类似于参数量化,将浮点数操作映射到定点数操作,以减小计算开销,例如将浮点数乘法转换为定点数乘法。

2. 零冗余优化器卸载

零冗余优化器卸载(Zero-Offload)是在零冗余优化器的基础上发展而来的,零冗余优化器是一系列减少数据并行训练中的模型状态冗余的内存优化技术。零冗余优化器卸载的核心思想是将不常用的数据从 GPU 内存中移出，存储到 CPU 或内存中，然后在需要的时候再移回来。这样可以最大限度地节省 GPU 内存，同时尽量减少数据在 GPU 和 CPU 之间的传输，以保持计算效率。它可以在单个 GPU 上训练超过 130 亿个参数的模型，且不需要开发人员做任何模型更改，也不牺牲计算效率。

深度学习模型训练需要消耗大量的内存，主要有优化器状态、梯度、参数三种类型的内存消耗。优化器状态，比如 Adam 优化器需要保存每个参数的动量和方差，梯度即每个参数的更新方向，参数即模型的权重。通常情况下，使用数据并行的方法来训练大模型，即将数据分成多份，分配给多个 GPU 进行计算。但是数据并行的方法有一个缺点，就是每个 GPU 都需要保存完整的优化器状态、梯度和参数，这样会造成很多内存冗余和浪费。为了解决这个问题，零冗余优化器提出了一种划分数据并行进程之间的模型状态的方法，使每个 GPU 只保存部分优化器状态、梯度和参数，而不是全部。这样就可以减少内存的消耗，从而训练更大的模型。

零冗余优化器卸载在 GPU 上面进行前向和后向计算，将梯度传给 CPU 进行参数更新，再将更新后的参数传给 GPU，这样就可以加入计算和通信的展开优化。在反向传播阶段，GPU 可以待梯度值填满存储空间后，在计算新的梯度的同时将存储空间传输给 CPU。当反向传播结束时，CPU 已有最新的梯度值，同样的，CPU 在参数更新时也同步将已经计算好的参数传给 GPU，这样就可以减少整体时间的消耗。使用零冗余优化器的内存交换的方法也会带来一些通信和计算的开销，比如需要在 GPU、CPU 和非易失性快速存储器之间传输数据，以及需要对数据进行压缩和解压等。零冗余优化器可以通过一些技术手段，比如使用异步通信、重叠计算和通信、选择合适的压缩算法等，来尽量减少这些开销，从而保持良好的训练效率和可扩展性。

3. 统一内存优化

利用统一内存可以使用缺页异常来训练超出 GPU 内存容量的深度神经网络，由于统一内存是虚拟内存空间，因此对于 GPU 上的内存请求都要进行地址转换，并且处理缺页异常会在 CPU 和 GPU 之间迁移页面，这将带来很大的开销。由于核函数执行模式和内存访问模型是固定的、重复的，所以相关性预取是一种减小开销的有效手段。通过构建相关性表记录核函数的执行历史和页面访问，预测接下来执行哪个核函数，进行相关性预取。DeepUM 中实现了这种相关性预取，减少了缺页异常，并且在 GPU 内存已满，驱动无法为缺页分配内存时，实现了页面预驱逐优化技术，消除了 CPU 和 GPU 之间不必要的内存流量，避免了不必要的数据传输。

4. 智能交换方案

在有限的 GPU 中训练更大的模型需要实现 GPU 和 CPU 的内存交换，但是如何确定哪些数据该被存储在 CPU 内存，哪些数据该被存储在 GPU 内存需要一个合理的方案。该方案应该能够精确规划出什么时候要交换和交换什么，以便最大化计算和通信的重叠。SwapAdvisor 中设计了一种智能交换的方案，它根据给定的数据流图，以及相应的内存分配方案和运算符调度，推导出将在何时交换哪些张量；并且使用了一个特殊设计的遗传算法来遍历搜索空间，该算法可以根据历史数据和当前任务的特性，自动选择需要交换的参数和存储位置。通过将参数存储在内存中，此方案可以避免 GPU 内存的限制，提高深度学习模型的训练效率和准确性。

这些技术的提出和应用,可以有效减少张量迁移的代价,加速深度学习模型的训练过程,提高系统整体性能和效率。在深度学习领域,优化张量迁移代价是一个重要的研究方向,有助于提升计算资源的利用效率和训练速度。

8.4 重计算

深度学习中,梯度是衡量模型参数对损失函数影响的重要指标,它可以通过指导参数的更新来优化模型。反向传播是一种高效计算梯度的方法,从输出层开始基于链式法则逐层将梯度反向传递到输入层。反向传播也有一个缺点,即需要保存计算图中的所有中间结果,以便在计算梯度时使用。这些中间结果占用了大量的内存空间,特别是在深层神经网络中,一种常用的解决此类问题的技术是重计算。重计算的思想很简单,就是在反向传播时不再从内存中读取已经计算过的中间结果,而是根据需要重新计算它们,这样就可以节省内存空间,但是需要付出一些额外的计算时间。

以图 8.3 所示简单计算图为例,两个节点 A 和 B 的输出分别为 a 和 b 且 $b = f(a)$。如果使用普通的反向传播方法求出 a 和 b 对某个参数 x 的梯度,需要先正向计算出 a 和 b,并将它们保存在内存中。然后从 b 开始反向传播,先求出 $\partial b/\partial x = \partial b/\partial a \times \partial a/\partial x$,再求出 $\partial a/\partial x$,并最终得到 $\partial b/\partial x$,这样做的缺点是需要额外保存 a 的值。

如果使用重计算方法可以省去保存 a 的步骤,在反向传播时当需要求出 $\partial b/\partial x$ 时,不再从内存中读取 a 的值,而是重新执行一遍 A 节点的正向计算得到 a 的值,然后再根据 a 的值求出 $\partial b/\partial x$,这样做的优点是节省了内存空间。

在深度学习中,计算图有静态图和动态图两种形式,因此重计算也分为静态图重计算和动态图重计算这两种。此外,快速注意力机制这一新颖的注意力计算方法也可以看作一种重计算思想,它通过将中间注意力矩阵 S 和 P 转化为更小存储的归一化因子 m 和 l 来降低内存消耗,不存储中间激活值以减少内存开销,在需要时再重新计算。本节将分别对这三种方法进行介绍。

8.4.1 静态图重计算

重计算的关键是如何选择哪些中间结果需要重新计算,哪些不需要。一般来说,更偏向选择那些计算代价低、内存占用高的中间结果进行重计算,保留那些计算代价高、内存占用低的中间结果。这样可以在尽量不影响性能的前提下,最大限度地减少内存开销。

上述方法的应用之一是放弃低成本操作的结果,保留计算耗时的结果。这种方法在实际应用中非常有用,例如在卷积神经网络的过程流中,可以始终保留卷积的结果,丢弃批处理归一化、激活函数和池化的结果。因为在实际应用中,批处理归一化和激活函数的计算开销很小,能够达到节省内存的目的。内存优化梯度图生成示例如图 8.17 所示。

图 8.17(c)所示优化内存后的梯度图中,保留了卷积的结果,丢弃了所有其他中间结果。在反向传播阶段,通过从最近的记录结果向前运行来重新计算丢弃的中间结果。因此,只需要承担存储每个阶段的输出内存成本和每个阶段进行反向传播的最大内存成本。

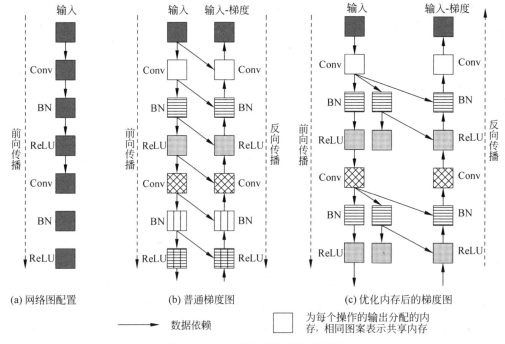

图 8.17　内存优化梯度图生成示例

8.4.2　动态图重计算

静态图重计算可以在事先定义好的计算图中,为一些中间节点添加重计算的标记,从而在反向传播时节省内存空间。然而这种方法并不适用于动态图框架,因为动态图框架没有固定的计算图,而是根据数据动态地构建和修改计算图。动态图框架可以更灵活地处理一些变化的输入或者结构,但是也给重计算带来了新的挑战,需要一种特殊的重计算方法解决此类问题,即动态图重计算。

动态图重计算的目标是在动态图训练时,自动地对显存中的张量进行释放和重计算,从而最大限度地利用显存资源。它可以看作一个智能的张量显存管理器,可以根据一些启发式策略对张量进行分配、读取、释放、销毁等操作。

动态图重计算的核心思想是利用缓存机制实现张量的释放和重计算。缓存是一种常用的优化技术,它可以将一些经常被访问的数据保存在一个有限的空间中,以提高后续数据访问速度。当缓存空间已满时,就需要为新的数据腾出空间,从缓存中删除一些数据。为了选择哪些数据更适合被删除,可以采用一些简单而有效的策略,比如最近最少使用策略。该策略的原则是根据数据被访问的时间来判断它们的重要性,如果一个数据距离上次被访问的时间越长,就认为它越不重要,因此可以优先被删除。

动态图重计算也是类似的,它将显存看作一个缓存空间,将张量看作缓存中的数据。当显存已满时,就需要从显存中释放一些张量,以便为新的张量分配空间。为了选择哪些张量被释放,也可以使用与最近最少使用策略类似的策略,但是除了考虑张量被访问的时间,还需要考虑开销与显存两个因素。张量的重计算开销越小越好,这是因为释放一个张量意味着在需要时要重新计算它,如果一个张量的计算代价很高,那么释放它就会增加很多额外的时间开销。张量占用的显存越大越好,这是因为释放一个张量可以腾出它占用的显存空间,如果一个张量占用很多显存空间,那么释放它就可以节省很多内存资源。

综合考虑这两个因素,就可以得到一个张量释放代价的度量,代价越低就越适合被释放。当需要为某个新张量分配显存时,可以循环地选择并释放当前显存中代价最低的张量,直到有足够空间容纳新张量。当需要获取某个已有张量时,需要先检查它是否还在显存中,如果已经被释放,那么就需要根据之前记录下来的计算路径重新计算它,并将结果返回反向传播。需要注意的是,在重新计算过程中可能会触发更多张量被重新计算。图 8.18 用一个简单的例子说明了动态图重计算的过程。

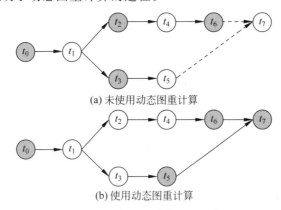

(a) 未使用动态图重计算

(b) 使用动态图重计算

图 8.18 动态图重计算过程示意图

假设当前显存只允许 4 个张量存在,图示的计算图中 t_0、t_2、t_3、t_6 为目前显存中的变量。当从 t_5、t_6 生成 t_7 时,首先需要根据 t_3 重计算 t_5,t_3 此时将被打上不可释放标签。当显存已满时需要启发式地找到最佳张量,释放掉 t_2 再生成 t_5,这时 t_3 暂时不再需要,因此解除不可释放的标签。同样的,为了给 t_7 分配显存,动态图重计算会释放 t_3 这个最优张量后再生成 t_7。通过动态图重计算策略在动态计算图上实现重计算,可以保证训练过程中显存占用始终小于某一阈值,为机器显存受限时尽可能地使用更大的内存提供了机会。

8.4.3 快速注意力机制

快速注意力机制是一种新颖的注意力计算方法,它充分利用了 GPU 片上静态随机存储器的高带宽和低延迟特性,有效地减少了 GPU 显存的读写开销,从而提高了计算效率和内存利用率。快速注意力机制的核心技术是将注意力计算分解为多个步骤,每个步骤只处理输入序列的一部分,之后逐步完成 Softmax 归一化。与此同时,在反向传播时,快速注意力机制算法不需要从显存中读取中间的注意力矩阵 S 和 P,而是通过在共享内存中存储输出 O 和归一化因子 m、l,在片上快速重现注意力矩阵,这样可以大幅减少显存的访问次数,避免内存访问的瓶颈。

快速注意力机制还可以通过将中间注意力矩阵 S 和 P 转化为更小存储的归一化因子 m 和 l 来降低内存消耗。这种方法可以看作一种重计算思想,通过不存储中间激活值来减少内存开销,在需要时再重新计算。快速注意力机制可以应用于标准的全连接注意力和块稀疏注意力,实现精确和近似两种模式。快速注意力计算算法可以加速 Transformer 模型在长序列上的训练以提高模型质量,与标准的注意力计算算法相比,快速注意力计算算法有明显的优势。

标准的注意力计算算法需要将 Q 和 K 相乘后再进行 Softmax 归一化,然后再与 V 相乘得到输出,这个过程中需要将 Q 和 K 相乘的结果 S 和 Softmax 归一化的结果 P 都存储在静态随机存储器中。由于这些矩阵的大小与输入序列长度成二次关系,造成内存消耗巨大。而快速注意力机制则只需要存储输出 O,以及归一化因子 m 和 l。快速注意力机制工作示意如图 8.19 所示,输入 Q、K、V 是从显存中读取块到静态随机存储器中并进行计算,之后再写回显存中,这些矩阵的大小与输入序列长度呈线性关系,因此内存消耗更小。

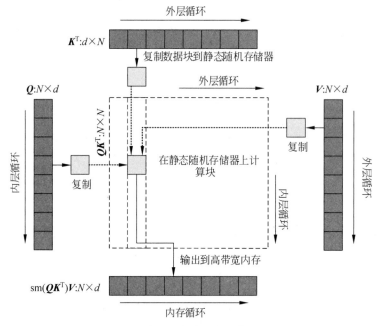

图 8.19　快速注意力机制工作示意图

使用快速注意力机制的代码示例如代码 8-2 所示。

代码 8-2　使用快速注意力机制的代码示例

```
# 创建一个 FlashAttention 对象
flash_attn = FlashAttention(
    embed_dim = 512,          # 嵌入维度
    num_heads = 8,            # 头数
    dropout = 0.1,            # dropout 概率
    bias = True,              # 是否使用偏置项
    add_bias_kv = False,      # 是否在键和值上添加偏置项
    add_zero_attn = False,    # 是否在键和值上添加全零向量
    kdim = None,              # 键的维度,默认为 embed_dim
    vdim = None,              # 值的维度,默认为 embed_dim)
# 创建一个输入张量,形状为[batch_size, seq_len, embed_dim]input = torch.randn(32, 1024, 512)
# 调用 FlashAttention 对象,得到输出张量和注意力权重矩阵
output, attn_weights = flash_attn(input, input, input)
# 输出张量的形状为[batch_size, seq_len, embed_dim]print(output.shape) # torch.Size([32, 1024, 512])
# 注意力权重矩阵的形状为[batch_size * num_heads, seq_len, seq_len]print(attn_weights.shape)          # torch.Size([256, 1024, 1024])
```

```
# 重计算部分:在每个小块上计算 Q * K^T,并将结果累加到 HBM 中的全局缓冲区中
for block_row in range(num_blocks):
    for block_col in range(num_blocks):
        # 计算小块在 SRAM 中的索引
        sram_row_start = block_row * block_size
        sram_row_end = min(sram_row_start + block_size, seq_len)
        sram_col_start = block_col * block_size
        sram_col_end = min(sram_col_start + block_size, seq_len)
        # 计算小块在 HBM 中的索引
        hbm_row_start = sram_row_start + sram_offset
        hbm_row_end = sram_row_end + sram_offset
        hbm_col_start = sram_col_start + sram_offset
        hbm_col_end = sram_col_end + sram_offset
        # 在 SRAM 中计算 Q * K^T,并将结果累加到 HBM 中的全局缓冲区中
        global_buffer[:, hbm_row_start:hbm_row_end, hbm_col_start:hbm_col_end] += torch.
bmm(
            query[:, sram_row_start:sram_row_end],
            key[:, sram_col_start:sram_col_end].transpose(-2, -1),
        )
```

上述代码的主要作用是实现快速注意力机制,它利用了 IO 感知的原理,即考虑了 GPU 内存之间的读写操作。代码中有一大部分是对于重计算的实现。重计算部分的作用是减少显存的访问次数,从而提高注意力计算的速度和内存效率。重计算部分的思想是将注意力矩阵划分为小块,然后在静态随机存储器中计算每个小块的 QK^T,并将结果累加到显存中的全局缓冲区中。这样每个小块只需要从显存读取一次 Q 和 K,并且只需要写入一次 QK^T,而不是每次都读写整个注意力矩阵。这样可以节省显存的带宽,提高计算效率。

在内存分配和优化中,重计算通过合理的内存管理、中间结果的缓存和重用,以及算法的优化,来提高内存利用率、计算效率和系统整体性能,这对于处理大规模数据和模型的深度学习任务尤其重要。

算子选择与生成

深度学习编译器前端主要负责解析和翻译用户编写的深度学习程序,并将其转化成中间表示。深度学习编译器的中端对前端生成的中间表示进行算子融入等计算图优化,完成计算图优化后需要对计算图进行细粒度的算子生成及优化,并为计算图中的张量分配内存。算子生成是指将高级深度学习模型描述转化为底层运行时所需的低级算子表示的过程,最终将张量算子程序交给编译器后端,生成可以在硬件上执行的指令序列。

为了提高深度学习应用的计算效率,大部分厂商的做法是定制高性能算子库,这些算子库提供了对深度学习算子的高效实现。深度学习编译器会根据用户定义的模型选择高性能算子库中的算子,这个过程也被称为算子选择。算子库并不能覆盖所有算子,当用户定义的算子与算子库中的算子不匹配,或者当前平台未被算子库支持时,需要进行算子生成与优化。本章主要介绍算子选择及两种常用的算子生成方法,包括基于机器学习的算子生成和基于多面体的算子生成。

9.1 算子选择

在深度学习中,算子选择是指根据具体任务需求、网络架构、硬件支持、性能需求和库支持等因素,选取合适的算子以构建高效的深度学习模型。算子选择的本质是建立深度学习模型中的算子与底层算子库的映射关系,算子的选择对模型的性能、速度和准确度有重要影响。

深度学习模型训练与推理过程中有两个抽象层级的概念,分别是模型的声明和模型的实现。前者是用户关注的范畴,即将用哪些算子构建一个深度学习模型,比如用户的应用场景是图像识别,那么可能会用更多的卷积池化层搭建深度学习模型。在这个层次的抽象中,只需要关注模型的声明而无须关注算子的具体实现。用户完成模型的声明后,就进入了模型实现的抽象层级,依靠编译器找到对应算子的实现。

算子选择是深度学习模型实现过程中的重要环节,需要综合考虑任务需求、硬件支持、性能需求等因素,找到最合适的算子来提高模型训练和推理的速度。高性能算子库是算子选择的重要内容,如今已经有很多硬件厂商研发了针对特定设备的高性能算子库,用户可以直接使用这些高性能算子库,而无须自己进行算子实现。

高性能算子库提供了针对特定硬件的高性能实现,为运算符的批量操作提供了加速。

以英伟达的 cuDNN 经典算子库为例进行分析,cuDNN 是一个针对深度学习应用的 GPU 加速库,它提供了包括卷积、池化、激活等高度优化的算子实现。cuDNN 强调性能、易用性和低内存开销,使开发人员能够专注于设计和实现神经网络模型,而无须过多关注性能调优且能够在 GPU 上实现高性能的现代并行计算。cuDNN 已经被集成到许多流行的深度学习框架中,通过使用库提供的优化功能,能够在 GPU 上实现快速并行计算,显著提高深度学习模型的训练和推断速度。具体来说,cuDNN 的优点主要体现在以下四方面。

(1)高性能加速。cuDNN 通过高度优化的算法和数据结构,充分发挥 GPU 的并行计算能力,实现了深度学习任务的高性能加速。它针对常见的深度学习算子进行了特定的优化,以提升训练和推理的速度。

(2)易于集成。cuDNN 被广泛集成到各种深度学习框架及编译器中,使得开发人员可以轻松地利用 cuDNN 提供的高性能功能,无须进行复杂的底层编程,只需要简单地调用 cuDNN 的应用程序接口就可以实现 GPU 加速,大大简化了开发流程。

(3)平台和硬件支持。cuDNN 支持多种英伟达 GPU 架构,包括 Volta、Turing 和 Ampere 架构,以及 Kepler 和 Maxwell 架构,且针对包括 FP16 和 FP32 在内的英伟达 A100 GPU 的峰值性能进行了调整。cuDNN 也提供了适用于不同操作系统的软件包,包括 Windows、Linux 和 macOS,为开发者提供了更灵活的支持。

(4)持续更新和优化。英伟达不断改进和优化 cuDNN 以适应新的深度学习算法和硬件架构,定期发布新版本引入新功能并进行性能优化,与最新的深度学习框架保持兼容,保证了 cuDNN 始终具有最佳的性能表现。

cuDNN 实际上提供了 6 个较小的库,它们是 cudnn_convolution、cudnn_activations、cudnn_pooling、cudnn_rnn、cudnn_softmax、cudnn_tensor,每个库都可以独立使用并且可以根据需要一起集成到应用程序中,还可以组合使用以构建更复杂的深度学习模型。这种粒度化的设计使得 cuDNN 在面向不同类型的深度学习任务时变得非常灵活,在需要时可以进行定制化使用。此外,cuDNN 对不同的深度学习算子进行了相关优化,如表 9.1 所示。

表 9.1 cuDNN 对不同的深度学习算子进行的优化

优 化 类 型	功 能
卷积算法优化	cuDNN 提供了多种高效的卷积算法,如 Winograd 算法、FFT 算法、直接卷积算法等,可以根据不同的卷积核尺寸和硬件平台选择合适的算法,以提高卷积计算的效率
自动调整算法	cuDNN 提供了自动调整算法的功能,可以根据不同的硬件平台和数据类型自动选择最优的算法和参数设置,以提高深度学习模型训练和推理的性能
数据格式优化	cuDNN 支持多种数据格式,如 NCHW、NHWC 等,可以根据不同的硬件平台和应用场景选择合适的数据格式,以提高数据存储和计算的效率
内存优化	cuDNN 支持异步计算和流式计算的功能,可以有效地利用 GPU 的计算资源,同时提供了高效的内存管理和优化策略,以提高模型训练和推断的性能
混合精度计算	cuDNN 支持混合精度计算,可以将模型计算的精度从 FP32 降低到 FP16,以减少计算量和内存占用,同时提供了高效的精度转换和调整策略,以保证模型的性能和精度

除此之外,常用的算子库还有英特尔的 oneDNN、AMD 的 MIOpen 等。oneDNN 包含一系列深度学习算法和函数,如卷积、池化、归一化等,还包含用于构建和优化深度学习模型的工具。oneDNN 作为 oneAPI 的一部分,可以与其他 oneAPI 工具和库一起使用,以实现跨硬件的高性能深度学习推理。MIOpen 提供了一组用于卷积神经网络的基本操作,如

卷积、池化、批量归一化和非线性函数等,此外,还支持一些高级功能,如半精度数据类型、卷积转置、卷积组、多通道卷积和空洞卷积等。MIOpen 充分利用了 AMD 加速器件的特殊性能优势,包括高带宽内存、高并发计算能力和多级缓存等,这些优化措施使得 MIOpen 在 AMD 加速器件上能够实现较高的性能,尤其在处理大型深度学习模型时效果显著。

这些高度优化的算子库针对计算密集型原语,如卷积、矩阵乘法和循环神经网络,以及内存带宽有限的原语,可以在各种硬件上加速深度学习模型的训练和推理。这些库支持可定制的数据布局,使其易于与深度学习应用程序集成,避免频繁的数据布局转换。此外,它们还支持低精度的训练和推理,包括 FP32、FP16、INT8 等。

深度学习编译器可以利用高性能算子库及本身的算子库实现算子选择,编译器的算子选择需要明确任务的类型和需要解决的问题,不同的任务可能需要不同类型的算子,例如卷积神经网络中常用的卷积、池化和归一化等算子。同时也要考虑硬件支持方面的因素,例如在选择算子时要考虑目标硬件是否支持该算子的高效实现。算子选择的本质是建立用户定义的深度学习模型中的算子与底层算子库的映射关系,算子选择主要是针对计算图中的每一个算子节点选择最合适的算子实现。是从算子信息库中选择最合适算子的过程,图 9.1 展示了算子选择过程。

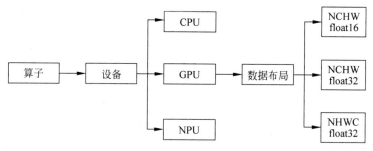

图 9.1 算子选择过程

用户在声明算子时一般会附带一些信息,主要包括数据类型、数据排布格式和数据形状等。编译器的算子选择首先要确定算子执行的硬件设备,不同的硬件设备上算子的实现、支持的数据类型、执行效率通常会有所差别,若用户未指定则编译器后端会为用户匹配一个默认的设备。之后,后端根据计算图中推导出的数据类型和内存排布格式选择对应的算子。理想情况下,算子选择所选择的算子类型应该与用户预期的类型保持一致,但是由于软硬件的限制,很可能算子的数据类型不是用户所期待的数据类型,此时需要对该节点进行升精度或者降精度处理才能匹配到合适的算子。例如,由于硬件限制,卷积算子可能只存在 FP16 一种数据类型,如果用户设置的数据类型为 FP32 类型数据,那么只能对卷积算子的输入数据进行降精度处理。

算子的数据排布格式转换是一个比较耗时的操作,为了避免频繁的格式转换所带来的内存搬运开销,数据应该尽可能地以同样的格式在算子之间传递,算子和算子的衔接要尽可能少地出现数据排布格式不一致的现象。另外,数据类型不同导致的降精度可能会使得误差变大、收敛速度变慢甚至不收敛,所以数据类型也要结合具体算子来选择。一个好的算子选择算法应该尽可能地使数据类型与用户设置的数据类型保持一致,且尽可能少地出现数据格式转换。

9.2　算子生成

当高性能算子库不支持某个算子时,需要通过深度学习编译器的算子生成来实现特定算子的支持及相应的优化。算子生成阶段的输入是深度学习应用,通过搜索不同调度原语集成的张量程序集,来寻找最优调度解以实现性能提升。调度原语是一系列的调度声明,如果算子的循环结构采用了某种调度策略,那么在递降的过程中,算子本身的循环结构就会发生改变,性能也会随之变化。算子生成找到最佳的调度策略,往往需要基于深度学习模型声明各种不同的调度,并进行性能评估记录最优的调度方案。这个过程将产生成千上万种调度方案,为了避免将每种调度方案都在真实硬件上执行而带来极大时间开销,可以引入代价模型快速预测调度后模型的执行效率。同时,为了更加高效地实现最优解搜索,可以通过搜索算法记录并分析当前状态,花费更少的时间找到逼近全局最优解的方案。

深度学习编译器的算子生成主要有基于机器学习与基于多面体变换两种方式,通过这两种方式实现算子生成和优化可以帮助提高模型在硬件平台上的性能。

9.2.1　基于机器学习的算子生成

基于机器学习的算子生成中,通常使用神经网络、遗传算法、强化学习等技术,在搜索空间中搜寻最优解以生成性能最佳的算子或优化现有算子。这种方法在实际应用中可以帮助优化各种类型的计算任务和算法模型,具有广泛的应用性,如深度学习模型优化、图像处理、自然语言处理等。

为了便于理解,本小节将通过深度学习模型中几个最常见的算子组成的计算图,来说明基于机器学习的算子生成过程。矩阵乘 MatMul 和激活函数 ReLU 是深度学习模型中常见的算子组合,在深度学习模型中,矩阵乘 MatMul 和激活函数 ReLU 是两种不同的算子,它们常常一起出现在构建和训练神经网络的过程中。连续的 MatMul 和 ReLU 操作组合起来构成了神经网络的基本构建块之一,每一层先通过矩阵乘对输入进行线性转换,再通过激活函数产生非线性输出,进而传递到下一层。这种组合允许模型以高效且易于优化的方式表达复杂的映射关系。

在只有计算定义而没有调度策略的情况下,MatMul＋ReLU 等价于代码 9-1 所示 C++代码的逻辑。MatMul 是由一个两层 for 循环嵌套一个归约轴组成的,形式上表现为三层 for 循环,而 ReLU 则是对 MatMul 的输出做激活处理。

代码 9-1　MatMul＋ReLU 的 C++代码的逻辑

```
for i in range(512):
    for j in range(512):
        for k in range(512):
            C[i, j] += A[i, k] * B[k, j]
for i in range(512):
    for j in range(512):
        D[i, j] = max(C[i, j], 0.0)
```

实际上,在针对矩阵乘运算的手工调度优化过程中,应考虑硬件特性和具体的调度策略,以提高运算效率。例如,在处理大规模矩阵乘时,可以利用硬件的结构特点,例如在多核 CPU 或 GPU 上实现并行计算。首先,可以通过矩阵分块技术,根据硬件缓存大小将矩阵划分为适中的子矩阵,利用缓存局部性原理,减少主存储器访问,从而提升计算速度。因此可以通过 split 原语对 MatMul 的 i、j、k 轴和 ReLU 的 i、j 轴进行切分,达到分块的目的。为了更好地增大指令级并行性,并有效地重用寄存器,可以尝试循环重排策略,使用循环重排 reorder 原语对循环轴进行重排。而在并行计算层面,可以根据硬件资源如多核 CPU 或 GPU 核心,实现多线程处理并行计算,使用 parallel 原语将矩阵乘的任务分解并分配给各个计算单元同步执行,从而最大化利用硬件并发能力。还可以利用数据预取技术,预测矩阵乘过程中的数据访问需求,使用数据预取 prefetch 原语提前将数据加载至缓存中,以减少计算过程中的等待时间。

而在自动调度的过程中,深度学习编译器并不会像算子库开发专家一样,根据算子和硬件架构的情况合理地指定调度策略,而是会将上述调度策略做排列组合处理,将所有生成的调度策略都应用到计算定义中,从而形成海量调度后的张量程序,可以称为搜索空间。比如对于上述计算定义,对其搜索空间的若干张量程序进行举例,如代码 9-2 和代码 9-3 所示。

代码 9-2　搜索空间中的张量程序示例一

```
parallel i.0@j.0@i.1@j.1 in range(256):
  for k.0 in range(32):
    for i.2 in range(16):
      unroll k.1 in range(16):
        unroll i.3 in range(4):
          vectorize j.3 in range(16): C[...] += A[...] * B[...]
  for i.4 in range(64):
    vectorize j.4 in range(16):
      D[...] = max(C[...], 0.0)
```

代码 9-3　搜索空间中的张量程序示例二

```
parallel i.2 in range(16):
  for j.2 in range(128):
    for k.1 in range(512):
      for i.3 in range(32):
        vectorize j.3 in range(4):
          C[...] += A[...] * B[...]
parallel i.4 in range(512):
  for j.4 in range(512):
    D[...] = max(C[...], 0.0)
```

代码 9-2 和代码 9-3 即为搜索空间中的两个示例程序,可以看到它们都做了对循环轴的切分(split)、向量化(vectorize)、并行化(parallel)、更改计算位置(compute_at)等调度原语,最终形成了可以被测量的完整张量程序。需要注意的是,搜索空间中包含成千上万的完整程序,而自动调度的目的是在其中快速选取最优解,并将最优解的调度策略作为最佳调度策略并返回。

在成千上万个解中快速找到最优解是问题的关键。一个简单的方法是将所有程序都在真实机器中运行,然后统计程序的运行时间,运行时间最短的程序即为最优解。但是这样的做法有两个问题:一是将所有程序都在真实机器中运行将产生极大的时间成本,显然是不现实的;二是是否有必要选取所有程序作为样本集,有没有办法在测量少数样本的情况下尽可能逼近全局最优解。

对于第一个问题,使用代价模型是一个好的解决方案。只需要训练一个回归模型,输入为张量程序的特征,输出为该张量程序的运行时间,即可快速、准确地得到搜索空间中所有解的运行时间。表9.2所示为张量特征的划分。

表9.2 张量特征的划分

特征类别	具 体 特 征
计算特征	浮点运算数量,整形运算数量,循环向量化数量,循环向量化长度,blockIdx. x、blockIdx. y、blockIdx. z、threadId x. x、threadIdx. y、threadIdx. z 的取值等
访存特征	访问类型(读、写、读+写)、访问的字节总数、访问缓存行数、数据重用类型、数据重用数量、数据访问步长、分配缓冲区大小等

可以分别按照计算特征和访存特征进行特征提取,比如对于代码9-3而言,可以提取它的循环向量化次数、浮点运算次数、浮点访存次数、for循环长度等。将这些特征作为输入,就可以在避免真实机器运行的情况下快速得到程序的运行时间。通过代价模型进行回归预测,将各个特征作为输入,建立一种映射关系,最终得到张量程序的预估运行时间,如 $f(x_1, x_2, x_3, \cdots, x_n)$。如代码9-2所示,第一层 for 循环是并行化的,长度为256;第二层 for 循环的长度为32,内部为浮点乘加运算,这些就是张量程序的特征。对代价模型训练完成后,通过输入特征进行回归预测,就可以在避免程序在真实机器上运行的同时快速得出较为准确的结果。

另外,不需要选取所有程序作为样本集,即可在测量少数样本的情况下尽可能逼近全局最优解。实际上,整个自动调度过程希望在较少的样本集中搜索到全局最优解,那么可以采用启发式搜索算法,记录每一时刻的状态,并根据当前的状态朝着下一个状态搜索,使用这种搜索算法,就可以使用更少的搜索次数逼近全局最优解。如果要遍历每一种情况,那么搜索空间可能是无限大的,但是采用启发式搜索算法,就可以在可接受的时间成本下,寻求当前路径下的最优解。

上述实例描述了基于机器学习的算子生成的一般过程,对张量程序采用各种调度方案,这些调度方案的排列组合将组成搜索空间,最终使用搜索算法配合代价模型寻求搜索空间的全局最优解,该解的调度方案即为最佳调度方案。在这个过程中提到了调度原语、搜索空间、搜索算法和代价模型的概念,接下来将详细介绍这些概念,并举例说明。

1. 调度原语

计算与调度分离是一种经典的优化手段。计算是指算法本身的计算,调度是指各种细节的优化手段,具体需要考虑每个函数中的值、计算位置、计算时间、存储位置等,这些选择虽然不改变算子计算结果,但是却对结果实现过程的性能至关重要。调度可以由程序员来指定一些循环转换策略,例如指定硬件的缓存大小、指定共享内存上界等,根据不同的计算硬件特性来实现高效率的计算单元的调度。

计算阶段常使用领域专用语言来描述深度学习模型的计算逻辑,定义输入、输出、中间结果,以及它们之间的关系,这样开发人员可以高层次地表达算法逻辑,而不需要关注底层的实现细节。调度阶段利用调度器对模型与计算进行优化,调度器可以指定计算任务在不同硬件上的执行方式、并行方式、数据布局等。调度以函数为单位,最终将整个计算转换为多层循环,过程中可以实现数据的加载和算法计算的重叠,掩盖数据加载导致的延迟。总体来说,计算阶段可以简单地认为是完成算法本身的计算,调度阶段利用编译器提供的调度器对算法进行优化和调度。

用户可以针对当前硬件结构,通过手动调用调度原语的方式完成算子的调度策略。下面举一个实例,定义两个一维张量 *A* 和 *B*,形状为 n,实现一维张量加法在 GPU 平台的简单调度。

```
A = te.placeholder((n,), name = "A")
B = te.placeholder((n,), name = "B")
C = te.compute(A.shape, lambda i: A[i] + B[i], name = "C")
```

上述计算定义等效于以下 C++代码:

```
for (int i = 0; i < n; ++i) {
    C[i] = A[i] + B[i];
}
```

完成了计算定义后,用户可以使用调度原语进行一些调度变换,比如为了方便线程块并行处理,可以使用 split 调度原语对循环进行切分:

```
bx, tx = s[C].split(C.op.axis[0], factor = 64)
```

等价于以下代码:

```
for (int bx = 0; bx < ceil(n / 64); ++bx) {
    for (int tx = 0; tx < 64; ++tx) {
        int i = bx * 64 + tx;
        if (i < n) {
            C[i] = A[i] + B[i];
        }
    }
}
```

之后,分别将两个循环轴绑定在线程块和线程中,实现并行处理:

```
s[C].bind(bx, te.thread_axis("blockIdx.x"))
s[C].bind(tx, te.thread_axis("threadIdx.x"))
```

最后,外层循环将在线程块间并行,而内层循环可以在线程束中并行,与原有程序相比,大大提高了计算性能。算子的计算定义往往是通用的,而调度策略才是决定性能的关键因素。调度往往是利用循环转换策略实现,一些调度原语(如 reorder 原语)可以改变循环计算顺序,将默认的行优先转换成列优先,以适用于某些列优先存储的硬件架构,通过提升数据的局部性来达到加速效果。split 原语的功能是循环拆分,可根据展开因子或矢量化宽度进行拆分,方便对内层循环进行循环向量化或者循环展开。tile 原语则是根据硬件信息进行循环分块。表 9.3 列示了一些常见的调度原语。另外,当调度原语无法满足某些优化的需求时,可以对调度原语进行重构。深度学习过程中,内存的利用率往往是决定性能的关键,当基于循环的调度原语不能全面满足转换及性能需求时,可以对调度原语进行相应的功能添加,例如添加与共享内存相关的调度原语,使得表达能力更加充分,进而使模型拥有更多的优化机会。

表 9.3   常见的调度原语

调度原语	含　　义	用　　法
unroll	循环展开	f.unroll(x, factor)将函数 f 中的循环变量 x 展开成一段长度为 factor 的内联代码
tile	将大块的计算分成更小的块,以便更好地利用缓存	f.tile(x, y, x_factor, y_factor)将函数 f 中的计算块划分为大小为 x_factor×y_factor 的小块

续表

调度原语	含　义	用　法
reorder	重新安排计算顺序,以更好地利用缓存	f. reorder(x, y, z)重新安排函数 f 中的计算顺序,以提高缓存效率
fuse	将多个算子合并为一个,以便更好地利用并行	f1. fuse(f2)将函数 f1 和 f2 中的算子合并成一个,以便更好地利用并行
split	将一个计算块划分成更小的计算块,以便更好地利用缓存	f. split(x, factor)将函数 f 中的计算块划分为大小为 factor 的小块,以便更好地利用缓存
vectorize	将代码向量化,以便更好地利用 SIMD 指令	f. vectorize(x)将函数 f 中的变量 x 向量化,以便更好地利用 SIMD 指令
parallel	将代码并行化,以提高计算速度	f. parallel(x)将函数 f 中的变量 x 并行化,以提高计算速度
cache_read	读取数据到缓存中,以便更快地访问	f. cache_read(buffer, producer)将函数 f 中的数据读取到缓存 buffer 中,以便更快地访问
cache_write	将数据写入缓存中,以便更快地访问	f. cache_write(buffer)将函数 f 中的数据写入缓存 buffer 中,以便更快地访问
compute_at	控制计算的位置,以更好地利用缓存	f1. compute_at(f2, x)将函数 f1 的计算放在函数 f2 的变量 x 处,以更好地利用缓存
compute_inline	将函数内联,以减少函数调用的开销	f. compute_inline()将函数 f 内联,以减少函数调用的开销
compute_root	控制计算的位置,以提高并行度	f. compute_root()将函数 f 的计算放在 root 处

　　手动调优的过程往往费时费力,容易因为主观因素或经验不足导致性能不佳。自动调优是利用编译器的算法和技术来自动地寻找最佳的配置参数或优化方案,以提升程序执行性能,其目标是通过编译器这种自动化的方式,使用算法和技术来代替人工调优,从而更快地找到最佳的配置参数或优化方案。区别于手工调度,基于机器学习的自动调度首先构建包含各种调度策略的搜索空间,之后利用机器学习模型探索最优解,以达到自动高效调度的目的。

　　高性能算子的调度策略的实现并非易事,往往需要深度学习编译器进行有针对性的定制,并针对具体的硬件和算法进行优化,这对于普通的深度学习开发者来说,是一个巨大的挑战。由于缺乏专业知识和技术经验,开发者很难设计和实现高效的深度学习算法,而高性能算子库也无法支持全部算子。因此需要探索、开发自动调度技术,自动将模型中的算子转换为高效的代码,降低深度学习算法的开发门槛,让开发者能够轻松地使用高性能的深度学习算法。

　　基于机器学习的自动调度解决问题的过程与一些传统的超参数优化问题很相似,但是也具有一些独特性。神经网络训练会调整模型的超参数,目标是使模型的实际表现更好。当选定一组超参数后,想要知道模型表现能力如何,往往需要经过长期的训练,而基于机器学习的自动调度更关心的是代码运行时间。深度学习算法的实现往往涉及许多不同的硬件平台和算法实现,这些会对算法的性能产生不同的影响,自动调度技术可以帮助用户自动选择最优实现方法。自动调度的过程中,搜索空间和代价模型是两个重要的概念,程序需要在搜索空间中借助代价模型及搜索算法找到最佳调度策略。

2. 搜索空间

为了对覆盖广泛的搜索空间进行采样,编译器可以采用多层次的搜索空间,例如将搜索空间分为计算图的高级抽象表示和调度原语的标记两层抽象。在编译器顶层通过递归地应用一些推导规则生成计算图的高级抽象表示,在底层通过随机标记调度原语来生成完整的程序。标记调度原语是针对计算图中的每个部分进行的,可以通过选择适当的低级选项来填充图的细节。这种分层的表示方式汇总了数十亿个低级选择,既能实现对高级结构的灵活枚举,又能有效地采样低级细节,从而实现对庞大搜索空间的高效探索。以图9.2为例,说明搜索空间生成过程。在给定表达式的情况下,在调度空间中找到一组最优的解,使得生产代码的运行时间尽可能短。编译器利用分层表示覆盖大的搜索空间,搜索过程分为计算图的高级抽象表示、随机标记调度原语两个阶段。

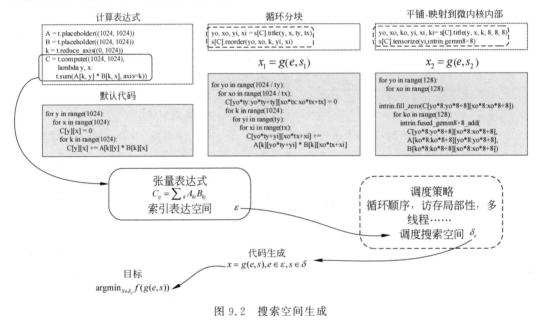

图 9.2　搜索空间生成

1）计算图的高级抽象表示

程序采样器将划分的子图作为输入,按拓扑顺序访问所有节点并迭代构建搜索空间。对于计算密集型且具有大量数据重用的计算节点,编译器为它们构建基本的分块和融合节点以作为计算图的高级抽象表示,同时内联简单的逐元素节点。之后,基于推导的枚举方法,递归地应用几个基本规则来生成所有可能的子图。将递推规则作为输入,后续状态作为输出,在枚举过程中将一个或多个规则应用于中间状态以生成多个后续输出,所以需要额外维护一个队列来存储所有的中间状态,当队列为空时该过程结束。

2）随机标记调度原语

手工调度生成的抽象子图是不完整的程序,因为它们只有分块结构而没有特定的分块尺寸和循环原语标记。因此,采用随机标记方法初始调度空间,随机标记使抽象子图成为用于微调和评估的完整程序。例如给定生成的子图列表,随机选择一个子图并随机填充分块尺寸,同时使用并行外循环、向量化内循环、展开内循环等原语,来指导优化执行过程中的随机化操作,这些调度原语的标记包括优化策略的标记、代码生成的标记、数据采样的标记三部分内容。

(1) 优化策略的标记。编译器自动调优模块通过对算子的标记来指导搜索空间的优化,这些标记可以包括算子的特性、所需的优化目标、约束条件等信息,有助于编译器实现有针对性的最佳算法搜索和参数配置。

(2) 代码生成的标记。在将计算图编译为目标设备代码时,可以使用标记原语来控制生成代码的随机化操作。例如,可以使用标记来告知代码生成器是否应该使用随机化的布局策略、内存分配策略或数据布局转换策略,以在不同的运行上下文中获得更好的性能。

(3) 数据采样的标记。在进行性能分析时,可以使用注释来控制数据集的随机原语标记。通过在标记中定义采样规则,可以生成不同的输入数据样本,这样可以更全面地评估和优化计算图的性能。

随机标记调度原语是针对具体的编译优化过程或执行阶段设计的,具体的用法和效果与不同的场景和需求有关。因此,可以根据具体情况考虑是否需要使用随机标记,并根据实际需求进行相应的配置和调整。

另外,还可以采取基于任务映射的表达手段,使搜索空间有一定的约束以缩短搜索时间。任务映射是指将问题的输入和输出映射到一个特定的表示空间中,这个表示空间可以对搜索空间进行限制和约束。通过任务映射,可以将搜索空间中的候选解限定在与特定任务相关的子空间中,排除那些与任务无关或不符合任务要求的解,这样可以大大减小搜索空间的规模,提高搜索效率。

3. 搜索算法

探索模块为目标硬件平台逐渐生成更高质量的程序,是自动调度框架的核心。计算出所有调度方案后,需要从庞大的搜索空间中找到最优的调度。因为搜索空间巨大,不能简单地枚举并执行整个调度空间的所有解,因此可以采用一些搜索方法,比如进化搜索、模拟退火算法和蚁群算法等,通过这些搜索算法,可以在更短的时间内尽可能地逼近全局最优解。下面重点介绍进化搜索算法和模拟退火算法。

进化搜索算法是一种受生物进化启发的算法,包括遗传算法、进化程序设计、进化规划和进化策略等。进化搜索算法的基本框架与简单遗传算法所描述的框架类似,但在进化的方式上有较大的差异,在选择、交叉、变异、种群控制等方面有很多不同。进化搜索算法利用变异和交叉重复生成一组新的候选集,并输出一组具有最高分数的程序。另外,进化搜索算法有遗传和突变两种特性,遗传可以使优良因子继承下来并且保存结果,而突变则可以生成更多可能的结果,更有利于寻求全局最优解。通过对高质量程序进行迭代变异,可以生成具有潜在更高质量的新程序。进化从采样的初始代开始,为了产生下一代,需要根据一定的概率从当前一代中选择相应的程序,选择程序的概率与可学习的代价模型预测的适应度成正比,这意味着具有更高性能的程序被选择的概率更高。对于选定的程序,随机应用其中一个进化操作来生成一个新程序,对于在采样过程中做出的决策,基本都有相应的进化操作来重写和微调它们。

模拟退火算法也是一种启发式的随机学习方法,初始时设定温度为高温,即从搜索空间中的一个随机的点出发,每次迭代时在搜索空间中产生一个与温度的变化成正比的位移,如果当前所在的点在位移之后能够使运行时间变短,那么就接受这个位移;否则会以一个与温度的变化成正比的很小的概率接受一份较差的解。每次迭代都降低温度,这样能够避免算法被一个局部最优解束缚住。

4. 代价模型

自动调度要在搜索空间中寻求全局最优解,但是搜索空间非常庞大,不能通过执行每个程序后选择性能最优的解,因为这样往往会有非常高的时间开销。因此考虑使用代价模型来预测程序的性能,利用代价模型做回归预测,通过输入程序的特征,得到当前程序的预测性能,并以该性能作为评估标准找到更加逼近全局最优解的程序。

代价模型和搜索算法在编译器优化中相辅相成,共同作用于搜索空间。使用代价模型预测的关键在于如何提高代价模型的预测准确率,实际问题就转化为如何对代价模型进行有效训练。由于搜索空间相当庞大,无法将决策依次放入所有真实运行环境中执行,因此实际做法往往是提取一部分程序的特征,执行这部分程序并将得到的时间作为标签值,将特征和标签作为训练集完成对代价模型的训练,训练集越多则预测结果越准确。当代价模型的训练效果足够好时,就可以使用代价模型完成对程序的性能预测,从而避免执行搜索空间中的所有解。

搜索空间的子集是由多个交错的循环嵌套构成的,训练代价模型主要用于预测循环中最内层的非循环语句的得分。对于一个完整的程序,可以对最内层的每个非循环语句进行预测,并基于这些预测值加起来得到的分数进行判断与选择。例如 Ansor 是 TVM 官方的第二代自动调优器,它对最内层的非循环语句提取特征向量,并将其作为模型的输入进行训练,提取的特征包括算术特征和内存访问特征等。在代价模型的选择上,Ansor 借鉴了 autoTVM 的代价模型,训练 XGBoost 实现代码的性能评估。将来自同一个有向无环图的所有程序的吞吐量归一化到[0,1]范围内,在如此小的数据集上使用 XGBoost 进行训练的速度非常快,因此每次都训练一个新模型而不是进行增量更新。以下列举了基于 XGBoost、LightGBM、CatBoost 的机器学习算法,在编译器中常用作代价模型寻求最优调度解。

(1) XGBoost。XGBoost 是基于梯度增强的决策树集成的,通过最小化损失函数来构建目标函数的加性扩展,具有高度可扩展性。加性扩展指的是模型由多个基本模型的加权和构成,每个基本模型都是在前一个模型的残差基础上构建。考虑到 XGBoost 只关注决策树作为基本分类器,因此使用损失函数的变体来控制树的复杂性,该损失函数可以集成到决策树的分裂准则中以得到预剪枝策略。模型的另一个正则化超参数是收缩,它减少了加性扩展中的步长。另外,还可以使用其他策略来限制树的复杂度,如降低树的复杂度使模型训练更快,对存储空间的需求更少。同时实现了采用多种方法提高决策树的训练速度,专注于降低决策树构建算法中最耗时的寻找最佳划分部分。分割查找算法通常枚举所有可能的候选分割,并选择增益最高的分割点,需要对每个排序属性执行线性扫描。为了避免在每个节点中重复排序数据,XGBoost 使用一种特定的基于压缩列的结构,这样每个属性只需要排序一次,且这种基于列的存储结构允许并行地为每个需要考虑的属性找到最佳分割。此外,XGBoost 不是扫描所有可能的候选划分,而是实现了一种基于数据百分位数的方法,只测试候选划分的一个子集,并使用聚合统计信息计算它们的增益。

(2) LightGBM。LightGBM 是一种基于梯度提升决策树的机器学习算法,最初由微软公司开发,旨在解决大规模数据集和高维特征的训练速度与效率问题。它是一个高效的梯度提升框架,用于解决分类和回归问题,通过训练多个决策树模型并将它们组合起来以提高预测性能。LightGBM 通过引入一些优化技术,使得模型训练和预测的速度更快,并且具有较低的内存占用。LightGBM 使用直方图算法来构建决策树，能够更高效地处理大规模数据集，并采用基于叶子节点的生长策略，可以更快地生长更深的树。LightGBM 可以处理高维稀疏特征，并针对稀疏数据进行了优化，减少了内存占用和计算开销，还可以直接处理离散的类别特征而无须进行独热编码等转换。

（3）CatBoost。CatBoost 是一个梯度提升库，旨在减少训练过程中发生的预测偏移。发生预测偏移是因为在训练期间梯度提升使用了相同的实例来估计梯度和最小化这些梯度。CatBoost 使用基础模型序列来估计梯度，在每次提升迭代之前，CatBoost 会对训练实例进行随机排列，以确保每次迭代中使用的基础模型是在不同的训练样本子集上训练得到的，然后将训练好的基础模型用于估计下一次迭代的梯度。这个梯度估计过程有助于提升模型的性能，并推动迭代过程朝着更好的方向前进。为了增加模型的多样性和稳健性，CatBoost 会多次重复上述过程，每次都使用不同的随机排列。这种做法有助于减少模型的过拟合风险，并提高模型的泛化能力。该算法的另一个重要功能是处理类别特征，CatBoost 能够直接处理类别特征而无须进行独热编码或标签编码。它使用一种基于排序的方法来处理类别特征，可以自动捕捉类别之间的相关性，从而提供更好的预测性能。

依靠这些机器学习的代价模型，可以在搜索空间中求得最佳解，得到一个最佳训练结果的调度结构。该调度结构中包含算子的各种结构声明，这些声明可以通过编译器对应的降级方法进行算子生成，将高层次的循环嵌套结构转换成最终的低层次中间表示。

9.2.2 基于多面体变换的算子生成

算子生成其实是在调度空间中寻找最优的调度组合以提升程序性能，使其达到最优。除了基于机器学习的算子生成，基于多面体的调度变换与算子生成也是近些年研究的热点。多面体技术重点关注与解决程序中循环变换组合的问题，编译器利用该技术进行算子生成的步骤与基于机器学习进行算子生成的步骤高度一致。深度学习模型中的很多重要算子都可以表现为嵌套的多重循环的形式，当下很多软硬件优化工作都是对这些循环的变换和优化。因此，本小节基于多面体变换技术，从数学角度分析算子生成的问题。

多面体编译技术是指在循环边界的约束下将语句实例表示成空间多面体，并通过这些多面体上的几何操作来分析和优化程序的编译技术，这种模型称为多面体模型。多面体模型是循环优化的工具，是区别于计算与调度分离的另一种算子生成技术，该技术同样能够自动实现包括分块、合并、分布等在内的循环变换。多面体模型利用迭代空间、访存映射、依赖关系和调度来表示程序及其语义，下面以图 9.3 所示的简单循环示例来初步分析多面体模型。图 9.3(a)所示循环嵌套代码可以用图 9.3(b)所示的多面体形式表示，迭代空间指循环中每条指令在一次循环迭代下的语句实例集合，对应图 9.3(c)中的 Domain（即作用域）。其中访存映射用于表示语句实例与访存数据之间的映射关系，Write 和 Read 对应读写顺序；Dependence 对应实际依赖，常见的有读写依赖、写写依赖、写读依赖，也就是访存相同的数据元素的两个语句实例之间的偏序关系；Schedule 则用于表示在满足依赖关系的前提下语句实例之间的偏序或全序执行顺序，对应调度策略。多面体技术通过精确地分析程序的迭代空间和读写的多面体范围，可以精确地进行各种程序变换的分析和判断。

1. 调度原语

调度变换是多面体编译技术的核心，指在满足依赖的前提下将一种调度转换成另一

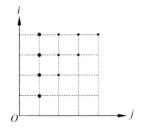

```
        for(i=1;i<=4;i++){
S1:       a[i]=f(i);
           for(j=1;j<=i;j++)
S2:         b[i][j]=g(a[i]);
         }
```

(a) 循环嵌套代码示例　　　　(b) 循环嵌套的多面体表示　　　　(c) 循环嵌套的集合与映射

Domain={$S_1(i)$:1≤i≤4;
　　　　$S_2(i,j)$:1≤i≤4∧1≤j≤i}
Schedule={$S_1(i)$→$(i,0)$;$S_2(i,j)$→$(i,1,j)$}
Write={$S_1(i)$→$a(i)$:1≤i≤4;
　$S_2(i,j)$→$b(i,j)$:1≤i≤4∧1≤j≤i}
Read={$S_1(i,j)$→$a(i)$:1≤i≤4∧1≤j≤i}
Dependence={$S_1(i,j)$→$S_2(i,j)$:1≤i≤4∧1≤j≤i}

图 9.3　多面体技术

调度的过程。循环嵌套的语句首先被表示成空间的多面体形式,然后才进行后序的分析和变换。多面体模型上的调度变换实质上就是多维集合空间变基的过程,将循环嵌套语句转化为多维集合空间中的几何结构形式,其中多维集合空间变基是指在多维数据集合中对基底或坐标系进行调整或变换的过程。在多面体表示中,每个循环迭代变量对应一个维度,而循环的开始和结束条件则对应多维集合空间的顶点。多面体的内部点表示循环的每一次迭代状态,通过多面体表示可以直观地理解循环迭代之间的依赖关系,从而进行调度变换等优化操作。在多面体表示中,循环的顺序、迭代次序、访存模式等信息都可以更清晰地呈现出来,有助于优化程序的并行性和局部性。下面以代码 9-4 为例,简单看一下多面体实现调度变换的过程。

代码 9-4　多面体实例代码

```
for (int i = 1; i < N; i++)
  for (int j = 1; j < N; j++)
    A[i,j] = f(A[i - 1][j], A[i][j - 1]);
```

由于多面体对程序的表示都是用集合和映射来完成的,当在迭代空间中加入依赖关系时,就可以得到图 9.4 所示的依赖。

图 9.4 中对角线上的点都不存在依赖关系,这些点之间可以并行执行。而斜线是不能并行的,只能对一排或者一列的节点进行并行处理,此时可以使用多面体的循环变换操作,把 (i,j) 变换为 $(i+j,j)$,变换后的结果如图 9.5 所示。

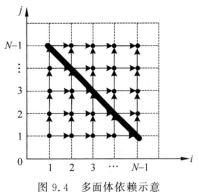

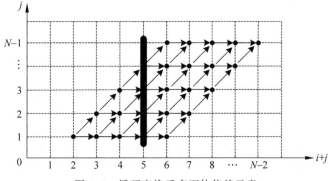

图 9.4　多面体依赖示意　　　　　　　图 9.5　循环变换后多面体依赖示意

此时,所有的对角线点(即不存在依赖关系的点)都与 j 轴平行,因此可以进行并行计算操作。通过多面体表示,可以将计算特征表示为一个二维的多面体,其中顶点表示循环的开始和结束条件,内部的点表示每次循环迭代的状态。多面体表示可以帮助开发人员更好地理解程序的结构,完成循环依赖关系的自动分析,并进行调度变换等优化操作以提高程序的性能和效率。

多面体中支持丰富的调度原语,包括常用的多种循环变换,以及自动向量化、自动切分、数据搬移等,利用调度器的整数线性规划和搜索算法,寻找优化组合的最优解并生成可执行的调度代码,最终提升程序的执行性能与效率。

2. 搜索空间

多面体模型表示循环嵌套结构主要由三部分组成:迭代空间、迭代体和依赖关系。迭代空间描述了多面体中的循环嵌套结构,包括循环变量、迭代范围和约束关系,这些定义了多面体的维度和形状,是搜索空间的主要组成部分。

多面体模型构建是一种将程序中的循环嵌套结构转化为几何结构形式的表示方法。通过多面体模型构建,可以将程序的执行过程抽象为一个多维空间中的点和边的集合,以便进行程序优化和并行化。多面体模型的构建通常包括两个步骤:首先编译器对计算图进行拓扑排序,以确定计算操作之间的依赖关系,拓扑排序将计算图中的节点按照依赖关系进行排序,以确保每个节点在其依赖节点之后执行;然后编译器将排序后的计算图转换为多面体模型,多面体模型中的每个多面体表示一个循环嵌套结构,每个循环嵌套结构包含迭代空间、迭代体和依赖关系三部分,可以更好地表示和优化循环嵌套结构,从而提高计算效率和性能。编译器中通常使用迭代空间的生成、迭代体的生成、依赖关系的生成来描述多面体模型的构建。

(1)迭代空间的生成。迭代空间表示多面体中的循环嵌套结构,包括循环变量、迭代范围、循环变量之间的约束关系等,是算子生成过程中搜索空间的多面体表示。迭代空间的生成是多面体模型构建的第一步,它需要对计算图进行拓扑排序,并根据计算图中的循环操作生成迭代空间。计算图中的循环操作通常表示深度学习模型中的卷积、池化、全连接等操作,编译器可以识别这些循环操作,并将它们转换为迭代空间中的循环嵌套结构。具体来说,编译器首先识别计算图中的循环结构,并确定每个循环中的循环变量,循环变量通常是在循环语句中声明或定义的变量。接下来需要确定每个循环变量的迭代范围,即循环迭代的次数。迭代范围可以是一个常数值,也可以是一个变量、数组大小或其他与程序相关的表达式,例如卷积操作中滑动窗口的大小和步长。同时可能存在多个循环变量之间的约束关系,例如卷积操作中滑动窗口之间的约束关系,这些约束关系会影响迭代空间的形状和维度。根据循环变量和约束关系确定循环的嵌套结构,例如如果存在两个循环变量并且它们之间没有依赖关系,那么就可以构成一个二维循环嵌套结构。最后使用合适的数据结构或表示方法来表示迭代空间,常用的表示方法包括符号表达式、迭代空间树、多维数组等。

(2)迭代体的生成。迭代体表示多面体中的计算操作,包括输入、输出和计算操作之间的依赖关系,定义了多面体中每个循环迭代步骤的具体计算过程。迭代体的生成是多面体模型构建的第二步,是通过迭代算法逐步生成多面体的过程。定义一个初始的简单几何体作为迭代的基础,设计迭代算法逐步改变初始几何体,使其逐渐接近或收敛到目标多面体。迭代体中的计算操作通常包括标量运算、向量运算、矩阵运算等,在每次迭代中对当前的循环体进行一系列的操作和变换,如边长调整、面的细分、顶点坐标的变换等,逐渐增加或改变多面体的形状和结构。当满足收敛条件时,停止迭代过程并得到最终的多面体。最后进行后处理操作(如平滑处理、优化形状、修复边界等),以获得更加理想和符合要求的多面体模型。

(3) 依赖关系的生成。依赖关系表示多面体中各个计算操作之间的依赖关系,它决定了计算操作的执行顺序,通过建立正确的依赖关系,可以确保多面体中的计算操作按照正确的顺序执行。多面体模型构建中依赖关系的生成是确定多面体各个元素之间的关联关系的过程,是多面体模型构建的第三步,它需要将计算图中的依赖关系转换为多面体模型中的依赖关系。依赖关系的生成需要考虑多面体中循环嵌套结构的特殊性,例如卷积操作中滑动窗口的循环嵌套结构会影响依赖关系的生成。通过手动指定或算法计算确定多面体的顶点集合,接着根据顶点集合确定边集合。确定边集合后,可以通过组合共享相同顶点的边来形成面,以确定多面体的面集合。最后通过顶点、边和面的生成,建立多面体各个元素之间的依赖关系,有依赖关系的元素依赖于其他元素的存在和属性。具体的依赖关系生成方法会根据实际情况而异,有些复杂的多面体模型可能需要更复杂的算法,涉及曲面拓扑、边界条件等。因此在多面体模型构建中,依赖关系的生成是一个重要的步骤,它确保了多面体的正确性和一致性。

3. 搜索算法

在适合进行多面体变换的计算图中,通常使用整数集和仿射图来表示程序的迭代域和调度。其中每个程序语句都使用索引变量进行实例化,这些实例化的运行时语句构成了程序的迭代域,表示程序执行的范围。而调度树是一个层次结构,用于描述程序语句之间的依赖关系和执行顺序,通过使用相同的域节点来表示迭代域,可以确保各个语句之间的数据依赖和计算顺序的正确性。文本执行顺序定义了迭代域的原始计划,多面体调度器可以自动将原始计划转换为不同的计划,并使用仿射映射描述程序语句之间的循环迭代和计算依赖关系。

多面体借助调度器轻松地设置不同的调度选项来调整调度过程,将 Pluto 算法作为主要调度策略,将 Feautrier 算法作为备选策略。一些特殊情况下,循环分块和外层并行不可兼得,导致采用 Pluto 算法计算得到的调度不得不放弃并行性或局部性两者中的一个。但同时开发循环分块和循环嵌套内层的并行性是可能的,这就要求编译器同时具备开发循环嵌套内层并行性的能力,而 Feautrier 算法在设计时主要考虑的是如何通过算法的设计挖掘程序的并行性。

Pluto 与 Feautrier 两个搜索调度算法的最大区别在于每次计算一维仿射变换时,当前一维仿射变换必须满足的依赖关系集合有所不同。Pluto 算法每次计算一维仿射变换时所考虑的依赖关系集合都相同,而 Feautrier 算法每次计算一维仿射变换需要满足的依赖关系集合在不断变小。所以 Pluto 算法在计算时需要借助希尔伯特范式,避免每次计算的一维仿射变换完全一致,但 Feautrier 算法不需要保证这样的线性无关性。两者在考虑合法性约束时也有所不同,Pluto 算法的原则是考虑弱合法性约束,并在该前提下尽量使得强合法性约束在内层循环上得到满足,这样就导致 Pluto 算法更倾向于获得循环嵌套外层的并行。相反,Feautrier 算法的原则是在每次计算一维仿射变换时让尽可能多的依赖关系满足强合法性约束,当所有的依赖都满足强合法性约束时,所有内层循环都可以被并行执行,也就使得 Feautrier 算法更倾向于开发循环嵌套的内层并行。也正因如此,在计算多维仿射变换时,尤其是在计算内层的仿射变换时,Pluto 算法的约束性比 Feautrier 算法的约束性更强。

所以 Feautrier 算法可以作为 Pluto 算法的一个备选方案,当 Pluto 算法无法得到有效解时,可以调用 Feautrier 算法尝试寻找内层并行。

多面体采用整型线性变换来计算仿射函数,并利用调度树中的节点解码这些函数。为了降低问题的复杂性,调度器引入了仿射聚类启发式方法来减小问题的规模,并通过迭代循环融合对节点进行分组。通过这些技术手段,多面体调度器可以高效地计算出最优的调度方案,提高程序的执行效率。

4. 代价模型

多面体代价模型是由线性代价函数驱动的,与代价函数相关的整个框架已在 Pluto 算法中实现。Pluto 算法是当前最成功的多面体模型调度算法之一,该算法在保证循环分块和通信最小化的约束下,可以自动开发循环嵌套的外层并行性。多面体调度器提供了更广泛的仿射变换集,并自动保证每种依赖关系的有效性,特别是针对辅助环路变换的情况。多面体 ISL 调度器将 Pluto 算法作为主要调度策略,将 Feautrier 算法作为备选策略,使用整数线性规划和多面体建模来描述程序的迭代空间,并实现了一系列多面体变换操作,如循环融合、循环交换、循环分裂和平铺等调度变换。这些变换操作可以根据程序的特定需求及代价模型的指导进行组合和调用,以优化循环结构和内存访问模式,根据程序的迭代空间模型和优化目标生成最优的调度方案。

与基于机器学习的算子生成相比,基于多面体变换的算子生成适用范围相对较小,因为满足多面体模型变换的程序需要具有静态控制体的相关特征,而很多程序可能不满足多面体变换的范围,程序本身不能被表达为静态控制体。因此,更多的深度学习编译器采用机器学习的方法来实现算子生成。

第10章

代码生成与优化

一般情况下,深度学习编译器前端对代码进行分析转换,从高层次提升代码的性能;而后端更关注代码的执行效率,包括一系列针对硬件架构特征的优化及最后的代码生成。其中代码生成过程分为低级中间表示优化和代码生成两步。低级中间表示优化涉及 for 循环程序的变化,代码生成负责将低级中间表示进一步转化,以生成目标平台可执行的代码。在深度学习编译器中,低级中间表示由抽象语法树表示,抽象语法树经过相应目标编程语言的代码生成器,生成对应平台的可执行代码。传统编译器的后端已经实现了成熟的代码生成与优化技术,包括循环优化、语句级并行、指令级优化等,往往作为深度学习模型的后端为其生成高效的机器代码。

指定目标设备的代码生成阶段会将低级中间表示转换为相应的目标可执行格式。以 LLVM 为例,许多深度学习编译器的代码生成部分会将低级中间表示转换成 LLVM 中间表示,之后由 LLVM 编译器的中端和后端实现优化与降级。中端优化主要包括过程间优化、循环优化、语句级优化等。编译器后端重点关注目标机器,对中间代码实施面向目标机器特征的优化,包括指令级优化、访存优化、寄存器分配、指令调度等,最后生成符合目标机器运行需要的汇编代码。这些代码通过汇编器和链接器最终生成可在目标机器上执行的二进制程序。本章主要以 LLVM 编译器为例,说明高级中间表示降级到后端即代码生成阶段进行的优化操作,并在之后针对典型的优化介绍其功能和原理。

10.1 过程间优化

过程间优化涉及程序中多个过程的程序变换与优化,其中过程间分析是指在整个程序范围内而不是仅仅在单个过程内收集信息。过程间分析阶段为过程间优化提供足够的信息,用于支持过程间优化阶段的各类程序变换与优化,两者相辅相成。过程间优化的目的是减少或消除重复计算和内存的低效使用,并简化循环等迭代序列。其中最常用的一种方法是内联优化,如果在循环中调用了另一个过程,过程间优化会确定最好的方式去内联该过程,并且会重新对过程排序以获得更好的内存布局和局部性。

内联优化不仅可以消除函数调用的开销,还可以展开被调用函数的代码从而创造更多的优化机会。LLVM 中的内联函数模型根据调用函数和被调函数的大小决定是否内联。过程间优化的内联优化示例如代码 10-1 所示。

代码 10-1　过程间优化的内联优化示例

```
# include < stdio. h>
# include < stdlib. h>
# define N 256
int add( int * a, int * b) {
  int c;
  c = * a + * b;
  return c;
}
int main() {
  int sum, i;
  int a[N], b[N];
  for( i = 0; i < N; i++) {
    a[ i] = rand() % 10;
    b[ i] = rand() % 10;
  }
  for( i = 0; i < N; i++) {
    sum += add(&a[ i], &b[ i]);
  }
  printf(" % d", sum);
}
```

内联优化前后对比如代码 10-2 所示。

代码 10-2　内联优化前后对比

| 内联优化前 | ```
for. body7:                      ; preds = % for. body, % for. body7
  % indvars. iv = phi i64 [ % indvars. iv. next, % for. body7 ], [ 0, % for. body ]
  % sum. 027 = phi i32 [ % add, % for. body7 ], [ undef, % for. body ]
  % arrayidx9 = getelementptr inbounds [256 x i32], [256 x i32] * % a, i64 0, i64 % indvars. iv
  % arrayidx11 = getelementptr inbounds [256 x i32], [256 x i32] * % b, i64 0, i64 % indvars. iv
  % call12 = call i32 @add(i32 * nonnull % arrayidx9, i32 * nonnull % arrayidx11)
  % add = add nsw i32 % call12, % sum. 027
  % indvars. iv. next = add nuw nsw i64 % indvars. iv, 1
  % exitcond. not = icmp eq i64 % indvars. iv. next, 256
  br i1 % exitcond. not, label % for. end15, label % for. body7, ! llvm. loop ! 9
``` |
| 内联优化后 | ```
for. body7:                      ; preds = % for. body7, % for. body
  % indvars. iv = phi i64 [ % indvars. iv. next, % for. body7 ], [ 0, % for. body ]
  % sum. 027 = phi i32 [ % add, % for. body7 ], [ undef, % for. body ]
  % arrayidx9 = getelementptr inbounds [256 x i32], [256 x i32] * % a, i64 0, i64 % indvars. iv
  % arrayidx11 = getelementptr inbounds [256 x i32], [256 x i32] * % b, i64 0, i64 % indvars. iv
  % 2 = load i32, i32 * % arrayidx9, align 4, ! tbaa ! 2
  % 3 = load i32, i32 * % arrayidx11, align 4, ! tbaa ! 2
  % add. i = add nsw i32 % 3, % 2
  % add = add nsw i32 % add. i, % sum. 027
  % indvars. iv. next = add nuw nsw i64 % indvars. iv, 1
  % exitcond. not = icmp eq i64 % indvars. iv. next, 256
  br i1 % exitcond. not, label % for. end15, label % for. body7, ! llvm. loop ! 9
``` |

　　过程间优化中的内联操作将 add 函数内联到了循环体中,减少了函数调用的入栈和出栈开销,并且可以执行一些内联优化之前不会进行的优化,如代码 10-2 中内联优化后的循环可以被向量化。

10.2　循环优化

程序大部分的运行时间都用在循环结构上,因此循环优化对程序的性能提升意义重大。循环优化是编译器重要的优化手段之一,常见的循环优化方法有循环展开、循环合并、循环分布、循环剥离、循环分段、循环分块、循环交换等。

10.2.1　循环展开

循环展开是指将循环体代码复制多次,通过增大指令调度的空间来减少循环分支指令的开销,增加数据引用的局部性,从而提高循环执行性能的循环变换技术。循环展开有利于指令流水线的调度,可以直接为具有多个功能单元的处理器提供指令级并行。另外,减少循环分支指令执行的次数,在某些情况下也能增加寄存器的重用。然而,一方面,不恰当的展开可能会给程序性能带来负面收益,比如过度展开会导致额外的寄存器溢出,从而使程序的运行性能降低;另一方面,过激的循环展开还会引起指令缓存区溢出,导致生成的目标代码规模变得非常庞大。当循环的迭代次数较少时,可以考虑完全展开循环,以进一步减小循环控制的开销。代码 10-3 所示为循环展开前的原始代码。

代码 10-3　循环展开前的原始代码

```
#include <stdio.h>
int main() {
    int i;
    int A[N], B[N], C[N];
for(i = 0;i < 100;i++){
    B[i] = A[i] + C[i];
}
```

代码 10-4 所示为循环展开优化后的代码。循环体内单条指令进行了四次展开,减少了循环控制的开销,同时展开后的代码更适合开展基本块级向量化,循环展开对循环嵌套的最内层循环或者向量化后的循环加速效果尤为明显。

代码 10-4　循环展开优化后的代码

```
#include <stdio.h>
int main() {
    int i;
    int A[N], B[N], C[N];
for(i = 0;i < 100;i += 4){
    B[i] = A[i] + C[i];
    B[i + 1] = A[i + 1] + C[i + 1];
    B[i + 2] = A[i + 2] + C[i + 2];
    B[i + 3] = A[i + 3] + C[i + 3];
}
```

但有些时候,若设计人员强制进行循环展开,可能会使循环错失自动向量化的机会,导致性能变差,因为理论上向量化给程序带来的性能提升一般大于循环展开带来的性能提升,建议编译优化时将循环向量化优化放在循环展开优化之前。

10.2.2　循环合并

循环合并是指将具有相同迭代空间的两个循环合并成一个循环的过程,属于语句层次的循环变换。但并不是所有的循环都可以进行合并,循环合并需要满足合法性要求,有些情况下循环合并会导致结果错误。代码 10-5 所示为循环合并优化前的代码。

代码 10-5　循环合并优化前的代码

```
# include < stdio. h>
# define N 256
int main() {
    int i;
    int A[N], B[N], C, D[N], E;
    C = 1;
    E = 2;
    for (i = 1; i < N; i++) {
        A[i] = 1;
        B[i] = 2;
    }
    for (i = 1; i < N; i++)
        A[i] = B[i] + C;        //S1 语句
    for (i = 1; i < N; i++)
        D[i] = A[i + 1] + E;    //S2 语句
}
```

此代码中除了最后一次迭代,S2 语句中引用的全部 A 值都由 S1 语句生成,如果将这两个循环进行合并,则产生循环合并错误,如代码 10-6 所示。

代码 10-6　循环合并错误示例

```
# include < stdio. h>
# define N 256
int main() {
    int i;
    int A[N], B[N], C, D[N], E;
    C = 1;
    E = 2;
    for (i = 1; i < N; i++) {
        A[i] = 1;
        B[i] = 2;
    }
    for (i = 1; i < N; i++) {
        A[i] = B[i] + C;        //S1 语句
        D[i] = A[i + 1] + E;    //S2 语句
    }
}
```

此代码的执行结果是错误的,这是因为合并后循环的依赖关系发生了改变,合并后 S2 引用的 A 值不都由 S1 生成,因此造成了执行结果的错误。所以只有在满足合法性要求的前提下,才可以使用循环合并对程序进行优化。循环合并可以减小循环的迭代开销,以及并行化的启动和通信开销,还可能增强寄存器的重用。循环合并优化正确示例如代码 10-7 所示。

代码 10-7　循环合并优化正确示例

```
# include < stdio. h>
# define N 256
int main() {
    int i, a[N], b[N], x[N], y[N];
    for (i = 0; i < N; i++) {
```

```
        a[i] = 1;
        b[i] = 2;
    }
    for (i = 0; i < N; i++)
        x[i] = a[i] + b[i];
    for (i = 0; i < N; i++)
        y[i] = a[i] - b[i];
    printf("%d\n", x[4]);
    printf("%d\n", y[3]);
}
```

第一个循环计算了数组 a 和数组 b 的差,第二个循环计算了数组 a 和数组 b 的和。在访问的过程中,两个循环对数组 a 和数组 b 进行读操作访问的是同一迭代空间,可以利用循环合并的方式将上述两个循环整合到一起。合并后,在一个循环内同时计算数组 a 和数组 b 的和与差,这时就可以在一个迭代空间对数组 a 和数组 b 进行重用,能够使效率提高大约两倍。

10.2.3　循环分布

循环分布是指将循环内的一条或多条语句移到单独一个循环中,以满足某些特定的需求。例如,当循环中某条语句存在依赖不可消除的情况,会导致整个循环无法向量化,通过循环分布优化将循环中有依赖的语句和无依赖的语句分开,使得分离后的某个循环中不存在依赖。循环分布优化前的代码如代码 10-8 所示。

代码 10-8　循环分布优化前的代码

```
#include <stdio.h>
#define N 256
int main() {
    int i, j;
    int A[N], B[N], C = 5, D = 6;
    for (i = 0; i < N; i++)
        A[i] = i;
    for (i = 1; i < N; i++) {
        A[i + 1] = A[i] + C;        //S1 语句
        B[i] = B[i] + D;            //S2 语句
    }
}
```

若要对此代码进行向量化,循环中只有语句 S2 满足向量化的正确性要求,而语句 S1 存在依赖距离为 1 的真依赖,不满足向量化的正确性要求,导致整个循环不能转为向量执行。可对该循环实施循环分布,将语句 S1 和 S2 分布为两个循环,然后将语句 S2 的循环转为向量执行。循环分布优化后的代码如代码 10-9 所示。

代码 10-9　循环分布优化后的代码

```
#include <stdio.h>
#include <x86intrin.h>
#define N 128
int main() {
    __m128 ymm0, ymm1, ymm2;
    float A[N], B[N], C, D;
```

```
        C = 5;
        D = 6;
        int i;
        for (i = 0; i < N; i++) {
            A[i] = 1;
            B[i] = 2;
        }
        for (i = 1; i < N; i++)
            A[i + 1] = A[i] + C;
        ymm0 = _mm_set_ps(D, D, D, D);
        for (i = 0; i < N / 4; i++) {
            ymm1 = _mm_load_ps(B + 4 * i);
            ymm2 = _mm_add_ps(ymm0, ymm1);
            _mm_storeu_ps(B + 4 * i, ymm2);
        }
    }
```

循环分布后的循环满足了向量化对齐的要求,向量化时可以生成对齐的向量指令。此外,有些情况下如果不进行循环分布也可进行向量化,但会生成不对齐的向量指令,影响优化效果,所以需要根据实际情况选择打开或关闭循环分布功能。

10.2.4 循环剥离

循环剥离常用于将循环中数据首地址不对齐的引用,以及循环末尾不够装载到一个向量寄存器的数据剥离出来,使剩余数据满足向量化对齐的要求。在 LLVM 编译器优化分析中,循环展开优化通常与循环剥离配合使用,编译选项 unroll-peel-count 可以指定循环参数并按照该数值剥离循环,若未设置该值则会在循环展开优化中计算循环剥离的值。假如寄存器一次可以处理 4 个 double 数据,循环剥离优化前的代码如代码 10-10 所示。

代码 10-10 循环剥离优化前的代码

```
# include < stdio. h>
int main() {
    int i;
    int A[N], B[N], C;
for(i = 0; i < 100; i++){
    B[i + 1] = A[i + 1] + C;
}
```

循环剥离优化后的代码如代码 10-11 所示,循环的迭代次数为 100 次,将前面 3 次迭代剥离后,主体循环的迭代次数为 96,正好可以被 4 整除,同时将最后一次(即第 100 次)迭代剥离出去。

代码 10-11 循环剥离优化后的代码

```
# include < stdio. h>
int main() {
    int i;
    int A[N], B[N], C;
for(i = 0; i < 3; i++) {
    B[i + 1] = A[i + 1] + C;          //剥离循环
}
for(i = 3; i < 99; i++) {
    B[i + 1] = A[i + 1] + C;          //主体循环,可转为对齐的向量执行
}
```

```
for(i = 99; i < 100; i++) {
    B[i + 1] = A[i + 1] + C;          //主体循环
}
```

循环剥离优化后满足了对齐的要求,向量化时可以生成对齐指令。此外,有些情况不进行循环剥离也满足向量化要求,但会生成不对齐的访存指令从而影响向量化的效果,所以编译优化需要根据实际情况选择打开或关闭循环剥离功能。

10.2.5　循环分段

循环分段可将单层循环变换为两层嵌套循环,循环分段的段长可根据需要选取。虽然循环剥离和循环分段都是对循环迭代进行拆分,但是循环剥离是将循环拆分成迭代次数不同的两个循环,而循环分段是将循环拆分成迭代次数相同的多个循环。由于循环分段语句并没有改变循环的迭代次序,因此循环分段总是合法的。如果原循环是可并行化的循环,则分段后依然可以实施并行化变换。通常采用循环分段技术实现外层的并行化及内层的向量化,以达到利用系统多层次并行资源的目的。循环分段优化前的代码如代码 10-12 所示。

代码 10-12　循环分段优化前的代码

```
# include < stdio. h >
# define N 256
int main() {
    int i;
    int A[N], B[N], C[N];
    for (i = 1; i < N; i++) {
        A[i] = 1;
        B[i] = 2;
        C[i] = 3;
    }
    for (i = 1; i < N; i++)
        A[i] = B[i] + C[i];
}
```

假设代码在一个有 P 个处理器的设备上运行,且 $N/P = K$,K 为常数,理论上这 P 个处理器可以并行执行,则每个处理器获得的任务数为 K 次的循环迭代计算。对于获得的 K 次循环迭代计算,可以实施后续的向量化。循环分段优化后的代码如代码 10-13 所示,其中参数 K 需要根据实际情况进行设定。

代码 10-13　循环分段优化后的代码

```
# include < stdio. h >
# include < x86 intrin. h >
# define N 128
int main() {
    __m128 ymm0, ymm1, ymm2, ymm3;
    float A[N], B[N], C[N];
    int i, j;
    for (i = 0; i < N; i++) {
        B[i] = 2;
        C[i] = 3;
    }
    int K = 32;
```

```
    for (i = 0; i < N; i += K) {
        for (j = i; j < i + K - 1; j += 4) {
            ymm0 = _mm_load_ps(B + j);
            ymm1 = _mm_load_ps(C + j);
            ymm2 = _mm_add_ps(ymm0, ymm1);
            _mm_storeu_ps(A + j, ymm2);
        }
    }
    for (i = 0; i < N; i++) {
        printf("% f ", A[i]);
    }
}
```

分段后的外层循环可采用多线程等并行化技术以充分利用多个处理器资源,发掘代码的任务级并行。而内层循环采用向量化技术以充分利用处理器内的短向量部件,发掘代码的数据级并行。循环分段的另一应用场景是循环分块,循环分块技术是循环分段和循环交换的结合体,此应用场景将在循环分块部分详细讲述。

10.2.6 循环分块

循环分块是对多重循环的迭代空间进行重新划分的过程,循环分块后要保证与分块前的迭代空间相同。循环分块的实施过程是将一个给定的循环分段得到两个循环,其中一个循环在分段内进行连续迭代可称为内层循环,而另一个循环进行逐段迭代可称为外层循环,然后利用循环交换,将外层循环与内层循环交换,因此循环分块是循环交换和循环分段的结合。循环分块的优点是提高程序的局部性,通过增加数据重用来提升程序的性能。下面以矩阵乘代码为例,说明循环分块增加数据重用的过程,代码10-14所示为循环分块优化前的代码。

代码10-14 循环分块优化前的代码

```
#include <stdio.h>
int main() {
    const int N = 256;
    double A[N][N], B[N][N], C[N][N];
    int i, j, k;
    for (i = 0; i < N; i++) {
        for (j = 0; j < N; j++) {
            A[i][j] = 1.0;
            B[i][j] = 2.0;
            C[i][j] = 3.0;
        }
    }
    for (j = 1; j < N; j++)
        for (k = 1; k < N; k++)
            for (i = 1; i < N; i++)
                C[i][j] = C[i][j] + A[i][k] * B[k][j];    //语句S
    for (i = 0; i < N; i++) {
        for (j = 0; j < N; j++) {
            printf("% f", C[i][j]);
        }
        printf("\n");
    }
}
```

对于代码中的第二个循环体而言,设 $C(i,j)$ 表示参数 i,j 的语句的实例,在 k 层循环的每次迭代中,都需要用到 $C(1:N,j)$ 的值,当缓存不能存储全部数据时,不同迭代间可能会发生较多的缓存不命中,对 $C(1:N,j)$ 的数据重用效率较低。如果将 i 层循环进行大小为 M 的分段,并将段循环移动到最外层,修改后如代码 10-15 所示。以分块后最内层循环 I 层的第一次迭代为例,在该迭代中 k 层循环的每次迭代都将使用 $C(1:N/M,j)$ 的数据,单次迭代数据量大幅度减少,从而获得更多的数据重用。

代码 10-15　循环分块优化后的代码

```c
#include <stdio.h>
int MIN(int a, int b) {
    if (a > b)
        return b;
    else
        return a;
}
int main() {
    int N = 256;
    double A[N][N], B[N][N], C[N][N];
    int i, j, k, I;
    for (i = 0; i < N; i++) {
        for (j = 0; j < N; j++) {
            A[i][j] = 1.0;
            B[i][j] = 2.0;
            C[i][j] = 3.0;
        }
    }
    int S = 4;
    for (i = 1; i < N; i += S)
        for (j = 1; j < N; j++)
            for (k = 1; k < N; k++)
                for (I = i; I < MIN(i + S - 1, N); I++)
                    C[I][j] = C[I][j] + A[I][k] * B[k][j];
    for (i = 0; i < N; i++) {
        for (j = 0; j < N; j++) {
            printf("%f ", C[i][j]);
        }
        printf("\n");
    }
}
```

循环分块除了合法性要求之外,最关键的是确定循环分块的大小。如果分块太小,获得的局部性收益可能会被循环分块的开销抵消掉。如果分块太大,将失去循环分块提高数据局部性的意义。

10.2.7　循环交换

若一个循环体中包含一个以上的循环,且循环语句之间不包含其他语句,则称这个循环为紧嵌套循环,交换紧嵌套中两个循环的嵌套顺序是提高程序性能最有效的变换之一。实际上,循环交换是一个重排序变换,仅改变了参数化迭代的执行顺序,并没有删除任何语句或产生任何新的语句,所以循环交换的合法性需要根据循环的依赖关系进行判定。

循环交换在程序的向量化和并行化识别,以及增强数据局部性方面都起着重要的作用。下面以矩阵乘代码为例,说明当数组访问的跨步为 1,也就是连续地访问存储单元时,程序的数据局部性最好,代码 10-16 所示为循环交换优化前的代码。对一个多重循环而言,最内层循环决定了数组的哪一维被顺序地访问,也就决定了多层循环的数据局部性。

代码 10-16　循环交换优化前的代码

```c
# include < stdio. h>
int main() {
    const int N = 256;
    double A[N][N], B[N][N], C[N][N];
    int i, j, k;
    for (i = 0; i < N; i++) {
        for (j = 0; j < N; j++) {
            A[i][j] = 1.0;
            B[i][j] = 2.0;
            C[i][j] = 3.0;
        }
    }
    for (j = 0; j < N; j++)
        for (k = 0; k < N; k++)
            for (i = 0; i < N; i++){
                A[i][j] = A[i][j] + B[i][k] * C[k][j];
            }
        }
    }
}
```

代码 10-16 中的内层循环对数组 A、B 和 C 的引用是不连续的,每次访问数组 A 和数组 B 时,跨步分别是数组 A 和数组 B 一行的长度 N。可以对该循环的 i 层和 k 层进行循环交换,循环交换优化方案一如代码 10-17 所示。

代码 10-17　循环交换优化方案一

```c
# include < stdio. h>
int main() {
    const int N = 256;
    double A[N][N], B[N][N], C[N][N];
    int i, j, k;
    for (i = 0; i < N; i++) {
        for (j = 0; j < N; j++) {
            A[i][j] = 1.0;
            B[i][j] = 2.0;
            C[i][j] = 3.0;
        }
    }
    for (j = 0; j < N; j++)
        for (i = 0; i < N; i++)
            for (k = 0; k < N; k++)
                A[i][j] = A[i][j] + B[i][k] * C[k][j];
}
```

循环交换后最内层循环索引为 k,此时最内层循环对数组 B 的引用变得连续,每次访问数组 B 的跨步都是 1,而数组 A 在最内层循环为循环不变量,因此循环交换后程序的数据局部性得到了改善。除此之外,循环交换使向量化变得容易,因为数组 A 和 B 相对于 k 层引用是连续的,可以直接生成向量访存指令,循环交换优化方案二如代码 10-18 所示。

代码 10-18　循环交换优化方案二

```c
# include < stdio. h>
# include < emmintrin. h>
# define N 256
int main( ) {
    double A[N][N], B[N][N], C[N][N];
    int i, j, k;
    m128d VA, VB, VC;
    for (i = 0; i < N; i++) {
        for (j = 0; j < N; j++) {
            A[i][j] = 1.0;
            B[i][j] = 2.0;
            C[i][j] = 3.0;
        }
    }
    for (j = 0; j < N; j += 2) {
        for (i = 0; i < N; i++) {
            VA = _mm_loadu_pd(&A[i][j]);
            for (k = 0; k < N; k ++) {
                VC = _mm_loadu_pd(&C[k][j]);
                VB = _mm_set1_pd(B[i][k]);
                VB = _mm_mul_pd(VB, VC);
                VA = _mm_add_pd(VA, VB);
            }
            _mm_storeu_pd(&A[i][j], VA);
        }
    }
}
```

如果不进行循环交换，生成的向量代码中将需要开销较大的拼凑指令，并且还有归约加操作，导致代码的运行效率较低，所以可以在进行向量化优化之前进行循环交换变换。

10.3　语句级优化

进行程序性能优化时，最后可以考虑在较为简单的语句层面寻找优化空间。本节将针对程序的语句级优化介绍常用的优化技巧与手段。

10.3.1　冗余语句删除

开发和修改程序时可能遗留死代码。死代码是指程序在一个完整的执行过程中，没有得到任何运行的一段代码，也可能是一些声明了但没有用到的变量。编译器通常都以警告信息的形式告诉用户，并在编译时将这些无用变量丢弃。需要注意的是，对变量进行初始化或者给变量赋值并不算使用变量，使用变量意味着变量值在程序中至少使用一次。删除冗余语句如代码 10-19 所示。

代码 10-19　删除冗余语句

```c
# include < stdio. h>
int fun(void) {
    int X = 2,Y,Z;
    Z = X + 1;
    Y = 5;          //死代码
```

```
return Z;
}
int main(){
fun();
printf("%d",fun());
}
```

可以看出,此代码对变量 Y 的赋值没有使用,且变量 Y 是 fun 函数内的局部变量,所以可以将其删除,回收其所使用的空间并删除其初始化。这样可以使程序减小,还可以避免程序在运行中进行不相关的运算行为,减少运行的时间。除了删除赋值语句,程序代码中还可能存在需要删除的表达式的值。删除冗余语句后,汇编指令会减少,更有助于后续优化。

10.3.2 公共子表达式消除

程序中的表达式含有两个或者更多的相同子表达式时,仅需要计算一次子表达式的值。公共子表达式消除前如代码 10-20 所示。

代码 10-20 公共子表达式消除前

```
# include < stdio.h >
# include < stdlib.h >
int main()
{
    int a = 1, b = 5;    //改进前需要计算三次 a + b 的值
    if ((a + b) > 3 && (a + b) < 10) {
        a = a + b;
    }
    printf("%d", a);
}
```

上述代码中计算了三次 $a+b$ 的值,公共子表达式消除后仅需要计算一次 $a+b$ 的值,完成计算后将其存入中间变量,这样就减少两次加法操作。公共子表达式消除后如代码 10-21 所示。

代码 10-21 公共子表达式消除后

```
# include < stdio.h >
# include < stdlib.h >
int main()
{
    int a = 1, b = 5;
    int tmp = a + b;    //改进后只需计算一次 a + b 的值
    if (tmp > 3 && tmp < 10) {
        a = tmp;
    }
    printf("%d", a);
}
```

10.4 指令级优化

单核处理器或单核处理器核中存在指令流水、指令多发射、向量计算等功能部件,为实现程序的指令级并行提供了可能。指令级的并行是指采用指令流水级并行和指令多发射

等方式提高程序执行的并行度。本节将从指令流水、超标量、超长指令字三方面描述指令级优化。

10.4.1 指令流水

在多核时代,指令流水和指令多发射仍受限于程序中指令之间的相关性、编译器的优化能力等因素。流水线技术并不是处理器设计领域所独创的,早在计算机还没有出现之前,流水线技术已被广泛应用于工业生产中。流水线技术是指将一个产品的加工过程分为多个独立的阶段,不同阶段使用不同的资源并完成不同的工序,当上一个产品完成某一工序时,下一个产品开始启动此道工序,这样就实现了对多个产品的同时加工。以服装的生产过程为例来解释流水线的工作模式。非流水线生产如图 10.1 所示,假设一套服装的生产要经过裁剪、缝纫、熨烫、包装 4 道工序,且分别由 4 名工人负责完成,当没有使用流水线生产时,一套服装的生产将按照上述 4 道工序分阶段进行。

图 10.1 非流水线生产

在流水线生产情况下,多套服装的生产可以分时刻、分工序重叠进行,节省生产时间并提升工作效率。流水线生产如图 10.2 所示。

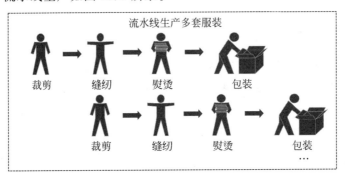

图 10.2 流水线生产

受工业生产流水线的启发,IBM 公司于 20 世纪 60 年代最早将流水线技术引入处理器的设计中,将指令的执行过程分为取指和执行两个阶段。现代处理器大都采用了流水线的设计思想,将指令操作划分为更多的阶段,例如一条指令的执行过程可以划分为取指阶段、译码阶段、执行阶段、访存阶段、写回阶段这 5 个阶段,每个阶段分别在对应的功能部件中完成,利用指令的重叠执行来加快处理速度。未使用流水线技术时,每个时刻只有一个指令部件在工作,其他指令部件处于空闲状态,这在一定程度上造成了硬件资源的浪费,如图 10.3 所示。

使用流水线技术后,每个时刻指令部件会针对不同的指令不间断工作,如图 10.4 所示,流水线技术实现了在同一时钟周期内重叠执行多条指令的能力。

图 10.4 中的流水线被划分成 5 个阶段,即 5 级流水线,单条指令的执行时间没有缩短,

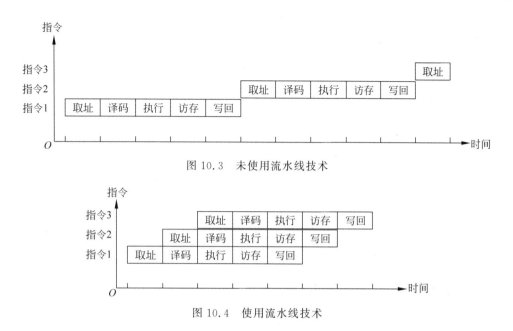

图 10.3 未使用流水线技术

图 10.4 使用流水线技术

但整个指令执行过程中每个时钟周期都会有多条指令在并行执行,这将明显提升程序的运行效率。

处理器内部的流水线超过 5 级就可以称为超级流水线,又称深度流水线。以服装生产为例,假设每道工序所用的时间为 5 分钟,那么 1 小时可生产 12 套服装。此时生产工艺有所改进,将流水线扩为 8 个阶段,但每道工序所用的时间可减为 2.5 分钟,那么 1 个小时可以生产出 24 套服装,通过流水线级数的增加提高生产效率。对应计算机指令执行,处理器是通过时钟来驱动指令执行的,每个时钟完成一级流水线操作,每个周期所做的操作越少,需要的时间就越短,频率就可以提高得越多。

虽然超级流水线对提升处理器的主频有帮助,但流水线级数越多,同一时刻重叠执行的指令就越多,可能会导致存在相关性的指令间发生冲突,造成处理器的高频低能。可以看出,指令间相关性会导致流水线停顿,同时也会影响指令的多发射,是程序中指令级并行的障碍。指令间相关性包括类似指令 A 的结果被指令 B 使用的数据相关、使用相同存储的结构相关和影响语句后续执行情况的控制相关。如果指令 A 产生的结果会被指令 B 用到,则说明指令 B 对指令 A 存在数据相关性,以如下 4 条汇编指令为例。

```
mul R1, R2, R3    #指令 1
add R3, R0, R4    #指令 2
sub R6, R5, R7    #指令 3
sub R9, R8, R10   #指令 4
```

可以看出,指令 1 的执行结果 R3 被用于指令 2 的加法运算中,因此指令 1 与指令 2 之间存在数据相关性。存在数据相关性说明有可能存在竞争,但能否真正导致流水线停顿则取决于处理器执行部件的调取。编译器可以通过相关性分析,在保持指令相关性不变的情况下改变指令顺序,将不相关指令插入停顿周期以解决流水线停顿的问题。如上述的代码段中,可以将指令 3、指令 4 插入指令 1 与指令 2 之间执行,优化后的指令执行序列如下:

```
mul R1, R2, R3    #指令 1
sub R6, R5, R7    #指令 3
sub R9, R8, R10   #指令 4
add R3, R0, R4    #指令 2
```

结构相关性是指两条指令使用相同名字的寄存器或者储存单元,并且两条指令之间不存在数据的传递。结构相关性包括反相关性和输出相关性。反相关性是指指令 A 在程序中的位置位于指令 B 之前,指令 B 中操作数写入的寄存器或存储单元是指令 A 操作数要读的寄存器或存储单元,如果调整两条指令的执行顺序,将影响结果的正确性。例如,以下指令片段,指令 A 对寄存器 R1 进行读操作,之后指令 B 对寄存器 R1 进行写操作,因此指令 A 和指令 B 之间存在反相关性。

```
mul R1, R2, R3    #指令 A
sub R4, R5, R1    #指令 B
```

将指令 B 减法运算的结果存入寄存器 R6 后,为了保证程序的正确性,在后续的使用中需要将 R1 均改为 R6,直到寄存器 R1 再一次被赋值。将 R1 改为 R6 后,该指令片段中的反相关被消除,利于指令流水并行的同时有利于指令的多发射并行。输出相关也可以利用同样的方法消除。

除数据相关性及结构相关性,还存在某些指令的执行受控于其他指令的情况,即指令间的控制相关,以下面的指令段为例:

```
bne R1, R2, Label      #指令 1
add R3, R4, R5         #指令 2
mul R5, R0, R6         #指令 3
Label: sub R1, R6, R6  #指令 4
```

指令 2 和指令 3 的执行情况受控于指令 1 的执行结果,指令 1 中 R1 和 R2 相等时不跳转到 Label,此时指令 2 和指令 3 会执行。而指令 1 中 R1 和 R2 不相等时则直接跳转到 Label,此时指令 2 和指令 3 不会执行。控制相关使得指令的执行顺序不确定,因此会造成流水线的停顿。

当指令流水线上出现控制相关时,有两种处理方法:一是等流水线上的指令执行结束后,根据分支指令的执行结果进行跳转,但这种情况会造成指令流水线的停顿;二是预测分支指令的结果,选择某一条分支的指令填入流水线以避免流水线的停顿,如果分支预测正确则流水线可顺利运行,若分支预测错误则需要清空流水线并丢弃已经执行的结果,然后执行正确的分支重新填充流水线。所以,分支预测的准确率将直接影响处理器的性能,若处理器经常预测错,会大幅降低处理器的性能。

虽然主流的编译器中会尝试破除指令的控制相关,但是一般仅针对最内层循环中的简单控制流结构,对程序中形式复杂的控制相关语句则无能为力。

10.4.2 超标量

程序的执行由一系列指令操作组成,为了节省程序的执行时间,发射单元可以一次发射多条指令,这就是指令的多发射并行。在单发射结构中,指令虽然能够同时进行流水线重叠执行,但每个周期只能发射一条。多发射处理器支持指令级并行,每个周期可以发射多条指令,一般为 2~4 条,这样可以使处理器每个时钟周期的指令数倍增,从而提高处理器的执行速度。

多发射处理器能对多条指令进行译码,并将可以并行执行的指令送往不同的执行部件,因此处理器必须提供多套硬件资源,包括多套译码器和多套算术逻辑单元等。多发射处理器的每个发射部件上同样可以进行指令流水,超标量流水线指令如图 10.5 所示。

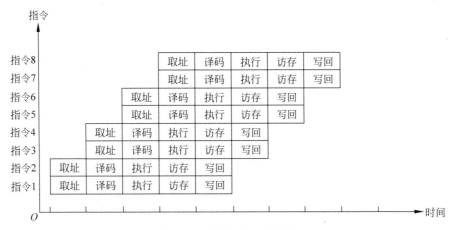

图 10.5　超标量流水线指令

指令多发射的方法有超标量和超长指令字(very long instruction word,VLIW)两种,它们的不同之处在于并行发射指令的指定时间不一样。超长指令字在编译阶段由编译器指定并行发射的指令,而超标量在执行阶段由处理器指定并行发射的指令,因此超标量的硬件复杂性更高,而超长指令字硬件复杂性较低。超标量通常会配合乱序执行来提高并行性,下面介绍乱序执行是如何提升超标量处理器性能的。

如果程序中的所有指令都按照既定的顺序执行,那么一旦相邻多条指令不能并行执行,处理器的多发射部件就处于闲置状态,造成硬件资源的浪费,而采用乱序执行可以很好地解决该问题。乱序执行就是程序不按照既定的指令顺序执行,在指令间不存在相关性的前提下通过调整指令的执行顺序提升程序指令的并行性,是提高指令级并行的一种重要方式。以下面的指令段为例说明乱序发射的过程。

```
add R3, R2, R1   #指令1
mul R1, R0, R4   #指令2
mul R6, R5, R7   #指令3
```

如果按照顺序发射,指令 2 与指令 1 之间存在由 R1 引入的数据相关性,因此指令 1 与指令 2 不能并行执行。指令 2 和指令 3 同时使用乘法部件,当该处理器上仅有一套乘法部件时,指令 2 和指令 3 因为乘法部件资源数量的限制也不能并行执行,因此可以采用乱序执行将指令执行顺序调整为以下形式:

```
add R3, R2, R1   #指令1
mul R6, R5, R7   #指令3
mul R1, R0, R4   #指令2
```

调整指令 2 和指令 3 的顺序后,指令 1 和指令 3 之间因为不存在依赖关系,并且使用不同的功能发射部件,可以并行执行。处理器的乱序执行需要在重排序缓存区中分析指令间的相关性,先通过寄存器重命名去除其相关性,然后利用指令调度器调整指令的执行顺序,让更多的指令并行处理。

乱序执行比顺序执行需要耗费更多的处理器资源,因此通常对性能要求高的处理器才添加乱序执行功能。编译器在目标代码生成阶段就需要考虑处理器对乱序执行的支持情况。

10.4.3 超长指令字

使用超标量结构是需要代价的,处理器内部需要将一定的资源用于将串行的指令序列转换成可以并行的指令序列,这会增加处理器的功耗和面积,而超长指令字则不需要消耗过多的处理器资源。超长指令字处理器的每一条超长指令装有多条常规的指令,并于同一时刻被发射出去。一般情况下,这些指令的每一条都对应不同的功能部件,并且超长指令字结构的指令由并行编译器或设计人员指定,而不是由硬件指定,可以很好地简化硬件结构。

超长指令字结构广泛应用于精简指令集(reduced instruction set computer,RISC)的处理器上,如图 10.6 所示。该处理器有 8 个功能部件,理论上每个时钟周期处理器可以同时并行执行 8 条指令,这 8 条指令被看成一个包,取指、译码、执行单元每次对一个指令包进行操作。

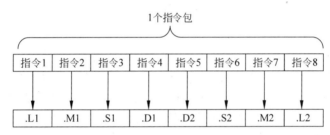

图 10.6　超长指令字

超长指令字处理器通常利用编译器指定并行的指令,如下面的汇编代码所示:

```
add R1, R2, R3    # 指令 1
‖ sub R1, R2, R6 # 指令 2
‖ mul R3, R4, R5 # 指令 3
‖ and R8, R6, R7 # 指令 4
```

指令 2、指令 3、指令 4 前面的"‖"表示这条指令和上条指令在同一个周期执行,如果没有"‖",则表示这条指令在下一个周期执行。

超长指令字的并行指令执行由编译器来完成,因此编译器的优化能力直接影响程序在超长指令字处理器上的性能。为了在超长指令字机器上获得更好的程序性能,可以通过优化遍来修改汇编代码,指定每个多发射的超长指令。在一个时钟周期内将硬件提供的各种功能部件使用起来,就可以充分发挥处理器的指令级并行优势,此时可以利用循环展开进行优化,发掘程序指令级并行性。指令级并行循环展开优化如代码 10-22 所示。

代码 10-22　指令级并行循环展开优化

```
# include < stdio.h>
# include < stdlib.h>
# define N 10
float a[N][N], b[N][N], c[N][N];
int main() {
    int i, j, k;
```

```
    printf("A:\n");
    for (i = 0; i < N; i++) {
        for (j = 0; j < N; j++) {
            a[i][j] = i + j;
            printf("% f ", a[i][j]);
        }
        printf("\n");
    }
    printf("B:\n");
    for (i = 0; i < N; i++) {
        for (j = 0; j < N; j++) {
            b[i][j] = i - j;
            printf("% f ", b[i][j]);
        }
        printf("\n");
    }
    for (i = 0; i < N; i++)
    {
        for (j = 0; j < N; j++)
        {
            c[i][j] = 0;
            for (k = 0; k < N; k++)
                c[i][j] += a[i][k] * b[k][j];
        }
    }
    printf("C:\n");
    for (i = 0; i < N; i++) {
        for (j = 0; j < N; j++) {
            printf("% f ", c[i][j]);
        }
        printf("\n");
    }
    return 0;
}
```

该程序循环内的指令条数太少,不足以填充处理器的 8 个功能部件,难以充分发挥处理器提供的指令级并行的优势。使用循环展开优化后,循环体内指令的条数足够多,编译器就可以在这些指令间进行调度,选择相对较好的并行指令发射组合,因此能够提升程序的性能。

10.5 自动并行化

大部分处理器采用 SIMD 向量扩展作为计算加速部件,SIMD 扩展部件可以将原来需要多次装载的标量数据一次性装载到向量寄存器中,通过一条向量指令实现对向量寄存器中数据元素的并行处理。与超标量和超长指令字结构相比,其访存方式更加高效且并行成本相对较低,可以减轻指令预取部件及指令缓存的压力。使用 SIMD 方法执行的代码称为向量代码,将标量代码转换成向量代码的过程即为向量化。

深度学习编译器与传统编译器最大的区别在于深度学习编译器可以处理张量,以及对应的各种数据格式及属性。深度学习编译器与传统编译器、AI 芯片与传统芯片的设计原理总是相通的,近几年 AI 硬件中也出现了与 SIMD 功能类似的部件——张量核(Tensor Core),可以帮助具有张量特征的数据实现向量化的矩阵乘法累加操作,将这种具有张量特征的数据实现向量化的过程称为张量化。

LLVM 支持两种自动向量化方法,分别是循环级向量化和基本块级向量化。循环级向量化通过扩大循环中的指令以获得多个连续迭代中操作的向量执行,基本块级向量化将挖掘代码中的多个标量操作并将其合并为向量操作。目前大量深度学习编译器采用 LLVM 为后端且支持张量化,张量化与自动向量化相同,都与目标机器关系密切,需要目标机器具备向量或张量的功能部件。

10.5.1　自动向量化

本小节通过一个具体示例详细讲解 LLVM 中的循环级向量化,包括如何打开循环向量化开关、查看循环向量化信息、修改向量化参数等,帮助设计人员了解 LLVM 编译器中的循环向量化优化情况。循环级向量化示例如代码 10-23 所示。

代码 10-23　循环级向量化示例

```
# include < stdio. h>
# define N 128
int main(){
    int sum = 0;
    int a[N];
    int i,j;
    for(i = 0;i < N;i++){
        a[i] = i;
    }
    for(j = 0;j < N;j++){
        sum = sum + a[j];
    }
    printf("sum = % d",sum);
}
```

开启 LLVM 编译器中的循环向量化选项,编译时加上选项-Rpass = loop-vectorize 可在编译器的输出信息中查看向量化优化信息。开启循环向量化如代码 10-24 所示。

代码 10-24　开启循环向量化

```
[llvm@2021]$ clang - O2 test - vec.c - emit - llvm - S - Rpass = loop - vectorize
test - vec.c:7:3: remark: vectorized loop (vectorization width: 4, interleaved count: 2)
[ - Rpass = loop - vectorize]
  for(i = 0;i < N;i++){
test - vec.c:10:3: remark: vectorized loop (vectorization width: 4, interleaved count: 2)
[ - Rpass = loop - vectorize]
  for(j = 0;j < N;j++){
```

由向量化优化信息可知,代码 10-24 中的两个循环均被自动向量化,其向量化宽度为 4,基本块内语句的展开次数为 2,向量化后生成的部分中间代码如代码 10-25 所示。

代码 10-25　向量化后生成的部分中间代码

```
vector. body:                      ; preds = % vector. body, % entry
    % index = phi i64 [ 0, % entry ], [ % index. next, % vector. body ], !dbg !10
    % vec. ind24 = phi < 4 x i32> [ < i32 0, i32 1, i32 2, i32 3 >, % entry ], [ % vec. ind. next27,
% vector. body ], !dbg !11
    % 1 = getelementptr inbounds [1280 x i32], [1280 x i32] * % a, i64 0, i64 % index, !dbg !12
    % step. add25 = add < 4 x i32> % vec. ind24, < i32 4, i32 4, i32 4, i32 4 >, !dbg !11
    % 2 = bitcast i32 * % 1 to < 4 x i32 > *, !dbg !11
```

```
store < 4 x i32 > % vec. ind24, < 4 x i32 > *  % 2, align 16, !dbg !11, !tbaa !13
%3 = getelementptr inbounds i32, i32 *  % 1, i64 4, !dbg !11
%4 = bitcast i32 *  % 3 to < 4 x i32 > *, !dbg !11
store < 4 x i32 > % step. add25, < 4 x i32 > *  % 4, align 16, !dbg !11, !tbaa !13
% index. next = add i64 % index, 8, !dbg !10
% vec. ind. next27 = add < 4 x i32 > % vec. ind24, < i32 8, i32 8, i32 8, i32 8 >, !dbg !11
%5 = icmp eq i64 % index.next, 1280, !dbg !10
br i1 % 5, label % vector. body30, label % vector. body, !dbg !10, !llvm. loop !17
```

由生成的中间代码可以看出,向量化后 store 语句一次存储 4 个数值,与向量化之前一次循环只存储一个数据相比,向量化后的存储效率大大提升。

设计人员可以根据实际需要使用编译选项控制向量化宽度(vectorization width),如代码 10-26 所示。

代码 10-26 控制向量化宽度

```
[llvm@2021] $ clang - O2 test - vec. c - mllvm - force - vector - width = 8 - Rpass = loop - vectorize
test - vec. c:7:3: remark: vectorized loop (vectorization width: 8, interleaved count: 2)
[- Rpass = loop - vectorize]
    for(i = 0; i < N; i++){
test - vec. c:10:3: remark: vectorized loop (vectorization width: 8, interleaved count: 2)
[- Rpass = loop - vectorize]
    for(j = 0; j < N; j++){
```

还可以使用编译选项控制循环内语句的展开次数(interleave count),如代码 10-27 所示。

代码 10-27 控制循环内语句的展开次数

```
[llvm@2021] $ clang - O2 test - vec. c - mllvm - force - vector - interleave = 4 - Rpass = loop - vectorize
test - vec. c:7:3: remark: vectorized loop (vectorization width: 4, interleaved count: 4)
[- Rpass = loop - vectorize]
    for(i = 0; i < N; i++){
test - vec. c:10:3: remark: vectorized loop (vectorization width: 4, interleaved count: 4)
[- Rpass = loop - vectorize]
    for(j = 0; j < N; j++){
```

LLVM 编译器会首先对代码中的循环进行向量化合法性分析,当识别到循环中因存在依赖关系而影响向量化的情况时,会中断编译的循环向量化过程,并显示导致循环向量化失败的原因。向量化失败示例如代码 10-28 所示。

代码 10-28 向量化失败示例

```
# include < stdio. h >
# define N 128
int main(){
    int sum = 0;
    int sum1 = 0;
    int a[N],b[N];
    int i,j;
    for(i = 0; i < N; i++){
        a[i] = i;
        b[i] = i + 1;
    }
    for(i = 0; i < N; i++){
        sum = sum + a[i];
```

```
    }
    for(i = 0;i < N;i++){
        b[i+1] = b[i] + b[i+2];
    }
    printf("sum = % d",sum);
}
```

对代码 10-28 进行编译时,也可以使用相应的选项显示循环向量化失败的语句,以及显示向量化失败的原因。显示循环向量化失败的语句及原因如代码 10-29 所示。

代码 10-29　显示循环向量化失败的语句及原因

```
[llvm@2021]$ clang test - vec - miss.cpp - O2 - Rpass - missed = loop - vectorize - Rpass -
analysis = loop - vectorize
test - vec - miss.cpp:16:2: remark: loop not vectorized [ - Rpass - missed = loop - vectorize]
    for(i = 0;i < N;i++){
test - vec - miss.cpp:17:19: remark: loop not vectorized: value that could not be identified as
reduction is used outside the loop [ - Rpass - analysis = loop - vectorize]
    b[i+1] = b[i] + b[i+2];
```

由代码 10-29 可知,导致向量化失败的原因为数组 $b[i]$ 的赋值过程中存在真依赖而不能实施向量计算。当编译器对循环进行向量化时,循环尾部可能存在部分标量指令因无法组成一条向量指令而只能标量执行的情况,即未能进行向量化的尾循环,会影响向量化的优化效果。为了解决这一问题,LLVM 编译器在向量化优化遍中增强了一个特性,使用向量化因子和展开因子组合来优化尾循环,以进一步提升生成代码的执行效率。

基本块级向量化算法的思想来源于指令级并行,通过将基本块内可以同时执行的多个标量操作打包成向量操作实现并行。与循环级向量并行发掘方法不同,基本块级向量化发掘方法主要是在基本块内寻找同构语句,发掘基本块内指令的并行机会。基本块级向量化示例如代码 10-30 所示。

代码 10-30　基本块级向量化示例

```
# include < stdio.h>
# define N 10240
int main(){
    int a[N],b[N],c[N];
    int i;
    for (i = 0; i < 10240;i++){
        b[i] = i;
        c[i] = i+1;
    }
    for (i = 0; i < 10240;i += 4){
        a[i] = b[i] + c[i];
        a[i+1] = b[i+1] + c[i+1];
        a[i+2] = b[i+2] + c[i+2];
        a[i+3] = b[i+3] + c[i+3];
    }
return a[100];
}
```

对代码 10-30 进行编译时,开启基本块级向量化,加入优化信息选项-Rpass = vectorize 以显示循环向量化信息及基本块级向量化信息。开启基本块级向量化如代码 10-31 所示。

代码 10-31　开启基本块级向量化

```
[llvm@2021]$ clang - O2 - fslp - vectorize SLP.c - Rpass = vectorize
SLP.c:6:9: remark: vectorized loop (vectorization width: 4, interleaved count: 2) [ - Rpass =
loop - vectorize]
    for (i = 0; i < 10240;i++){
SLP.c:11:22: remark: Stores SLP vectorized with cost - 12 and with tree size 4 [ - Rpass = slp -
vectorizer]
    a[i] = b[i] + c[i];
```

由优化信息可知,LLVM 编译器会针对循环的特点选择最优的向量化方案,比如针对第一个循环实施了循环向量化优化,针对第二个循环实施了基本块级向量化优化。基本块级向量化后生成的中间代码如代码 10-32 所示。

代码 10-32　基本块级向量化后生成的中间代码

```
% arrayidx7 = getelementptr inbounds [10240 x i32], [10240 x i32] *  % b, i64 0, i64 %
indvars.iv, !dbg !22
  % arrayidx9 = getelementptr inbounds [10240 x i32], [10240 x i32] *  % c, i64 0, i64 %
indvars.iv, !dbg !23
  % arrayidx12 = getelementptr inbounds [10240 x i32], [10240 x i32] *  % a, i64 0, i64 %
indvars.iv, !dbg !24
  %5 = bitcast i32 *  % arrayidx7 to <4 x i32> *, !dbg !22
  %6 = load <4 x i32>, <4 x i32> *  %5, align 16, !dbg !22, !tbaa !12
  %7 = bitcast i32 *  % arrayidx9 to <4 x i32> *, !dbg !23
  %8 = load <4 x i32>, <4 x i32> *  %7, align 16, !dbg !23, !tbaa !12
  %9 = add nsw <4 x i32> %8, %6, !dbg !25
  %10 = bitcast i32 *  % arrayidx12 to <4 x i32> *, !dbg !26
  store <4 x i32> %9, <4 x i32> *  %10, align 16, !dbg !26, !tbaa !12
```

代码 10-32 是第二个循环经过基本块级向量化后的部分,从中可以看出,在对数组 $a[i]$、$b[i]$、$c[i]$ 进行访存操作时,一次读取了 4 个数据同时进行计算,计算结束后存储了 4 个数据。基本块级向量化变换示意如表 10.1 所示。

表 10.1　基本块级向量化变换示意

标 量 代 码	基本块级向量化后

for (int i = 0; i < LEN; i += 4) {
　　a[i] = b[i] + c[i];
　　a[i+1] = b[i+1] + c[i+1];
　　a[i+2] = b[i+2] + c[i+2];
　　a[i+3] = b[i+3] + c[i+3];
}
	for (int i = 0; i < LEN; i += 4){
	　　a[i:3] = b[i:3] + c[i:3];
	}

基本块级向量化算法主要用于发掘基本块内的并行性,它要遍历所有的向量方案得到最优解,所以复杂度高于循环级向量化,具有更强的向量挖掘能力,转化后的向量代码程序性能会有很大的提升。

并行应用程序的并行特征越来越复杂和多样,单一的向量化方法很难有效发掘程序潜在的多种并行性。在 LLVM 编译器中,两种向量化方法在向量挖掘能力方面相互补充,它们结合起来可以覆盖程序中存在的大部分并行性。

10.5.2　自动张量化

张量化也是将低阶数据转换或映射为高阶数据的过程。例如,低阶数据可以是向量类型,经过张量化得到的结果可以是矩阵、三阶或高阶张量。张量化可以提高代码的并行性和数据重用性,这是因为张量乘法可以并行处理大量数据点,同时可重用某些计算的结果来避免不必要的计算。这种数据并行性和代码并行性可以在现代 CPU 和 GPU 的多核架构上得到充分的利用,进而提高算法的执行速度。

张量化与现有编译器中的向量化过程类似,同样需要优化器将程序分解并匹配到底层硬件张量计算单元。主流硬件厂商都提供了专门用于张量化计算的张量指令,如英伟达的张量核指令、英特尔的 VNNI 指令。利用张量指令的一种方法是调用硬件厂商提供的算子库,如英伟达的 cuBLAS 和 cuDNN,以及英特尔的 oneDNN 等,这些库函数通过使用张量指令来实现性能高度优化的预定义内核。然而,当模型中出现新的算子或需要进一步提高性能时,这种方法的局限性便显露无遗,所以采用编译器处理或者生成张量化程序仍然是较为主流与通用的。以点积算子为例,编译器在中间表示层生成对应的矩阵乘张量化代码,张量化后生成的中间代码如代码 10-33 所示。

代码 10-33　张量化后生成的中间代码

```
func.func @dot() {
...
  %3 = affine.apply affine_map<()[s0] -> (s0 * 64)>()[%workgroup_id_y]
  %4 = affine.apply affine_map<()[s0] -> (s0 * 64)>()[%workgroup_id_x]
  %5 = memref.subview %0[%3, 0][64, 1024][1, 1] : memref<2048x1024xf32> to memref<
64x1024xf32, affine_map<(d0, d1)[s0] -> (d0 * 1024 + s0 + d1)>>
  %6 = memref.subview %1[0, %4][1024, 64][1, 1] : memref<1024x512xf32> to memref<
1024x64xf32, affine_map<(d0, d1)[s0] -> (d0 * 512 + s0 + d1)>>
  %7 = memref.subview %2[%3, %4][64, 64][1, 1] : memref<2048x512xf32> to memref<
64x64xf32, affine_map<(d0, d1)[s0] -> (d0 * 512 + s0 + d1)>>
  %8 = gpu.thread_id x
  %9 = gpu.thread_id y
  %10 = affine.apply affine_map<()[s0] -> (s0 * 32)>()[%9]
  %11 = affine.apply affine_map<(d0) -> ((d0 floordiv 32) * 32)>(%8)
  %12 = memref.subview %7[%10, %11][32, 32][1, 1] : memref<64x64xf32, affine_map<
(d0, d1)[s0] -> (d0 * 512 + s0 + d1)>> to memref<32x32xf32, affine_map<(d0, d1)[s0] ->
(d0 * 512 + s0 + d1)>>
  linalg.fill {__internal_linalg_transform__ = "vectorize"} ins(%cst : f32) outs(%12 :
memref<32x32xf32, affine_map<(d0, d1)[s0] -> (d0 * 512 + s0 + d1)>>)
  scf.for %arg0 = %c0 to %c1024 step %c16 {
    %13 = memref.subview %5[0, %arg0][64, 16][1, 1] : memref<64x1024xf32, affine_map<
(d0, d1)[s0] -> (d0 * 1024 + s0 + d1)>> to memref<64x16xf32, affine_map<(d0, d1)[s0] ->
(d0 * 1024 + s0 + d1)>>
    %14 = memref.subview %6[%arg0, 0][16, 64][1, 1] : memref<1024x64xf32, affine_map<
(d0, d1)[s0] -> (d0 * 512 + s0 + d1)>> to memref<16x64xf32, affine_map<(d0, d1)[s0] ->
(d0 * 512 + s0 + d1)>>
    %15 = affine.apply affine_map<(d0) -> ((d0 floordiv 32) * 32)>(%8)
    %16 = memref.subview %13[%10, 0][32, 16][1, 1] : memref<64x16xf32, affine_map<
(d0, d1)[s0] -> (d0 * 1024 + s0 + d1)>> to memref<32x16xf32, affine_map<(d0, d1)[s0] ->
(d0 * 1024 + s0 + d1)>>
    %17 = memref.subview %14[0, %15][16, 32][1, 1] : memref<16x64xf32, affine_map<
(d0, d1)[s0] -> (d0 * 512 + s0 + d1)>> to memref<16x32xf32, affine_map<(d0, d1)[s0] ->
(d0 * 512 + s0 + d1)>>
    %18 = memref.subview %7[%10, %15][32, 32][1, 1] : memref<64x64xf32, affine_map<
(d0, d1)[s0] -> (d0 * 512 + s0 + d1)>> to memref<32x32xf32, affine_map<(d0, d1)[s0] ->
(d0 * 512 + s0 + d1)>>
```

```
    linalg. matmul {__internal_linalg_transform__ = "vectorize"} ins( %16, %17 : memref <
32x16xf32, affine_map<(d0, d1)[s0] -> (d0 * 1024 + s0 + d1)>>, memref <16x32xf32, affine_
map<(d0, d1)[s0] -> (d0 * 512 + s0 + d1)>>) outs( %18 : memref < 32x32xf32, affine_map <
(d0, d1)[s0] -> (d0 * 512 + s0 + d1)>>)
    }
    return
}
```

在通过张量指令优化低阶算子性能的同时,在前端调整高阶计算图可以取得更好的张量化效果。编译器在相对高层的中间表示上完成所有分析和转换后,被降级为更底层的通用低阶 LLVM 中间表示,之后就可以进行汇编代码生成。通过张量化这种方法,编译器后端将特定的操作模式映射为硬件实现或高度优化的手工微内核,从而显著提高性能。

10.5.3　自动 OpenMP 并行化

自动并行化是根据程序的数据流分析,自动将程序中适合并行执行的部分转换为多线程或并行操作,其中包括循环并行化、函数并行化及向量化等。例如,LLVM 编译器的自动并行化功能可以使用 Polly 项目与 OpenMP 项目实现,可以将一些函数或循环体内的语句转换为 OpenMP 并行代码进行优化。OpenMP 是一种基于共享内存的并行编程模型,通过使用编译指导指令将串行执行的代码转换为并行执行的代码。

在编译器中,OpenMP 并行的实现主要包括预处理器、编译器、运行时库三方面。预处理器解析源代码中的 OpenMP 指导指令,编译器则对 OpenMP 指导指令进行解析并进行代码优化,运行时库负责在程序运行时动态地将并行执行的线程分配到计算机的不同处理器核心上。基于 OpenMP 的多线程,编译器可以充分利用计算机的多核心,并行执行代码以提高程序的性能。同时,OpenMP 提供了一系列的指令来控制线程的数量,解决数据共享和同步等问题,使得开发人员可以更灵活地控制程序的执行过程。并行化之前的原始代码如代码 10-34 所示。

代码 10-34　并行化之前的原始代码

```
#include < stdio. h >
#define N 1000000
void init( int n, float * v1, float * v2);
int main() {
  int i, n = N; int chunk = 1000; float v1[N] = {1,2,3,4,5},v2[N] = {1,2,3,4,5},vxv[N];
  {
    for(i = 0; i < N; i++){
      vxv[i] = v1[i] + v2[i] * 2;
    }
  }
  printf(" vxv[0] vxv[n-1] %f %f\n", vxv[1], vxv[n-1]);
  return 0;
}
```

LLVM 编译器对以上代码进行解析,利用 Polly 模块实现自动并行化,分析其并行域及指令特征,在合适位置插入编译指导语句。自动并行代码生成如代码 10-35 所示。

代码 10-35　自动并行代码生成

```c
#include <omp.h>
#include <stdio.h>
#define N 1000000
void init(int n, float * v1, float * v2);

int main() {
  int i, n = N; int chunk = 1000; float v1[N] = {1,2,3,4,5},v2[N] = {1,2,3,4,5},vxv[N];
  {
#pragma omp target teams distribute parallel for
    for(i = 0; i < N; i++){
      vxv[i] = v1[i] + v2[i] * 2;
    } // Computation on target
  }
  printf(" vxv[0] vxv[n-1] %f %f\n", vxv[1], vxv[n-1]);
  return 0;
}
```

之后再由 LLVM 进行中间表示解析,完成后续的通用优化及代码生成,最终生成可以在指定 GPU 硬件上执行的代码。自动并行中间表示代码如代码 10-36 所示。

代码 10-36　自动并行中间表示代码

```
define weak kernel void @__omp_offloading_2f_9d779b1f_main_l113(i64 % n, [1000000 x float] *
nonnull align 4 dereferenceable (4000000) % vxv, [1000000 x float] * nonnull align 4
dereferenceable(4000000) % v1, [1000000 x float] * nonnull align 4 dereferenceable(4000000)
% v2) local_unnamed_addr #0 {
entry:
  %.omp.lb.i.i = alloca i32, align 4, addrspace(5)
  %.omp.ub.i.i = alloca i32, align 4, addrspace(5)
...
omp.inner.for.body.i.i:                    ; preds = % omp.inner.for.body.i.i.lr.ph, % omp.inner.
for.body.i.i
  % conv7.i.i16 = phi i64 [ % conv7.i.i13, % omp.inner.for.body.i.i.lr.ph ], [ % conv7.i.i,
% omp.inner.for.body.i.i ]
  %.omp.iv.0.i.i15 = phi i32 [ % 11, % omp.inner.for.body.i.i.lr.ph ], [ % add16.i.i, %
omp.inner.for.body.i.i ]
  % arrayidx.i.i10 = getelementptr inbounds [1000000 x float], [1000000 x float] * % v1, i64
0, i64 % conv7.i.i16
  % arrayidx.i.i = addrspacecast float * % arrayidx.i.i10 to float addrspace(1) *
  % 13 = load float, float addrspace(1) * % arrayidx.i.i, align 4, !tbaa !13, !noalias !6
  % arrayidx11.i.i11 = getelementptr inbounds [1000000 x float], [1000000 x float] * % v2,
i64 0, i64 % conv7.i.i16
  % arrayidx11.i.i = addrspacecast float * % arrayidx11.i.i11 to float addrspace(1) *
  % 14 = load float, float addrspace(1) * % arrayidx11.i.i, align 4, !tbaa !13, !noalias !6
  % mul12.i.i = fmul float % 14, 2.000000e + 00
  % add13.i.i = fadd float % 13, % mul12.i.i
  % arrayidx15.i.i12 = getelementptr inbounds [1000000 x float], [1000000 x float] * % vxv,
i64 0, i64 % conv7.i.i16
  % arrayidx15.i.i = addrspacecast float * % arrayidx15.i.i12 to float addrspace(1) *
  store float % add13.i.i, float addrspace(1) * % arrayidx15.i.i, align 4, !tbaa !13, !
noalias !6
  % add16.i.i = add nsw i32 % 12, %.omp.iv.0.i.i15
  % conv7.i.i = sext i32 % add16.i.i to i64
...
```

以上是编译器中代码实现自动并行的过程,可以看到,通过自动并行将计算任务自动卸载到对应的加速卡上,可以大大增加计算任务的执行效率。OpenMP 能够以较低的成本开发多线程程序,将大量串行程序快速、有效地并行,但并行执行过程中的调度开销、线程创建开销、负载失衡及同步开销等都会影响 OpenMP 自动并行的性能。其中,由线程间分配到的循环迭代任务大小不同等引起的负载失衡是导致 OpenMP 程序性能下降的原因之一,这种不均衡程度越大,闲置状态的线程就会越多,完成计算任务所需的时间便会越长。要实现 OpenMP 程序的负载均衡,需要选择合适的线程调度策略,即对循环迭代采取静态或动态的方式分配到各个线程上并行执行,使得各个线程的工作量相当以提升程序的性能。

OpenMP 程序设置的线程数量在一定程度上影响了程序的任务负载,增加线程可以在特定时间段内完成更多的任务,但线程数量过多可能会使线程间同步等开销增加反而导致程序的性能降低。同时,设置线程数时还需要考虑处理器硬件支持的线程数量,因此需要谨慎选择程序的并行线程数量。线程数量的设置除了可以采用静态模式、动态模式、嵌套模式、条件模式、手工控制,还可以结合编译器特征进行自动分配。例如,LLVM 编译器可以在 OpenMP 子项目的运行时库函数中进行适当修改,根据不同的任务量及工作负载使编译动态地调整线程分配的数量。不论是手工设置还是编译器自动分配,都是为了更合理地设置线程数量以获得最佳性能,实际优化时应根据程序的特征选择合适的线程设置方式。

10.6　访存优化

存储访问对于程序的运行速度及运行效率有着举足轻重的作用,因此可以采用编译优化的方法提高内存的使用效率。本节将针对特定结构的存储器探讨可开展的优化方法,以及如何利用数据布局来改善程序中的存储性能,可分为寄存器优化和内存优化两部分。

10.6.1　寄存器优化

寄存器优化是指将程序中的有用变量尽可能地分配给寄存器,从而提高程序执行速度的一种方法。编译器内常用图着色算法实现寄存器的分配,但不同的编译器所使用的寄存器分配策略及优化方式往往不尽相同。在代码层面,可以采取减少全局变量的使用、将数组变为标量或进行代码变换增加数据局部性等操作。寄存器优化主要包括减少全局变量重用、直接读取寄存器、寄存器重用三方面。

(1) 减少全局变量重用。全局变量的有效范围在整个程序内,且全局变量会独占一个寄存器,导致过程内可分配寄存器的数量减少,因此编码时应尽量减少全局变量的使用。若能将全局变量定义成过程内的局部变量,则可用的寄存器的数量会变多,寄存器分配时可利用的寄存器数量增多可以减小编译器的压力。但此优化方法是否会使程序性能提升还需要视情况分析。

(2) 直接读取寄存器。一般情况下,编译时主要对标量分配寄存器,因此在编写程序时应该尽量将数组变为标量,这样可以直接从寄存器中读取数据,避免每次都从缓存中加载,减少了部分程序中数据读写耗费的时间。当所需寄存器的数量大于可分配寄存器的数量时,就会出现寄存器溢出的情况,此时程序的部分数据将在内存中读写变量,严重者会抵消前期调优积累的性能优势。

(3) 寄存器重用。当数据从缓存加载到寄存器后,应该尽可能地将后续还要使用的数据保留在寄存器,以避免该数据再次从缓存读取。如果程序接下来的执行过程中不再使用该数据,此时就没有必要再将该数保留在寄存器中,而应该将其写回内存,空出寄存器留作他用。寄存器重用是因为数据在未来还会被使用,依赖关系可用于分析寄存器的值是否会被再次使用。与依赖关系用于分析程序的并行性时不同,数据重用分析时需要依赖关系越多越好,例如代码中两条语句先后读取同一变量时所产生的数据依赖,有利于寄存器重用优化时的性能提升。另外,循环变换对寄存器的重用也有很大的影响,对程序代码进行循环交换、循环合并、循环展开等操作都将影响寄存器的重用。

10.6.2　内存优化

内存优化对程序的性能至关重要,下面从减少内存读写、数据预取、数据对齐三方面来介绍提高内存使用效率的方法。

(1) 减少内存读写。以 DDR3 内存为例,其内部存储以存储库为基础单位,存储库的结构为能进行行列寻址的存储表格,通过一行和一列便能准确定位到所需数据的位置。读或写命令进行之前,要对需要操作的存储库发送激活命令,在数据掩码的屏蔽下进行数据读写,并在读取结束后释放空间,对存储单元的数据进行重新加载和地址复位。DDR3 一次内存读写通常需要 200~400 个时钟周期。相比之下,处理器完成一个浮点运算可能仅需要几个时钟周期,访问内存的速度非常慢,因此在程序优化的过程中应当优先充分使用寄存器而不是内存。在编译器自动调优过程中,可以重点修改优化遍以重复使用处理器的寄存器,避免过多访存以提高程序效率。

(2) 数据预取。大多数编译器支持自动数据预取这种预取方式。自动数据预取是指对程序分析后可在中间代码中自动插入预取指令,例如,当前 LLVM 编译器仅支持 AArch64 平台和 PowerPC 平台的自动数据预取优化。LLVM 的内建函数 declare void @ llvm.prefetch(i8 * <address>,i32 <rw>,i32 <locality>,i32 <cache type>)向编译器提示是否插入预取指令 llvm. prefetch,如果平台支持预取指令则可以生成,否则该函数会是一个空操作,不做任何处理。

(3) 数据对齐。不同的硬件平台对存储空间的处理方式不同,若不按照其平台的要求对数据存放进行对齐,会造成存取效率的损失。例如从偶数地址开始读取的平台,若一个 32 位的整型数据存放在偶数地址开始的地方,则只需要一个读周期即可读出,反之则会降低读取效率。

数据对齐实际上是内存字节的对齐,是为了提升读取数据的效率。处理器在访问特定变量时经常在特定的内存地址访问,这就需要各类型数据按照一定的规则在空间上排列,而不是一个接一个地顺序排放,处理器访问此类正确对齐的数据时运行效率最高。如果数据没有正确对齐,处理器需要产生一个异常条件或执行多次对齐的内存访问,以便读取完整的未对齐数据,这样会导致运行效率降低,所以处理器提供的对齐的数据访问指令效率要远高于非对齐的数据访问指令。数据非对齐存储如图 10.7 所示,在 32 位处理器中,一个 int 型变量占 4 字节,假设这个变量 i 在内存中占据 2、3、4、5 这 4 字节的位置。内核在访问变量 i 时,会先将从 0 开始的 4 字节数据读入寄存器 A 中,再将从 4 开始的 4 字节数据读入寄存器 B 中,最后将寄存器 A 和 B 中的有效数据拼成一个 int 数据,放入寄存器 C 中,这种访问数据的效率较低。若变量 i 存储在从 0 开始的 4 字节处,则一次就能将 i 读入寄存器

中,可以省去后续复杂的拼接操作,这就是数据对齐和数据非对齐访问的区别。所以,对于
2 字节的变量,应尽量使其起始地址为 2 的整数倍;对于 4 字节的变量,应使其起始地址为
4 的整数倍;对于 8 字节的变量,应使其起始地址为 8 的整数倍,这样可以使访问效率较高。

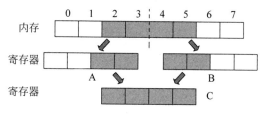

图 10.7　数据非对齐存储

　　通过以上编译优化方法,可以有效提高程序的内存使用效率,在减少内存访问延迟的
同时提升程序的整体性能和效率。编译器在优化过程中会根据程序的特点和目标平台的
硬件特性进行相应的优化,以达到最佳的内存利用效果。

第11章

自 动 并 行

随着深度学习模型的不断发展,大模型逐渐成为深度学习领域的研究热门。这些大模型通常拥有海量的模型参数,并且需要大规模的数据进行训练。比如图像识别、机器翻译等领域中有标签的数据已经达到了吉字节级别,预训练模型中无标记的数据更是达到了太字节级别。大规模的数据为训练大模型提供了物质基础,因此模型的复杂度不断提高。大模型的规模随时间变化的趋势如图 11.1 所示。从图 11.1 中可看出:2018 年,ELMo 的参数量只有千万级别;GPT-2、T5 等自然语言处理模型参数量达到了亿级别;2021 年,GPT-3模型的参数量已经达到 175B(1B=10 亿)。另外,在模型规模扩大的过程中非常容易过拟合,也就是在训练集上可以取得非常好的效果,然而在未知测试数据上则表现得无法令人满意。这就需要更大规模的训练数据,只有用更大的数据集才能取得较好的训练结果,但也会不可避免地导致在训练过程中面临大数据和大模型的双重挑战。

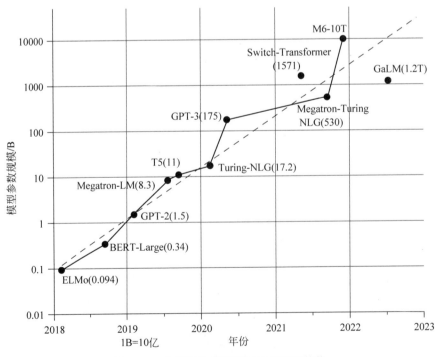

图 11.1 大模型的规模随时间变化的趋势

模型规模的扩大和复杂度的增加,对计算设备的算力、内存的发展提出了更高的要求。OpenAI 的报告显示训练最先进模型所需的计算量呈指数级增长。以最新的模型训练浮点数运算量为例,模型运算量每 3.5 月增长一倍,增长速度远高于硬件设备算力的增长速度。另外,由于内存墙的存在,单片计算设备的容量也同样受限,难以和日益增长的大数据、大模型相匹配,例如 NVIDIA 的 A100 最高只有 80GB 的显存,但是如今较大规模的深度学习模型需要太字节级别的内存。

模型训练运算量和所需内存规模不断增大导致了单机设备无法容纳大型模型、大容量训练设备成本过高等问题。为了解决这些问题,可以借助并行技术来加速深度学习模型的训练。然而,并行训练涉及模型并行划分、数据传输、设备的管理和协调等复杂问题,这些问题需要大量的专业知识和技能才能解决,使得手动并行的实现门槛较高。因此,为了提高并行训练的效率和可靠性,自动并行应运而生。自动并行可以根据模型的特性和硬件环境的配置,自动地对模型进行并行化处理,并且可以优化数据传输和计算负载的分配,以达到最佳的并行训练效果。这样,开发人员就可以将更多的精力放在模型本身的研究上,而无须花费大量的时间和精力来处理并行训练的细节问题。

本章将从并行划分、并行策略及通信优化三方面,帮助开发人员深入理解深度学习编译器的自动并行工作流程。首先,介绍并行划分的概念和方法。并行划分是将原始模型划分成多个子模型,在不同的设备上并行计算的过程。其中将介绍常见的并行划分策略,如数据并行和模型并行等,并讨论它们的优缺点及选择的考虑因素。然后,深入讲解并行策略。并行策略是指在并行计算过程中,如何有效地利用计算资源和优化计算性能。其中会从搜索空间、代价模型和搜索算法三方面介绍并行策略的组成与不同。最后,关注通信优化这一重要内容。在并行训练中,设备之间的数据传输是一个关键的瓶颈,会对整个训练过程的效率产生重要影响。其中将介绍一些常见的通信优化技术,以减少通信开销和提高数据传输的效率。

11.1 并行划分

在单机上的训练出现瓶颈常就寻求并行的方法来解决。在训练过程中常见的并行划分主要有数据并行、模型并行、序列并行、混合并行等。数据并行是只针对数据集的一个划分,实现起来比较简单,被业界广泛使用。但是随着模型复杂程度的加深,单个训练设备无法容纳整个模型,需要引入模型并行把模型切分到多个设备上执行。与数据并行在不同设备都有完整的模型不同,模型并行是不同设备负责模型不同部分的计算,数据并行和模型并行如图 11.2 所示。

混合并行是将数据并行与模型并行进行混合使用,根据模型中不同层的特点,选择使用数据并行或模型并行。当然,也可以同时使用数据并行和模型并行,加快训练速度。

11.1.1 数据并行划分

数据并行中被划分的是数据集,就是把整个样本空间划分为多个子集,然后分发给不同的设备。每个设备拥有完整的深度学习模型,每次训练仅将一批数据输入模型,进行前向传播、计算误差、反向传播,最后进行参数的更新。由于对每一批输入样本而言,除去参

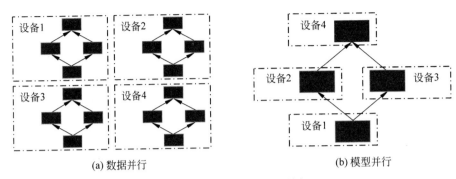

(a) 数据并行　　　　　　　　　　(b) 模型并行

图 11.2　数据并行和模型并行

数更新这个步骤,训练过程的前三个步骤都与其他批的输入样本没有关系,这就为数据并行的存在提供了实现前提。

对于 K 个设备针对一个深度学习模型进行数据并行的训练过程如图 11.3 所示。每个设备都有各自的输入数据,利用各自的输入数据对本地模型参数进行更新。当本地参数完成一轮更新后,会对所有的设备参数进行聚合,并生成新的全局模型参数。在此之后,将新的全局模型发送回各个设备,更新它们的本地模型。

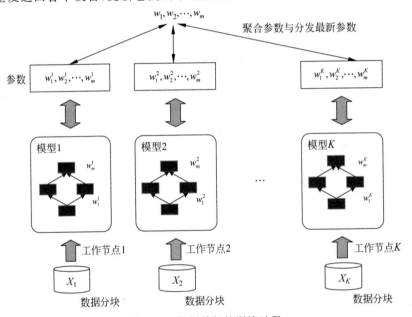

图 11.3　数据并行的训练过程

通过上述数据划分,一方面,在同样的时间内训练了更多的数据,加快了同等量级数据的训练完成时间;另一方面,更多的数据使得梯度下降方向更贴合数据集整体的实际情况,训练的结果更好。在实际使用中,数据并行的主要发展过程为数据并行、分布式数据并行、完全共享数据并行。

1. 数据并行

数据并行(data parallel)通过将一个批次的数据分成多份并在多个设备上计算来提高训练速度。数据并行适用于单机多卡的情况,是一种单进程多线程的并行训练方式。数据并行通过在每个设备上运行前向传播和反向传播来计算梯度,并将梯度在主设备上汇总和更新模型参数。

数据并行方法的工作流程如图 11.4 所示。首先,将输入从主设备 M-GPU 分发到所有 GPU 上,将模型从 M-GPU 复制到所有 GPU 上;其次,每个 GPU 分别独立进行前向传播,得到输出并将其发回 M-GPU,在 M-GPU 上通过计算损失函数得到损失值;然后,将损失值分发给所有 GPU,各 GPU 进行反向传播计算参数梯度;最后,将所有参数梯度传回 M-GPU,通过合并梯度更新模型参数。在完成所有数据训练之前,会持续重复这个过程。

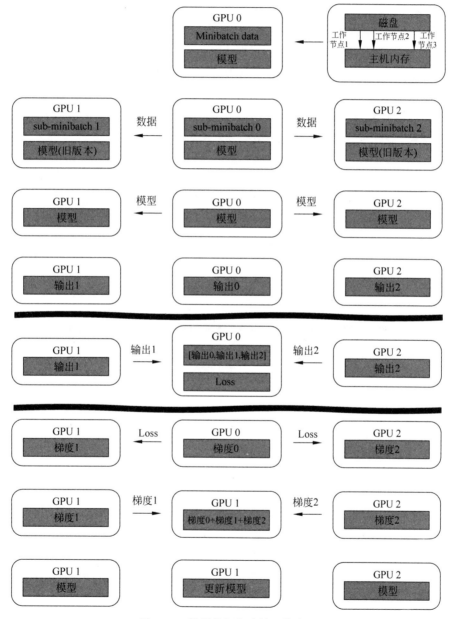

图 11.4 数据并行方法的工作流程

数据并行会将定义的网络模型参数放在 M-GPU 上,所以数据并行的实质是把训练参数从 M-GPU 复制到其他 GPU 同时训练的过程。但是这样会出现冗余数据副本的问题,因为 M-GPU 需要进行损失函数的计算、梯度的汇总和模型参数的更新,再将计算任务下发给其他 GPU,就会导致 M-GPU 的使用率和所消耗的内存远超其他 GPU 的情况,即内存和 GPU 使用率出现严重负载不均衡现象。针对这个问题,后续又推出了分布式数据并行。

2. 分布式数据并行

分布式数据并行(distributed data parallel)是让模型在多个 GPU 或机器之间进行分布式训练。与数据并行相比,它可以处理更大规模的模型和数据,并且更加灵活,可以适应不同的分布式训练场景。

分布式数据并行方法的工作流程如图 11.5 所示。首先,每个 GPU 都拥有模型的一个副本,并且每个 GPU 通过各工作进程加载训练数据,分布式采样器保证每个进程加载到的数据彼此不重叠;其次,每个 GPU 分别独立进行前向传播得到输出值,通过计算损失函数得到损失值,再进行反向传播计算各自的参数梯度;然后,将各 GPU 的参数梯度通过全归约的方式与其他 GPU 同步;最后,每个 GPU 都有全部的参数梯度,分别通过合并梯度更新模型参数。不断重复这个过程,直到完成所有数据训练。

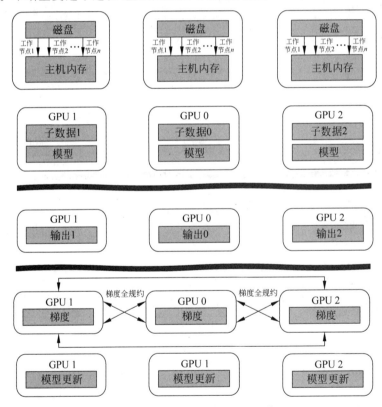

图 11.5　分布式数据并行方法的工作流程

分布式数据并行的工作流程与数据并行最大的不同在于:数据并行采用参数服务器架构,有主设备 M-GPU;分布式数据并行使用全归约方式,各个 GPU 是平等的关系。相应地,两者的不同体现在两处:一是在模型、数据加载阶段。数据并行是利用 M-GPU 将模型、数据分发到其他 GPU 上;而分布式数据并行中,每个 GPU 独自从磁盘加载模型,通过分布式采样器确保各 GPU 加载不同的数据。二是在反向传播、参数更新阶段。数据并行中,其他 GPU 都需要将前向输出值、梯度值发送到 M-GPU,M-GPU 会将损失函数值分发给其他各 GPU;而分布式数据并行则只传输梯度值,通过全归约方式,经过一轮传输后,各个 GPU 都更新了平均梯度的模型参数。随着模型对内存的占用逐渐增大,出现了包含内存优化的完全共享数据并行。

3. 完全共享数据并行

完全共享数据并行(fully shared data parallel)的主要原理是将模型的参数在数据并行设备之间进行切分,并且可以选择将部分训练计算卸载到 CPU。尽管参数被分片到不同的GPU,但每个微批次数据的计算对于每个 GPU 来说仍然是本地的。完全共享数据并行采用全参数分片方法,对模型参数、优化器状态和梯度进行分片,其中的关键是可以把分布式数据并行中的全归约操作分解为独立的归约-散射和全聚合操作,全归约操作分解如图 11.6 所示。

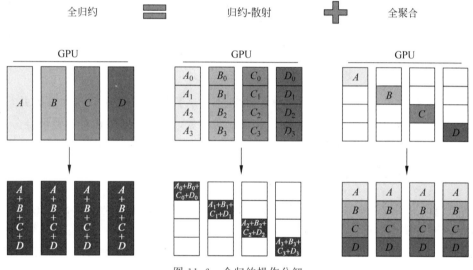

图 11.6 全归约操作分解

归约-散射操作聚合局部梯度,并在各 GPU 上分片,使各 GPU 更新自己的权重参数。通过重新安排归约-散射和全聚合操作,每个 GPU 只需要存储一个参数和优化器状态的分片。

完全共享数据并行方法的工作流程如图 11.7 所示。首先,每个 GPU 只保存模型参数的一个分片,在开始训练前需要进行全聚合操作从其他 GPU 获取全部的权重参数;其后,将训练数据划分为不同的批次,分别在不同的 GPU 中进行前向传播与反向传播;然后,通过归约-散射操作将梯度局部聚合并分片;最后,每个 GPU 上都有对应各自模型参数分片的权重,并更新其局部权重分片。不断重复这个过程,直到完成所有数据训练。需要注意的是,最后应聚合各 GPU 上的局部权重参数,得到完整的模型权重参数。为了最大限度地提高内存效率,可以在每层前向传播和归约-散射操作后丢弃全部权重,训练时通过全聚合操作重新获取权重参数,从而为后续层节省内存。还可以选择将梯度卸载到 CPU 中,等需要时再从 CPU 加载回来。

对于分布式数据并行而言,模型的副本存在于每个 GPU 上,并且将训练数据划分成不同批次分别在各 GPU 上进行前向和后向传播,每个 GPU 的参数和优化器通过全归约操作

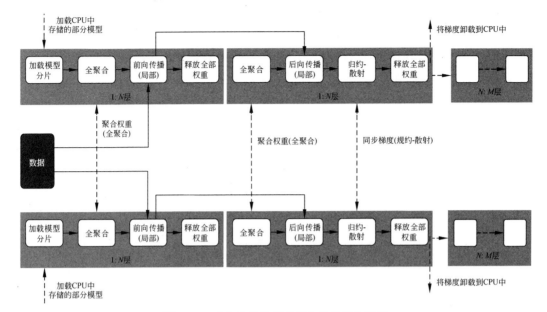

图 11.7　完全共享数据并行方法的工作流程

与其他 GPU 共享,以计算全局权重更新。而完全共享数据并行是在分布式数据并行的基础上将全归约操作分解,通过全聚合操作收集权重参数,归约-散射操作将参数聚合分片,这样每个 GPU 上仅需要模型参数的一个分片,比分布式数据并行更适用于大模型。

11.1.2　模型并行划分

　　模型并行主要针对随着模型复杂程度的加深,单个设备无法容纳整个模型的问题。因此,选择对网络模型进行切分,不同设备负责模型不同部分的计算。由于深度学习模型层间连接的复杂性,通常不同的模型划分的不同部分间会有一定的依赖关系。在进行前向传播和反向传播时,如果一个模型分片的输入依赖于另一个模型分片的输出,模型分片间就会出现激活值的传递,产生通信开销。模型并行在最初分为层内模型并行和层间模型并行两种类型。

　　层内模型并行,例如张量并行是层内模型并行的一种扩展,是由于单层所占内存过大,在层内进行切分,但是层内切分的不同部分之间存在复杂的依赖关系。层内模型并行如图 11.8 所示。

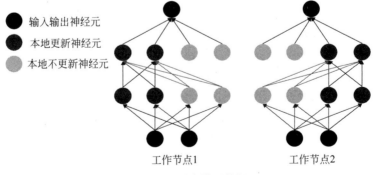

图 11.8　层内模型并行

工作节点 1 存储输入层、两个隐藏层左半边的两个神经元和输出层,工作节点 2 存储输入层、两个隐藏层右半边的两个神经元和输出层。除了各个神经元的信息,工作节点还要存储子网络在整个网络中所关联的连边信息,包含内部连边和对外连边。

前向传播过程中,工作节点 1 由输入层前向更新隐藏层的左半边两个神经元的激活函数值,然后向工作节点 2 请求借用其更新过的隐藏层的右半边两个神经元的激活函数值,在此基础上更新下一层的激活函数值。工作节点 2 也做对等的操作。反向传播过程中,工作节点 1 将输出层的误差值后向传播得到上一隐藏层中左半边两个神经元的误差传播值,更新输出层和隐藏层之间的模型内和模型外连边,然后向工作节点 2 请求借用其更新过的上一隐藏层中右半边两个神经元的误差值,通过后向传播得到下一隐藏层中左半边两个神经元的误差值,更新上下隐藏层之间的内部和对外连边。最后,反向更新输入层和下一隐藏层之间的连边。工作节点 2 也做对等的操作。

层间模型并行,例如流水并行是层间模型并行的一种扩展,主要是当层数过多时按层切分,把模型不同的层放到不同的设备上。相应地,不同层之间会存在依赖关系,需要通信传输相关数据。层间模型并行如图 11.9 所示。

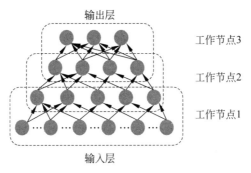

图 11.9 层间模型并行

工作节点 1 存储输入层和下一隐藏层的相关信息并更新这两层之间连边上的模型参数。存储的信息包括输入层样本各维度的取值、两层之间连边的权重、下一隐藏层中各隐藏节点的激活函数值和后向传播所需要的误差传播值。工作节点 2 存储两个隐藏层之间的相关信息并更新隐藏层之间连边上的模型参数。存储的信息包括两层之间连边的权重、两个隐藏层内隐藏节点的激活函数值和误差传播值。工作节点 3 存储上一隐藏层和输出层之间的相关信息并更新这两层之间连边上的模型参数。存储的信息包括上一隐藏层中隐藏节点的激活函数值和误差传播值、两层之间的连边权重、输出层的 Softmax 值和误差传播值。

前向传播过程中,工作节点 2 要借用工作节点 1 更新过的下一隐藏层的激活函数值来更新上一隐藏层的激活函数值。此后,工作节点 3 要借用工作节点 2 更新过的上一隐藏层的激活函数值来更新输出 Softmax 值。后向传播过程中,工作节点 2 要借用工作节点 3 更新过的上一隐藏层的误差传播值来更新隐藏层之间的连边权重和下一隐藏层的误差传播值。此后,工作节点 1 要借用工作节点 2 更新过的上一隐藏层的误差传播值来更新输入层和下一隐藏层之间的连边权重。

随着并行技术的发展,人们更倾向于更细粒度的并行描述来代替层内模型并行和层间模型并行的概念,于是产生了张量并行和流水并行,分别对应之前的层内模型并行和层间模型并行。张量并行与流水并行如图 11.10 所示。下面将介绍这两种并行方法。

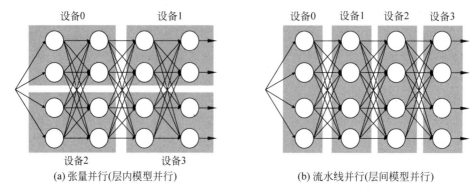

(a) 张量并行(层内模型并行) (b) 流水线并行(层间模型并行)

图 11.10 张量并行与流水并行

1. 张量并行

张量并行对应层内分割,把某一个层做切分,放置到不同设备上。也可以理解为把矩阵运算分配到不同的设备上,如把某个矩阵乘法切分成多个矩阵乘法放到不同的设备上。张量并行的原理是对线性层进行计算,然后把结果合并,对非线性层则不做额外设计。

张量切分方式一般可以分为按行切分、按列切分、复制。不同的切分方式会影响前后的输入和输出。X 的 3 种张量切分方式如图 11.11 所示。

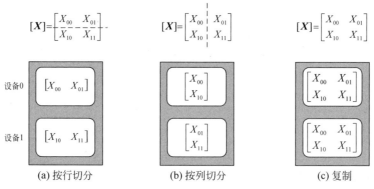

(a) 按行切分 (b) 按列切分 (c) 复制

图 11.11 张量切分方式

下面以 MatMul 矩阵乘算子为例介绍按行切分、按列切分。按列切分过程如图 11.12 所示,X 作为输入,A 作为算子权重。第一种方式是 A 按照列进行切分,得到 $[A_1, A_2]$,与 X 相乘之后得到结果 $[Y_1, Y_2]$,经过全聚合通信之后得到最终的结果。

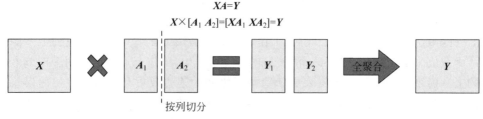

图 11.12 按列切分过程

按行切分过程如图 11.13 所示,由于矩阵乘的性质,X 必须按照列进行切分,得到结果 Y_1、Y_2。由于 Y 这个结果是在不同的设备上加和的,所以之后要进行全归约通信才能得到最终的结果。

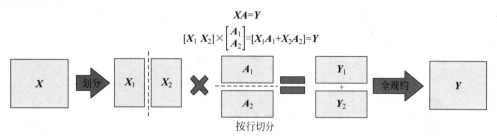

图 11.13　按行切分过程

以上是简单的张量切分示例,实际中大模型的并行切分更加复杂。如今的大模型大部分都是由 Transformer 结构组合而成,Transformer 模型的体系结构如图 11.14 所示。接下来以 Transformer 模型切分为例,详细介绍如何在一个模型上进行张量并行。Transformer 模型主要由输入嵌入层、前馈层和多头注意力层组成,接下来讲述如何针对这三部分和损失函数进行并行切分。

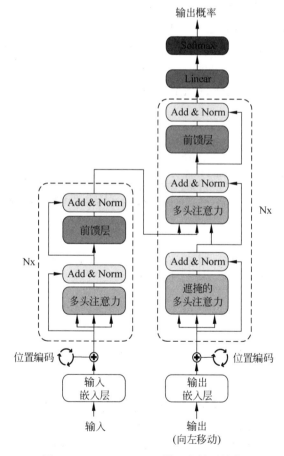

图 11.14　Transformer 模型的体系结构

前馈层的多层感知器张量并行过程如图 11.15 所示,对算子权重 A 进行按列切分,由于要计算矩阵乘,所以对 X 也要进行相应的复制之后再进行计算;计算出的结果 XA_1、

XA_2，经过激活函数 GeLU 之后得到 Y_1、Y_2，由于 Y_1、Y_2 是按列切分的，所以再传到后面与 B 进行计算时，要对 B 进行按行切分计算；计算出结果 Z_1、Z_2 后要经过全归约通信再进行 Dropout 得出最终的结果 Z。

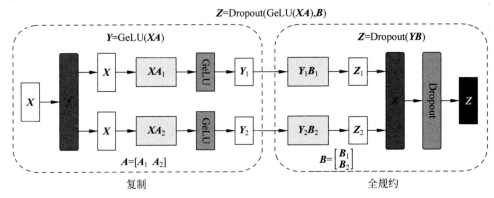

图 11.15　前馈层的多层感知器张量并行过程

Transformer 中第二个重要的便是自注意力机制，主要是由 Q、K、V 进行矩阵乘，Q、K 先进行矩阵乘再进行 Softmax 和 Dropout，之后与 V 进行矩阵乘。自注意力张量并行如图 11.16 所示，Q、K、V 按列切分为 $[Q_1\ Q_2]$、$[K_1\ K_2]$、$[V_1\ V_2]$，计算结果为 Y_1、Y_2，之后分别与 B_1、B_2 相乘得到 Z_1、Z_2，经过全归约通信之后再进行 Dropout 得出最终的结果 Z。其中需要对 GeLU(XA) 的 Y_1、Y_2 继续进行计算，因此对 B 按行切分为 B_1、B_2。

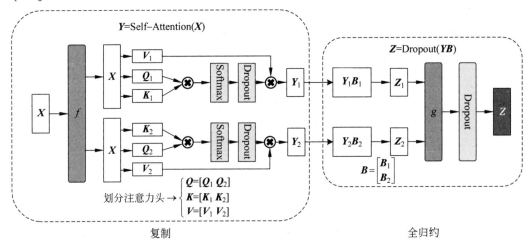

图 11.16　自注意力张量并行

Transformer 模型一开始主要应用于自然语言处理领域，如机器翻译，文本分类等。而自然语言处理中的输入通常通过嵌入层进行处理，这一层主要用于将词汇映射为固定长度的向量表示，从而将文本数据转换为适合机器学习模型处理的形式。以 GPT-2 为例，词汇量是 5 万左右，加上隐藏层，嵌入层规模巨大。这时需要按列切分，也就是按词表进行切分，嵌入层张量并行过程如图 11.17 所示。把单词分成 E_1、E_2 两部分，放在不同的设备上计算出结果 Y_1、Y_2，再进行全聚合得到结果 Y。

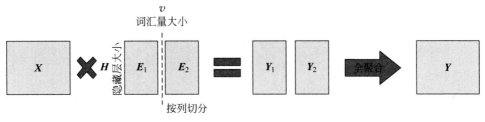

图 11.17 嵌入层张量并行过程

2. 流水并行

流水并行主要针对层与层之间的并行,其中将模型划分的部分称为阶段,阶段划分如图 11.18 所示。将模型划分为 4 个阶段,每个阶段的模型参数分别存储在对应的设备中。

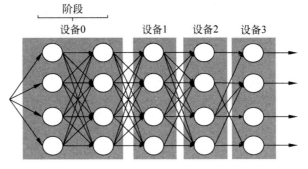

图 11.18 阶段划分

阶段划分完成后就形成了传统流水并行,如图 11.19 所示。图中 F、B、U 分别代表前向传播、反向传播和更新梯度操作,设备 0 执行第一阶段的各种操作,设备 3 执行第四阶段的各种操作。由于模型执行的顺序依赖性,数据一次只能在一个设备上运行,从而导致大量的空闲时间,即气泡。

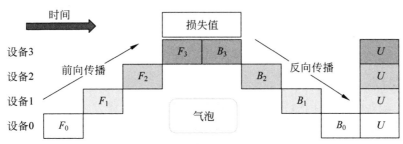

图 11.19 传统流水并行

由图 11.19 可以看出,气泡时间过大,使得设备空闲时间较长。为了更好地使用流水并行,目前提出了一些优化方法来减少气泡时间,其中具有代表性的是微批法和 1F1B(one forward pass followed by one backward pass)。

微批法是将训练的原批量划分成多个更小的微批,然后采用流水方式训练,微批法流水并行如图 11.20 所示。与图 11.19 所示传统流水并行相比,该方法输入的批量被划分为四个微批,这些微批的引入可以实现设备的并行处理,提升设备利用率与可扩展性,极大地减少了气泡时间。

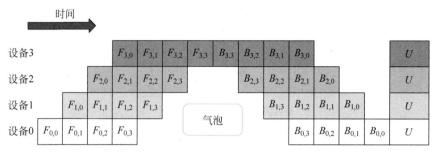

图 11.20　微批法流水并行

但微批法在实际使用时存在一些问题,由于模型划分的各个阶段是不均衡的,各个阶段的计算与通信往往有很大的差异,不完善的划分可能会导致负载不均衡现象。缓存激活造成显存占用过多,虽然使用了重计算技术,仅仅存储阶段划分处的激活,但采用了微批法,就需要缓存微批数量的激活,因此还需要占用较多的显存。

针对微批法出现的上述问题,1F1B 策略给出了解决方法,即一个小批次在完成前向传播后,直接开始反向传播。让其他阶段尽可能早地开始反向传播。这种策略缩短了每份激活缓存的时间,从而进一步节省显存,可以训练更大的模型,同时也减少了空闲时间的开销。1F1B 策略示意如图 11.21 所示。

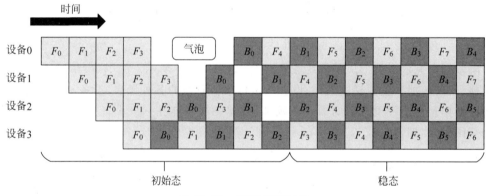

图 11.21　1F1B 策略示意

将训练的过程分为两部分:初始态和稳态。初始态时和微批法一样,划分成小批量执行,不同的是执行完前向计算后马上执行反向计算,通过这种方式使得在稳态的时候几乎没有空闲时间。实际上,1F1B 策略就是把一个批量的同步变为众多小批量的异步,计算完一个小批量立刻反向,一个小批量的反向结束之后就更新对应模型的梯度,以此来减少内存与空闲时间的开销。

在 1F1B 策略的基础上,后续提出交错的 1F1B 调度,进一步节省空闲时间的开销,这两种方法都是将一段连续的层切分成一个阶段,放置在一个设备中。而交错的 1F1B 调度是将层切分成更小的阶段交错地存储在设备中。例如,假设每个设备有 4 层,设备 1 存储 1~4 层,设备 2 存储 5~8 层,以此类推。但是通过交错的 1F1B 调度,每个设备也有四层,设备 1 存储 1、2、9、10 层,设备 2 存储 3、4、11、12 层,以此类推。

通过将层切分成更小的阶段,每个流水阶段的计算量都更少,但这种新的调度必须满足一个条件,即一个批次中的小批次数量必须是流水设备数量的整数倍。切分为更小阶段

执行的方式减少了空闲时间,但由于每个阶段间都存在依赖关系,增加了通信开销。交错
的1F1B调度过程如图11.22所示,其中每个设备都被分配了多个阶段,本图中为两个阶
段。每个批次前向传播中出现的第一个数字显示在第一个阶段执行,第二个相同的数字显
示在第二个阶段执行。其中每个小批次反向传播是前向传播花费时间的两倍,原因是使用
了重计算技术,重新计算前向传播过程中的激活值,以减少显存的占用。

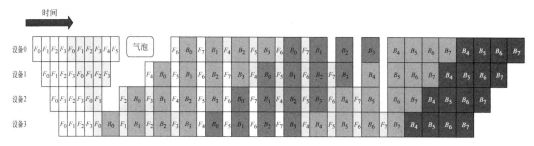

图 11.22　交错的 1F1B 调度过程

总之,流水并行需要在多个设备之间流水执行对应的任务,从而在整体上呈现并行,尽
可能地充分利用集群中的设备,在提高设备利用率的同时减少模型训练的时间。

11.1.3　序列并行划分

由于 Transformer 类模型自注意力部分序列长度和内存消耗成平方关系,张量并行和
流水并行两种并行划分方法并不能提供高效且稳定的训练支持。为了在保持较高训练效
率的同时减少对内存的需求,开发人员引入序列并行。

传统序列并行主要聚焦 Transformer 结构的自注意力和多层感知器两部分,通过将序
列切分到多个计算设备,从而解决长序列问题。在自注意力部分,传统序列并行的划分如
图 11.23 所示,将一条语句按照序列长度进行划分并分配到不同的设备上。

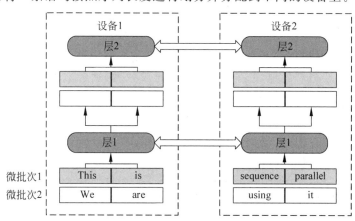

图 11.23　传统序列并行

通过这样的序列划分,可以打破模型训练中输入序列的长度限制。但是为了计算自注
意力的输出,环自注意力将环状通信和自注意力计算相结合,以确定自注意力中 Key 值的
环自注意力。如图 11.24 所示,每个设备分别计算 Key 值的一部分,最后通过环状通信进
行聚合,确定输出值。

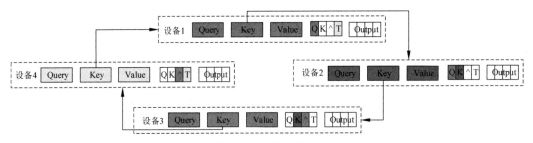

图 11.24　环状通信

另外，也有开发人员采用相同的思路，将序列并行的概念深入应用到 Transformer 架构的各个层次。特别是在 LayerNorm 和 Dropout 操作中，通过在序列维度上进行切分，实现了计算任务的并行处理，细粒度序列并行如图 11.25 所示。这种方法允许每个计算设备只处理输入序列的一部分，并独立执行 Dropout 和 LayerNorm 操作，从而在保持并行计算的同时分散了由计算操作产生的内存消耗。不仅如此，与张量并行的结合能够有效弥补自注意力和多层感知机模块中输入部分未被划分的缺陷，从而在不增加通信开销的基础上实现高效的并行训练并减少内存消耗。

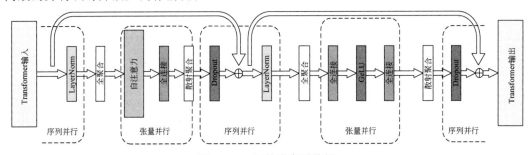

图 11.25　细粒度序列并行

11.1.4　混合并行划分

混合并行，简单的理解就是将多种并行划分方法进行混合，从而达到一个更好的训练效果。最早提出这个概念的原因是卷积层数据比参数大，适合数据并行，全连接层参数比数据大，适合模型并行，所以就形成了混合并行，如图 11.26 所示。

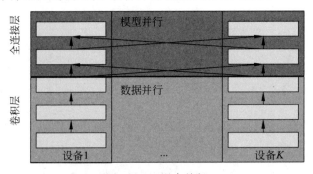

图 11.26　混合并行

三维混合并行即数据并行、流水并行、张量并行。以 GPT-3 这个超大模型为例，其训练时的设备并行方案如下：首先被分为 64 个阶段，进行流水并行，每个阶段都运行在 6 台

A100 主机上；6 台主机之间进行数据并行训练，每台主机有 8 个 GPU 显卡，同一台机器上的 8 个 GPU 显卡之间进行张量并行训练。三维混合并行如图 11.27 所示。

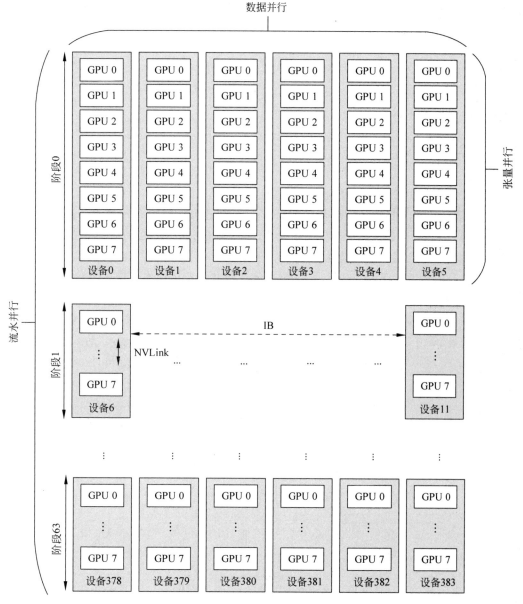

图 11.27　三维混合并行

　　三维混合并行利用跨多 GPU 服务器的流水并行、多 GPU 服务器内的张量并行和数据并行的组合，在优化的集群环境中，通过同一服务器上和跨服务器的 GPU 之间的高带宽链路，以优秀的扩展性实现万亿参数模型的训练。为了进一步提高内存使用效率，开发人员在三维混合并行的基础上加入序列并行实现四维并行，只要序列长度可以被序列并行度的数值整除，就可以实现对超长序列模型的混合训练。

　　虽然在手动划分方面已经取得了极大的进展，但是其中仍然存在一些问题。一是数据并行存在内存冗余的情况，虽然 DeepSpeed 在一定程度上解决了一些问题，但是对于超大模型(例如 GPT-4),只进行数据并行不能实现整个模型的训练,需要模型并行的混合。二是引用 DeepSpeed、Megatron 等类型的并行框架可以实现对模型的划分,但是只是固定划分,扩展性不够,不能根据模型的不同产生不同的划分策略。如果希望达到最优的训练效果,就需要专业人员针对特定模型手动划分,提高了开发人员的门槛,同时需要开发人员掌握大量的体系结构等知识。

针对以上手动划分的两个问题,开发人员寻求使用自动并行,让深度学习编译器能够根据不同的网络模型、不同的设备集群给出相应的划分策略,提高训练效率。11.2 节将对自动并行进行详细介绍。

11.2 并行策略

自动并行实现的关键是自动选择一个合适的并行策略。并行策略是指定并行划分方法,将模型进行划分的同时分配到对应设备。如果通过人工实现并行策略的选择,其一是需要大量的系统知识,要熟练掌握与网络模型、并行划分、通信等相关的知识;其二是人工不能从大量的并行策略中找到最优解。

自动并行的框架如图 11.28 所示,主要以计算图和设备拓扑作为输入,经过并行策略描述的搜索空间,依照代价模型的结果,根据搜索算法实现计算图中并行策略的优选。最终实现给定输入就能够对一个模型自动地切分并分配到设备集群,以最短的时间完成模型的训练,达到最优的并行效果。其中,搜索空间对并行策略进行整体描述,代价模型作为选择的评估标准,搜索算法执行最后的策略搜索。接下来将分别对搜索空间、代价模型和搜索算法进行详细介绍。

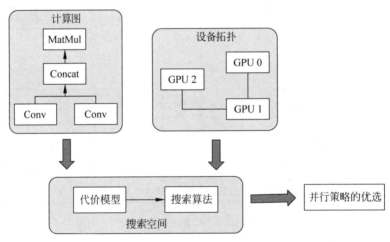

图 11.28 自动并行的框架

11.2.1 搜索空间

搜索空间的建立是为了对输入的计算图的并行策略进行完整的描述,以便在其中进行对比、选择。在构建搜索空间的过程中,最开始是在网络模型层这个维度进行划分。例如,在全连接层对样本数据或模型参数进行划分,另外在 2D 卷积层中除了样本数据、模型参数,还可以对样本细粒度的属性、高度或宽度进行划分。但是随着张量并行的提出,搜索空间的建立就细化到张量这个维度,主要通过对张量划分的描述来构建。OneFlow 中的 SBP 就是对张量进行划分、广播、部分和,如图 11.29 所示。

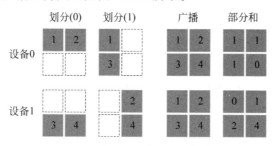

图 11.29　SBP 张量划分

划分表示物理上的张量是由逻辑上的张量切分后得到的,其中包含一个参数,表示被切分的维度。例如,Split(0) 就是按行进行划分,Split(1) 就是按列进行划分。

广播表示物理上的张量是对逻辑上张量的复制,两者完全相同。

部分和表示物理上的张量与逻辑上张量的形状相同,但每个对应位置上元素的值是逻辑张量对应位置元素的值的一部分。如果把所有物理上的张量按照对应位置相加,也就是在两个(设备设备 0、设备 1)上全归约即可得出逻辑上的张量。

在具体的使用中,根据 N 维集群设备呈现的拓扑结构,配置一个 N 维 SBP,其中 N 维 SBP 指定不同维度上的切分方式。比如 2-D SBP 就可以表示一共有双机 8 卡,将 8 个设备抽象表示成一个 2×4 的矩阵,相对应的 2-D SBP 也可以如同普通 SBP 一样进行设置:[Broadcast,Split(0)],如图 11.30 所示。

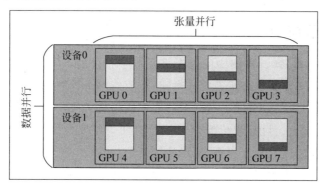

图 11.30　SBP 张量分配过程

在第一个维度上进行广播,表示 GPU 0 和 GPU 4、GPU 1 和 GPU 5、GPU 2 和 GPU 6、GPU 3 和 GPU 7 两两之间做数据并行,第二个维度上的 Split(0) 表示 GPU 0、GPU 1、GPU 2、GPU 3 与 GPU 4、GPU 5、GPU 6、GPU 7 做模型并行。

张量完成上述切分后,回归到整个计算图里,需要对计算图中所有算子需求的张量都进行同样的并行描述。但是由于每个张量的切分方式不同,在上一个算子产生的张量数据传递到下一个算子的时候需要进行一定的变换才能使用。权重不切分张量重排过程如图 11.31 所示,有两个连续的矩阵乘,首先计算 XA 得到结果 Y,再计算 YB 得到结果 Z。第一个矩阵乘中,作为输入的 X 被切分成 4 部分,可以表示为 $[X_1, X_2, X_3, X_4]$,而权重 A 不进行切分,矩阵乘得到的结果为$[Y_1,Y_2,Y_3,Y_4]$。第二个矩阵乘需要完整的 Y 作为输入,因此需要对 4 个设备上的结果进行一次全聚合,对张量进行聚合得到一个完整张量 Y 再进行矩阵乘。中间的这个过程就叫作张量重排。

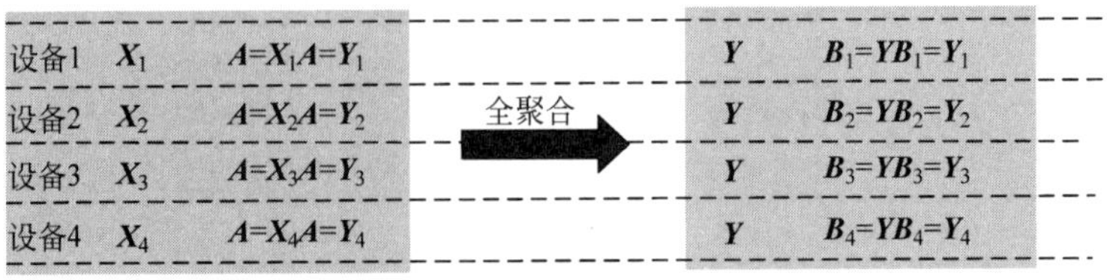

图 11.31　权重不切分张量重排过程

同理,如果对权重矩阵 A 进行列切分,X 对应需要与行切分相乘得到的结果$[Y_{00},Y_{01},Y_{10},Y_{11}]$在传给下一个矩阵乘时不需要进行全聚合通信了,而是直接与矩阵 B 进行矩阵乘再进行全归约通信得到最终结果,这也是张量重排的一种方式,如图 11.32 所示。

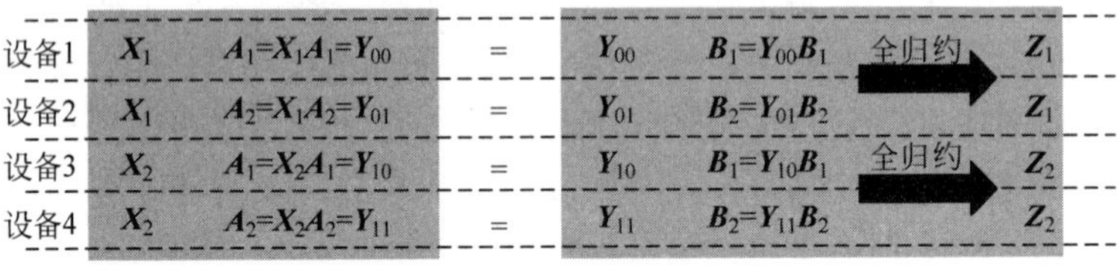

图 11.32　权重列切分张量重排过程

总之,搜索空间就是提供一个描述信息,具体到每层或每个张量如何进行划分,并且如何表示出来。通过由这样的描述形成的搜索空间,深度学习编译器才能进行不同策略的对比,最终选择一个较优的并行策略进行训练。

11.2.2　代价模型

搜索空间构建完成后,计算图中的每个算子由于张量的不同划分会产生不同的代价,其中本节所讲的代价主要指训练所需执行时间,需要对整个计算图不同划分组合的代价进行比较。比较的前提是有一个标准,在这个过程中使用代价模型定量评估不同并行化策略的运行时所需要的代价。目前,代价模型以执行时间为主要代价,同时会参考内存等其他影响因素。首先以层维度的划分为例,构建代价模型。

(1) 对于每个层 l_i 及其并行化配置 c_i,$t_c(l_i,c_i)$是在配置 c_i 下处理层 l_i 的时间。这包括前向传播时间和反向传播时间,并通过在设备上多次处理该配置下的层和测量平均执行时间来估计。

(2) 对于每个张量 $e=(l_i,l_j)$,$t_x(e,c_i,c_j)$估计将输入张量传输到目标设备的时间,使用要移动的数据的大小和已知的通信带宽。

(3) 对于每一层 l_i 及其并行化配置 c_i,$t_s(l_i,c_i)$是反向传播后同步 l_i 层参数的时间。为了完成参数同步,每个持有层 l_i 参数副本的设备将其本地梯度传输到存储层 l_i 最新参数的参数服务器上。参数服务器接收到 l_i 层的渐变后,对参数应用渐变,并将更新后的参数传输回设备。在这个过程中,通信时间比更新参数的执行时间要长得多,因此用通信时间来近似参数同步时间。执行时间代价为

$$t_o(G,D,S) = \sum_{l_i \in G} \{t_c(l_i,c_i) + t_s(l_i,c_i)\} + \sum_{e=(l_i,l_j) \in G} t_x(e,c_i,c_j) \qquad (11.1)$$

$t_o(G,D,S)$ 估计并行化策略 S 的每一步执行时间,其中包括前向处理、反向传播和参数同步。最终以 t_o 为基准来指定在计算图 G 和设备拓扑 D 的情况下选择一个最优的并行策略 S。

随着并行粒度逐渐细化,并行策略从层的划分转变到张量的划分,代价模型的描述也需要细粒度化。其中代价模型分为算子代价模型和边代价模型,算子代价主要是每个算子进行划分时所需的时间,边代价主要是算子间通信需要的代价。

并行化策略 S 包含计算图 G 中每个算子 o_i 的并行化配置 s_i^k,$t_c(o_i,s_i^k)$ 是执行由算子 o_i 定义的计算所花费的时间,$t_s(o_i,s_i^k)$ 是同步与 o_i 相关的张量所花费的时间,如用于数据并行中的模型参数更新。每个算子的时间代价为

$$t(o_i,s_i^k) = t_c(o_i,s_i^k) + t_s(o_i,s_i^k) \qquad (11.2)$$

除了要考虑以计算和通信为代表的时间代价,还需要对内存代价进行一定的约束。可以根据时间和内存代价建立成本边界,通过成本边界选择侧重的方面进而选择并行策略,并且在选择并行策略时考虑内存带来的影响,使得策略的选择更加接近实际运行。内存代价模型为

$$m(o_i,s_i^k) = m_p(o_i,s_i^k) + m_t(o_i,s_i^k) \qquad (11.3)$$

其中,$m_p(o_i,s_i^k)$ 是存储(划分的)模型参数所需内存,$m_t(o_i,s_i^k)$ 是存储临时张量(例如用于反向传播的张量)的内存。其中,$m_p(o_i,s_i^k)$ 和 $m_t(o_i,s_i^k)$ 可以从 G 中的 o_i 规范和并行化配置 s_i^k 中推导出来,而 $t_c(o_i,s_i^k)$ 和 $t_s(o_i,s_i^k)$ 则是在并行化配置下多次运行算子来测量的。以上两个代价模型汇总统称算子代价。

对于边 e_{ij},定义其内存代价和时间代价$(m(e_{ij},s_i^k,s_j^p),t(e_{ij},s_i^k,s_j^p))$为

$$\begin{aligned} m(e_{ij},s_i^k,s_j^p) &= 0 \\ t(e_{ij},s_i^k,s_j^p) &= t_x(e_{ij},s_i^k,s_j^p) \end{aligned} \qquad (11.4)$$

其中,$t_x(e_{ij},s_i^k,s_j^p)$ 是在算子 o_i 和算子 o_j 之间传递张量所需的时间,这取决于 o_i 和 o_j 的并行化配置,即 s_i^k 和 s_j^p。

除了通信和计算的时间代价,张量重排也是一件很复杂的工程,需要了解多种不同的排列方式然后为系统找到一种最优方式。选择这个方式的时候同样需要进行代价的描述,不同的重排方式拥有不同的通信代价。以 OneFlow 里面的张量重排为例,张量从一种状态转换为另一种状态的过程中需要消耗的代价如表 11.1 所示,其中 B 代表张量传播(broadcast),S 代表张量划分(split),P 代表张量的部分和(partial sum)。在张量 $B \rightarrow S$ 的转换中,因为设备的输出张量可以直接从位于本设备的输入张量中获得,因此消耗代价为 0,而不位于同一设备时则会产生 $|T|$ 的代价,即设备之间传输的通信代价。同样,在从 $P \rightarrow S$ 的转换中,由于输出张量和所需的输入张量的状态不同,所以要在当前设备上进行归约-散射通信来获得所需的张量状态,代价为$(p_1-1)|T|$(其中 p_1 代表 SBP_1 的设备数量),而在不同的设备上进行通信的代价则为 $p_1|T|$。

表 11.1　SBP 张量变换代价

SBP1→SBP2	Cost(same)	Cost(disjoint)
$B{\rightarrow}S$	0	$\lvert T\rvert$
$P{\rightarrow}S$	$(p_1-1)\lvert T\rvert$	$p_1\lvert T\rvert$
$P{\rightarrow}P$	0	$p_1\lvert T\rvert$
$S{\rightarrow}P$	0	$\lvert T\rvert$
$S_i{\rightarrow}S_j\,(i\neq j)$	$(p_1-1)\lvert T\rvert/p_1$	$\lvert T\rvert$

11.2.3　搜索算法

使用代价模型评估并行策略所需的消耗后,需要采用一些搜索算法根据搜索空间和代价模型找出最优的并行策略。最优策略搜索是个 NP 问题,因此根据搜索空间和代价模型建立一个高效的搜索算法非常重要。如今的搜索算法主要分为两类,一类是基于图论算法,另一类是基于机器学习算法。接下来从这两方面详细介绍搜索算法。

1. 基于图论算法

基于图论算法的搜索主要依靠动态规划和图搜索的方法来求解最优并行策略。随着模型的不断增大,计算图也变得非常复杂,彼此之间存在大量的依赖关系,因此在确定搜索算法前对计算图进行简化就可以使算法的效率更高。

对于计算图的简化比较有代表性的就是消除,主要根据计算图中算子和边的关系来进行简化,一般分为节点消除、边消除、分支消除、启发式消除 4 种类型。计算图简化过程如图 11.33 所示。前三种类型保持了精确的代价边界,而启发式消除法在只有很小的精度损失的情况下显著降低了复杂性。

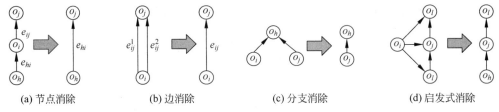

(a) 节点消除　　(b) 边消除　　(c) 分支消除　　(d) 启发式消除

图 11.33　计算图简化过程

(1) 节点消除。针对某一算子只有一个输入算子和一个输出算子时进行节点消除。如图 11.33(a)所示,节点消除时,e_{hi}、o_i 和 e_{ij} 被一条边 e_{hj} 取代。在算子 o_h 和 o_j 并行化配置的每种组合下,o_i 通过将其算子代价与边 e_{hi} 和边 e_{ij} 上的算子代价相加来消除。

(2) 边消除。当有多条边连接同一对算子时进行边缘消除。将边表示为 $(e_{ij}^1, e_{ij}^2, \cdots, e_{ij}^V)$,将这些边合并为一条边 e_{ij},如图 11.33(b)所示。在上游算子 o_i 和下游算子 o_j 相同的并行化配置下,将合并边的代价相加进行边消除。

(3) 分支消除。当一个算子有多个输入算子,且这些算子不能通过节点消除或边消除时,进行分支消除。如图 11.33(c)所示,算子 o_h 接收算子 o_i 和 o_j 的输入,由于 o_i 和 o_j 之间没有边相连,因此不能消除。分支消除通过将 o_i 或 o_j 合并到 o_h 中来消除。

(4) 启发式消除。在前面介绍的三种消除方法都不适用的情况下进行启发式消除。例如,一些网络模型中 Transformer 层都使用注意掩码,因此不能消除。如图 11.33 (d)所示,其中计算图不能用其他类型的消除来简化,在这种情况下,启发式消除只是决定了算子 o_i

的并行化配置,并删除了 o_i 及其所有出边。

2. 基于机器学习算法

基于机器学习算法的搜索通过抽取深度学习模型和集群特征,利用机器学习建模来指导并行策略的搜索。如今比较有代表性的是利用强化学习进行搜索的策略,使用强化学习训练一个代理,使其能够执行搜索操作并通过与环境的交互学习最佳的搜索策略。

在强化学习过程中需要设定代价模型作为一个奖励信号,比如当搜索出一个并行策略并执行后,以该策略的执行时间作为一个奖励信号来指导代理的搜索。

具有代表性的机器学习搜索算法的特征主要有以下3个。

(1)面向异构计算设备。使用基于强化学习的长短期记忆(LSTM)模型预测模型的每一层对应的设备类型,设备类型不同,其处理模型的速度及吞吐量表现就不同。基于已有的设备类型和异构计算资源,生成的调度计划具有更高的吞吐量,从而使异构计算设备得到充分利用。

(2)面向粗粒度并行。在模型并行或流水并行这种比较粗粒度的并行中,大部分可以将问题建模为多阶段马尔可夫决策过程(Markov decision process,MDP),即在每个状态下,代理对行动的选取只依赖于当前的状态,与任何之前的行为都没有关系。在流水并行中,使用强化学习将模型划分为阶段,主要使用前馈神经网络预测每一层的阶段数,然后使用强化学习的序列到序列模型预测每一阶段对应的执行设备。

(3)面向细粒度并行。为了寻求更好的性能,可以选择 Tensorflow 中 XLA 生成的中间表示 IR,其中的并行计划可以实现切分算子这一更细粒度的并行方法。IR 作为计算图的表达式,符合搜索的问题定义。已存在的并行方式可以根据奖励、状态和动作指导强化学习搜索算法。例如,通过强化学习自动决策算子内、算子间并行结果,将计算图执行时间(也就是代价模型)作为奖励值来优化强化学习模型,最终实现对计算图细粒度的并行。

模型并行策略确定过程如图 11.34 所示。首先根据整个网络模型的定义转换为计算图,之后对计算图中的每一个算子进行切分策略的枚举,构成搜索空间。然后在具体策略

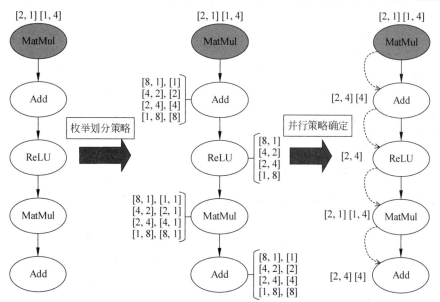

图 11.34 模型并行策略确定过程

下采用基于图论算法或基于机器学习算法搜索最优的整体代价,并确定最终的并行策略。这便是一个完整的并行策略的确定过程,划分计算图并将其分配到不同设备上,在提供训练性能的同时实现自动化。

11.3 通信优化

自动并行已经可以给定较优的并行方法,但是在大模型的训练过程中,集群里面通信的代价会比计算的代价高很多。由于如今的设备通信要比计算要慢很多,所以在网络模型划分的同时也可以采用一系列方法对通信进行优化,减少硬件之间通信带来的损耗。

11.3.1 通信优化基础

本小节将介绍构建高效并行计算所依赖的关键基础:通信架构和消息通信库。通信架构为并行系统中数据的有效流动提供了框架,而消息通信库则提供了实现这一框架所必需的接口和工具。高效的网络拓扑结构和通信协议能够优化数据传输过程,降低错误率,对确保高效、稳定的通信系统至关重要。

1. 通信架构

在并行训练中,每个计算节点之间的合作关系建立在通信基础上。以模型并行为例,不同的层被部署在不同的计算节点上,参数信息在层之间进行前向或反向传播,从而实现计算节点之间的信息交流。如何将这些计算节点组织起来是并行训练中重要的研究内容,不同的通信架构会影响训练过程中数据的传输方式,从而影响训练时间。常见的通信架构包括中心化架构和去中心化架构。

1)中心化架构

中心化架构是指在整个并行系统中使用一个主节点来协调各个工作节点的架构,例如参数服务器架构。在参数服务器框架中,系统中的所有节点被逻辑上分为工作节点和服务器节点,当只有一个服务器节点时,会采用星形拓扑结构。各个工作节点主要负责处理本地的训练任务,并通过客户端接口与参数服务器通信,从参数服务器处获取最新的模型参数,或将本地训练产生的模型发送到参数服务器。服务器节点是参数服务器架构的核心,主要接收各个工作节点发送的局部梯度或模型参数等信息,以及对这些梯度信息进行聚合并更新全局模型参数。另外,工作节点和服务器节点之间通过推送和拉取原语进行梯度与权重的传输,工作节点之间则不传输任何数据。换言之,通信只发生在工作节点和服务器节点之间,而工作节点之间是不存在直接通信的。图11.35为基于参数服务器框架的通信架构,包括4个工作节点和1个服务器节点。各个工作节点与服务器节点双向连接,箭头表示数据传递方向。然而,工作节点之间并无直连。在该架构中,各个工作节点均可使用服务器节点提供的参数独立地开展训练任务。

参数服务器架构针对机器学习任务进行了优化,使用异步通信减少网络流量和开销。另外,参数服务器架构不仅支持稠密参数更新,还支持稀疏参数更新。稀疏参数更新目前被广泛应用于自然语言处理和推荐系统等领域,仅通过少量的代码实现,参数服务器架构就可以实现稀疏参数更新。中心化架构训练系统的瓶颈主要体现为服务器节点的通信拥塞,这是因为当服务器节点数量较少时,各个工作节点均与服务器节点进行通信,大量工作

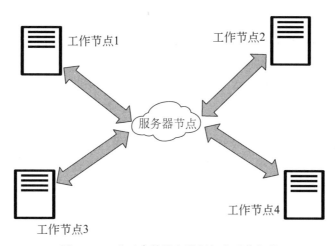

图 11.35　基于参数服务器框架的通信架构

节点会占用过多的通信带宽导致拥塞。

2）去中心化架构

为了解决参数服务器负载不均衡的问题，去中心化架构应运而生。在去中心化架构中，没有服务器节点的概念，每个工作节点都是平等的，都完成相同的工作。点对点架构是一种去中心化架构，其中每个节点在模型训练中都扮演相同的角色。节点之间主要通过全归约进行通信同步，从而保证模型参数的一致性。

全归约并不是一种架构，而是一种聚合通信原语。聚合通信的概念起源于高性能计算领域的消息传递接口 MPI，由于它能够高效地实现多个进程之间的通信，因此被广泛地应用于流体力学模拟和天气预报等大规模数值计算任务中。常见的聚合通信原语包括归约-散射、全归约和全聚合等，而在自动并行中应用最为广泛的是全归约原语。全归约操作包括归约-散射步骤及全聚合步骤，并支持所有符合归约规则的运算，如求和、求最大值、求平均值和求最小值等。图 11.36 为全归约实现图，在归约-散射步骤中，首先根据工作节点的数量将梯度及参数等信息分割成若干大小相同的数据块。然后，各个工作节点将各自的数据块发送给其他工作节点，同时接收其他工作节点发来的数据块，并将数据块进行相加操作。在全聚合步骤中，各个工作节点替换并发送完整的数据块至其他工作节点。

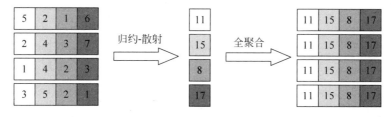

图 11.36　全归约实现图

与参数服务器架构相比，全归约架构放弃了中心参数服务器节点，实现了去中心化，避免了工作节点与服务器节点之间的通信阻塞问题。然而，全归约架构也存在两个不足之处。一是缺乏中心服务器节点的全局统一调度与管理，在全归约架构中，需要引入大量的工作节点间的协调策略完成任务分配和参数更新等操作，这会增加通信开销并带来挑战；二是全归约架构不支持异步通信，由于全归约架构要求等待所有工作节点完成并汇集梯度信息后才能进行参数更新,因此限制了训练系统在信息同步方面的灵活性。

去中心化架构中最出名的是基于环状拓扑的全归约架构。图 11.37 为环状全归约通信图,环状全归约将所有工作节点组织成一个虚拟的环状结构,每个工作节点只与环上的前后节点通信,将本地计算结果发送给后继节点,并接收前驱节点的计算结果。图 11.38 和图 11.39 分别为环状全归约的通信过程和通信结果,每个节点上的数据被均匀切分为块,然后通过归约-散射和全聚合两个阶段的操作完成全局归约。每个节点收到前驱节点的结果后,将其与本地结果聚合,再发送给后继节点。这样,通过节点间的多次聚合,最终可以得到所有节点结果的聚合值。与其他实现方式相比,环状全归约最大限度地利用了网络带宽,节点只需要与固定的前后节点通信。而且,通过多次局部聚合可以减少单次传输的数据量,从而提高通信效率,这是环状全归约成为全归约最常用实现方式的原因。

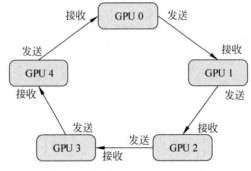

图 11.37　环状全归约通信图

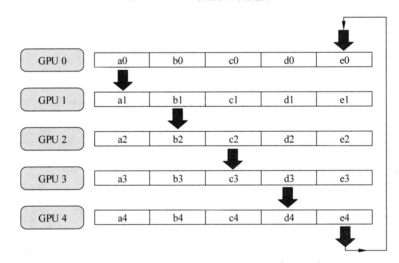

图 11.38　环状全归约通信过程

2. 消息通信库

在自动并行的设计与实现中,一个核心问题是如何有效地利用消息通信库,使得工作节点间的数据同步既快速又准确。这意味着自动并行不仅需要理解计算任务的分布式特性,还要深入通信层面,自动选择最适合当前并行策略和硬件配置的通信方案。这种自动化不仅能显著简化并行应用的开发流程,也为进一步提升运行时效率创造了新的可能。

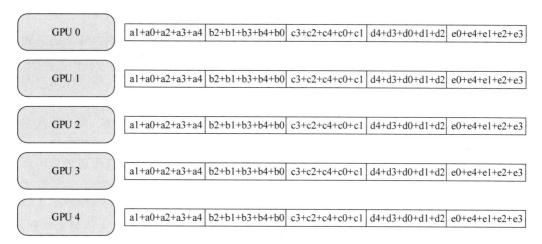

图 11.39 环状全归约通信结果

消息通信库提供了节点之间高效、可靠的消息传递机制,是实现各种通信架构的基础。在去中心化架构中,常用的是基于 Socket 的点对点通信,例如在 PyTorch 中选择 gRPC 作为去中心化架构下的底层通信操作。gRPC 是一种高性能、开源的远程过程调用框架,它通过 Protocol Buffers 实现节点间的消息传输,并使用 HTTP/2 作为底层的传输协议,从而极大地提高消息的传输效率。在中心化架构中,关于全归约的优化实现比较多,例如 MPI、NCCL 和 Gloo 等。NCCL 是 NVIDIA 开发的 GPU 通信库,运行于同构 GPU 集群上,提供了高效的集合通信原语实现。它可以显著降低 GPU 集群上的通信开销,加速全归约架构的训练。Gloo 同样是一个针对自动并行框架设计的通用通信库,它是一个框架无关的通信中间件,支持 CPU 和 GPU,可以无缝集成到不同的深度学习框架中,实现高效的全归约操作。与 NCCL 相比,Gloo 的通信效率略低。

11.3.2 通信优化策略

实施通信优化、降低通信开销一直是自动并行过程中的热点和难点,也是提升自动并行通信效率的关键因素之一。通信优化的关注点在于如何更高效地组织和管理通信流量,从而减少不必要的通信开销并提高通信效率,这涉及对通信流量的精确控制,以确保通信过程的高效和顺畅。此外,考虑到计算与通信可能的重叠,可以通过采用合理的调度策略在两者之间找到平衡点,利用计算过程中的空闲时间进行数据传输,从而减轻网络压力并提升整体性能。目前常见的通信优化技术如图 11.40 所示,本小节将进行详细描述。

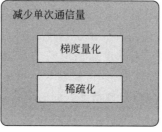
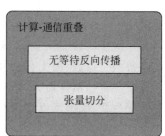

图 11.40 目前常见的通信优化技术

1. 降低通信频次

通信频次越高,机器之间交换的数据量也就越大,导致通信开销越大。降低通信频次可以减少不必要的通信,直接减小通信流量,从而减轻通信负载,降低通信开销。实际中,主要从两方面降低通信频次:一是使用大批次进行训练;二是定时通信,即在一定时间间隔内执行通信操作,而不是在每个迭代步骤中都执行通信。

(1)使用大批次进行训练。神经网络的训练过程通常由多个轮次组成,每个轮次都意味着完整地遍历一次训练数据集。一个轮次包含若干次迭代,迭代次数由数据集大小和批大小共同决定。因此使用大批次进行训练的基本思想是通过增加每次迭代所处理的样本数来减少总的迭代次数。当每个工作节点能够一次性处理大量的训练数据时,则只需要少量的迭代就可以完成与传统方法相同的训练任务。以 ResNet50 模型和 ImageNet ISLVRC2012 数据集为例,ImageNet ISLVRC2012 数据集中训练集数量大约为 120 万,如果训练 240 个轮次,批大小设置为 1024,那么就需要约 281 250 次迭代才能完成训练;如果批大小设置为 2048,那么只需要 140 625 次迭代就可以完成训练。尽管随着节点数量的增加,节点之间的通信时间也会增大,但是只要保证通信时间增加的数量小于迭代次数减少的数量,就可以降低通信量,缩短训练时间。

(2)定时通信。除了增加批大小,有时候可以通过定时通信来降低通信频次。定时通信是指在一定时间间隔内执行通信操作,而不是在每个迭代步骤中都执行通信。定时通信常用的方法是局部同步随机梯度下降。局部同步随机梯度下降算法通常会采用定期梯度同步的方式来控制通信频率。具体而言,每个节点在计算一定次数的迭代后,才会将本地计算得到的梯度上传到服务器进行参数更新。这样做的好处是可以降低通信延迟和通信开销,同时保证模型的收敛效果不受影响。

需要注意的是,由于不同节点之间的计算进度可能会有所不同,因此定时通信的使用要视具体情况而定。如果通信过于频繁,那么定时通信可以有效减少通信量,降低通信开销,并且能够提高节点的计算效率。但是,如果定时的时间间隔过长,则可能导致节点之间的模型参数差异较大,从而影响模型的收敛速度和结果质量。

2. 减少单次通信量

自动并行训练中单次通信所传输的数据量非常大,主要有以下两方面的原因。一方面是深度学习模型规模庞大。现代深度学习模型包含大量的参数和神经元,这使得单次迭代需要同步的模型参数也随之变大,导致通信数据量增大。另一方面是浮点数精度高。为了最大限度地保证数值精度,获得最佳的模型质量,深度学习系统通常需要使用高精度的浮点数(如 Float 32 或 Float 64)来表示和传递关键信息,如模型参数、损失函数、梯度及各中间结果,而不是使用低精度的定点数。但这也增加了每个数值所占的空间,进而增加了数据量。

为了减少传输的数据量,研究人员提出了梯度压缩的技术,通过将浮点梯度转换为较小的整数或定点数,减少自动并行中梯度通信所需的带宽和时间。但是,梯度压缩的同时也会导致一定的精度损失,即有损压缩,这可能会对模型的训练效果和最终性能产生影响。通过优化量化算法,可以实现在保持模型精度的同时降低通信开销。

梯度压缩通常使用的方法有梯度量化、梯度稀疏化等。这些方法通过减少梯度中非零元素的比例、减少梯度值的位数或缩小梯度值的范围来实现压缩。例如,将 32 位浮点梯度量化为 8 位定点数,这可以将梯度数据量减少 1/4,但也会损失精度。稀疏方法通过将小梯度值置零来压缩,但也丢失了这些小梯度包含的信息。

(1)梯度量化。梯度量化是指使用低精度的定点数来表示和传输梯度,而不是使用常用的高精度浮点数。浮点数虽然可以高精度地表示 32b 或 64b 的大范围数值,但它们也需要更多的位来表示,以及需要更高的带宽来传输。定点数采用 8b 或 16b 来表示一个固定范围内的数字,这虽然牺牲了一定的精度但也使数据量大大减少。梯度量化的常用方法是将原本的 32b 或 64b 浮点梯度值量化为 8b 或 16b 的定点数,这可以实现 2～8 倍的数据压缩比,大幅减少梯度传输所需的网络带宽和通信数据量。虽然定点数的精度较低也会损失一定的数值信息,但如果控制得当,可以在准确率损失很小的情况下获得较大的通信效率提升,这对大规模自动并行训练至关重要。

(2)梯度稀疏化。梯度量化方法通过采用低精度的定点数表达梯度,可以将数据量压缩 1/32,但为了进一步减少自动并行训练中的通信量与训练时间,这还远远不够。因此,开发人员提出了梯度稀疏化的方法。传统的自动并行训练方法会在每次迭代中传输所有的梯度元素。然而,研究发现每次迭代中大约 99% 以上的梯度交换对模型参数的更新其实都起不到重要作用。所以,如果仅传输对模型参数更新重要的少量梯度元素,便可以大幅减少通信量与训练时间,而对模型精度影响不大。判断梯度元素重要性的方法是,如果元素值远大于 0,则它对模型参数更新的影响较大,属于重要元素。反之,如果元素值接近 0,则它对模型参数更新的影响很小,不是很重要的元素。所以,梯度稀疏化方法的关键是从完整梯度张量中选取这些重要的梯度元素,将原来的稠密更新转换为稀疏更新。在传输过程中,发送端不仅需要发送选取的重要梯度元素的值,还需要发送这些元素在梯度张量中的索引信息。因为接收端只接收了部分梯度元素,需要索引信息来确定元素在完整梯度张量中的位置,然后进行重构。

常见的梯度稀疏化方法是 Top-K,它仅保留梯度向量中绝对值最大的前 K 个元素,将其他元素设置为 0。深度梯度压缩稀疏算法对 Top-K 进行优化,其稀疏化原则是如果梯度元素的绝对值大于某个阈值,则视其为重要梯度元素。但如果只传输这些重要元素,会与损失函数的优化目标有一定差距。所以,深度梯度压缩算法会在本地累积不重要的梯度元素。只要时间足够长,累积的梯度元素值会超过阈值,然后进行梯度交换。由于深度梯度压缩算法只立即传输数值较大的梯度元素,而将较小的梯度元素本地累积,这极大地减少了每个迭代步骤梯度交换所需的通信带宽。此外,深度梯度压缩算法还采用了动量衰减和本地梯度裁剪等技术来保证模型精度。

梯度稀疏化方法可以在不损失精度的情况下大幅减小通信数据量,加速大规模自动并行训练,为训练复杂深度模型提供了新思路。但是,该方法也面临如何选择重要梯度与索引,如何高效地进行稀疏梯度重构等问题,这也是该方法发展的主要方向。

3. 计算-通信重叠

在传统的自动并行训练中,模型梯度的计算与传输基于先进先出顺序进行,即框架会先计算模型的所有层的梯度,再将梯度传输给其他节点。传统的训练流程如图 11.41 所示,L4、L3 分别表示模型的第 4 层和第 3 层,反向传播之后会进行参数同步,C4、C3、C2 和 C1 等表示针对模型某一层进行通信同步,同步完成后再进行前向传播。显然,这种串行方式会严重拖慢训练速度和减少模型的吞吐率,如何缩短反向传播和前向传播之间的延迟时间成为计算-通信重叠研究的重要问题。

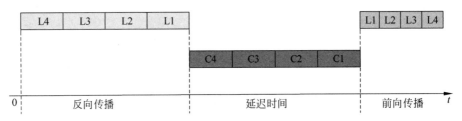

图 11.41　传统的训练流程

考虑到深度神经网络具有层次化结构,每层只依赖相邻层的参数,并且深度学习训练过程中计算操作与计算设备有关,而通信操作与网络设备有关,计算与通信两者在本质上并没有直接的冲突。因此,并行的计算与通信可以加速深度学习的训练过程,特别是对大规模模型而言,这种方法可以显著提高训练速度和吞吐率。当然,并行计算和通信的方式本身并不会减少通信的总时间,它仅仅通过隐藏计算时间的一部分来并行执行通信操作。具体来说,并行方法会利用计算设备的空闲时间进行通信。这种并行方式可以最大限度地利用计算资源与通信资源,减少它们之间的冲突,从整体上加速训练过程。

根据神经网络层次化的依赖关系,无等待反向传播利用并行流水进行计算和通信的重叠。无等待反向传播的三种情况如图 11.42 所示,具体来说,一旦某一层的梯度在反向传播中被计算出来,该层的计算结果会立即进行传输,而不必等待所有层的反向传播完成才开始传输,如图 11.42(a)和图 11.42(b)所示。然而,不同的深度学习模型的参数量不尽相同,因此不同层的计算时间和通信时间也必定不同。如果模型的某一层的通信时间远远大于

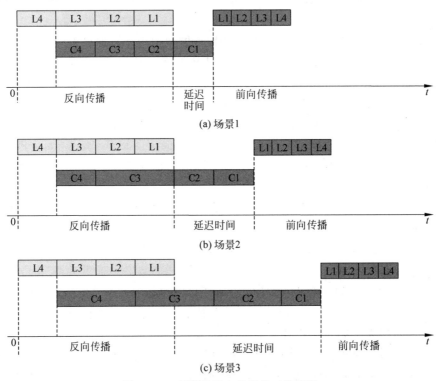

图 11.42　无等待反向传播的三种情况

其计算时间,如图 11.42(c)所示,第 4 层、第 3 层和第 2 层的通信时间较长,即便使用无等待反向传播,也无法获得较好的加速效果。

为了解决这个问题,开发人员提出了基于梯度合并的无等待反向传播。在梯度传输过程中,绝大多数的通信开销集中在通信启动时延上,因此如果可以将多个梯度融合到一起,那么启动时延就只会有一份。基于梯度合并的无等待反向传播如图 11.43 所示,将图 11.42 场景 3 的第 4 层和第 3 层进行梯度融合,C4-3 表示将第 4 层和第 3 层的梯度融合后同时进行发送的时间。与无等待反向传播相比,虽然第 4 层的梯度需要等到第 3 层计算完成后再融合发送,但是反向传播和前向传播之间的延迟时间要小于未融合的延时时间。通过合理的梯度融合可以实现较大的计算-通信重叠率,从而减少整体的训练时间。

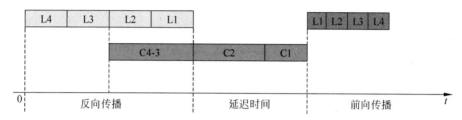

图 11.43 基于梯度合并的无等待反向传播

基于梯度合并的无等待反向传播只实现计算和通信的部分重叠,即只在反向传播中重叠通信和计算。为此,可以使用细粒度的全归约流水线方式来进一步加快训练流程,将全归约操作分解为归约-散射和全聚合两个连续子操作,使反向传播和前向传播分别与计算重叠。具体来说,在反向传播计算中,使用归约-散射同时进行通信;而在前向传播计算中,使用全聚合同时进行通信。此外,使用细粒度的全归约流水线方式可以在梯度融合过程中使用贝叶斯优化算法来动态确定梯度融合的阈值。通过以上两种方式,细粒度的全归约流水线方式能够最大限度地提高计算和通信的重叠效率,加速自动并行的训练过程。

当然,对于计算和通信重叠的问题,也可以从反向传播中参数传递的优先级出发,基于优先级的调度方式进行参数同步(priority-based parameter propagation,P3)。在神经网络训练中,可以发现通常最先被计算出来的层,在前向传播中会被最后使用,而反向传播最后计算出来的层却被前向传播最先使用。因此,在 P3 中认为越靠近输出,层数高的层的优先级要比层数低的层的优先级低。图 11.44 说明了这一情况,在基于优先级的参数同步中,当遇到层数低且优先级高的层时,将优先级低的层的传输进行阻

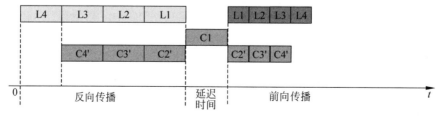

图 11.44 基于优先级的调度方式

塞,在第 1 层反向传播计算并传输完成后,再传输更高层剩余未同步的参数,这样可以缩短反向传播和前向传播之间的延迟,并且不增加网络的整体负载。为了能够阻塞优先级较低的梯度传输操作,P3 提出了张量切分的概念,将每一层的梯度按照预设的阈值切分成特定大小的块,每次只传输一小块梯度数据,一旦有优先级较高的梯度产生,就优先传输它们。与基于梯度合并的方式相比,P3 能够更好地重叠计算和通信。但是切分的块数越多,通信的启动开销就越大,如何设定一个合适的阈值是 P3 面临的问题。

第12章

模 型 推 理

训练与推理是深度学习模型生命周期中的不同阶段。训练与推理的对比如图 12.1 所示，训练是生成模型的过程，其目标是得到具备完成特定任务能力的模型。训练阶段创建模型并在训练数据上优化模型，通过数据和对应标签不断调整模型权重，使模型学习数据的模式和特征以便高精度执行特定任务。训练阶段涉及模型参数的调优，编译器主要进行性能方面的优化。推理则是应用模型的过程，其目标是利用训练好的模型高效地完成特定任务。该阶段将训练好的深度学习模型部署到生产环境中，并应用于新输入数据计算结果、预测和分类，过程中不涉及网络参数的更新。与训练相比，推理往往面临更加严苛的资源与功耗限制，并且为了服务的快速响应，对时延等方面也有一定要求。因此，除了对性能的优化，深度学习编译器的设计往往需要考虑如何减少模型资源需求，以及如何充分利用硬件资源，以提高模型可用性。本章将从模型部署、模型压缩、模型加速三方面介绍模型推理中的常见问题与解决方案。

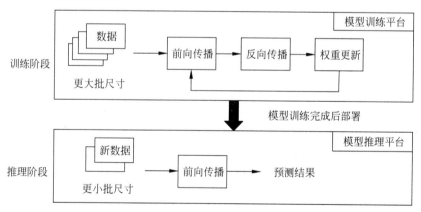

图 12.1　训练与推理的对比

12.1　模型部署

模型部署是将经过训练的深度学习模型应用于实际生产环境或者特定应用场景的过程。模型部署阶段将训练好的模型集成到软件系统中，并确保模型能够在目标环境中正常运行且产生预期的结果。本节将从部署工具与部署方式两方面概述模型部署过程中面临的问题与解决方案。

12.1.1　部署工具

部署工具是模型部署的关键部件,它将深度学习模型部署于计算平台,并根据终端用户的请求,在计算平台上使模型执行推理,最终形成客户期望的响应并反馈给终端。模型部署流程如图 12.2 所示,模型投入推理前,为了能够让不同框架导出的模型文件在目标框架上执行,需要将模型转换成特定于推理引擎的模型文件或统一的模型文件。模型转换后,可以进行模型压缩,如量化、剪枝、知识蒸馏等,以减小模型的体积并提高模型的推理性能。为了提高推理速度,还可以采取图优化、算法优化、运行时优化等优化措施。最终将模型部署在不同的平台上并执行推理。各种平台对模型的要求各不相同,算力强大的服务器平台可以部署相对较大的模型,边缘侧设备能部署的模型规模相对较小。因此,部署工具需要解决如何转换不同格式的模型,如何在保持模型精度的前提下减小模型尺寸,如何加快算子调度与执行,如何提高算子性能,如何更有效地利用设备的算力等问题。

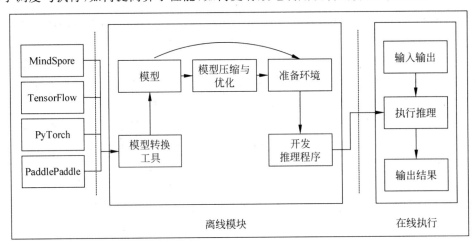

图 12.2　模型部署流程

部署工具可以分为深度学习编译器与推理引擎两类。深度学习编译器的上层架构与推理引擎类似,主要负责如模型转换、图优化与模型压缩等硬件无关优化。与手工编写后端的推理引擎不同的是,深度学习编译器可以根据目标硬件自动生成对应平台的高效代码。推理引擎的基本框架可分为优化阶段层和运行阶段层。运行阶段层包括运行时库和算子库。运行时库进行模型加载和模型执行,包括动态批尺寸、异构执行、内存分配、大小核调度等。运行阶段层的最后一层是高性能算子层,模型是依赖算子运行起来的,算子是在具体的硬件上执行的,这一层主要进行算子优化、算子执行、算子调度等,属于硬件层面的优化。

12.1.2　部署方式

模型部署的目标平台多种多样,既有算力强大的服务器,也有算力及内存受限的边缘侧与终端侧设备。模型部署需要让模型适应目标平台,不同平台的应用场景与需求各不相同。服务器类的云端侧设备可以部署相对较大的模型,而手机这类终端侧设备需要部署规模相对较小的模型。本小节将从云端侧、边缘侧和终端侧三个角度介绍各平台的部署优劣势。

1. 云端侧部署

模型部署在云端侧服务器,用户通过网页访问或者 API 接口调用等形式向云端侧服务器发出请求,云端侧服务器收到请求后处理并返回结果。通常直接以训练的引擎库作为推理服务模式。在企业的实际生产中,经常会把深度学习模型构建成服务形态,这样协作的开发人员可以通过接口访问模型服务,完成预估任务。

云端侧部署为深度学习模型提供了更大的灵活性、具有更好的性能和更高的安全性,尤其适用于需要大规模计算和数据管理的任务。这些优势使组织能够更轻松地开发、训练和部署复杂的深度学习模型,从而推动了深度学习领域的发展。云端侧部署的优势主要体现在以下几点。

(1) 对功耗、温度、模型尺寸没有严格限制。在云端侧部署中,通常有更多的电力和散热资源可供使用,因此不会像边缘设备那样受到功耗和温度限制。这意味着可以使用更大、更复杂的模型,而不必担心性能下降或硬件过热。

(2) 有用于训练和推理的强大硬件支持。云端侧提供了大规模的硬件资源,适用于深度学习模型的训练和推理,包括高性能的图形处理单元和张量处理单元等专用硬件,可加速模型的计算,从而提高性能和效率。

(3) 集中的数据管理有利于模型训练。云端侧部署通常涉及集中存储和管理数据的能力,这有助于数据科学家和研究人员更轻松地访问、共享和管理数据,从而加速模型的训练和改进。此外,集中存储的数据还可以用于更大规模的训练,从而获得更准确的模型。

(4) 深度学习模型的执行平台和框架统一。在云端侧部署中,可以使用统一的执行平台和框架,更容易实现不同深度学习模型的一致性,有助于简化开发和部署流程,降低了在不同硬件和环境中适配模型的复杂性。此外,云计算提供了广泛的支持和工具,可帮助开发人员更轻松地管理和部署深度学习模型。

云端侧部署虽然提供了很多便利性和功能,但也面临一些挑战和问题。

(1) 数据传输成本方面,将大量数据从本地设备或数据中心传输到云端侧可能涉及高昂的数据传输成本。特别是大型数据集,上传和下载数据可能会耗费大量时间和金钱。这个问题在终端侧与云端侧之间需要频繁传输数据的情况下更加显著。

(2) 推理服务对网络的依赖方面,在云端侧进行推理通常需要稳定的互联网连接,如果网络连接不稳定或中断,那么云端推理服务可能会受到影响,导致延迟和不可用。这对于需要实时响应的应用程序尤为重要,如自动驾驶车辆或工业自动化。

云端侧部署多数依赖公有云厂商,环境的可靠性大大增加,很多运维工作都自动由机器来处理,比手工操作靠谱且高效。例如云端侧的备份与恢复可以利用自动化工具实现,比手工操作更安全、可靠。云端侧的系统升级可以统一处理,无须针对某个环境单独考虑,方便、快捷。因为省去了配备或调整基础设施环境的过程,云端侧除了升级过程更快,初次实施部署也更快,可以在更短的时间周期内让用户更早地用上系统,使其更早发挥价值。

2. 边缘侧部署

虽然云端侧计算资源的自由扩展对模型部署十分便利,但是在低延迟和数据隐私场景中,需要将模型部署到边缘侧。边缘侧部署是将模型部署到产生数据的地方,并就地进行数据处理。边缘侧部署方式如图12.3所示。边缘侧部署的方式之一是模型切片,利用深度学习的结构特点,将一部分层切分放置在设备端计算,其他放置在边缘侧服务器。这种方式能够在一定程度上降低延迟,虽然其利用了终端侧的算力,但是与边缘侧通信和计算还是会带来额外开销。使用这种方式的原因是,经过前几层的计算后,中间结果变得非常少,有利于数据传输。

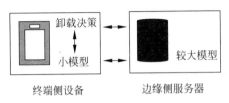

图 12.3　边缘侧部署方式

3. 终端侧部署

终端侧部署也是应对低延迟和数据隐私要求的部署方式之一,主要用于嵌入式设备,通过将模型打包封装到软件开发工具包,集成到嵌入式设备中,数据的处理和模型推理大多数在终端侧执行。终端侧部署方式如下。

(1) 终端侧设备上计算。如图12.4(a)所示,将模型完全部署在终端侧设备上。多数优化模型降低执行延迟的工作均面向该场景。例如,通过模型结构设计,通过模型压缩、量化,针对深度学习专用集成电路设计等。

(2) 跨终端侧设备卸载。如图12.4(b)所示,这是一种利用约束(例如网络延迟和带宽、设备功耗、成本)优化的卸载方法。这些决策是基于经验的,权衡功耗、准确度、延迟和输入尺寸等度量与参数,模型可以从当前流行的模型中选择,或者通过知识蒸馏、混合和匹配的方式由多个模型组合而成。

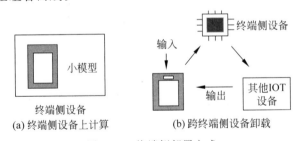

图 12.4　终端侧部署方式

终端侧部署在提供近距离计算和实时响应的同时,也面临一系列挑战并受到一系列限制,包括硬件约束、数据管理复杂性、安全风险和多样化的硬件环境。选择终端侧部署前,需要仔细考虑这些因素,并选择能满足特定需求的解决方案。终端侧部署面临的挑战如下。

(1) 功耗、模型尺寸的严格约束。终端侧设备通常具有有限的电力供应和散热能力,这意味着在终端侧部署时必须严格限制功耗、热量产生和模型尺寸,以确保设备的稳定性和性能。这可能需要采用精简的模型或特殊的硬件加速器。

(2) 难以满足的算力需求。一些边缘设备可能缺乏足够的硬件算力进行复杂的深度学习推理,这可能导致性能下降和延迟增加,特别是对于需要实时响应的应用程序来说,这是一个重大限制。

(3)软硬件环境的多样性。不同的终端侧设备和平台可能具有不同的深度学习软硬件环境,因此没有通用的解决方案,这意味着开发人员需要对不同的设备和环境进行适配,增加了开发和部署的复杂性。

深度学习编译器作为常用的模型部署工具,为了解决部署问题,其使用统一的中间表示及优化方法对接不同的软件应用系统解决组合爆炸问题,对多种目标平台生成高效代码,并提供了丰富的模型压缩方法降低模型的资源需求。

12.2　模型压缩

大规模的网络结构虽然有着很好的性能,但是由于高额的算力需求及内存需求,将其部署到一些内存敏感的设备上不是一件易事。而且,很多深度学习网络中存在显著的冗余,仅用其中一小部分的权重足以预测剩余部分的权重,甚至剩余部分的权重可以直接舍弃不用学习也不会影响模型的表达能力。因此,对模型规模的问题,一方面可以从头构建轻量化的网络结构;另一方面可以通过应用量化、剪枝、知识蒸馏等压缩技术来减小模型的规模。目前常见的模型压缩方法有针对参数压缩的权重低秩分解、量化、剪枝、知识蒸馏、参数共享等,以及针对结构压缩的轻量化网络设计和网络结构搜索等方法。接下来主要介绍关于参数压缩的量化、剪枝、知识蒸馏的内容。

12.2.1　量化

量化将连续取值的浮点型权重近似为整型数据,通过降低模型数据精度的方式减小模型规模。在多数情况下,可以直接对原有的浮点模型进行量化,无须开发新的模型架构,不用对模型进行重新训练,且仅有微小的准确度降低。更小的模型规模不仅降低了对存储设备的要求,也降低了执行推理时的内存需求及数据访问引起的功耗。综合这些优点可知,量化能够带来更快的推理速度。主流的深度学习编译器均提供对量化基础功能的支持,因为量化的多样性,编译器的量化套件在设计时优先考虑可扩展性,用户可以自由地添加自定义调优算法。

1. 数值量化

根据量化数据表示的原始数据范围是否均匀,可以将量化分为均匀量化和非均匀量化。均匀量化中,相邻两个量化值之间的差距是固定的。而非均匀量化中,量化值之间的间隔是不固定的。均匀量化的计算过程如下:

$$Q(x) = \text{Int}\left(\frac{x}{s}\right) + z \tag{12.1}$$

其中,x 表示原始数据,$Q(x)$ 表示量化得到的离散数据,$\text{Int}(\cdot)$ 表示舍入操作(如四舍五入),s 表示缩放因子,z 表示零点。该函数本质上是将原始数据映射到离散的点上。通过量化值得到原始值的过程称为反量化,计算过程如下:

$$\tilde{x} = s(Q(x) - z) \tag{12.2}$$

因为在量化过程中引入了舍入操作,反量化得到的值和原始值并不相等。均匀量化中需要确定的三个参数分别是整型数据的位宽 b、缩放因子 s 和零点 z。确定了 b 和 s 之后就可以确定对应的 z。位宽 b 通常预先设定,确定缩放因子 s 需要位宽 b 及量化可以表示的范围,计算公式如下:

$$s = \frac{\beta - \alpha}{2^b - 1} \tag{12.3}$$

其中,$[\alpha, \beta]$ 表示要进行量化的原始值范围。对于给定的位宽,确定 s 也就变成了找到这样的范围。根据量化的范围是否关于原点对称,可以将量化分为对称量化和非对称量化。对称量化的量化范围关于原点对称,即 $-\alpha = \beta$。在对称量化中,原始值的零点和量化值的零点映射到同一位置,即 $z = 0$。因此,在计算过程中可以进一步省略关于零点的计算内容。量化过程可以表示为

$$Q(x) = \text{Int}\left(\frac{x}{s}\right) \tag{12.4}$$

在对称量化中,确定量化范围最简单的方法就是将原始值的最大绝对值作为量化范围,即 $-\alpha = \beta = \max(|x|)$。对于原始值关于原点对称的分布,采用这种方法的效果比较好。但是对于分布不均衡的原始值,采用这种方法量化的效果较差。对于不均衡的原始值可以采用非对称量化,$-\alpha \neq \beta$。非对称量化中,一种简单的范围确定方法为将最大值、最小值作为量化范围 $\alpha = \min(x)$,$\beta = \max(x)$。

这些简单的范围选择方法虽然能够尽量保留原始浮点数值的信息,但是产生的量化效果并不好。例如当原始值中存在离群值的情况,为了保留离群值的量化信息,可能会将量化范围设置得过大。在位宽不变的情况下,量化的精度就会降低,导致网络的准确性下降。除了这些简单的方法,还有其他范围确定方法,例如利用原始值中的百分位数作为量化范围,或者选择第 i 大的数作为量化范围的上界,这样可以有效摆脱离群值对量化精度的影响。KL 散度通过度量原始数据和量化后数据分布之间的差异指导量化阈值的选择,除此之外,还有 power2、MSE 等方法。

上面所说的这种量化形式可以将原始值映射到间隔均匀的离散点上,被称为均匀量化。在原始数据均匀分布时,这种量化方式能够达到很好的效果。但是网络中的权重或激活值的分布往往是不均匀的,更类似于钟形分布,大量数据分布在靠近中间值的部分,而分布在两端的值很少,采用均匀量化时,仅考虑到原始值范围的信息,没有考虑到分布相关的信息。在非均匀量化中,量化网格的间隔是不均匀的,能够很好地适应原始数据的分布信息。数据多的地方网格间隔小,量化精度高;数据少的地方网格间隔大,量化精度低。非均匀量化的量化效果往往比均匀量化更好。虽然如此,非均匀量化的通用硬件加速比较困难,所以常用的往往是均匀量化形式。

2. 量化粒度

根据量化相关参数的共享范围,可以将量化粒度分为逐层量化和逐通道量化两种方式。以卷积层为例,在逐层量化中,每个卷积层中的所有卷积核共享相同的量化参数。量化范围的选择需要根据当前层所有的卷积核来确定,例如对所有的卷积核采用相同的量化范围,对应的缩放因子和零点也是相同的。虽然这种方法实现起来非常简单,但是效果并不是很好,因为不同卷积核的范围可能会有很大差异。范围较小的卷积核可能会因为同层中存在范围较大的卷积核而使得其量化效果较差。逐通道量化是一种更细粒度的量化方

法。在这种方法中,为每层的各个卷积核计算单独的截取范围及其他量化参数。这种方法能够更好地保留每个卷积核的信息,产生的量化效果也较好。不同粒度的量化如图 12.5 所示,图中展示了逐通道量化和逐层量化的区别。

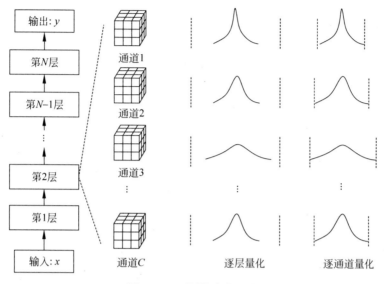

图 12.5 不同粒度的量化

3. 量化方式

训练后量化是对训练完成的模型直接进行量化,量化感知训练是在训练时插入用于模拟量化引起损失的伪量化节点。量化感知训练得到的量化网络的准确率更高,但是实现也更为复杂。训练后量化与量化感知训练如图 12.6 所示。

图 12.6 训练后量化与量化感知训练

在量化感知训练中,以浮点方式维持权重,使用伪量化模块在激活值和权重上模拟量化的效果,并根据梯度更新权重。伪量化包括两个步骤,量化和反量化,具体可以表示为

$$x_{\text{out}} = \text{SimQuant}(x) = s \times \left(\text{clamp}\left(0, 2^N - 1, \text{round}\left(\frac{x}{s} \right) + z \right) - z \right) \quad (12.5)$$

量化感知训练的具体过程如图 12.7 所示,在前向计算阶段对权重和激活值模拟量化,整体训练还是浮点,反向传播时求得的梯度是模拟量化之后权值的梯度,用这个梯度更新量化前的权值。反向传播中的一个重要问题是如何处理不可微分的模拟量化算子。量化中的舍入操作在不做任何处理的情况下,求导得到的梯度几乎处处为 0,导致网络模型无法收敛。通常的做法是使用直接估计的方法近似这种算子的梯度,解决梯度消失的问题。直

接估计的本质是忽略舍入操作,并对结果进行简单的映射。

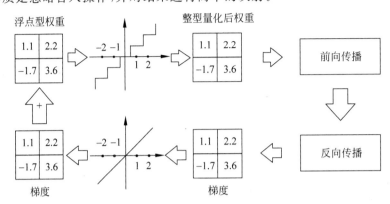

图 12.7　量化感知训练的具体过程

量化感知训练的步骤如下。

(1)初始化,根据目前的权重和激活值信息设置量化后的取值范围。可以选择在预训练好的模型基础上继续训练或者从头开始训练。

(2)构建量化网络,修改模型,在需要量化的权重和激活值后添加伪量化节点。

(3)训练模型,重复本步骤直到网络收敛,计算量化网络层权重和激活值的取值范围,前向计算反向传播更新网络权重参数。

(4)导出模型,获取各网络层量化的取值范围,并计算量化参数 s 和 z。并将网络层中对应的数据替换为量化后的数据。删除伪量化节点,根据需要在量化网络层前后分别插入量化和反量化算子。

除了开销较高的量化感知训练,训练后量化也是一种量化方法。在这种方法中,对网络量化不需要进行任何微调或重训练过程。因此,训练后量化的计算开销更小,并且对数据的要求也没有量化感知训练高,不需要或仅需要少量的数据即可有效地完成量化过程。但是,与量化感知训练相比,训练后量化的模型往往准确率下降比较明显。

训练后量化可以分为两种,权重量化和全量化。权重量化仅对模型的权重值进行量化,在执行推理时需要将量化的权重反量化为原始的数据类型,仍然在原始数据类型上进行计算操作。权重量化可以减小模型规模,但不能提高推理性能。全量化不仅对模型的权重信息进行量化,而且对激活值进行量化。量化激活值需要一定的校准数据集统计每一层激活值的分布,以确定各层激活值的量化参数等信息。校准数据集可以来自训练数据集或真实场景的输入数据,往往只需要很小的数据集。权重激活值全量化之后,在推理过程中就可以执行量化算子加快模型的推理速度。

4. 动态量化与静态量化

动态量化和静态量化的区别在于何时进行量化范围的选择。因为权重在推理时是完全固定的,因此完全可以采用静态量化的方法。然而对于激活值,输入样本的不同,激活值也有着不同的范围。因此,存在两种量化激活值的方法,动态量化和静态量化。

在动态量化中,激活值量化范围是在推理期间动态计算的。这种方法需要实时计算与激活值相关的统计量,因此开销也相对较高。但是动态量化的结果往往更好,因为与量化相关的参数都是针对不同输入实时计算的。

静态量化中,量化范围及与量化相关的参数是提前计算好的,并且在推理阶段是固定不变的。这种方法不会为模型的推理带来其他计算开销,但是结果的准确率比动态量化差。静态量化常用的方法是通过校准数据集推理模型,收集激活值的统计信息,并用于计算与量化激活相关的参数。

5. 精度选择

根据网络中量化位宽的选择,可以将量化分为统一精度量化和混合精度量化。在统一精度量化中,所有量化的网络层均采用相同的位宽。这是一种比较简单的精度选择方法,不需要考虑不同层对量化的敏感度。但是采用这种方法,在对网络进行量化或量化到较低精度时,可能会引起网络准确率的明显下降。混合精度量化可以很好地应对这些问题。在混合精度量化中,不同的网络层可以量化到不同的位宽。混合精度量化中需要解决的问题与统一精度量化类似,但是混合精度量化需要额外关注一点,就是如何决定不同网络层的量化位宽。

决定网络层的位宽是一个搜索问题。不同网络层的不同位宽选择构成了指数级的搜索空间,想要暴力求解几乎是不可能的。混合精度量化的核心思想是将不适合量化的层保留在较高精度,适合量化的层采用更加激进的量化,使网络整体处于较低位宽,并尽量减小网络准确率的下降速度。因此,一些方法采用敏感度度量的方式确定或指导网络层位宽的选择。在这类方法中,通过一些指标确定每层网络层的敏感度,也就是是否适合量化。有了不同层的敏感度,就可以确定不同层之间相对的量化适应能力进而指导位宽选择,大幅缩减位宽组合的搜索空间大小。

6. 无数据量化

在量化过程中,往往需要用户提供一定的训练数据用于分析网络,以有效地完成量化过程。但是某些情况下,由于数据的隐私性,可能无法访问此类数据,如在医疗等领域,没有用于推理与校准模型的数据则很难有效地完成量化过程,无数据量化就是针对这一问题提出的。在无数据量化中,不需要用户提供与模型相关的数据,仅通过模型本身完成量化过程。

无数据量化的主要问题是如何确定与激活值相关的信息。对激活值进行量化需要有与激活值相关的统计信息,而这部分信息需要进行模型推理才能收集到。针对这一问题,无数据量化有两类解决方案。一类是完全的无数据方法。在这类方法中,完全不需要访问训练数据,仅对已经训练好的模型进行分析,然后进行量化。权重在推理阶段是固定不变的,因此对权重的量化很容易进行。激活值量化需要采用一些特殊的方法。网络中的批归一化层存储了训练期间与激活值相关的统计量。因此,可以利用这部分信息大致还原激活值的分布形式及范围,用于激活值的量化。

另一类则是采用生成数据的方法,绕开无数据的问题。通过一定的方法生成假数据,并使用假数据推理模型收集激活值的信息对激活值进行量化。一种简单的做法是从均值为 0、标准差为 1 的高斯分布中随机生成输入数据,但是这种数据是完全随机的,无法很好地捕获真实数据的信息,用于量化过程的效果并不是很好。生成数据时,同样可以采用 BN 层的信息辅助假数据的生成。调整生成的假数据,使假数据推理模型产生的激活值的统计量尽量接近已训练完成模型中 BN 层存储的统计量。采用这种方法生成的数据可以比前者更好地捕获与真实数据相关的信息,因此用于量化的效果更好。

7. 整型推理

以 F 表示浮点型数据，O、I、W 分别表示输出、输入和权重，浮点的矩阵乘运算可以简单表示为

$$F_O = F_I \times F_W \tag{12.6}$$

使用 Q 表示量化值，并将浮点矩阵乘中的数据转换为量化形式：

$$s_O(Q_O - z_O) = s_I(Q_I - z_I) \times s_W(Q_W - z_W) \tag{12.7}$$

对式(12.7)进一步处理，使其输入、输出为整型数据，量化的矩阵乘计算可以表示为

$$Q_O = \frac{s_I s_W}{s_O}(Q_I Q_W - Q_I z_W - Q_W z_I + z_I z_W) + z_O \tag{12.8}$$

$$= \frac{s_I s_W}{s_O} Q_I Q_W \qquad\qquad \langle 1 \rangle$$

$$- \frac{s_I s_W}{s_O} Q_I z_W \qquad\qquad \langle 2 \rangle$$

$$- \frac{s_I s_W}{s_O} Q_W z_I \qquad\qquad \langle 3 \rangle$$

$$+ \frac{s_I s_W}{s_O} z_I z_W + z_O \qquad\qquad \langle 4 \rangle$$

式(12.8)为非对称量化的整型矩阵乘计算方式，其输入为 Q_I，其他均为已知数据，因此在推理时真正需要计算的仅 $\langle 1 \rangle \langle 2 \rangle$ 两项，$\langle 3 \rangle \langle 4 \rangle$ 项可以提前计算完成并存储为常量形式。$\langle 2 \rangle$ 项中，其计算由量化输入与权重的零点构成，如果对权重采用非对称量化，则权重的零点均由数值 0 构成，即可以消除 $\langle 2 \rangle$ 项的计算，进一步减少推理时的开销。

式(12.8)中所有参与计算的参数，除了缩放因子 s，均为整型数据，为了使与缩放因子相关的计算也能够使用整型计算单元，需要对其进一步处理。一种通常的做法是通过一个高位宽整数与移位操作代替浮点计算。假设高位宽整数为 INT32 类型，在转换时首先通过移位操作将 $(s_I s_W)/s_O$ 调整到 $[0.5, 1)$ 范围内，接着将该数左移 31 位并用整型数据表示为 M，以 $\langle 1 \rangle$ 项为例，调整后的计算如下所示，其中 shift 为移位的综合次数。

$$\frac{s_I s_W}{s_O} Q_I Q_W = (M \times Q_I Q_W) \gg \text{shift} \tag{12.9}$$

12.2.2 剪枝

剪枝算法是基于过参数化的理论而提出的。过参数化是指在训练阶段，在数学上需要进行大量的微分求解，去捕捉数据中的微小变化信息，一旦完成迭代式训练，深度学习模型在推理时并不需要这么多参数。剪枝的一般情况如图 12.8 所示，剪枝删除网络中不重要的或冗余的连接，减少参数量和计算量，同时尽量保证模型的性能不受影响。模型剪枝技术被集成在多数推理框架中，目前深度学习编译器并未过多涉及该压缩方法，但剪枝是一项高度可自动化的技术，因此随着编译技术的发展可以将剪枝纳入编译流程中。

参数剪枝是指在预训练好的大型模型的基础上，设计网络参数的评价准则，以此为根据删除冗余参数，从而可以直接在现有软件、硬件上获得有效加速，但这可能会带来预测精度下降的问题，需要通过对模型微调以恢复性能。对模型进行剪枝有以下三种常见做法。

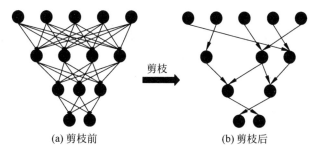

(a) 剪枝前　　　　　　　(b) 剪枝后

图 12.8　剪枝的一般情况

（1）对训练完成的模型进行剪枝，再对剪枝后的模型进行微调。

（2）在模型训练过程中进行剪枝，再对剪枝后的模型进行微调。

（3）进行剪枝，再从头训练剪枝后的模型。

1. 剪枝粒度

根据剪枝粒度，参数剪枝可分为非结构化剪枝和结构化剪枝。非结构化剪枝与结构化剪枝如图 12.9 所示。非结构化剪枝如图 12.9(a)所示，主要是对一些独立的权重或者神经元的连接进行剪枝，剪枝的位置是不固定的，是粒度最小的剪枝。非结构化剪枝的权重具有随机性，可以无限制地去掉网络中期望比例的任何冗余参数，但这样会带来剪枝后网络结构不规整、难以有效加速的问题。如图 12.9(b)～图 12.9(d)所示，结构化的剪枝是有规律、有顺序地对深度学习模型进行剪枝。结构化剪枝的粒度比较粗，剪枝的最小单位是卷积核内参数的组合，或是删除整个卷积核。

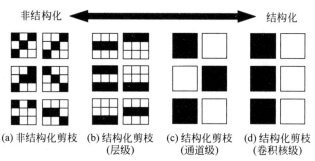

(a) 非结构化剪枝　(b) 结构化剪枝　(c) 结构化剪枝　(d) 结构化剪枝
　　　　　　　　　　（层级）　　　　　（通道级）　　　（卷积核级）

图 12.9　非结构化剪枝与结构化剪枝

确定剪枝权重最简单的方法是预定义一个阈值，低于这个阈值的权重被剪去，高于这个阈值的权重被保留。除此之外，还可以使用辅助拼接函数屏蔽权重，权重值没有剧烈的变化，修剪过程可以与再训练过程融合，并且在训练压缩模型时可以取得显著的加速：

$$\Delta w = -\eta \frac{\partial L}{\partial (h(w)w)} \tag{12.10}$$

其中，η 是学习率，L 是损失函数，$h(w)$ 逐渐将不必要的权重调整为 0，公式如下：

$$h(w) = \begin{cases} 0, & a > |w| \\ T, & a \leqslant |w| < b \\ 1, & b \leqslant |w| \end{cases} \tag{12.11}$$

超参数 a 和 b 控制阈值的强度，如果 $a = b$，则对应典型的二进制掩码。T 的一个简单选择是直接使用 w。这种方法的优点是剪枝算法简单，模型压缩比高；缺点是精度不可控，剪枝后权重矩阵稀疏,没有专用硬件难以实现压缩和加速的效果。

在粗粒度的卷积核剪枝中,可以使用 L_p 范数评估每个卷积核的重要性。通常,L 范数较小的卷积核进行卷积运算产生的激活值较小,因此对深度学习模型的最终预测具有较小的数值影响。根据这种理解,L_p 范数较小的卷积核将比 L_p 范数较大的卷积核更容易被剪掉,L_p 范数如下:

$$\| \boldsymbol{F} \|_p = \sqrt[p]{\sum_{c=1}^{C}\sum_{h=1}^{H}\sum_{w=1}^{W} | \boldsymbol{F}(c,h,w) |^p} \tag{12.12}$$

结构化剪枝的优点是大部分算法在层或通道上进行剪枝,保留原始卷积结构,不需要专用硬件来实现,缺点是剪枝算法相对复杂。

2. 剪枝分类

剪枝可以分为静态剪枝和动态剪枝,如图 12.10 所示。静态剪枝在推理之前离线执行所有修剪步骤,而动态剪枝在运行时执行。

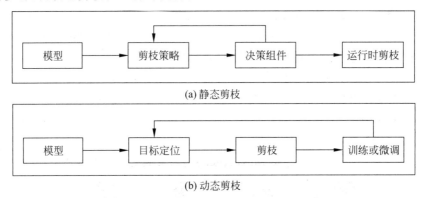

图 12.10　静态剪枝与动态剪枝

静态剪枝在训练后和推理前将离线的神经元从网络中移除,在推理过程中,不需要对网络进行额外的修剪。静态剪枝通常包括三部分:剪枝参数的选择、神经元剪枝的方法及选择性微调或再训练。再训练可以提高修剪后网络的性能,以达到与未修剪的网络相当的精度,但可能需要大量的离线计算时间和能耗。静态剪枝存储成本低,适用于资源有限的边缘设备,但是神经元的重要性并不是静态的,在很大程度上依赖输入数据。

一些权重在某些迭代中作用不大,但在其他迭代中很重要。动态剪枝就是通过动态地恢复权重得到更好的性能。动态剪枝在运行时决定哪些层、通道或神经元不会参与进一步的训练或推理,可以通过改变输入数据克服静态剪枝的限制,从而潜在地减少计算量、带宽和功耗。动态修剪通常不会执行运行时微调或重新训练。与静态方法相比,在运行时,修剪能够显著提高深度学习模型的表示能力,从而在预测精度方面取得更好的性能。但是动态剪枝资源成本较高,不适用于资源有限的边缘设备。

3. 剪枝算法

在硬剪枝中,每轮被剪掉的卷积核在下一轮中不会再出现。这类剪枝算法通常从模型本身的参数出发,寻找或者设计合适的统计量表明连接的重要性。通过对重要性的排序等算法,永久删除部分不重要的连接,保留下来的模型即剪枝模型。硬剪枝可能会导致模型的性能下降,并且剪枝过程依赖预先训练的模型。

硬剪枝与软剪枝的区别如图 12.11 所示,与硬剪枝相比,软剪枝后进行训练时,上一轮中被剪掉的卷积核在本轮训练时仍参与迭代,只是将其参数置为 0,因此那些卷积核不会被直接丢弃,在所有轮次循环结束后进行权重修剪。软剪枝通常与训练全样本的过程同步进行,或基于少量的样本采样剪枝。

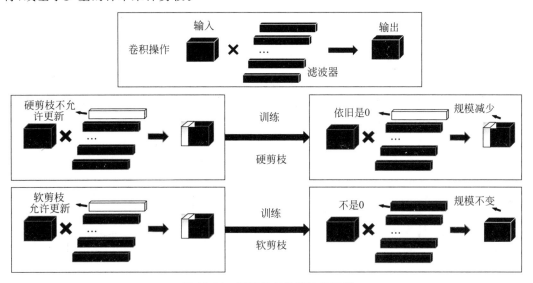

图 12.11 硬剪枝与软剪枝的区别

12.2.3 知识蒸馏

在模型压缩中,教师模型是一个提前训练好的复杂模型,学生模型是一个规模较小的模型。知识蒸馏是指通过教师模型指导学生模型训练,用蒸馏的方式让学生模型学习到教师模型的知识。知识蒸馏的大致流程如图 12.12 所示,基于相同的数据,由训练好的教师模型通过教师网络将该样本的预测值作为学生模型的预测目标指导学生模型学习,这个预测值可以理解为一种知识。教师模型的参数规模较大,具有更好的泛化能力;学生模型的参

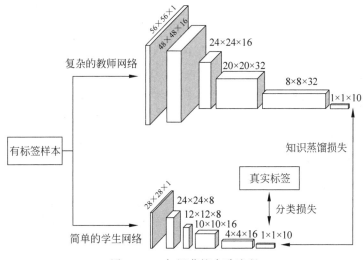

图 12.12 知识蒸馏大致流程

数规模较小,如果采用通常方法直接训练,往往达不到大规模模型的泛化能力,所以通过教师模型的指导,让学生模型学习教师模型的泛化能力,最后达到甚至超过教师模型的准确度。由于知识蒸馏技术涉及网络的训练过程,目前的深度学习编译器对训练功能的支持还处在初级阶段,因此多数编译器并不支持知识蒸馏的压缩功能。随着功能的完善,知识蒸馏有望成为编译器压缩模型的有力工具。

1. 知识种类

早期知识蒸馏应用设计的小网络都是利用大网络的输出知识,即基于目标的蒸馏,例如 logits 或软目标。对于一个输入样本,教师网络输出的类概率为软目标,输出标签值的前一层的值为 logits,logits 经过 Softmax 激活得到类概率,也就是软目标,真实的标签值为硬目标。Softmax 层公式如下:

$$p_i(z_i) = \frac{\exp(z_i)}{\sum\limits_{j=0}^{k} \exp(z_j)} \tag{12.13}$$

其中,z_i 是 logits,$p_i(z_i)$ 是软目标,各种类目标示例如图 12.13 所示。

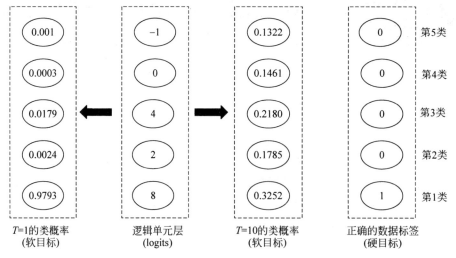

图 12.13　各种类目标示例

知识蒸馏之所以有效,是因为与硬目标相比,知识蒸馏所学习的知识是 logits 和软目标。传统的硬目标训练方式下,所有负标签都会被平等对待。而与硬目标相比,logits 和软目标不仅包含正确标签的信息,还包含非正确标签、负标签的信息。这些负标签的存在就是教师模型泛化能力的体现,教师模型的参数规模大,泛化能力好,因此让学生模型直接学习教师模型的输出知识,学习教师模型的泛化能力,让学生模型也能拥有媲美教师模型的泛化能力。采用软标签的知识蒸馏方法,一方面压缩了模型,另一方面增强了模型的泛化能力。

模型的软目标的正标签往往是一个比较大的数,负标签是一个很小甚至趋近于 0 的数。所以将软目标作为要学习的知识时,可能会因为负标签值过小导致训练时损失这部分信息。如果正标签和负标签相差很大。相当于直接学习硬目标。相对于软目标,logits 是一些相对接近的值,负标签中包含一些相对较大的值,关于负标签的信息更加明显,但是负标签中可能包含噪声,将 logits 作为学习的知识时,可能会让学生模型过分在意这些噪声的信息,产生过拟合问题,降低学生模型的泛化能力。知识蒸馏的框架如图 12.14 所示,可以使用带有温度参数 T 的类概率作为软目标,来解决上述问题。

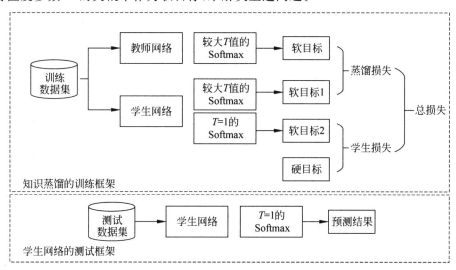

图 12.14　知识蒸馏的框架

该软目标可以表示为

$$p_i(z_i, T) = \frac{\exp(z_i/T)}{\sum_{j=0}^{k} \exp(z_j/T)} \tag{12.14}$$

通过 T 值的调整,将正标签和负标签限定在合适的范围之内,让模型在学习时不仅充分利用正标签的信息,同时充分利用负标签的信息。T 增大时,会让正负标签的差距缩小;T 减小时,正负标签的差距会增大。当 $T=1$ 时,这个方法就退化成了之前的方法;当 T 趋近于无穷大时,则相当于直接使用 logits 作为要学习的知识。除此之外,还有一些方法将软硬目标的结合作为学习对象,并且学习效果更好,公式如下:

$$L_{\text{total}} = \lambda \cdot L_{\text{KD}}(p(u, T), p(z, T)) + (1-\lambda) \cdot L_S(y, p(z, 1)) \tag{12.15}$$

其中,λ 是超参,L_S 是与硬目标相关的损失,L_S 的计算公式如下:

$$L_S(y, p(z, 1)) = \sum_{i=0}^{k} -y_i \log(p_i(z_i, 1)) \tag{12.16}$$

但是随着教师模型的加深,仅学习软目标这种与输出相关的知识是不够的,还需要学习教师模型能够提供的其他知识。知识的种类如图 12.15 所示,除了上面介绍的以模型输出作为要学习知识的蒸馏方法(即输出特征知识),模型中还有多种信息能作为知识指导学生模型学习,如中间特征知识、关系特征知识和结构特征知识。

中间特征知识是指教师模型的中间层输出的相关信息。如果将输出特征知识比作问题的答案,那么中间特征知识可以看作问题的求解过程。将中间特征知识作为学习目标,可以让学生模型学习与教师模型类似的求解过程。也可以使用隔层、逐层和逐块等不同粒度大小将教师模型的中间特征知识迁移给学生模型。中间特征知识蒸馏如图 12.16 所示,最早使用中间特征知识的 FitNets,其主要思想是使学生模型的隐含层能预测与教师模型隐

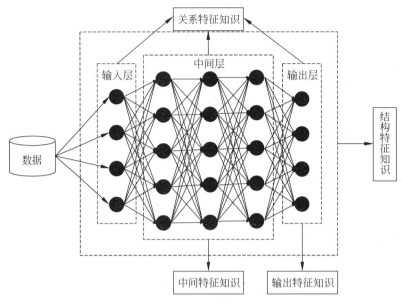

图 12.15　知识的种类

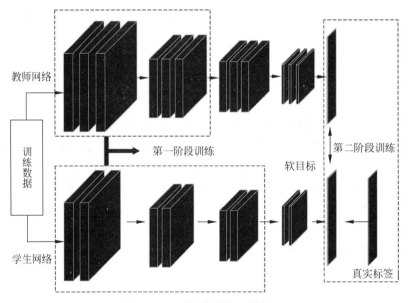

图 12.16　中间特征知识蒸馏

含层相近的输出。其训练过程如下，首先模仿教师模型的中间特征表达能力，让学生模型的求解过程和教师模型相似，然后学习教师模型的输出特征知识。

关系特征知识是指教师模型不同层和不同数据样本之间的关系知识。关系特征知识中，学生模型所学习的内容不局限于模型的某一层，而是对模型多层信息的模仿。关系特征知识可以比作求解问题的方法。FSP(flow of solution procedure)矩阵的关系特征知识蒸馏如图 12.17 所示，其中一种关系特征知识蒸馏是 FSP 矩阵，通过缩小学生网络和教师网络的 FSP 矩阵差距，让学生模型学习教师模型的关系特征知识。

Yim 等的工作分为两阶段训练。首先通过最小化教师模型和学生模型的 FSP 矩阵距

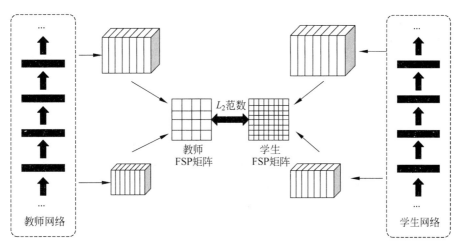

图 12.17 FSP 矩阵的关系特征知识蒸馏

离,使学生学习教师模型层间的关系知识,然后使用正常的分类损失优化学生模型。

结构特征知识是教师模型的完整知识体系,不仅包括上面提到的各种特征知识,还包括教师模型的区域特征分布等知识。结构特征知识通过多种知识的互补形成一种能够利用的多种知识,促使学生模型达到与教师模型一样丰富的预测能力。

2. 蒸馏机制

根据教师网络是否和学生网络一起更新,可以将蒸馏分为离线蒸馏、在线蒸馏和自蒸馏三种方式。离线蒸馏可以理解为知识渊博的教师给学生传授知识,在线蒸馏可以理解为教师和学生同时学习,自蒸馏意味着学生自己学习知识。

早期的知识蒸馏方法都属于离线蒸馏,将一个预训练好的教师模型的知识迁移到学生网络。该过程通常包括两个阶段:蒸馏前,教师网络在训练集上进行训练;然后教师网络通过 logits 层信息或者中间层信息提取知识,引导学生网络的训练。

离线蒸馏的优点是实现起来比较简单,形式上通常是单向的知识迁移,即从教师网络到学生网络,同时需要两个阶段的训练,即训练教师网络和知识蒸馏。缺点是教师网络通常模型规模比较大,模型复杂,需要大量训练时间,还需要注意教师网络和学生网络之间的差异,当差异过大时,学生网络可能很难学习好这些知识。

静态蒸馏虽然简单、有效,但也存在一定的缺陷。首先是知识迁移的低效性,即学生模型往往并不能充分学习到教师模型的全部知识;其次是设计与训练合适的教师模型的复杂性高,现有的蒸馏框架往往需要大量的实验才能找到最好的教师模型架构。在线蒸馏避免了离线蒸馏的局限性,进一步改善学生模型的性能,特别是在没有大容量、高性能教师模型的情况下。在在线蒸馏中,教师模型和学生模型都没有预训练,蒸馏过程中教师模型和学生模型同时更新,并且整个知识蒸馏框架是端到端可训练的。

在自蒸馏中,教师模型和学生模型使用相同的网络。自蒸馏可以看作在线蒸馏的一种特殊情况,因为教师网络和学生网络使用的是相同的模型。自蒸馏分为两类,一类是使用不同样本信息进行相互蒸馏,其他样本的软标签可以避免网络过拟合,甚至能通过最小化不同样本间的预测分布来减少类内距离;另一类是单个网络的网络层间进行自蒸馏,最通常的做法是使用深层网络的特征指导浅层网络的学习。

3. 网络结构

在知识蒸馏中,师生结构是形成知识转移的一般载体。换句话说,从教师到学生的知识获取和蒸馏的质量取决于教师和学生网络的设计。从人类学习的习惯看,希望一个学生能找到一个合适的老师。因此,要在知识提取中很好地完成知识的获取和蒸馏,如何选择或设计合适的教师和学生结构是一个非常重要而又难以解决的问题。深度学习网络的复杂性主要来自两个维度,深度和宽度。通常需要将知识从较深和较宽的网络转移到较浅和较细的网络。师生网络结构如图 12.18 所示,学生网络通常有以下选择。

（1）教师网络的简化版本,具有较少的层和每层中较少的信道。

（2）教师网络的量化版本,其中网络的结构被保留。

（3）具有高效的基本操作的小型网络。

（4）具有优化的整体网络结构的小型网络。

（5）与教师相同的网络。

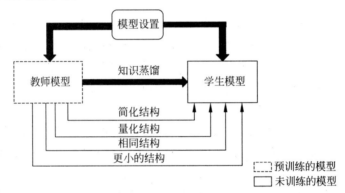

图 12.18　师生网络结构

4. 蒸馏算法

对抗蒸馏的思想来源于对抗性学习。对抗性学习中,GAN(对抗网络)中的鉴别器估计样本来自训练数据分布的概率,而生成器试图使用生成的数据样本欺骗鉴别器。对抗蒸馏如图 12.19 所示。许多对立的知识提炼方法受此启发,通过对抗的方式使教师和学生网络更好地理解真实的数据分布。

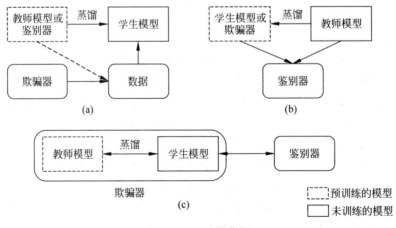

图 12.19　对抗蒸馏

多教师蒸馏中,使用不同的教师架构为学生网络提供各自有用的知识。在训练学生网络期间,多个教师网络可以单独地和整体地用于知识蒸馏。在一个典型的师生框架中,教师通常有一个大模型或一群大模型。为了传递来自多个教师的知识,最简单的方法是使用来自所有教师的平均响应作为监督信号。一般来说,由于来自不同教师的不同知识,多教师知识蒸馏可以提供丰富的知识并定制一个通用的学生模型。然而,如何有效地整合来自多个教师的不同类型的知识需要进一步研究。

交叉模式蒸馏主要针对训练或测试期间,某些设备的数据或标签可能不可用的情况。不同模式之间的知识传递同样重要。知识蒸馏在跨通道场景的视觉识别任务中表现良好,然而当存在模态差异时,交叉知识蒸馏是一项具有挑战性的研究,例如当不同模式之间缺乏配对样本时。

大多数知识蒸馏算法集中于将单个实例知识从教师传递给学生,而基于图的蒸馏通过图探索数据的内在关系。这类方法的主要思想是用图作为教师知识的载体,用图控制教师知识的信息传递。基于图的提取可以传递数据的信息结构知识。然而,如何恰当地构造图来建模数据的结构知识仍然是一个具有挑战性的研究。

由于注意力能够很好地反映卷积神经网络的神经元活动,基于注意力的蒸馏使用这一机制来提高学生网络的性能,不同的注意力转移机制被定义用于从教师网络提取知识到学生网络。注意力转移的核心为网络层中的特征嵌入定义注意图,也就是说,关于特征嵌入的知识是使用注意力的图函数来传递的。

无数据蒸馏用于解决由隐私、合法性、安全性和保密性等引起的不可用数据的问题。无数据提取中的合成数据通常是从来自预训练教师模型的特征表示中生成的。尽管无数据蒸馏在数据不可用的情况下显示出巨大的潜力,但这仍然是一个非常有挑战性的任务,例如,如何生成高质量的多样化训练数据以提高模型的泛化能力。

量化蒸馏将高精度的教师网络知识传递给小的低精度的学生网络。量化通过将高精度网络转换成低精度网络来降低网络的计算复杂度。同时,知识蒸馏的目的是训练一个与复杂模型具有相当性能的小模型。为了确保学生网络精确地模仿教师网络,首先量化全精度的教师网络,然后将知识从量化的教师网络转移到量化的学生网络。

终身学习包括持续学习、继续学习和元学习,旨在以类似人类学习的方式进行学习。它积累以前学到的知识,并将学到的知识转化为未来的学习。终身蒸馏提供了一种有效的方法来保存和传递学到的知识,确保不会发生灾难性的遗忘。

神经架构搜索是最流行的自动机器学习技术之一,旨在自动识别深度神经模型并自适应地学习合适的深度神经结构。在知识蒸馏中,成功的知识转移不仅取决于来自教师的知识,还取决于学生的结构。然而,教师模型和学生模型之间可能存在能力差距,使得学生很难从老师那里学得很好。为了解决这个问题,可以采用神经结构搜索来寻找合适的学生。

12.3 推理加速

模型压缩之后,执行推理的过程中,还可以采用图优化、算法优化、运行时优化等优化手段,以进一步提高模型的推理性能。

12.3.1　图优化

完成模型转换之后,通常会提前完成一些不依赖输入的工作,这些工作包括常量折叠、算子融合、算子替换、算子重排等优化手段。这些优化手段在前面的章节已有详细介绍,比如在编译器前端阶段,通常也会做常量折叠;在编译器后端阶段,通常会根据后端的硬件支持程度对算子进行融合和拆分,本小节不再赘述。训练与推理的计算图优化策略类似,但是在推理阶段,模型的权重信息完全固定,不再进行调整,因此可以进行一些额外的优化,例如 BatchNorm(BN)层折叠。

BN 层折叠源自训练阶段和推理阶段的实现差异,训练阶段网络中的参数在不断更新,因此不能随意更改不同的网络层;而推理阶段,网络模型中的参数已经固定下来,所以可以将某些层合并。

对 BN 层来说,可以用以下公式表示:

$$\mu = \frac{1}{m} \sum_{i=1}^{m} x_i \tag{12.17}$$

$$\sigma^2 = \frac{1}{m} \sum_{i=1}^{m} (x_i - \mu)^2 \tag{12.18}$$

$$x_i = \frac{x_i - \mu}{\sqrt{\sigma^2 + \varepsilon}} \tag{12.19}$$

$$y_i = \gamma x_i + \beta \tag{12.20}$$

其中,x_i 是 BN 层的输入。卷积层可以表示为

$$\boldsymbol{Y} = \boldsymbol{W}\boldsymbol{X} + \boldsymbol{B} \tag{12.21}$$

其中,$\boldsymbol{W}$ 是权重,$\boldsymbol{B}$ 是偏置。把卷积层的计算公式代入 BN 层,可得

$$\boldsymbol{Y} = \frac{\gamma \boldsymbol{W}}{\sqrt{\sigma^2 + \varepsilon}} \boldsymbol{X} + \frac{\gamma (\boldsymbol{B} - \mu)}{\sqrt{\sigma^2 + \varepsilon}} + \beta \tag{12.22}$$

然后令 $a = \dfrac{\gamma}{\sqrt{\sigma^2 + \varepsilon}}$,合并后的层权重和偏置如下:

$$\boldsymbol{W}_{\text{merged}} = \boldsymbol{W}a \tag{12.23}$$

$$\boldsymbol{B}_{\text{merged}} = (\boldsymbol{B} - \mu)a + \beta \tag{12.24}$$

合并后的层可以认为是一个卷积层。

12.3.2　算法优化

算法优化主要涉及汇编指令优化和算法优化两部分内容。汇编指令优化是指通过一些可以提升缓存命中率、优化汇编性能的手段,如循环展开、指令重排、寄存器分块、计算数据重排、使用预取指令等,来提升程序的性能。算法优化是指通过将卷积的运算转换为两个矩阵相乘,之后就可以用通用矩阵乘运算的优化,如 Img2col、Winogrid、间接卷积算法等转换算法。对于不同的硬件,确定合适的矩阵分块,优化数据访存,可以最大限度地发挥硬件的算力,提升推理性能。前文已经介绍了汇编指令优化的内容,本小节针对算法优化进行补充。

1. Img2col

Img2col 是计算机视觉领域中将图片转换成矩阵的计算过程,是卷积的实现方法之一。由于二维卷积的计算比较复杂且不易优化,因此在深度学习框架早期,使用 Img2col 方法将三维张量或高维张量转换为二维矩阵,从而充分利用已经优化完成的 GEMM 库为各个平台加速卷积计算。最后使用 Col2img 将矩阵乘得到的二维矩阵结果转换为三维矩阵输出,Img2col＋Col2img 方法流程如图 12.20 所示。

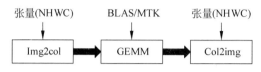

图 12.20　Img2col＋Col2img 方法流程

Img2col＋Matmul 方法由多个步骤构成。首先使用 Img2col 将输入矩阵展开为一个大矩阵,矩阵的每一列表示卷积核需要的一个输入数据。然后进行矩阵乘并通过 Col2img 处理输出,得到的数据就是最终卷积计算的结果。

卷积默认采用数据排布方式为 NHWC,输入维度为四维(N,IH,IW,IC),卷积核维度为(OC,KH,KW,IC),输出维度为(N,OH,OW,OC)。一般卷积计算流程如图 12.21 所示。

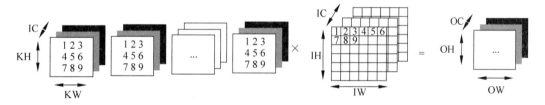

图 12.21　一般卷积计算流程

卷积操作转换为矩阵相乘,对卷积核和输入进行重新排列。将输入数据按照卷积窗展开并存储在矩阵的列中,多个输入通道对应的窗展开之后将拼接成最终输出矩阵的一列,矩阵乘代替卷积示例如图 12.22 所示。

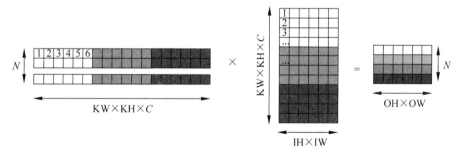

图 12.22　矩阵乘代替卷积示例

输入数据展开示例如图 12.23 所示。

对输入数据进行重排,行数对应输出 OH×OW 个数据,每个行向量里,先排列计算一个输出点所需要输入的第一个通道的 KH×KW 个数据,再按次序排列之后的通道,直到第 IC 个通道。对权重数据进行重排,以卷积步长展开后续卷积窗并存储在矩阵的下一列。将

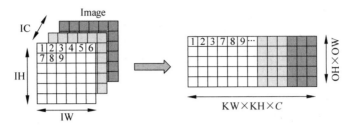

图 12.23 输入数据展开示例

一个卷积核展开为权重矩阵的一行,因此共有 N 行,每个行向量上先排列第一个输入通道上的 KH×KW 个数据,再依次排列直到第 IC 个通道,卷积核重排如图 12.24 所示。Img2col 优化算法存在两个问题:占用大量的额外内存,以及需要对输入进行额外的数据备份。

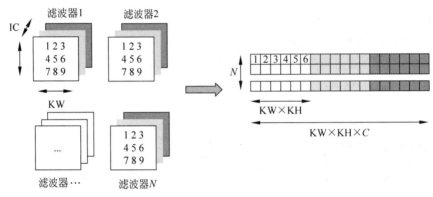

图 12.24 卷积核重排

2. Winograd

Winograd 算法起源于 1980 年,是用来减少有限脉冲响应(finite impulse response,FIR)滤波计算量的一个算法。对于输出个数为 m,参数个数为 r 的 FIR 滤波器,不需要 $m \times r$ 次乘法运算,只需要 $m+r-1$ 次即可。在深度学习中,用来减少乘法次数,加速卷积算子性能。以一维卷积为例,输入信号 $\boldsymbol{d} = [d_0, d_1, d_2, d_3]^T$,卷积核 $\boldsymbol{g} = [g_0, g_1, g_2]^T$,则卷积可以写成以下矩阵乘法形式:

$$\boldsymbol{F}(2,3) = \begin{bmatrix} d_0 & d_1 & d_2 \\ d_1 & d_2 & d_3 \end{bmatrix} \begin{bmatrix} g_0 \\ g_1 \\ g_2 \end{bmatrix} = \begin{bmatrix} r_0 \\ r_1 \end{bmatrix} \tag{12.25}$$

如果这个计算过程使用普通的矩阵乘法,则一共需要 6 次乘法和 4 次加法。但是,通过仔细观察可以知道,卷积运算中输入信号转换得到的矩阵不是任意矩阵,其有规律地分布着大量的重复元素,因此可以对其进行优化。Winograd 的计算公式如下:

$$\boldsymbol{F}(2,3) = \begin{bmatrix} d_0 & d_1 & d_2 \\ d_1 & d_2 & d_3 \end{bmatrix} \begin{bmatrix} g_0 \\ g_1 \\ g_2 \end{bmatrix} = \begin{bmatrix} m_1 + m_2 + m_3 \\ m_2 - m_3 - m_4 \end{bmatrix} \tag{12.26}$$

其中

$$m_1 = (d_0 - d_2) g_0 \quad m_2 = (d_1 + d_2) \frac{g_0 + g_1 + g_2}{2}$$

$$m_4 = (d_1 - d_3) g_2 \quad m_3 = (d_2 - d_1) \frac{g_0 - g_1 + g_2}{2} \tag{12.27}$$

在推理阶段,卷积核上的元素是固定的,所以上式中和 g 相关的式子可以提前算好,在预测阶段只需要计算一次,可以忽略。所以这里一共需要 4 次乘法和 4 次加法。与普通的矩阵乘法相比,使用 Winograd 算法之后乘法次数减少了,这样就可以达到加速的目的。这个例子实际上是一维的 Winograd 算法,将上面的计算过程写成矩阵的形式:

$$Y = A^{\mathrm{T}} \left[(Gg) \odot (B^{\mathrm{T}} d) \right] \tag{12.28}$$

这里 g 和 d 已知,A、G、B 可以提前算得到,计算公式如下:

$$B^{\mathrm{T}} = \begin{bmatrix} 1 & 0 & -1 & 0 \\ 0 & 1 & 1 & 0 \\ 0 & -1 & 1 & 0 \\ 0 & 1 & 0 & -1 \end{bmatrix} \tag{12.29}$$

$$A^{\mathrm{T}} = \begin{bmatrix} 1 & 1 & 1 & 0 \\ 0 & 1 & -1 & -1 \end{bmatrix} \tag{12.30}$$

$$G = \begin{bmatrix} 1 & 0 & 0 \\ \dfrac{1}{2} & \dfrac{1}{2} & \dfrac{1}{2} \\ \dfrac{1}{2} & -\dfrac{1}{2} & \dfrac{1}{2} \\ 0 & 0 & 1 \end{bmatrix} \tag{12.31}$$

将其推广到二维,计算公式如下:

$$Y = A^{\mathrm{T}} \left[(GgG^{\mathrm{T}}) \odot (B^{\mathrm{T}} dB) \right] A \tag{12.32}$$

先将其写成矩阵乘的形式,二维 Img2col 算法如图 12.25 所示。

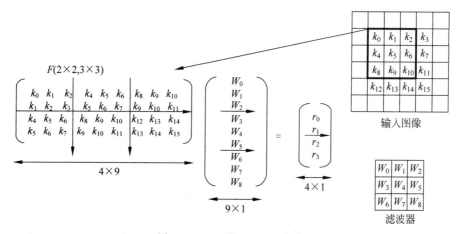

图 12.25　二维 Img2col 算法

分块之后,各矩阵块中重复元素的位置与一维相同,矩阵分块示例如图 12.26 所示。

$$\begin{bmatrix} K_0\ K_1\ K_2 \\ K_3\ K_4\ K_5 \end{bmatrix} \begin{bmatrix} W_0 \\ W_1 \\ W_2 \end{bmatrix} = \begin{bmatrix} R_0 \\ R_1 \end{bmatrix} = \begin{bmatrix} M_0+M_1+M_2 \\ M_1-M_2-M_3 \end{bmatrix}$$

$$M_0=(K_0-K_2)\times W_0 \qquad M_1=(K_1+K_2)\times \frac{W_0+W_1+W_2}{2}$$

$$M_3=(K_1-K_3)\times W_2 \qquad M_2=(K_2-K_1)\times \frac{W_0-W_1+W_2}{2}$$

图 12.26 矩阵分块示例

这个时候,Winograd 算法的乘法次数为 $4\times4=16$,而如果直接卷积则乘法次数为 $4\times9=36$,则计算复杂度降为原来的 4/9,二维 Img2col 计算示例如图 12.27 所示。

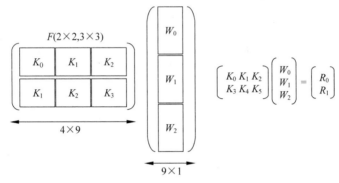

图 12.27 二维 Img2col 计算示例

该算法实现的约束与缺点如下。

(1) Winograd 是计算小型二维卷积的方法,这种算法不能将其直接应用在卷积网络的计算中,否则产生的辅助矩阵规模太大,会影响实际效果。

(2) 不同规模的卷积需要不同规模的辅助矩阵,实时计算这些辅助矩阵不现实,如果都存储起来会导致规模膨胀。

(3) Winograd 算法通过减少乘法次数来实现加速,但是加法的数量会相应增加,同时需要额外的转换计算及存储转换矩阵,随着卷积核和分块的尺寸增大,就需要考虑加法、转换计算和存储的代价,所以 Winograd 只适用于较小的卷积核。

3. 间接卷积算法

前文说过,Img2col 优化算法存在两个问题。间接卷积算法给出的解决方法是建立间接缓冲区,对内存重新组织可以改进高速缓存命中率,从而提高性能,间接卷积算法如图 12.28 所示。

间接卷积算法在输入缓冲区的基础上构建间接缓冲区,而间接缓冲区是间接卷积算法的核心。在网络运行时,每次计算 $M\times N$ 的输出,其中 M 是将 $OH\times OW$ 视作一维后的向量化规模,通常 $M\times N$ 为 4×4、8×8 或 4×8,间接缓冲区中输入数据展开示例如图 12.29 所示。

间接缓冲区可以理解为一组卷积核大小的缓冲区,共有 $OH\times OW$ 个,每个缓冲区大小为 $KH\times KW$,每个缓冲区对应某个输出要使用的输入地址。在计算时,随着输出的索引内存地址移动,选用不同的间接缓冲区,即可得到相应的输入地址。无须再根据输出目标的

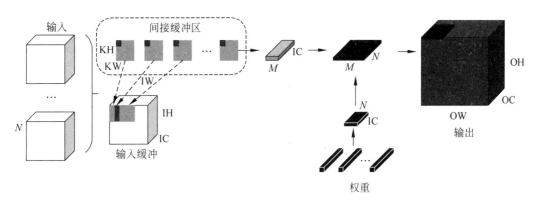

图 12.28 间接卷积算法

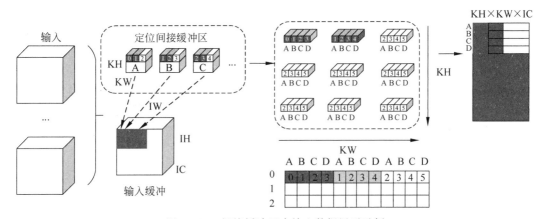

图 12.29 间接缓冲区中输入数据展开示例

坐标计算要使用的输入地址,这等同于预先计算地址。卷积之所以可以使用 Img2col 优化算法,本质原因在于其拆解后忽略内存复用后的计算过程等价于矩阵乘,而间接缓冲区使得可以通过指针模拟出对输入的访存。

间接卷积优化算法解决了卷积计算的空间向量化、地址计算复杂问题、内存备份三个问题。缺点是通过间接卷积算法,建立的缓冲区和数据重新组织对内存造成大量的消耗。

12.3.3 运行时优化

运行时优化包括内存管理、并发执行、动态批尺寸、装箱等相关技术,其中内存管理的优化策略包括缓存分配器、预取和卸载、算子融合等,前文已有详细讲解,此处不再过多叙述。本小节主要阐述推理运行过程中的并发执行、动态批尺寸与装箱。

1. 并发执行

加速器的低效率使用常常由于所执行的负载的运算量不够高或者由于等待请求或 I/O 等造成资源空置和浪费,计算资源空闲示例如图 12.30 所示。

如果设备中只部署了单个模型,由于等待批处理请求,可能造成 GPU 空闲。为了解决这个问题,可以在单加速器上运行多个模型,推理系统可以通过时分复用策略,并发执行模型,并发执行示例如图 12.31 所示。

并发执行将等待时的计算资源分配给其他模型进行执行,提升整体的推理吞吐量和设

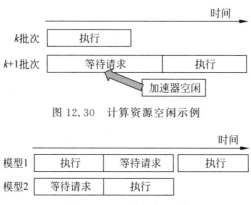

图 12.30 计算资源空闲示例

图 12.31 并发执行示例

备利用率。并发计算是多个计算在重叠的时间段内同时执行,而不是完全顺序执行的计算模式。并发计算是模块化编程的一种范例,整体计算任务被分解为可以同时执行的子计算任务。并发计算的概念经常与并行计算的概念混淆,因为两者在很多资料中被描述为在同一时间段内执行的多个进程。在并行计算中,执行发生在同一物理时刻,例如在不同处理器上同时刻执行多个任务。相比之下,并发计算由重叠的进程生命周期组成,但执行不必在同一时刻发生,例如单核交替执行两个任务,一个任务 I/O 的时候让出计算核给另一个任务。

2. 动态批尺寸

在 V100 上的推理性能基准测试中,随着批尺寸不断增加,模型推理的吞吐量不断上升,但同时推理延迟也在增加,延迟与吞吐量的关系如表 12.1 所示。

表 12.1　延迟与吞吐量的关系

网络	网络种类	批次大小	吞吐量/ 图片数·s^{-1}	性能功耗比/ 图片数·s^{-1}·W^{-1}	时延/ms	GPU
GoogleNet	CNN	1	1610	15	0.62	1×V100
	CNN	2	2162	18	0.93	1×V100
	CNN	8	5368	35	1.5	1×V100
	CNN	82	11869	45	6.9	1×V100
	CNN	128	12697	47	10	1×V100

对于有较高请求数量和频率的场景,通过大的批次可以提升吞吐量。注意,随着吞吐量上升的还有延迟,推理系统在动态调整批尺寸时需要满足一定的延迟约束。加性增加、乘性减少算法是一种反馈控制算法,被应用在 TCP 拥塞控制中。该算法将没有拥塞时拥塞窗口的线性增长与检测到拥塞时的指数减少相结合。使用该算法进行拥塞控制的多个流最终将收敛到均衡使用共享链路。该算法在动态批尺寸中使用的策略包括:①加性增加,将批次大小累加增加固定数量,直到处理批次的延迟超过目标延迟为止;②乘性减少,当达到目标延迟后,执行一个小的乘法回退,例如,将批次大小减少 10%。因为最佳批次大小不会大幅波动,所以使用的退避常数要比其他应用场景小得多。

3. 装箱

在延迟服务等级协议约束下,模型在指定的 GPU 下按最大吞吐量进行分配,但是可能仍有空闲资源,造成加速器的低效率使用。有些设备上的算力较高,部署的模型运算量又较小,使得设备上可以装箱多个模型,共享使用设备。GPU 空闲资源示例如图 12.32 所示。

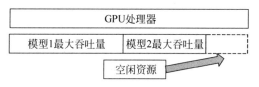

图 12.32　GPU 空闲资源示例

推理系统可以通过最佳匹配策略装箱模型,将碎片化的模型请求由共享的设备进行推理,模型装箱示例如图 12.33 所示。这样不仅提升了推理系统的吞吐量,也提升了设备的利用率。装箱是数据中心资源调度的经典问题,可以看到系统抽象的很多问题会在不同应用场景与不同层再次出现,但是抽象出的问题与系统算法会由于假设和约束不同产生新的变化,所以系统工作本身既要熟悉经典,也需要了解新场景与变化趋势。

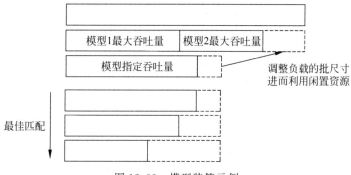

图 12.33　模型装箱示例

装箱问题是一个组合优化问题,其中不同大小的物品必须装入有限数量的箱或容器中,每个箱或容器具有固定的给定容量,其方式为最小化使用的箱数量。该方法有许多应用,例如填充容器、物流车辆装载、大规模平台资源调度等。当前可以认为 GPU 是箱子,而模型就是要装入的物品,将运行时的模型调度抽象为装箱问题。

参考文献

［1］ 中国信息通讯研究院. AI 框架发展白皮书(2022 年)［R］. 上海：世界人工智能大会, 2022.

［2］ Abadi M, Barham P, Chen J, et al. TensorFlow：a system for Large-Scale machine learning［C］. 12th USENIX Symposium on Operating Systems Design and Implementation. 2016：265-283.

［3］ Paszke A, Gross S, Massa F, et al. Pytorch：An imperative style, high-performance deep learning library［J］. Advances in neural information processing systems, 2019, 32：8026-8037.

［4］ Li M, Liu Y, Liu X, et al. The deep learning compiler：A comprehensive survey［J］. IEEE Transactions on Parallel and Distributed Systems, 2020, 32(3)：708-727.

［5］ Zhang H, Xing M, Wu Y, et al. Compiler technologies in deep learning co-design：A survey［J］. Intelligent Computing, 2023, 2：0040.

［6］ Chen T, Moreau T, Jiang Z, et al. TVM：An automated End-to-End optimizing compiler for deep learning ［C］. 13th USENIX Symposium on Operating Systems Design and Implementation. 2018：578-594.

［7］ Xing Y, Weng J, Wang Y, et al. An in-depth comparison of compilers for deep neural networks on hardware［C］. 2019 IEEE International Conference on Embedded Software and Systems. IEEE, 2019：1-8.

［8］ Zhao J, Li B, Nie W, et al. AKG：automatic kernel generation for neural processing units using polyhedral transformations［C］. Proceedings of the 42nd ACM SIGPLAN International Conference on Programming Language Design and Implementation. 2021：1233-1248.

［9］ Jianhui L, Zhennan Q, Yijie M, et al. oneDNN Graph Compiler：A Hybrid Approach for High-Performance Deep Learning Compilation［C］. 2024 IEEE/ACM International Symposium on Code Generation and Optimization. IEEE, 2024：460-470.

［10］ 刘颖, 吕方, 王蕾, 等. 异构并行编程模型研究与进展［J］. 软件学报, 2014, 25(7)：1459-1475.

［11］ 陈云霁, 李玲, 李威, 等. 智能计算系统［M］. 北京：机械工业出版社, 2020.

［12］ Fremont D J, Dreossi T, Ghosh S, et al. Scenic：a language for scenario specification and scene generation［C］. Proceedings of the 40th ACM SIGPLAN conference on programming language design and implementation. 2019：63-78.

［13］ 姜靖, 郑启龙. 面向计算机视觉的领域特定语言［J］. 小型微型计算机系统, 2020, 41(3)：617-624.

［14］ Tang S, Zhai J, Wang H, et al. FreeTensor：a free-form DSL with holistic optimizations for irregular tensor programs［C］. Proceedings of the 43rd ACM SIGPLAN International Conference on Programming Language Design and Implementation. 2022：872-887.

［15］ 马洪跃. 面向类型推导的 Python 类型标注分析［D］. 南京：南京大学, 2019.

［16］ Stanier J, Watson D. Intermediate representations in imperative compilers［J］. ACM Computing Surveys, 2013, 45(3)：1-27.

［17］ Roesch J, Lyubomirsky S, Weber L, et al. Relay：A New IR for Machine Learning Frameworks［C］. Proceedings of the 2nd ACM SIGPLAN international workshop on machine learning and programming languages, 2018：58-68.

［18］ Feng S, Hou B, Jin H, et al. Tensor IR：An Abstraction for Automatic Tensorized Program Optimization［C］. Proceedings of the 28th ACM International Conference on Architectural Support for Programming Languages and Operating Systems, Volume 2, 2023：804-817.

［19］ 庄毅敏, 文渊博, 李威, 等. 面向机器学习系统的张量中间表示［J］. 中国科学：信息科学, 2022, 52(06)：1040-1052.

［20］ Lattner C, Amini M, Bondhugula U, et al. MLIR：Scaling compiler infrastructure for domain specific computation［C］. 2021 IEEE/ACM International Symposium on Code Generation and Optimization.

IEEE,2021：2-14.

[21] 韩祖良.两种计算偏微分方程数值解的神经网络方法[D].武汉：华中科技大学,2021.

[22] Hakimi M,Shriraman A. TapeFlow：Streaming Gradient Tapes in Automatic Differentiation[C]. 2024 IEEE/ACM International Symposium on Code Generation and Optimization. IEEE, 2024： 81-92.

[23] Niu W,Guan J,Wang Y, et al. DNNFusion：accelerating deep neural networks execution with advanced operator fusion[C]. Proceedings of the 42nd ACM SIGPLAN International Conference on Programming Language Design and Implementation. 2021：883-898.

[24] Jia Z,Padon O,Thomas J, et al. TASO：optimizing deep learning computation with automatic generation of graph substitutions[C]. Proceedings of the 27th ACM Symposium on Operating Systems Principles. 2019：47-62.

[25] Jia Z,Thomas J,Warszawski T, et al. Optimizing DNN computation with relaxed graph substitutions [J]. Proceedings of Machine Learning and Systems,2019,1：27-39.

[26] Fang J,Shen Y,Wang Y, et al. Optimizing DNN computation graph using graph substitutions[J]. Proceedings of the VLDB Endowment,2020,13(12)：2734-2746.

[27] He G,Parker S,Yoneki E. X-RLflow：Graph Reinforcement Learning for Neural Network Subgraphs Transformation[J]. Proceedings of Machine Learning and Systems,2023,5.

[28] Xing J,Wang L,Zhang S, et al. Bolt：Bridging the gap between auto-tuners and hardware-native performance[J]. Proceedings of Machine Learning and Systems,2022,4：204-216.

[29] Zheng S,Chen S,Song P, et al. Chimera：An analytical optimizing framework for effective compute-intensive operators fusion[C]. 2023 IEEE International Symposium on High-Performance Computer Architecture. IEEE,2023：1113-1126.

[30] Zheng Z,Yang X,Zhao P, et al. AStitch：enabling a new multi-dimensional optimization space for memory-intensive ML training and inference on modern SIMT architectures[C]. Proceedings of the 27th ACM International Conference on Architectural Support for Programming Languages and Operating Systems. 2022：359-373.

[31] Shi Y,Yang Z,Xue J, et al. Welder：Scheduling deep learning memory access via tile-graph[C]. 17th USENIX Symposium on Operating Systems Design and Implementation. 2023：701-718.

[32] Zhao J,Gao X,Xia R, et al. Apollo：automatic partition-based operator fusion through layer by layer optimization[J]. Proceedings of Machine Learning and Systems,2022,4：1-19.

[33] Xia C,Zhao J,Sun Q, et al. Optimizing deep learning inference via global analysis and tensor expressions[C]. The ACM International Conference on Architectural Support for Programming Languages and Operating Systems. ACM,2023.

[34] Ding Y,Zhu L,Jia Z, et al. Ios：Inter-operator scheduler for cnn acceleration[J]. Proceedings of Machine Learning and Systems,2021,3：167-180.

[35] Ma L,Xie Z,Yang Z, et al. RAMMER：enabling holistic deep learning compiler optimizations with rtasks[C]. 14th USENIX Conference on Operating Systems Design and Implementation,2020： 881-897.

[36] Zhao J,Feng S,Dan X, et al. Effectively Scheduling Computational Graphs of Deep Neural Networks toward Their Domain-Specific Accelerators[C]. 17th USENIX Symposium on Operating Systems Design and Implementation. 2023：719-737.

[37] Zhao J,Bastoul C,Yi Y, et al. Parallelizing neural network models effectively on gpu by implementing reductions atomically[C]. Proceedings of the International Conference on Parallel Architectures and Compilation Techniques. 2022：451-466.

[38] Zhang C,Ma L,Xue J, et al. Cocktailer：Analyzing and optimizing dynamic control flow in deep

learning[C]. 17th USENIX Symposium on Operating Systems Design and Implementation. 2023：681-699.

[39] Cui W，Han Z，Ouyang L，et al. Optimizing Dynamic Neural Networks with Brainstorm[C]. 17th USENIX Symposium on Operating Systems Design and Implementation. 2023：797-815.

[40] Zhu K，Zhao W，Zheng Z，et al. DISC：A dynamic shape compiler for machine learning workloads [C]. Proceedings of the 1st Workshop on Machine Learning and Systems. 2021：89-95.

[41] Yu F，Li G，Zhao J，et al. Optimizing Dynamic-Shape Neural Networks on Accelerators via On-the-Fly Micro-Kernel Polymerization[C]. The ACM International Conference on Architectural Support for Programming Languages and Operating Systems. 2023.

[42] Liu Y，Wang Y，Yu R，et al. Optimizing CNN model inference on CPUs[C]. 2019 USENIX Annual Technical Conference. 2019：1025-1040.

[43] Xu Z，Xu J，Peng H，et al. ALT：Breaking the Wall between Data Layout and Loop Optimizations for Deep Learning Compilation[C]. Proceedings of the Eighteenth European Conference on Computer Systems. 2023：199-214.

[44] Li C，Ausavarungnirun R，Rossbach C J，et al. A framework for memory oversubscription management in graphics processing units[C]. Proceedings of the Twenty-Fourth International Conference on Architectural Support for Programming Languages and Operating Systems. 2019：49-63.

[45] Maas M，Beaugnon U，Chauhan A，et al. TelaMalloc：Efficient On-Chip Memory Allocation for Production Machine Learning Accelerators[C]. Proceedings of the 28th ACM International Conference on Architectural Support for Programming Languages and Operating Systems，Volume 1. 2022：123-137.

[46] Guo C，Zhang R，Xu J，et al. GMLake：Efficient and Transparent GPU Memory Defragmentation for Large-scale DNN Training with Virtual Memory Stitching[J]. arXiv preprint arXiv：2401. 08156，2024.

[47] Kwon W，Li Z，Zhuang S，et al. Efficient Memory Management for Large Language Model Serving with PagedAttention[C]. Proceedings of the 29th Symposium on Operating Systems Principles. 2023：611-626.

[48] Ren J，Rajbhandari S，Aminabadi RY，et al. ZeRO-offload：Democratizing billion-scale model training [C]. 2021 USENIX Annual Technical Conference. 2021：551-564.

[49] Jung J，Kim J，Lee J. Deepum：Tensor migration and prefetching in unified memory[C]. Proceedings of the 28th ACM International Conference on Architectural Support for Programming Languages and Operating Systems，Volume 2. 2023：207-221.

[50] Huang C，Jin G，Li J. SwapAdvisor：Pushing Deep Learning Beyond the GPU Memory Limit via Smart Swapping[C]. Proceedings of the Twenty-Fifth International Conference on Architectural Support for Programming Languages and Operating Systems. 2020：1341-1355.

[51] Dao T，Fu D，Ermon S，et al. Flashattention：Fast and memory-efficient exact attention with io-awareness[J]. Advances in Neural Information Processing Systems，2022，35：16344-16359.

[52] Ding Y，Yu C H，Zheng B，et al. Hidet：Task-mapping programming paradigm for deep learning tensor programs[C]. Proceedings of the 28th ACM International Conference on Architectural Support for Programming Languages and Operating Systems，Volume 2. 2023：370-384.

[53] Zhai Y，Zhang Y，Liu S，et al. TLP：A deep learning-based cost model for tensor program tuning[C]. Proceedings of the 28th ACM International Conference on Architectural Support for Programming Languages and Operating Systems，Volume 2. 2023：833-845.

[54] Huang G，Bai Y，Liu L，et al. Alcop：Automatic load-compute pipelining in deep learning compiler for ai-gpus[J]. Proceedings of Machine Learning and Systems，2023，5.

[55] Bi J, Guo Q, Li X, et al. Heron: Automatically constrained high-performance library generation for deep learning accelerators[C]. Proceedings of the 28th ACM International Conference on Architectural Support for Programming Languages and Operating Systems, Volume 3. 2023: 314-328.

[56] Chen Z, Yu C H, Morris T, et al. Bring your own codegen to deep learning compiler[J]. arXiv preprint arXiv: 2105. 03215, 2021.

[57] Liu C, Yang H, Sun R, et al. swTVM: exploring the automated compilation for deep learning on sunway architecture[J]. Statistics, 2019, Vol. 2.

[58] Zhu X, Deng P, Sun H, et al. Matrix-DSP back-end support based on TVM compilation structure[C]. MATEC Web of Conferences. EDP Sciences, 2021, 336: 04019.

[59] Vasilache N, Zinenko O, Bik A J C, et al. Composable and modular code generation in MLIR: A structured and retargetable approach to tensor compiler construction[J]. arXiv preprint arXiv: 2202. 03293, 2022.

[60] Yu Y, Abadi M, Barham P, et al. Dynamic control flow in large-scale machine learning[C]. Proceedings of the Thirteenth EuroSys Conference. 2018: 1-15.

[61] Looks M, Herreshoff M, Hutchins D L, et al. Deep learning with dynamic computation graphs[J]. Statistics, 2017, Vol. 2.

[62] Rodriguez A. Deep Learning Systems: Algorithms, Compilers, and Processors for Large-Scale Production[M]. Springer Nature, 2022.

[63] Rajbhandari S, Ruwase O, Rasley J, et al. Zero-infinity: Breaking the gpu memory wall for extreme scale deep learning[C]. Proceedings of the international conference for high performance computing, networking, storage and analysis, 2021: 1-14.

[64] Zhao Y, Gu A, Varma R, et al. PyTorch FSDP: Experiences on Scaling Fully Sharded Data Parallel [C]. Proceedings of the VLDB Endowment, 2023, 16(12): 3848-3860.

[65] Rajbhandari S, Rasley J, Ruwase O, et al. Zero: Memory optimizations toward training trillion parameter models[C]. SC20: International Conference for High Performance Computing, Networking, Storage and Analysis. IEEE, 2020: 1-16.

[66] Narayanan D, Shoeybi M, Casper J, et al. Efficient large-scale language model training on gpu clusters using megatron-lm[C]. Proceedings of the International Conference for High Performance Computing, Networking, Storage and Analysis, 2021: 1-15.

[67] Narayanan D, Harlap A, Phanishayee A, et al. PipeDream: generalized pipeline parallelism for DNN training[C]. Proceedings of the 27th ACM Symposium on Operating Systems Principles, 2019: 1-15.

[68] Huang Y, Cheng Y, Bapna A, et al. Gpipe: Efficient training of giant neural networks using pipeline parallelism[J]. Advances in neural information processing systems, 2019, 32.

[69] Li S, Xue F, Baranwal C, et al. Sequence Parallelism: Long Sequence Training from System Perspective[C]. Association for Computational Linguistics, 2023: 2391-2404.

[70] Wang M, Huang C, Li J. Supporting very large models using automatic dataflow graph partitioning [C]. Proceedings of the Fourteenth EuroSys Conference 2019, 2019: 1-17.

[71] Jia Z, Lin S, Qi C, et al. Exploring Hidden Dimensions in Parallelizing Convolutional Neural Networks [C]. International Conference on Machine Learning, 2018: 2279-2288.

[72] Cai Z, Yan X, Ma K, et al. Tensoropt: Exploring the tradeoffs in distributed dnn training with auto-parallelism[J]. IEEE Transactions on Parallel and Distributed Systems, 2021, 33(8): 1967-1981.

[73] Zheng L, Li Z, Zhang H, et al. Alpa: Automating inter-and Intra-Operator parallelism for distributed deep learning[C]. 16th USENIX Symposium on Operating Systems Design and Implementation. 2022: 559-578.

[74] Lin Y, Han S, Mao H, et al. Deep Gradient Compression: Reducing the Communication Bandwidth

for Distributed Training[C]. 6th International Conference on Learning Representation,2018.

[75] Zhang H,Zheng Z,Xu S,et al. Poseidon:An efficient communication architecture for distributed deep learning on GPU clusters[C]. 2017 USENIX Annual Technical Conference,2017:181-193.

[76] Shi S,Chu X,Li B. MG-WFBP:Merging gradients wisely for efficient communication in distributed deep learning[J]. IEEE Transactions on Parallel and Distributed Systems,2021,32(8):1903-1917.

[77] Jayarajan A,Wei J,Gibson G,et al. Priority-based parameter propagation for distributed DNN training[J]. Proceedings of Machine Learning and Systems,2019,1:132-145.

[78] Chen J,Ran X. Deep learning with edge computing:A review[J]. Proceedings of the IEEE,2019, 107(8):1655-1674.

[79] Gou J,Yu B,Maybank S J,et al. Knowledge distillation:A survey[J]. International Journal of Computer Vision,2021,129:1789-1819.

[80] 高晗,田育龙,许封元,等. 深度学习模型压缩与加速综述[J]. 软件学报,2021,32(01):68-92.

[81] 黄震华,杨顺志,林威,等. 知识蒸馏研究综述[J]. 计算机学报,2022,45(03):624-653.

[82] Liang T,Glossner J,Wang L,et al. Pruning and quantization for deep neural network acceleration:A survey[J]. Neurocomputing,2021,461:370-403.

[83] Koda S,Zolfit A,Grolman E,et al. Pros and Cons of Weight Pruning for Out-of-Distribution Detection:An Empirical Survey[C]. 2023 International Joint Conference on Neural Networks. IEEE, 2023:1-10.

[84] Xu C,McAuley J. A survey on model compression and acceleration for pretrained language models [C]. Proceedings of the AAAI Conference on Artificial Intelligence. 2023,37(9):10566-10575.

[85] Jacob B,Kligys S,Chen B,et al. Quantization and training of neural networks for efficient integer-arithmetic-only inference[C]. Proceedings of the IEEE conference on computer vision and pattern recognition. 2018:2704-2713.

[86] Yang D,He N,Hu X,et al. Post-training quantization for re-parameterization via coarse & fine weight splitting[J]. Journal of Systems Architecture,2024,147:103065.